高等职业教育计算机类专业系列教材

移动互联网的数据结构(Java 版)

YIDONG HULIANWANG DE SHUJU JIEGOU(Java BAN)

主　编　吴继征　阳树辉

副主编　许诗欣　刘晓汶

西安电子科技大学出版社

内 容 简 介

本书以 Java 为编程语言、以 Android Studio 为开发环境，从初学者的角度出发，采用理论与实践相结合的方式，全面系统地介绍了数据结构以及算法的相关内容。本书强调在学习中实践，在实践中学习，以知识点为引导，通过实例提高读者对数据结构的理解。

本书共 10 章，第 1、2 章介绍了数据结构的基本概念，第 3～8 章详细讲解了不同类型的数据结构，第 9、10 章讲解并分析了查找和排序的算法及其效率。为了便于读者巩固知识点，本书在各章后配备了相应的习题。此外，本书重实践能力的培养，为读者提供了完整的配套资源(包括电子课件、模拟试卷、课程标准、源代码等)，需要的读者可以登录西安电子科技大学出版社官网(www.xduph.com)，免费下载。

本书既可作为高职高专计算机科学与技术、移动互联网、软件等相关专业的教材，也可作为对移动互联网感兴趣的读者的学习参考书。

图书在版编目(CIP)数据

移动互联网的数据结构：Java 版 / 吴继征，阳树辉主编. . -- 西安 ：西安电子科技大学出版社，2025.7

ISBN 978-7-5606-7255-7

Ⅰ. ①移… Ⅱ. ①吴… ②阳 Ⅲ. ①JAVA 语言—程序设计 Ⅳ. ①TP312.8

中国国家版本馆 CIP 数据核字(2024)第 085388 号

策　　划　明政珠
责任编辑　雷鸿俊
出版发行　西安电子科技大学出版社(西安市太白南路 2 号)
电　　话　(029)88202421　88201467　　　　邮　　编　710071
网　　址　www.xduph.com　　　　　　　　电子邮箱　xdupfxb001@163.com
经　　销　新华书店
印刷单位　陕西天意印务有限责任公司
版　　次　2025 年 7 月第 1 版　　　　2025 年 7 月第 1 次印刷
开　　本　787 毫米×1092 毫米　　　1/16　　印　张　23.5
字　　数　558 千字
定　　价　70.00 元
ISBN 978-7-5606-7255-7
XDUP 7557001-1

* * * 如有印装问题可调换 * * *

前　言

　　数据结构是计算机专业的一门基础课程，是计算机科学领域中的重要学科，也是计算机程序设计的重要理论技术基础，在计算机科学与技术、软件工程、电子商务等专业中亦是重要的基础核心课程。随着科学技术的不断进步，各种应用系统也在不断更新迭代，各类信息变得越来越复杂与精细。信息量的增长和信息范围的拓宽，使得我们面临着巨大的数据挑战。而要解决这些问题，数据结构至关重要。对于开发者而言，无论是研发计算机操作系统还是各种各样的应用软件，都需要应用到各种类型的数据结构以满足开发需求。尽管目前流行的高级程序设计语言都对基本的数据结构进行了封装，开发者通常只需要调用相应的 API(应用程序编程接口)即可，但作为一名合格的程序员，只会调用 API 是远远不够的，还需要了解这些 API 背后的实现原理。只有这样，才能高效地利用计算机来解决实际问题，充分发挥计算机应有的性能。

　　本书是学习数据结构的入门教材，主要从实践与解决开发问题两方面来讲解数据结构及算法。此外，本书十分注重实践能力的培养，采用图文并茂的方式来增强读者对抽象知识的理解；采用边学边做的方式进行内容的编排，基本上每一个抽象的理论知识点后都配套了相应的实践案例，力求让读者能够在学习中实践，在实践中学习。为了更好地启发读者的思维，本书在同一个问题上使用了不同的解决方法，并对不同方法的优缺点进行了阐述，包括性能开销、编码复杂度等，让读者可以从不同的角度思考问题。相信读者在学习完本书后，能够对数据结构这门基础学科有更加深入、完整的理解。

　　本书为读者提供了完整的配套资源，可登录西安电子科技大学出版社官网下载。下载的源码文件以案例编号的方式进行编排，并通过了组织调试，能够在 Android Studio 中正常运行。

　　由于编者水平有限，书中可能还有不足之处，恳请读者批评指正。

编　者

2025 年 3 月

目　　录

1

第1章 移动互联网

近些年来，由于计算机软件与硬件的蓬勃发展，互联网行业经历了前所未有的大跨越。随着互联网技术的不断革新，互联网行业诞生了多个分支，其中就包括移动互联网。

所谓移动互联网，就是将移动通信和互联网二者相结合，融为一体。它不仅包括互联网技术，还包括移动互联网平台的研发和推广，例如 Android、iOS、HTML5 等平台的技术革新。随着 5G 互联网络时代的开启和移动终端设备的迭代，在大环境的驱使下，移动互联网将进入飞跃式发展阶段，全新的研发框架也将诞生。

数据结构是计算机科学与技术、软件工程、电子商务等专业的基础课程，也是十分重要的核心课程。在移动互联网软件开发的过程中，仅仅掌握几种计算机程序设计语言是难以应对 5G 时代众多复杂的软件问题的。

1.1 移动互联网的概念

移动互联网是移动通信和互联网融合的产物，继承了移动通信随时、随地、随身和互联网开放、分享、互动的优势。它是一个全国性的、以宽带 IP 为技术核心的，可同时提供语音、传真、数据、图像、多媒体等高品质通信服务的新一代开放的基础移动网络，由运营商提供无线接入，互联网企业提供各种成熟的应用。

1.2 移动互联网的发展历程

随着移动通信网络的全面覆盖，我国移动互联网伴随着移动网络通信基础设施的升级换代而快速发展。特别是在 2009 年国家开始大规模部署 3G 移动通信网络，2014 年又开始大规模部署 4G 移动通信网络，这两次移动通信基础设施的升级换代有力地促进了我国移动互联网的快速发展，同时服务模式和商业模式也随之大规模创新与发展。随着 4G 移动电话用户的扩张，用户结构不断优化，支付、短视频、新闻等各种移动互联网应用得到普及，数据流量呈爆炸式增长，这也推动了移动互联网的发展。

移动互联网的发展历程可归纳为四个阶段，即萌芽阶段、成长阶段、发展阶段和全面发展阶段。

1. 萌芽阶段(2000—2007 年)

在移动互联网的萌芽阶段，移动应用终端主要基于 WAP(Wireless Application Protocol，无线应用协议)的应用模式。由于受限于移动 2G 网速和手机智能化程度，中国移动互联网发展处在一个简单的 WAP 应用期。

WAP 应用将 Internet 上 HTML(Hyper Text Markup Language，超文本标记语言)的信息转换成用 WML(Wireless Markup Language，无线标记语言)描述的信息，然后显示在移动电话的显示屏上。由于 WAP 只要求移动电话和 WAP 代理服务器的支持，而不需要对现有的移动通信网络协议做任何的改动，因此被广泛应用于 GSM(Global System for Mobile Communications，全球移动通信系统)、CDMA(Code Division Multiple Access，码分多址)、TDMA(Time Division Multiple Access，时分多址)等多种网络中。在移动互联网的萌芽阶段，利用手机自带的支持 WAP 的浏览器访问企业 WAP 门户网站是当时移动互联网发展的主要形式，其访问网络流程如图 1-1 所示。

图 1-1　WAP 协议网络访问示意图

2. 成长阶段(2008—2011 年)

2009 年 1 月 7 日，工业和信息化部分别向中国移动、中国电信和中国联通发放了第三代移动通信 3G 牌照，这标志着中国正式进入 3G 时代，中国移动互联网迎来了发展新篇章。随着 3G 移动网络的部署和智能手机的出现，移动网速大幅提升，手机上网带宽瓶颈初步突破，移动智能终端丰富的应用软件也让移动上网的娱乐性得到了大幅提升。同时，我国在 3G 移动通信协议中制定的 TD SCDMA 协议得到了国际的认可和应用。

在成长阶段，各大互联网公司都在探索如何抢占移动互联网入口。一些大型互联网公司尝试推出手机浏览器来抢占移动互联网入口，还有一些互联网公司则与手机制造商合作，在智能手机出厂时预安装企业服务应用，积极抢占用户。

3. 发展阶段(2012—2013 年)

随着手机操作系统生态圈的全面发展，智能手机规模化应用促进移动互联网快速发展，具有触摸屏功能的智能手机的大规模普及应用解决了传统键盘机上网的诸多不便。安卓智能手机操作系统的普遍安装和手机应用程序商店的出现极大地丰富了手机上网功能，移动互联网应用呈现了爆发式增长。进入 2012 年之后，由于移动上网需求大增，安卓智能操作系统的大规模商业化应用，传统功能手机进入了一个全面升级换代期。传统手机厂商纷纷效仿苹果模式，普遍推出了触摸屏智能手机和手机应用商店。由于触摸屏智能手机上网浏览方便，移动应用丰富，受到了市场的极大欢迎。同时，手机厂商之间竞争激烈，智能手机价格快速下降，千元以下的智能手机大规模量产，推动了智能手机在中低收入人群中的大规模普及应用。

4. 全面发展阶段(2014 年至今)

移动互联网的发展离不开移动通信网络的技术支撑，4G 网络建设将中国移动互联网发展推上了快车道。2013 年 12 月 4 日，工信部正式向中国移动、中国电信和中国联通三大运营商发放了 TD-LTE 4G 牌照，这标志着中国 4G 网络正式大规模铺开。随着 4G 网络的部署，移动上网网速得到极大提高，丰富了移动应用场景。

由于网速、上网便捷性、手机应用等移动互联网发展的外在环境基本得到解决，移动互联网应用开始全面发展。在桌面互联网时代，门户网站是企业开展业务的标配；而在移动互联网时代，手机 App 则成为了企业开展业务的标配。4G 网络的普及促使许多公司利用移动互联网开展业务。特别是由于 4G 网速大大提高，促进了实时性要求较高、流量较大、需求较大类型的移动应用快速发展，许多手机应用开始大力推广移动视频。

1.3　移动互联网的特性

移动互联网是在传统互联网基础上发展起来的，因此二者具有很多共性。由于移动通信技术和移动终端的发展不同，移动互联网具有许多传统互联网所不具备的新特性，具体特性如下。

1. 用户交互性

用户可以随身携带和随时使用移动终端，在移动状态下接入和使用移动互联网应用服务。一般而言，人们使用移动互联网应用的时间往往是在上下班途中，在空闲间隙任何一个有网络覆盖的场所，移动用户都可以接入无线网络，实现移动业务的应用。现在，从智能手机到平板电脑，随处可见这些终端发挥着强大的功能。当人们需要沟通时，随时随地可以使用语音、图文或者视频进行交流，用户与移动互联网的交互性大大提高了。

2. 设备便携性

相对于 PC，移动终端小巧轻便、可随身携带，人们可以将它装入随身携带的书包和手袋中，并可以在任意场合接入网络。而且移动设备一般在沟通与资讯获取方面远比 PC 设备方便。用户使用移动终端设备能够随时随地获取娱乐、生活、商务等相关信息，并且能够进行支付、查找位置等操作，可以满足日常生活的基本需求。

3. 信息隐私性

移动终端设备的隐私性要求远高于 PC 的要求。由于移动性和便携性的特点，移动互联网的信息保护程度较高。它不同于传统互联网公开、透明、开放的特点。在传统互联网下，PC 端系统的用户信息容易被搜集，而移动互联网用户无须共享自己设备上的信息，从而确保了移动互联网的隐私性。

4. 信息服务定位性

移动互联网有别于传统互联网的典型应用是其位置服务应用。它具有以下几个服务：位置签到、位置分享及基于位置的社交服务，基于位置围栏的用户监控及消息通知服务，生活导航及优惠券集成服务，基于位置的娱乐及商务服务，基于位置的用户视频信息推荐服务。这些服务都是基于移动终端设备的定位功能实现的，为用户提供了更加精准、实用的信息服务。

5. 网络局限性

虽然移动互联网应用服务便捷，但其发展受到了网络能力和终端硬件能力的限制。具体来说，在网络能力方面，受到无线网络传输环境、技术能力等因素的限制；在终端硬件能力方面，受到终端大小、处理能力、电池容量等因素的限制。移动互联网的各个部分相互联系、相互作用，任一部分的滞后都会延缓移动互联网发展的步伐。

6. 强关联性

由于移动互联网业务受到网络能力及终端硬件能力的限制，因此其业务内容和形式需要匹配特定的网络技术规格和终端类型，具有强关联性。移动互联网通信技术与移动应用平台的发展有着紧密联系，没有足够的带宽就会影响在线视频、语音电话、网游等应用的扩展。同时，根据移动终端设备的特点，移动互联网需要使用与其相对应的应用服务，这与传统互联网是有所区别的。

7. 身份统一性

这里的身份统一是指移动互联网用户的自然身份、社会身份、交易身份、支付身份通过移动互联网平台得以统一。在移动互联网逐渐发展、基础平台逐渐完善之后，原本分散在各处的身份信息将得到统一。例如，在网银里绑定手机号和银行卡，支付时验证了手机号就可以直接从银行卡支付。

1.4　移动互联网的平台

互联网技术主要依赖于硬件设备，特别是在如今移动互联网迅猛发展的时代，技术的革新更依赖于终端设备。纵观近现代科技发展史，手机操作系统的发展经历了 5 个时期：① Symbian(塞班)时期，其主要代表机型品牌为诺基亚；② iOS 时期，其主要代表机型品牌为 Apple(苹果)；③ Android 时期，其主要代表机型品牌为 Google(谷歌)；④ Windows mobile 时期，其主要代表机型品牌为微软；⑤ Harmony(鸿蒙)时期，其主要代表机型品牌为华为。

自移动手持设备诞生至今，行业内主流的操作系统为 Symbian、Android、iOS、Harmony OS 等，下面详细介绍这四个操作系统(也称平台)。

1.4.1　Symbian 平台

Symbian 系统是塞班公司为手机而设计的操作系统，其前身是英国宝意昂公司的 EP(Electronic Piece of Cheese)操作系统，系统 Logo 如图 1-2 所示。2008 年 12 月 2 日，塞班公司被诺基亚收购。2011 年 12 月 21 日，诺基亚官方宣布放弃 Symbian 品牌。由于缺乏新技术支持，Symbian 的市场份额日益萎缩。截至 2012

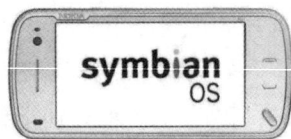

图 1-2　Symbian 系统 Logo

年 2 月，Symbian 系统的全球市场占有量仅为 3%。2012 年 5 月 27 日，诺基亚彻底放弃开发 Symbian 系统，但是服务一直持续到 2016 年。2013 年 1 月 24 日晚间，诺基亚宣布，今后将不再发布 Symbian 系统的手机，意味着 Symbian 这个智能手机操作系统终于迎来了谢幕。2014 年 1 月 1 日，诺基亚正式停止了 Nokia Store 应用商店内对 Symbian 应用的更新，并禁止开发人员发布新应用。

Symbian 系统在发展阶段出现了多个分支，分别是 Crystal 和 Pearl。它们主要针对通信器市场，也是在手机上出现最多的，是智能手机操作系统的主力军。第一款基于 Symbian 系统的手机是 2000 年上市的某款爱立信手机。而真正较为成熟且引起人们注意的是 2001 年上市的诺基亚 9210，它采用了 Crystal 分支系统。而 2002 年推出的诺基亚 7650 与 3650 采用了 Pearl 分支系统，其中 7650 是第一款基于 2.5G 网络的智能手机产品，它们都属于 Symbian 的 6.0 版本。索尼爱立信推出的一款机型也采用了 Pearl 分支系统，版本已经发展到 7.0，是专为 3G 网络而开发的，可以说代表了当时最强大的手机操作系统。此外，Symbian 从 6.0 版本就开始支持外接存储设备，如 MMC、CF 卡等，这让它强大的扩展能力得以充分发挥，使存放更多的软件以及各种大容量的多媒体文件成为了可能。

1.4.2　Android 平台

Android 是一款基于 Linux 2.6 标准内核的开源手机操作系统，由 Google 与包括中国移动、摩托罗拉、高通、宏达和 T-Mobile 等 30 多家企业组成的开放手机联盟合作开发，系统 Logo 如图 1-3 所示。

Android 于 2007 年 11 月 5 日正式推出，是首个为移动终端开发的、真正的、开放的和完整的移动软件。Android 最大的优势是开发性，允许任何移动终端厂商、用户和应用开发商加入到 Android 联盟中来，允许众多厂商推出功能各

图 1-3　Android 系统 Logo

具特色的应用产品。Android 提供给第三方开发商宽泛、自由的开发环境，由此诞生了丰富、实用性好、新颖、别致的应用。Android 产品具备触摸屏、高级图形显示和上网功能，界面友好，是移动终端的 Web 应用平台。

1.4.3　iOS 平台

iOS 是由苹果公司开发的手持设备操作系统，最初是设计给 iPhone 使用的，后来陆续套用到 iPod touch、iPad 以及 Apple TV 等苹果产品上，其 Logo 如图 1-4 所示。iOS 与苹果的 Mac OS X 操作系统一样，是以 Darwin 为基础的，因此同样属于类 Unix 的商业操作系统。原本这个系统名为 iPhone OS，直到 2010 年 6 月 7 日在 WWDC(Worldwide Developers Conference，全球开发者大会)上宣布改名为 iOS。

图 1-4　iOS 系统 Logo

1.4.4　Harmony OS 平台

华为鸿蒙系统(HUAWEI Harmony OS)是华为公司在 2019 年 8 月 9 日于东莞举行的华

为开发者大会(HDC.2019)上正式发布的操作系统，其 Logo 如图 1-5 所示。Harmony OS 是华为公司耗时 10 年，投入 4000 多名研发人员开发的一款基于微内核、面向 5G 物联网、面向全场景的分布式操作系统。

图 1-5　Harmony OS 系统 Logo

　　与安卓、iOS 不同，鸿蒙不是安卓系统的分支或修改而来的操作系统，其性能并不弱于安卓系统。华为还为基于安卓生态开发的应用能够平稳迁移到 Harmony OS 上做好了衔接，将相关系统及应用迁移到 Harmony OS 上，差不多两天就可以完成迁移及部署。

　　Harmony OS 将手机、电脑、平板、电视、工业自动化控制、无人驾驶、车机设备、智能穿戴统一成一个操作系统，并且该系统是面向下一代技术而设计的，能兼容安卓应用的所有 Web 应用。若安卓应用在 Harmony OS 上重新编译，则运行性能比原来提升 60%。Harmony OS 架构中的内核会将之前的 Linux 内核、Harmony OS 微内核与 Lite OS 合并为一个新的 Harmony OS 微内核。Harmony OS 创造了一个超级虚拟终端互联的世界，将人、设备、场景有机联系在一起。同时，Harmony OS 微内核的代码量只有 Linux 宏内核的千分之一，其受攻击的概率也会大幅降低。Harmony OS 采用了分布式架构，可以实现跨终端无缝协同体验；采用了时延引擎和高性能 IPC 技术，可以使系统运行更加流畅；采用了微内核架构，可以重塑终端设备的可信安全性。对于消费者而言，Harmony OS 通过分布式技术，让 8+N 设备具备智慧交互的能力。在不同场景下，8+N 配合华为手机提供满足人们不同需求的解决方案。对于智能硬件开发者而言，Harmony OS 可以实现硬件创新，并融入华为全场景的大生态。对于应用开发者而言，Harmony OS 使其不用面对硬件的复杂性，通过使用封装好的分布式技术 API，可以以较少的投入来专注地开发各种全场景新体验。

1.5　移动平台开发工具

　　近年来，随着移动互联网的快速发展，移动平台开发工具不断涌现。经过市场的筛选，目前被广大开发人员所接受且认可的工具主要有 Eclipse、Xcode、Android Studio、VS Code 等。

1.5.1　Eclipse

　　Eclipse 是一个开放源代码的、基于 Java 的可扩展开发平台。它提供了一个框架和一组服务，用于通过插件组件构建开发环境。Eclipse 附带一个标准的插件集，包括 Java 开发工具(Java Development Kit，JDK)。Eclipse 启动图如图 1-6 所示。

1-6　Eclipse 启动图

　　虽然 Eclipse 常被用作 Java 集成开发环境(Integrated Development Environment，IDE)，但它的目标不仅限于此。Eclipse 还包括插件开发环境(Plug-in Development Environment，PDE)，用于帮助软件开发人员构建与 Eclipse 环境无缝集成的工具。

由于 Eclipse 是由插件组成的, 因此对于为 Eclipse 开发插件以及为用户提供一致、统一的集成开发环境而言, 所有工具开发者拥有平等的发挥空间。Eclipse 的插件式开发模式也适用于移动终端的研发。最为熟知的就是 Eclipse + ADT(Android Development Tools, Android 开发工具) + SDK(Soft Development Kit, 软件开发工具包)的开发套件。随着网络的发展, 由于谷歌已经停止更新 ADT, 因此封装好的用于开发 Android 的 ADT Bundle 已经不再提供下载链接。然而, 作为 Android 平台最初的开发软件, ADT 仍然具有自己的优势。

1.5.2 Xcode

Xcode 是一款由苹果公司开发的 IDE, 运行在 Mac OS X 操作系统上, 用于开发 Mac OS X 和 iOS 应用程序。Xcode 启动图如图 1-7 所示。Xcode 提供了统一的用户界面设计, 编码、测试、调试等操作都在一个简单的窗口内完成。Xcode 同时也是一种基于 XML(X Exrensible Markup Language, 可扩展标记语言)的语言, 可以设想各种使用场景。它提供了一种独立于工具的可扩展的方法来描述编译时组件的各个方面。无论用户是用 C、C++、Objective-C 或 Java 编写程序, 在 Apple Script 里编写脚本, 还是试图从另一个工具中转移编码, Xcode 编译速度都极快。苹果公司为用户提供了全套免费的 Cocos 程序开发工具, 即 Xcode, 并与 Mac OS X 一起发行, 用户可在苹果公司官网上下载。Xcode 也是 iOS 开发平台唯一指定的开发工具。

图 1-7 Xcode 启动图

1.5.3 Android Studio

Android Studio 是由谷歌推出的一款 Android 集成开发工具, 用于开发和调试 Android 应用程序。Android Studio 启动图如图 1-8 所示。它基于 Intellij IDEA 开发, 类似于 Eclipse ADT。在 JetBrains Intellij IDEA 的基础上, Android Studio 提供了基于 Gradle 的构建支持功能以及 Android 专属的重构和快速修复功能。Android Studio 在代码提示、性能捕获、可用性、版本兼容性等方面也提供了良好的解决方案。Android Studio 提出了基于模板来生成常用的 Android 应用界面和组件式开发模式, 这使得其开发效率大大提高。

图 1-8 Android Studio 启动图

1.5.4 VS Code

Visual Studio Code(简称 "VS Code")是由 Microsoft 在 2015 年 4 月 30 日 Build 开发者大会上正式宣布的一款跨平台源代码编辑器, 可运行于 Mac OS X、Windows 和 Linux 操作系统之上。VS Code 启动图如图 1-9 所示。它专为编写现代 Web 和云应用而设计, 具有内置支持

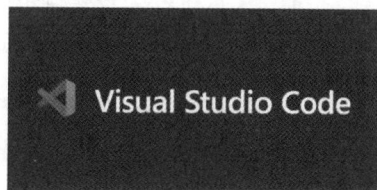

图 1-9 VS Code 启动图

JavaScript、TypeScript 和 Node.js 的特性，并具有丰富的其他语言(如 C++、C♯、Java、Python、PHP、Go)和运行时(如 .NET 和 Unity)扩展的生态系统。许多开发者使用 Windows 作为开发环境，但也有很多人使用 Linux 和 Mac。VS Code 的出现使得开发者可以在他们习惯的平台上从事开发工作，而不必非要迁移到 Windows 操作系统上。

1.6   移动终端开发环境搭建

在移动终端开发中，由于 Symbian 系统已经被用户所淘汰，因此本书主要以 Android 平台为主，基于 Windows 系统进行开发。要进行 Android 系统的开发，需要安装相应的开发环境，包括 JDK、Android Studio、Virtual Machine(安卓模拟器)等。

1.6.1   JDK 软件安装

JDK 是 Java 语言的软件开发工具包，主要用于移动设备、嵌入式设备上的 Java 应用程序。JDK 是整个 Java 开发的核心，它包含了 Java 的运行环境(JVM+Java 系统类库)和 Java 工具。安装 JDK 相对比较简单，需要前往官网下载最新版本的开发库，下载界面如图 1-10 所示。

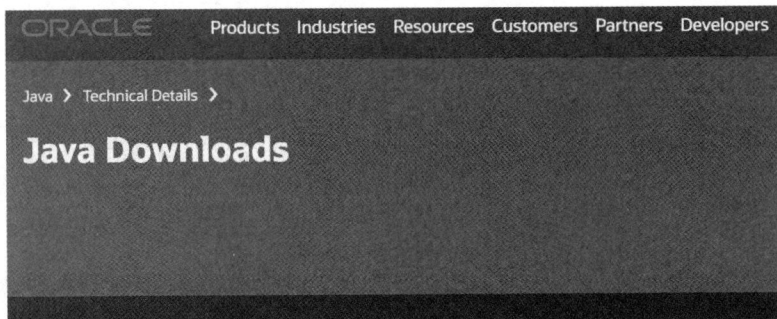

图 1-10   JDK 的下载界面

下载完成后，双击运行，根据软件安装引导进行安装。安装完成后，进入系统变量界面，设置 Java 的环境变量。读者可以通过搜索引擎查看相关配置信息来完成具体操作，如图 1-11 所示。

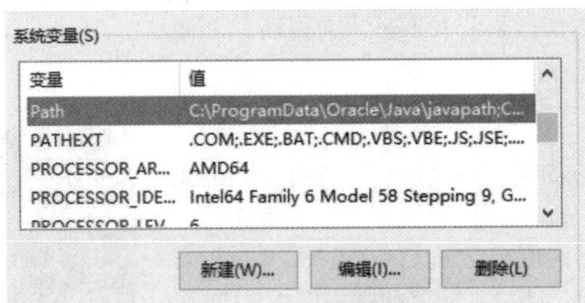

图 1-11   环境变量配置

环境变量配置完成后，启动命令行工具并执行命令"java-version"，即可查看 Java 的
版本信息，运行效果如图 1-12 所示。

图 1-12　运行效果

1.6.2　Android Studio 软件安装

Android Studio 的安装较为简单，需要前往官网下载安装包。下载完成后，双击运行，
如图 1-13 所示。

图 1-13　Android Studio 安装示意图 1

在安装包选项中，选择【Android SDK】与【Android Virtual Device】选项，如图 1-14
所示，然后单击【Next】按钮，继续安装。

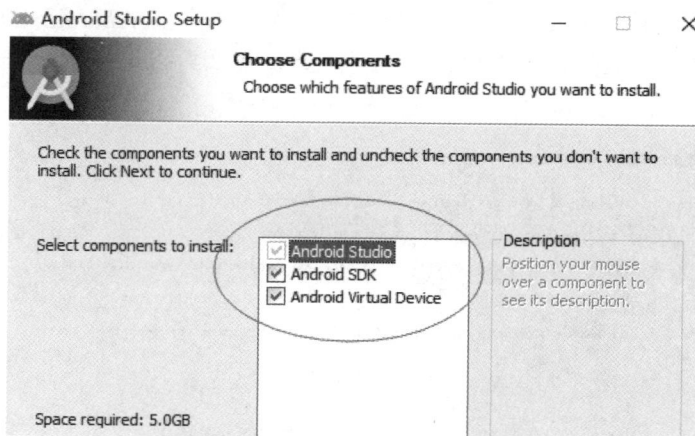

图 1-14　Android Studio 安装示意图 2

在安装路径选择方面，需要注意预留开发所需的项目空间，如图 1-15 所示。

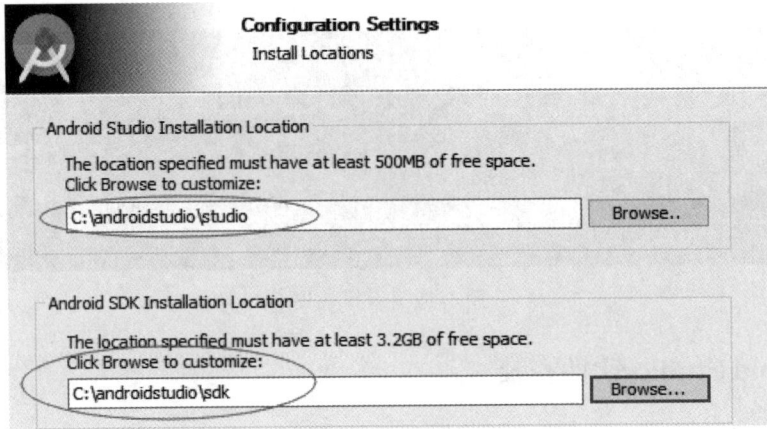

图 1-15　Android Studio 安装示意图 3

安装完成，如图 1-16 所示。

图 1-16　Android Studio 安装示意图 4

1.6.3　Android Studio 软件配置

启动 Android Studio 后，会进入相关配置界面，如图 1-17 所示。初次安装时，由于没有以往配置的数据，因此需要选择第二个选项，即不引入之前 Android Studio 的配置项。如果以往安装过该开发软件，软件会保留原有配置，那么可以选择第一个选项，导入旧的配置。

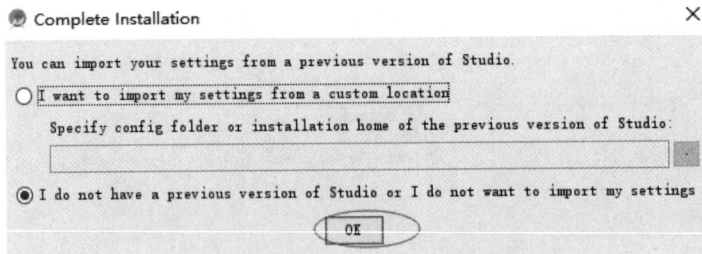

图 1-17　Android Studio 配置示意图 1

进入配置后，由于初次安装可能无法连接 Android SDK，后续可以手动连接。在图 1-18

所示的界面中单击【Cancel】按钮，取消配置。

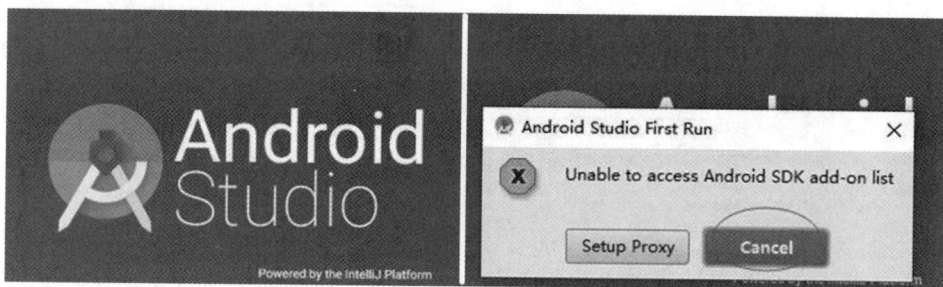

图 1-18　Android Studio 配置示意图 2

取消配置后，进入安装引导界面，在安装模式选项中选择【Standard】选项，如图 1-19
所示。

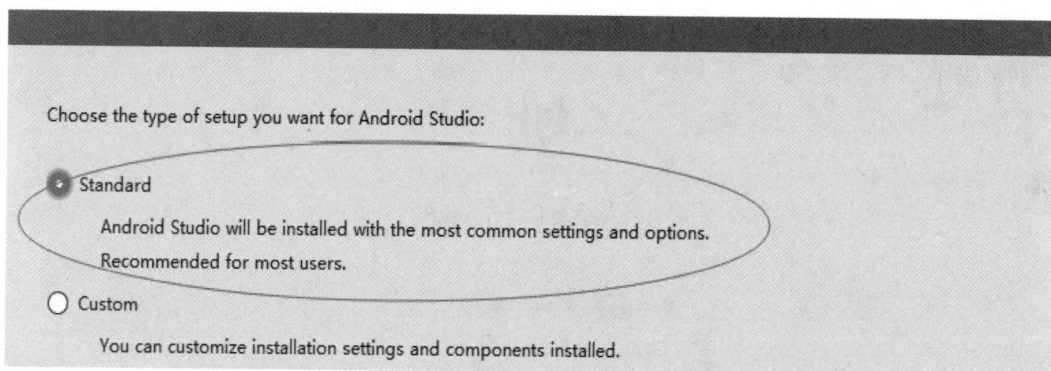

图 1-19　Android Studio 配置示意图 3

在继续安装的过程中会提示选择指定的 SDK 的本地路径，如果计算机中已经存在
SDK，则可以指定该路径，不用再下载 SDK。如果本地没有安装过 SDK，则可以暂时指定
一个路径用于保存 SDK，如图 1-20 所示。

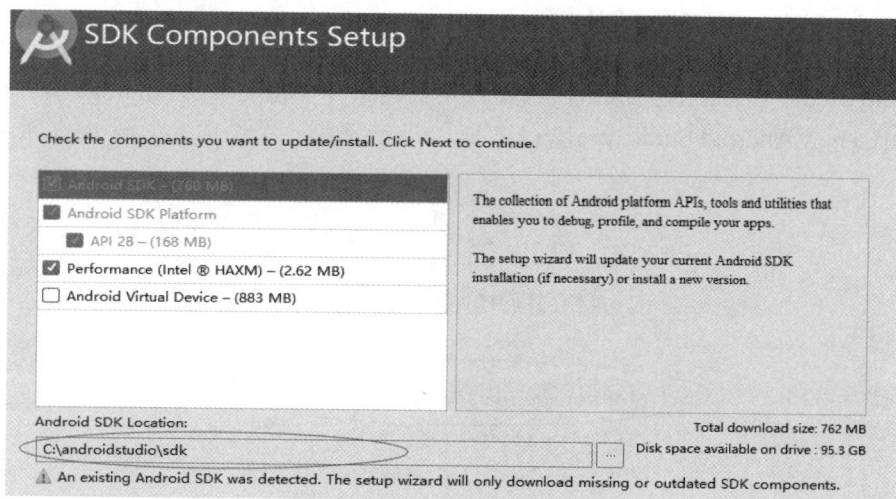

图 1-20　Android Studio 配置示意图 4

Android Studio 会自动下载并安装必要的依赖关系，不需要用户手动安装。安装进度如
图 1-21 所示。

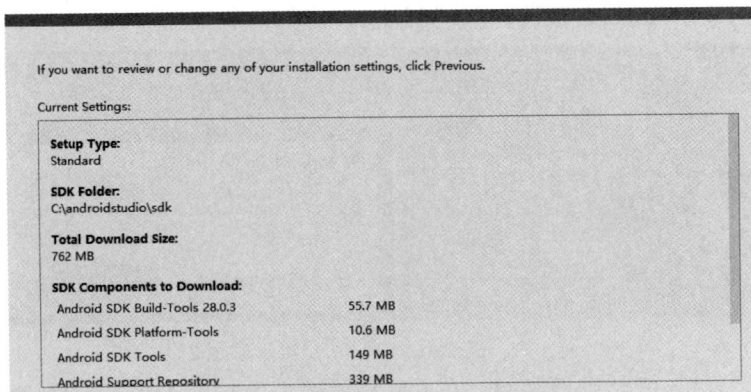

图 1-21   Android Studio 配置示意图 5

所有开发工具与依赖关系都下载完成后，单击【Finish】按钮，进入 Android Studio 欢迎界面，如图 1-22 所示。

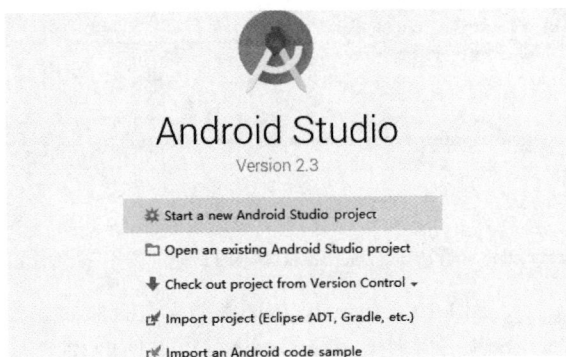

图 1-22   Android Studio 欢迎界面

1.6.4   Android Studio 项目创建

Android Studio 软件配置完成后，可以开始创建第一个移动端的 Android 项目。首先，单击【Start a new Android Studio project】按钮，即选择第一个选项，如图 1-23 所示。

图 1-23   Android 项目创建图 1

然后，进入项目配置界面，在 Project location 处选择工程存储路径，如图 1-24 所示。

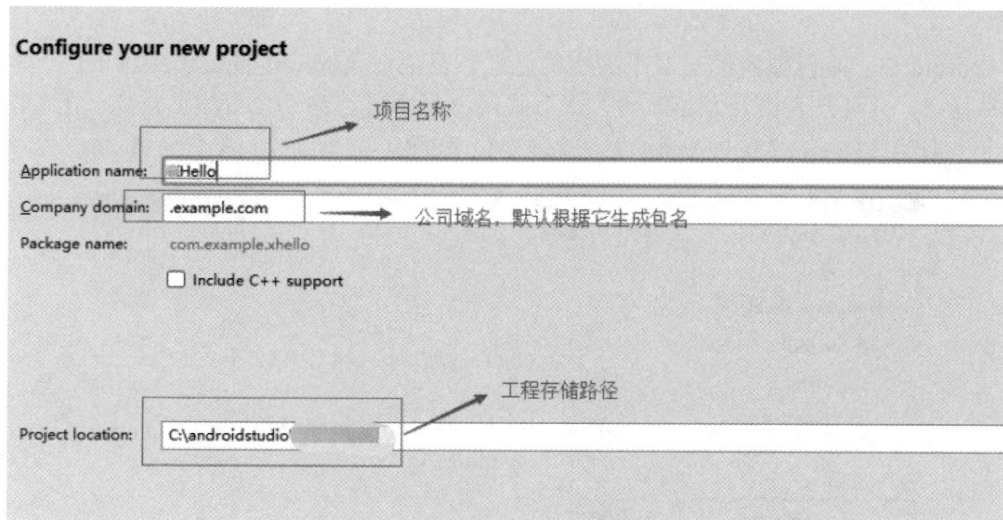

图 1-24 Android 项目创建图 2

根据软件弹出的项目模板，选择【Phone and Tablet】和【Basic Activity】选项，如图 1-25 所示。

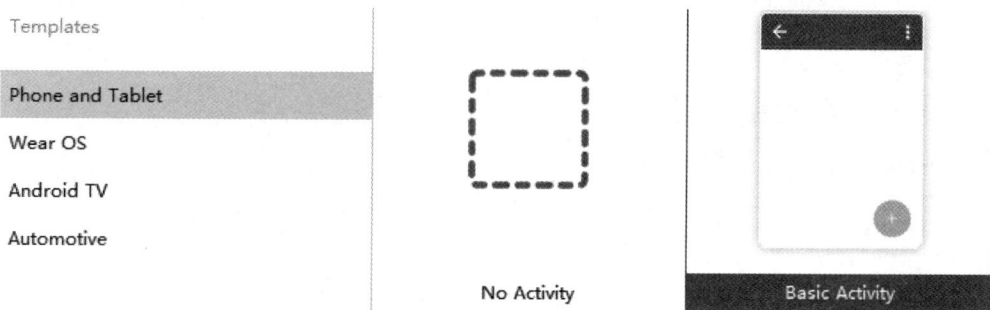

图 1-25 Android 项目创建图 3

单击【Finish】按钮后，Android Studio 会自动解析所需依赖关系，并下载所需的工具。等待几分钟后，软件会进入项目窗口，用户关闭提示弹窗后，即可看到项目界面。进入项目界面后，在左侧栏选择【Android】选项，如图 1-26 所示，可将项目调整为安卓项目预览视图，便于开发。

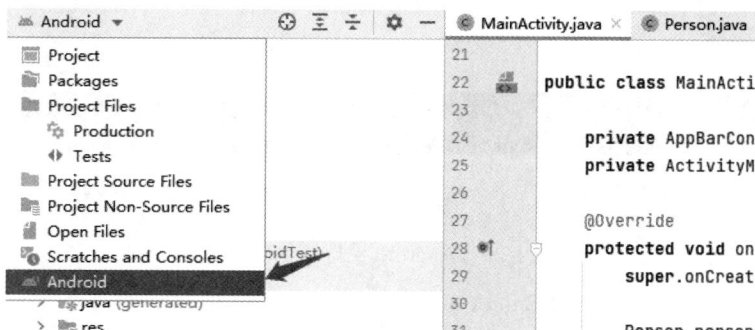

图 1-26 Android 项目创建图 4

1.6.5　Android Studio 模拟器创建

Android Studio 模拟器经过多个版本的迭代，目前在 Android Studio 2021.1.1 版本中已经非常稳定，并且与真机开发相一致。本书采用该版本进行移动端开发。首先，在【Tools】选项卡中启动【Device Manager】(设备管理器)，如图 1-27 所示。

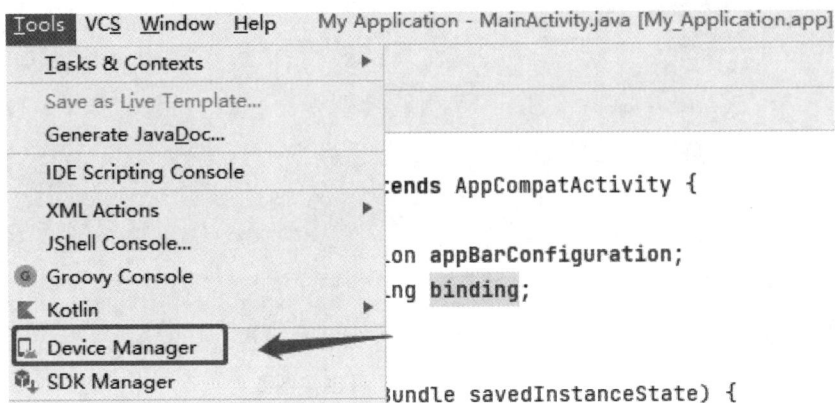

图 1-27　Android 模拟器创建图 1

启动【Device Manager】后，在管理界面单击【Create device】按钮，创建模拟器，如图 1-28 所示。

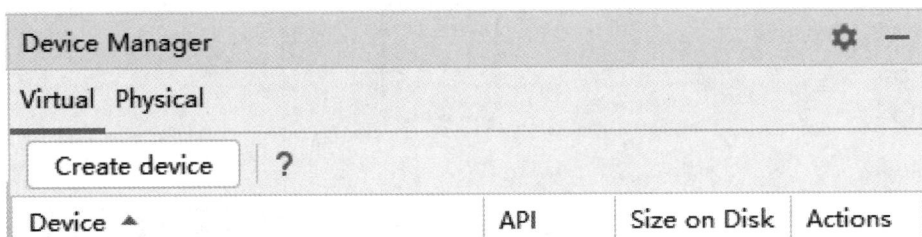

图 1-28　Android 模拟器创建图 2

创建模拟器后，选择一款类似的机型，例如 Google Pixel 5，如图 1-29 所示。

Category	Name ▼	Play Store	Size	Resolution	Density
TV	Pixel XL		5.5"	1440x25...	560dpi
Phone	Pixel 5		6.0"	1080x23...	440dpi
Wear OS	Pixel 4a		5.8"	1080x23...	440dpi

图 1-29　Android 模拟器创建图 3

单击【Next】按钮，进入【Select a System Image】界面，选择 1 个系统镜像。如果当前计算机没有下载对应的系统镜像，则可以在当前界面下载，如图 1-30 所示。

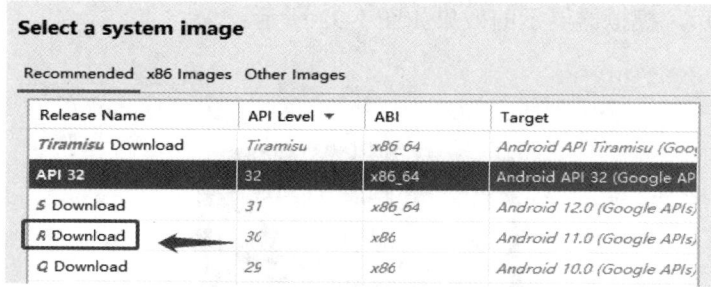

图 1-30　Android 模拟器创建图 4

单击【Next】按钮，进入配置确认界面，输入对应的信息，参考设置如图 1-31 所示。

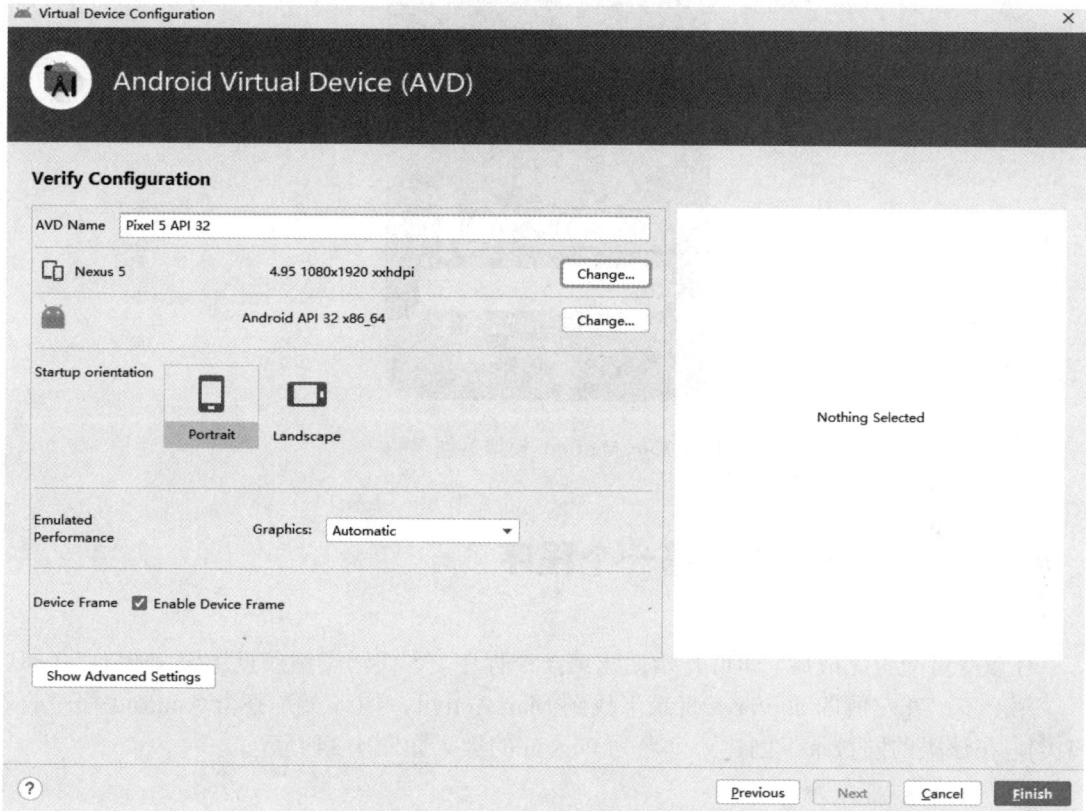

图 1-31　Android 模拟器创建图 5

单击【Finish】按钮，完成虚拟机的创建。在设备管理器线性数据结构中可以看到创建的虚拟机，如图 1-32 所示。

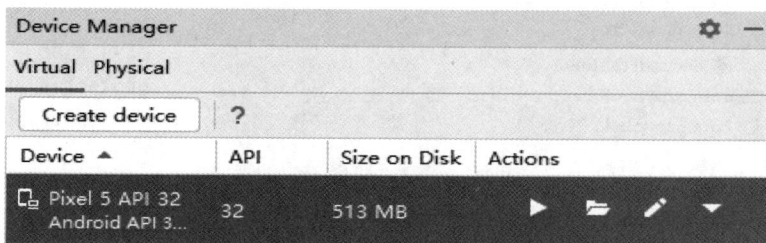

图 1-32　Android 模拟器创建图 6

启动模拟器后，模拟器展示的效果如图 1-33 所示。

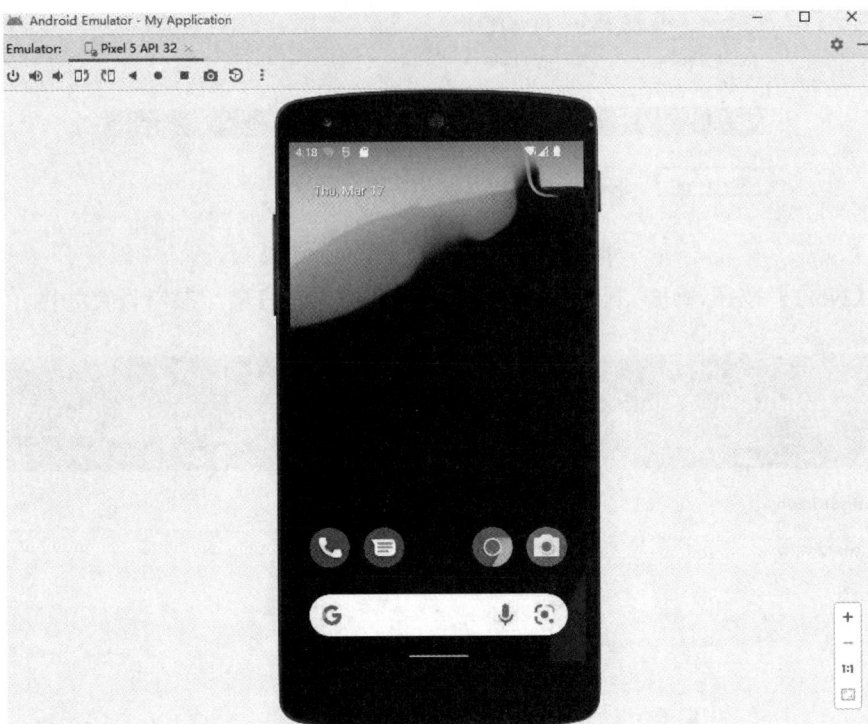

图 1-33　Android 模拟器创建图 7

1.7　创建第一个程序

环境变量配置完成后，即可开始创建第一个程序。本代码实例参见源码文件 1-1-Test1。

第一步：在左侧的 app/java 目录下找到 MainActivity 类(该类是整个 Android 程序的入口类)，在该类的同目录下创建一个名为 Person 的类，如图 1-34 所示。

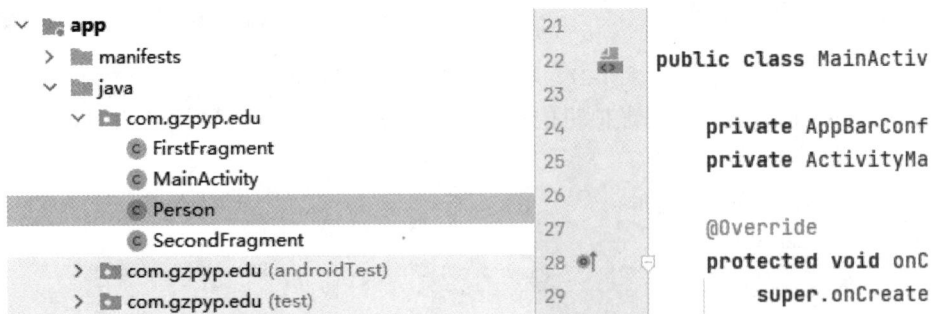

图 1-34　程序创建示例图

第二步：在 MainActivity 类的生命周期函数 onCreate 方法中简单地创建一个 Person 对象，详见代码清单 1-1。

代码清单 1-1

```
protected void onCreate(Bundle savedInstanceState){
    super.onCreate(savedInstanceState);
    //创建 Person 对象
    Person person = new Person();
    binding = ActivityMainBinding.inflate(getLayoutInflater());
    setContentView(binding.getRoot());
    ...(部分代码省略)...
}
```

第三步：在 Person 类中创建成员变量 name，并构建方法 ShowMyInfo，用于打印个人信息，详见代码清单 1-2。

代码清单 1-2

```
public class Person {
    public String name = "张三";
    public void ShowMyInfo(){
        Log.d("Person", this.name);
    }
}
```

第四步：在 MainActivity 类的生命周期函数 onCreate 方法中调用 ShowMyInfo 方法，进行信息打印，详见代码清单 1-3。

代码清单 1-3

```
protected void onCreate(Bundle savedInstanceState){
    super.onCreate(savedInstanceState);
    Person person = new Person();
    person.ShowMyInfo();
    ...(部分代码省略)...
}
```

第五步：单击【Run】选项卡中的【Run 'MainActivity'】选项，启动模拟器，并调试，如图 1-35 所示。

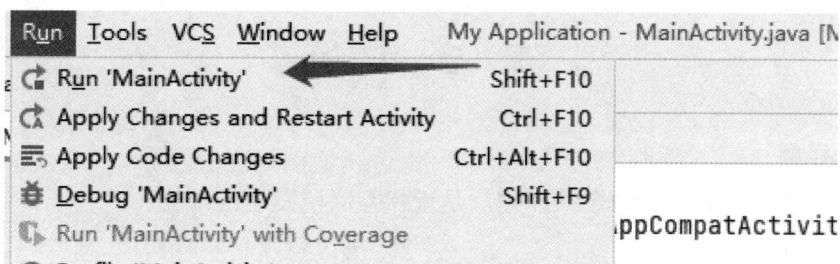

图 1-35　Android 项目调试图 1

第六步：在 Logcat 中加入过滤信息 Person，并查看打印日志，如图 1-36 所示。

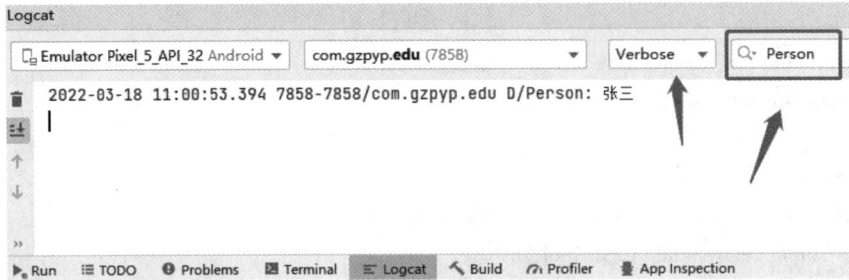

图 1-36　Android 项目调试图 2

第七步：在模拟器中运行程序，如图 1-37 所示。

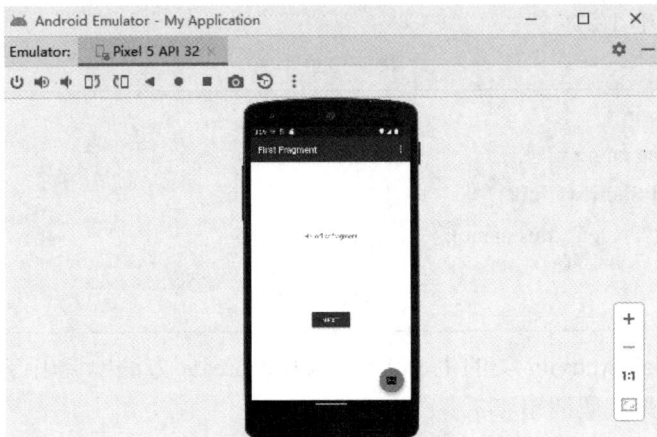

图 1-37　Android 项目调试图 3

本 章 小 结

本章首先介绍了移动互联网的概念、发展历程及特性；然后介绍了移动互联网的四个平台以及开发工具；最后搭建了移动终端开发环境，并创建了第一个程序。通过对本章内容的了解，可以为后面章节的学习打下良好的基础。从第 2 章开始，将进入移动互联网中数据结构的学习，通过浅显易懂的语言与案例，让读者理解数据结构的相关知识。

课 后 习 题

一、选择题

1. 移动互联网是(　　)融合的产物，是近代互联网发展的产物。

A. 信息和网络　　　　　　　　　　B. 电子科技和即时通信

C. 移动通信和互联网　　　　　　　D. 电子科技和信息

2. 移动互联网的发展经历了(　　)。

A. 幼儿阶段、孩童阶段、青年阶段和成年阶段

B. 诞生阶段、生长阶段、成长阶段和衰减阶段

C. 爆炸阶段、发展阶段、衰变阶段和再生阶段

D. 萌芽阶段、成长阶段、发展阶段和全面发展阶段

3. 近代被用户认可的移动互联网平台有(　　)和 Android。

A. Windows、Mac、Linux

B. Symbian、Harmony OS、Linux

C. iOS、Windows Phone、Linux

D. Symbian、Harmony OS、iOS

4. 针对移动互联网，被研发人员认可的开发工具有(　　)和 VS Code。

A. Eclipse、Android Studio、Xcode

B. Eclipse、Notepad++、Cpluse

C. Eclipse、Android Studio、Xcode

D. Xcode、PythonChar、WebStorm

二、简答题

1. 简述你对 Android Studio 中 Device Manager 与 SDK Manager 的理解。

2. 针对国内外大环境以及欧美等国家对中国移动平台的技术封锁，谈一谈华为公司研发的鸿蒙系统(Harmony OS)的重要意义。

第 2 章　数据结构及算法分析

在移动互联网中，数据结构是十分重要的。本章将移动互联网与数据结构相结合，阐述在移动互联网平台开发中，数据结构的重要性。近年来，个人电脑和智能手机的使用已经十分广泛，再加上安卓智能操作系统的高度开放性，使得越来越多的安卓应用软件应运而生。个人电影和安卓手机的大范围普及促使人们进一步考虑如何使用手机实现随时随地娱乐和工作。因此，如何提高移动开发平台的开发效率成为了研发人员面临的首要问题。本章将针对移动开发平台之间的软件架构、通信链路、设计模式等知识点，详细解析在开发安卓平台项目中所遇到的问题。

2.1　数据结构的定义

说起数据结构，相信许多从事多年研发工作的程序员都知道这个概念，但是并不清楚数据结构具体是做什么或者说能够起到什么作用。其实，数据结构很简单，它是计算机存储、组织数据的一种最基本的方式，其作用如图 2-1 所示。在从事研发工作中，数据结构更多的是指数据之间、模型之间，存在的一种或多种特定关系的数据元素的集合。在一般研发过程中，具有良好设计的数据结构的架构框架会大大提高开发者的开发效率，也必定能提高程序运行及数据存储的效率。

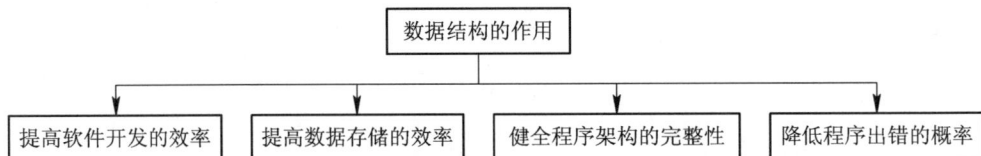

```
                    数据结构的作用
  ┌──────────────┬──────────────┬──────────────┬──────────────┐
提高软件开发的效率  提高数据存储的效率  健全程序架构的完整性  降低程序出错的概率
```

图 2-1　数据结构的作用示意图

在程序开发过程中，数据结构的示例有很多种，都是常见的数据结构的基础，例如数组。数组是一种直接利用内存的最基本的数据结构，它只需要使用循环语句，例如 for 语句，就可以连续地处理数组中所存储的数据，实现各种各样的算法。

本代码实例参见源码文件 2-1-Test1。

1. 数组型数据结构

数组的循环遍历结构就是一个基础的数据结构，具体实现方式如下：

第一步：在 MainActivity 类中创建名为 DataStructArray 的函数，并且在 App 程序入口 onCreate 方法中调用，详见代码清单 2-1。

代码清单 2-1

```
protected void onCreate(Bundle savedInstanceState){
    super.onCreate(savedInstanceState);
    //调用数据结构方法
    this.DataStructArray();
    binding = ActivityMainBinding.inflate(getLayoutInflater());
    setContentView(binding.getRoot());
    setSupportActionBar(binding.toolbar);
    ...部分代码省略...
}});}
```

第二步：在 DataStructArray 函数中，声明一个简单的数组，数组容量为 3，将数组的元素依次赋值为 10、20、30；然后创建 for 循环数据结构，将数组的 3 个元素依次遍历出来，详见代码清单 2-2。

代码清单 2-2

```
public void DataStructArray(){
    int data[] = new int[3]; /*开辟了一个长度为 3 的数组*/
    data[0] = 10;   //第一个元素
    data[1] = 20;   //第二个元素
    data[2] = 30;   //第三个元素
    for(int x = 0; x < data.length; x++){
        System.out.println(data[x]); }//通过循环控制索引
        System.out.println("数据结构之数组遍历完成");
}
```

第三步：查看运行结果，控制台打印效果如图 2-2 所示。

图 2-2　数组型数据结构程序运行图

2. 循环型数据结构

在程序中经常使用到的循环型结构也属于基本数据结构，像经常在程序中使用到的求和算法就属于循环型结构。下面尝试使用 3 种不同的循环方式来实现 1～100 的数值求和。

第一步：在 MainActivity 类中创建 3 个函数，函数名分别为 HundredSumFor、HundredSumDoWhile、HundredSumWhile，并且在 App 程序入口 onCreate 方法中调用，详见代码清单 2-3。

代码清单 2-3

```
protected void onCreate(Bundle savedInstanceState){
    super.onCreate(savedInstanceState);
    this.HundredSumFor();
    this.HundredSumDoWhile();
    this.HundredSumWhile();
    ...部分代码省略...}});
}
```

第二步：在 HundredSumFor 方法中创建 for 循环结构使数据遍历 x，从 1 循环累加到 100，并且输出数据，详见代码清单 2-4。

代码清单 2-4

```
public void HundredSumFor(){
    int x=0;
    for(int i=1;i<=100;i++)
    {
        x=x+i;
    }
    System.out.print("For 循环求出的和，数值为->"+x);
}
```

第三步：在 HundredSumWhile 方法中创建 while 循环结构使数据遍历 x，从 1 循环累加到 100，同时将数据变量 i 不断递增，并且输出数据，详见代码清单 2-5。

代码清单 2-5

```
public void HundredSumWhile(){
    int x=0;
    int i =0;
    while (i<=100){
        x=x+i; //x+=i;
        i++;
    }
    System.out.print("while 循环求出的和，数值为->"+x);
}
```

第四步：在 HundredSumDoWhile 方法中创建 do...while 循环结构使数据遍历 x，从 1 循环累加到 100，同时将数据变量 i 不断自增，并且输出数据，详见代码清单 2-6。

代码清单 2-6

```
public void HundredSumDoWhile(){
    int i=0,x=0;
    do{ x=x+i;
        i++;
    }while (i<=100);
    System.out.print("DoWhile 循环求出的和，数值为->"+x);
}
```

第五步：查看运行结果，控制台打印效果如图 2-3 所示。

图 2-3　循环型数据结构程序运行图

3. 判断型数据结构

在实际开发中也会用到判断型数据结构，这也属于基本数据结构。例如经常在程序中要使用条件判断，例如 if...else...语句与 switch...case...语句。下面来实现 2 个简单的判断型数据结构。

第一步：在 MainActivity 类中创建 2 个函数，函数名分别为 TestIf 与 TestSwitch，并且在 App 程序入口 onCreate 方法中调用，详见代码清单 2-7。

代码清单 2-7

```
protected void onCreate(Bundle savedInstanceState){
    super.onCreate(savedInstanceState);
    System.out.print("onCreate 方法已启动...");
    this.TestIf();
    this.TestSwitch();
    ...部分代码已省略...
}
```

第二步：在 TestIf 方法中创建整数型变量 x，并且将 x 数值赋值为 3，通过 if...else...语句判断 x 数值，并且输出不同的打印字段，详见代码清单 2-8。

代码清单 2-8

```java
public void TestIf(){
    int x=3;
    if (x>3){
        Log.e("Game", "当前 x 数值大于 3");
    }else if(x<3){
        Log.e("Game", "当前 x 数值小于 3");
    }else{
        Log.e("Game", "当前 x 数值等于 3");
    }
}
```

第三步：在 TestSwitch 方法中创建整数型变量 y，并且将 y 数值赋值为 9，通过 switch...case...语句判断 y 数值，并且输出不同的打印字段，详见代码清单 2-9。

代码清单 2-9

```java
public void TestSwitch(){
    int y = 9;
    switch (y){
        case 1:
            Log.e("Game", "当前 y 数值等于 1");break;
        case 9:
            Log.e("Game", "当前 y 数值等于 9"); break;
        default:
            Log.e("Game", "当前 y 数值错误"); break;
    }
}
```

第四步：查看运行结果，控制台打印效果如图 2-4 所示。

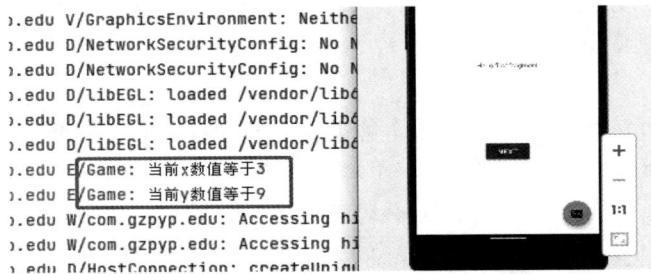

图 2-4　判断型数据结构程序运行图

通过以上三个最基础的数据结构案例，可以了解到其实数据结构并没有想象的那么高深与复杂，相反它更加贴近于实际开发工作，甚至可以说，数据结构渗透了整个编程过程。

2.2　数据结构的基本概念

数据结构包含很多基本概念，如数据、数据元素、数据项、数据对象等，它们的之间关系如图 2-5 所示，这些基本概念是在后续内容中经常被提及。

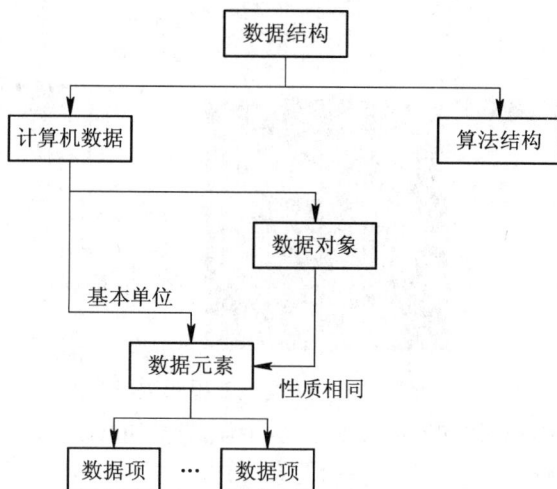

图 2-5　数据结构概念关系图

2.2.1　数据

数据是描述客观事物的一种符号，它是计算机操作的对象，能被计算机识别，并且可以将人类生物学的信息以符号为载体传递给计算机，从而达到数据处理的目的。

移动平台下的数据处理并不复杂，例如在安卓手机上，单击某个按钮，随后计算机会给出一个数据提示，这也是一个简单的数据信息交互。下面来实现这一简单的案例。本代码实例参见源码文件 2-2-Test1。

第一步：创建项目，在安卓项目的"src/main/res/layout/"路径下，找到 activity_main.xml 文件，打开该文件，创建一个按钮，命名为 buttontest，操作详情如图 2-6 所示。

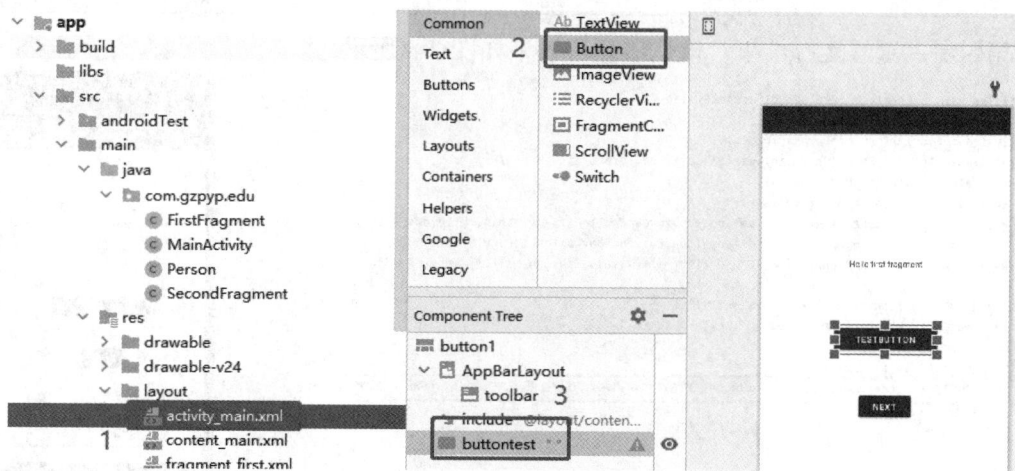

图 2-6　数据交互效果图 1

第二步：拖动按钮到指定位置，并且在属性栏内，将控件的 id 设置为 buttontest，操作详情如图 2-7 所示。

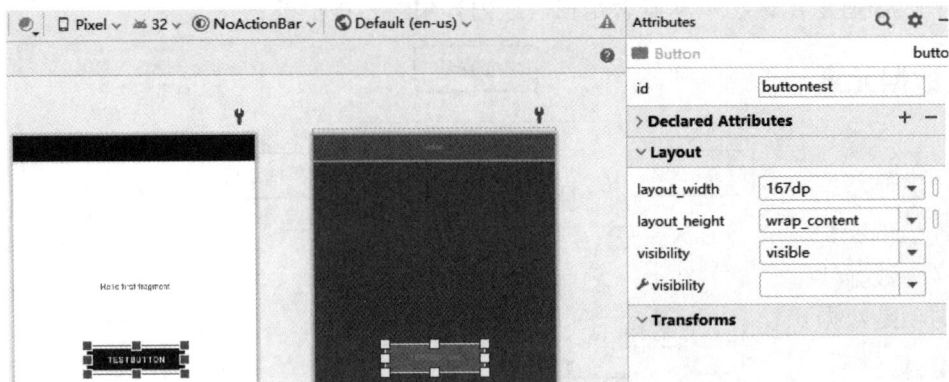

图 2-7   数据交互效果图 2

第三步：在 MainActivity 类的 onCreate 方法中创建该 Button 的实例，并且添加监听事件，在监听事件中，使用 Toast 工具，弹出提示信息"你单击了该按钮..."，详见代码清单 2-10。

代码清单 2-10

```java
protected void onCreate(Bundle savedInstanceState){
    super.onCreate(savedInstanceState);
    System.out.print("onCreate 方法已启动...");
    ...部分代码省略...
    Button btn1 = findViewById(R.id.buttontest) ;      //匿名内部类
    btn1.setOnClickListener(new View.OnClickListener(){
        @Override
        public void onClick(View v) {
            Toast.makeText(getApplicationContext(),"你单击了该按钮...", Toast.LENGTH_LONG).show();
        }});
}
```

第四步：查看运行结果，模拟器弹窗效果如图 2-8 所示。

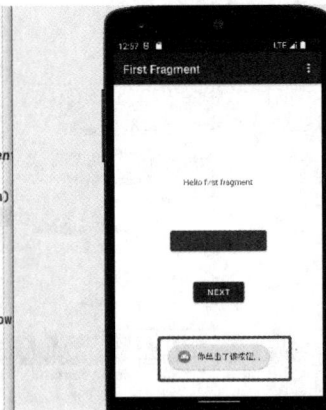

图 2-8   数据交互效果图 3

通过上面的简单案例，可以了解到数据其实就存在我们的应用生活中，用户通过手指触摸屏幕中的按钮，将生物学的信号输入到计算机中，计算机接收到用户输入的数据后进行逻辑处理，然后在显示屏中弹出对应的提示信息，这里的提示信息也是计算机处理的数据。

2.2.2 数据元素及数据项

数据元素是数据的基本单位，它可以是单独的数据，也可以是由一组不可分割的数据所组成。组成数据元素的实例必须是有一定意义的基本单位，即在计算机中可以被作为整体来处理。例如，人类中的数据元素，是由单一的数据(人)来构成的，食草动物的数据元素是由多个数据(牛羊马)等构成的。

数据项是数据元素的最小单位，是数据元素的重要组成部分。数据项可以是某一对象的固有属性，也可以是对象的某一实例。下面通过一个简单的程序案例来了解数据元素与数据项。例如，要创建学校教师的线性数组结构，这个线性数组就是一个数据结构，每个教师就是数据元素，每个教师的信息字段就是数据项，具体结构如图 2-9 所示。

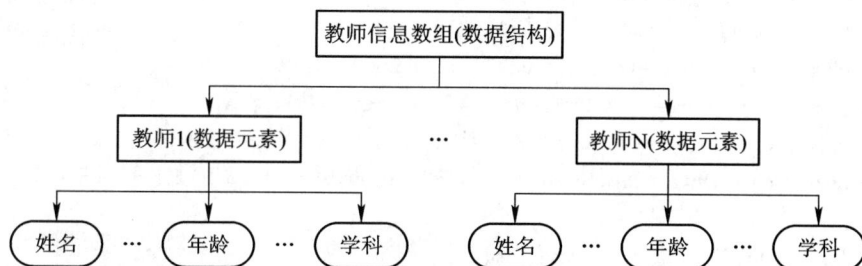

图 2-9 教师数据结构图

下面在程序中实现这一设计。本代码实例参见源码文件 2-2-Test2。

第一步：在程序中创建 Teacher 类，声明成员变量名字、年龄、学科、工号等信息，并创建构造方法，详见代码清单 2-11。

代码清单 2-11

```java
public class Teacher{
    public String name;
    public int age;
    public int school_id;
    public String course;
    public Teacher(String name, int age, int school_id, String course){
        this.name = name;
        this.age = age;
        this.school_id = school_id;
        this.course = course;}
}
```

第二步：重写 Teacher 类的 ToString 构造方法，输出教师的基本信息，详见代码清单 2-12。

代码清单 2-12

```java
@Override
public String toString(){
```

```java
    return "Teacher{" +
            "name='" + name + '\'' +
            ", age=" + age +
            ", school_id=" + school_id +
            ", course='" + course + '\'' +
            '}';
    }
```

第三步：在 MainActivity 类的 onCreate 方法中创建一个数组，并且声明 4 个教师对象，分别为张玉、王萍、李玉明和丁雪珍，将 4 名教师添加到数组中，详见代码清单 2-13。

代码清单 2-13

```java
    protected void onCreate(Bundle savedInstanceState){
        super.onCreate(savedInstanceState);
        System.out.print("onCreate 方法已启动......");
        Teacher teacher_zhang = new Teacher("张玉",30,20090101,"思想品德");
        Teacher teacher_wang = new Teacher("王萍",24,20090102,"高等数学");
        Teacher teacher_Li = new Teacher("李玉明",32,20090103,"可控核聚变理论");
        Teacher teacher_Ding = new Teacher("丁雪珍",40,20090101,"曲率引擎技术基础");

        ArrayList    teacher_list = new ArrayList();
        teacher_list.add(teacher_zhang);
        teacher_list.add(teacher_wang);
        teacher_list.add(teacher_Li);
        teacher_list.add(teacher_Ding);
        ...部分代码省略...
    }
```

第四步：在程序中通过 for 循环结构遍历教师对象，然后调用教师对象的 ToString 方法将教师的个人属性信息(数据项)打印出来，详见代码清单 2-14。

代码清单 2-14

```java
    protected void onCreate(Bundle savedInstanceState){
        super.onCreate(savedInstanceState);
        System.out.print("onCreate 方法已启动...");
        ...部分代码省略...
        teacher_list.add(teacher_Ding);
        for (int i = 0; i < teacher_list.size(); i++)
        {
            Log.e("TEACHERS", teacher_list.get(i).toString());
        }
        ...部分代码省略...
    }
```

第五步：运行该项目代码，在 Logcat 监视窗口中打印的信息如图 2-10 所示。

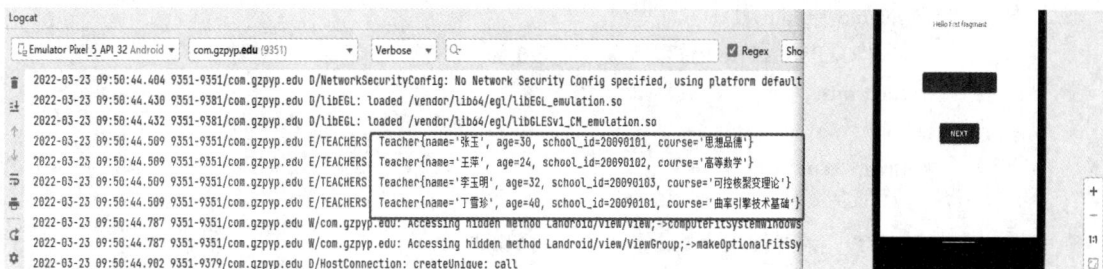

图 2-10　数据元素示例程序运行图

2.2.3　数据对象

数据对象是性质相同的数据元素的集合，它是数据的子集。例如整数型数组{101，102，103，…，99}，或者字符型数组{A，B，C，D，E，…，X，Y，Z}，都是数据对象。这里要特别强调的是，数据对象中的数据性质必须相同。数据对象与数据结构各个元素间的关系如图 2-11 所示。

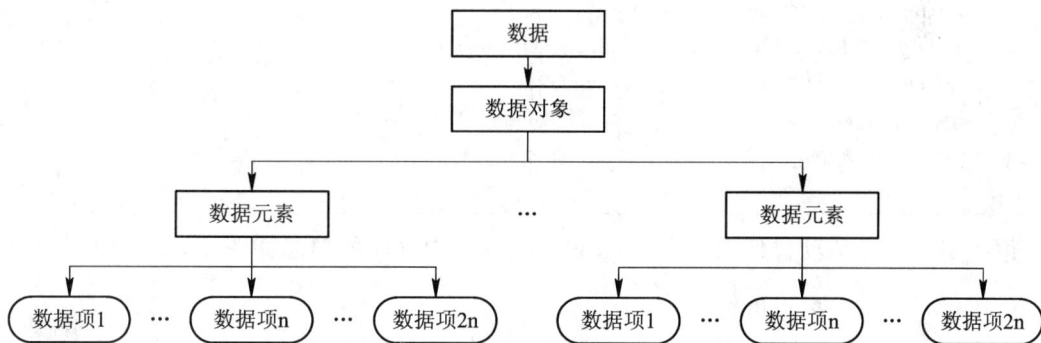

图 2-11　数据对象关系示意图

下面在程序中来学习数据对象的知识。本代码实例参见源码文件 2-2-Test2。

第一步：在安卓程序的 MainActivity 类中创建一个 Object 类型的数组，并且将数组的成员赋值为多种不同的数据类型，例如字符型、整数型、浮点数型等，详见代码清单 2-15。

代码清单 2-15

```
Object[] test = {1,"String",teacher_zhang,'g'};
```

第二步：在 MainActivity 类中创建判断是否是数据的对象的方法，命名为"IsDataObject"，该方法传入参数为一个线性数据结构(Object 数组)。在该方法中，通过 for 循环变量判断数组中所有的元素变量类型是否与第一个元素的变量类型相同，如果相同，则确定该线性数据结构是数据对象，否则不是数据对象，详见代码清单 2-16。

代码清单 2-16

```
public boolean IsDataObject(Object[] test){
    String className = test[0].getClass().getName();
    for (int i = 1; i < test.length; i++){
        String temp = test[i].getClass().getName();
```

```
        if(className !=temp){
            Log.e("GZPYP", "该线性集合并【不是】数据对象... ");
            return false;
        }else{
            return    true;
        }}
        Log.e("GZPYP", "该线性集合并【是】数据对象... ");
        return    true;
    }
```

第三步：在 onCreate 方法中调用该函数，详见代码清单 2-17。

代码清单 2-17

```
    protected void onCreate(Bundle savedInstanceState){
        super.onCreate(savedInstanceState);
        Teacher teacher_zhang = new Teacher("张玉",30,20090101,"思想品德");
        ...部分代码省略...
        for (int i = 0; i < teacher_list.size(); i++) {
            Log.e("TEACHERS", teacher_list.get(i).toString());}
        Object[] test = {1,"String",teacher_zhang,'g'};
        this.IsDataObject(test);
        ...部分代码省略...
    }
```

第四步：运行该项目代码，在 Logcat 监视窗口中打印的信息如图 2-12 所示。

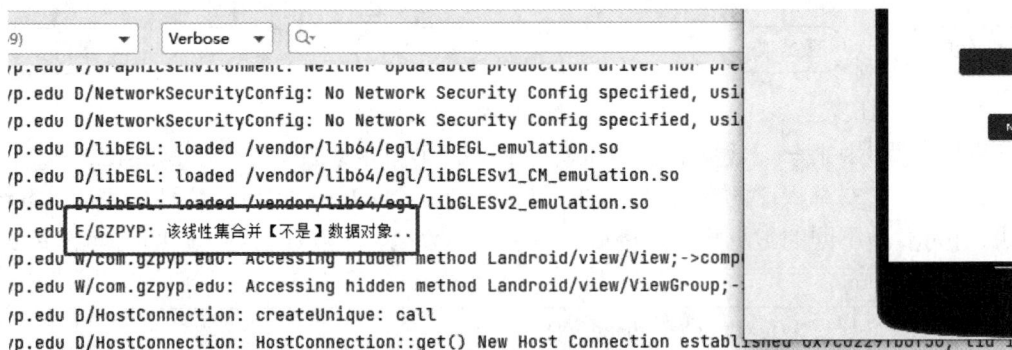

```
                    ▼          Verbose ▼   Q▪
/p.edu V/GraphicsEnvironment: Neither updatable production driver nor pre
/p.edu D/NetworkSecurityConfig: No Network Security Config specified, usi
/p.edu D/NetworkSecurityConfig: No Network Security Config specified, usi
/p.edu D/libEGL: loaded /vendor/lib64/egl/libEGL_emulation.so
/p.edu D/libEGL: loaded /vendor/lib64/egl/libGLESv1_CM_emulation.so
/p.edu D/libEGL: loaded /vendor/lib64/egl/libGLESv2_emulation.so
/p.edu E/GZPYP: 该线性集合并【不是】数据对象..
/p.edu W/com.gzpyp.edu: Accessing hidden method Landroid/view/View;->comp
/p.edu W/com.gzpyp.edu: Accessing hidden method Landroid/view/ViewGroup;-
/p.edu D/HostConnection: createUnique: call
/p.edu D/HostConnection: HostConnection::get() New Host Connection establi
```

图 2-12   运行结果

通过上面的示例，可以看出 Object 数组作为数据对象，它的构成必须是性质相同的数据元素的集合。因为 Object 数组中存在不同性质的数组元素，所以该数组不是数据对象。

2.3   数据的特定关系

数据的特定关系是指在数据的计算与传输过程中所形成的特定结构，这种结构会提高算法的运行效率。常见的特定关系有集合关系、线性关系、树型关系、图型关系、网状关系等，这种特定的关系也称为结构。数据的特定关系组成如图 2-13 所示。

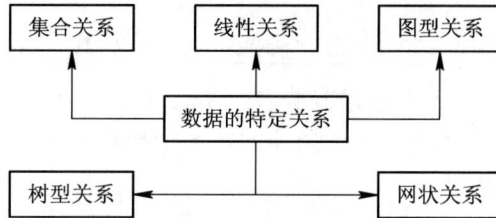

图 2-13　数据的特定关系图

2.3.1　集合关系

数据的集合关系有很多种表示方式，常见的有数组、线性数据结构、哈希表等。下面通过哈希表实现一个案例，介绍数据的集合关系，案例结构如图 2-14 所示。

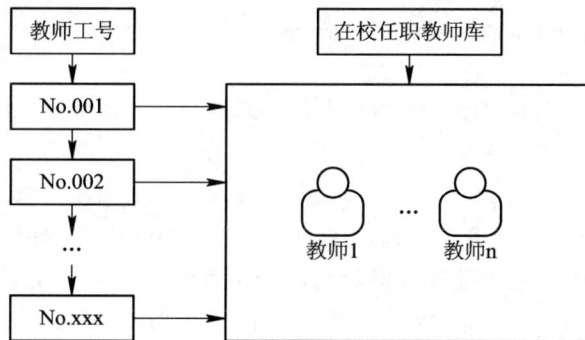

图 2-14　集合关系示意图

本代码实例参见源码文件 2-3-Test1。

第一步：在安卓项目中创建教师类(Teacher)，封装基本属性，如姓名、年龄、工龄、教授科目等情况，详见代码清单 2-18。

代码清单 2-18

```
package com.gzpyp.edu;
import android.util.Log;
public class Teacher{
    public String name;
    public int age;
    public int work_age;
    public int school_id;
    public String course;
    public Teacher(String name, int age, int work_age, int school_id, String course){
        this.name = name;
        this.age = age;
        this.work_age = work_age;
        this.school_id = school_id;
```

```
        this.course = course;}
    public void IntroduceSelf(){
        Log.d("GZPYP_CODE", "工号: " +school_id+"| 名字: " + name);}}
```

第二步：在 MainActivity 类中创建方法 DataMapTest，用于实现集合案例。在该方法中，创建一个 HashMap 对象，并且通过 for 循环创建 5 个教师对象，将这些教师对象添加进集合对象中，详见代码清单 2-19。

代码清单 2-19

```
    public void DataMapTest(){
        HashMap<Integer,Teacher> teachersMap = new HashMap<Integer, Teacher>();
        for (int i = 1; i <= 5; i++){
            String name = "欧阳 0" + i;
            Teacher teacher = new Teacher(name,10+i,i,i+100,"可控核聚变");
            Log.d(TAG_GZPYP, "创建第"+i+"名教师对象创建完成...加入到集合中....");
            teachersMap.put(teacher.school_id,teacher);
        }
        Toast.makeText(getApplicationContext(), "已将教师加入到集合中...开始遍历教师集合...",
        Toast.LENGTH_LONG).show();
    }
```

第三步：将教师添加到集合中，通过 Toast 打印在 App 中构建提示信息，然后创建 Set 对象，通过 Map 类中的 Entry 对象对整个集合的元素进行遍历，在遍历的过程中，通过教师类中的 IntroduceSelf 方法打印教师个人信息，详见代码清单 2-20。

代码清单 2-20

```
    public void DataMapTest(){
        ...部分代码省略...
        Set<Map.Entry<Integer, Teacher>> sets = teachersMap.entrySet();
        for(Entry<Integer, Teacher> entry : sets){
            Integer key = entry.getKey();
            Teacher teacher = entry.getValue();
            teacher.IntroduceSelf();}
    }
```

第四步：在 onCreate 方法中调用 DataMapTest 方法，详见代码清单 2-21。

代码清单 2-21

```
    private final String TAG_GZPYP = "GZPYP_CODE";
    protected void onCreate(Bundle savedInstanceState){
        ...部分代码省略...
        this.DataMapTest();
        ...部分代码省略...
    }
```

第五步：运行该项目代码，在 Logcat 监视窗口中打印的信息如图 2-15 所示。

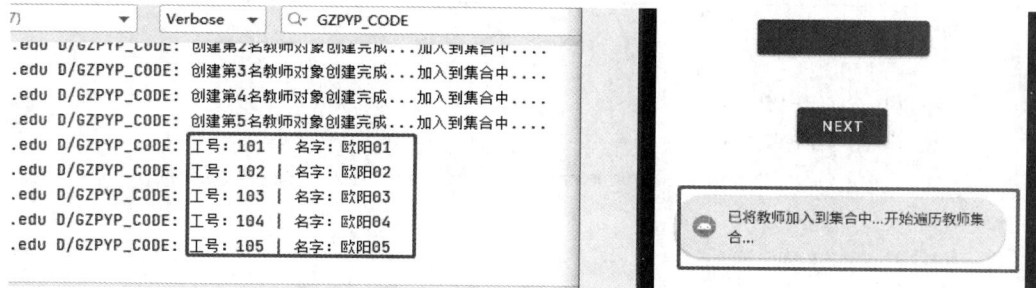

图 2-15　集合关系运行示意图

2.3.2　线性关系

数据的线性关系有很多种表示方式，常见的有数组、栈、队列等。下面通过 Java 中的队列类介绍数据的线性关系。

队列是一种特殊数据的线性结构，它只允许在表的开始位置进行删除操作，而在线性结构的后端进行插入操作。

本代码实例参见源码文件 2-3-Test2。

第一步：在 MainActivity 类中创建方法 QueueTest，并且在 onCreate 方法中调用，详见代码清单 2-22。

代码清单 2-22

```java
public class MainActivity extends AppCompatActivity{
    private AppBarConfiguration appBarConfiguration;
    private ActivityMainBinding binding;
    private final String TAG_GZPYP = "GZPYP_CODE";
    @Override
    protected void onCreate(Bundle savedInstanceState){
        ...部分代码省略...
        System.out.print("onCreate 方法已启动...");
        this.QueueTest();
        ...部分代码省略...
    }
```

第二步：创建队列实例，增加元素进入队列，调用 poll 方法与 peek 方法获取队头元素，并使用 for 循环遍历，打印队列中元素的排列顺序，详见代码清单 2-23。

代码清单 2-23

```java
public void QueueTest(){
    Queue<String> queue = new LinkedList<String>();
    //添加元素
    queue.offer("a");queue.offer("b");
    queue.offer("c");queue.offer("d");
    queue.offer("e");
    String test = "";
```

```
for(String q : queue){
    test+=q;}
Log.d(TAG_GZPYP, test);
Log.d(TAG_GZPYP, "--------------------");
Log.d(TAG_GZPYP,"poll = " + queue.poll()); //返回第一个元素，并在队列中删除
test = "";
for(String q : queue){
    test+=q;}
Log.d(TAG_GZPYP, test);
Log.d(TAG_GZPYP, "--------------------");
String temp =    "element = " + queue.element(); //返回第一个元素
Log.d(TAG_GZPYP, temp);
test = "";
for(String q : queue){
    test+=q;}
Log.d(TAG_GZPYP, test);
Log.d(TAG_GZPYP, "--------------------");
Log.d(TAG_GZPYP,"peek = "+queue.peek()); //返回第一个元素
test = "";
for(String q : queue){
    test+=q;}
    Log.d(TAG_GZPYP, test);
}
```

第三步：运行该项目代码，在 Logcat 监视窗口中打印的信息如图 2-16 所示。

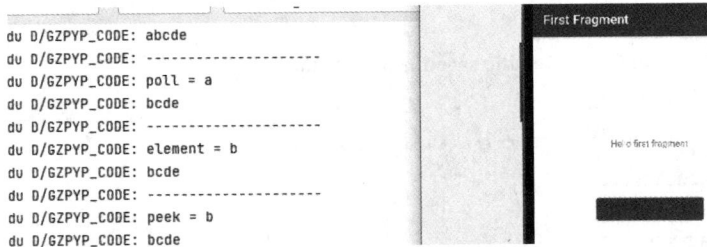

图 2-16　线性关系运行示意图

2.3.3　树型关系

数据的树型关系有很多种表示方式，常见的有树、二叉树、二叉平衡树等。下面通过案例来介绍数据的树型关系，该案例的结构如图 2-17 所示。

本代码实例参见源码文件 2-3-Test3。

第一步：创建树型结构的叶子节点，设置 4 个成员变量，包括节点名称、节点编号、节点链接的左侧叶子节点、节点链接的右侧叶子节点，详见代

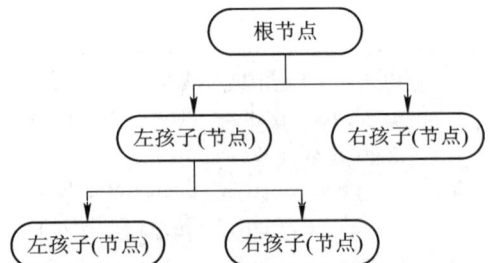

图 2-17　树型关系示意图

码清单 2-24。

代码清单 2-24

```java
public class TreeNode{
    private Object mData;          //节点名称
    private int mParent;           //节点的编号
    private TreeNode leftNode;
    private TreeNode rightNode;
    public TreeNode(Object data, int parent){
        mData = data;
        mParent = parent;}
    public Object getData(){
        return mData;}
    public void setData(Object data){
        mData = data;}
    public int getParent(){
        return mParent;}
    public void setParent(int parent){
        mParent = parent;}
}
```

第二步：在 TreeNode 类内部构建左、右叶子节点的链接方法，同时重写 ToString 方法用于打印节点信息，详见代码清单 2-25。

代码清单 2-25

```java
public void SetLeftNode(TreeNode left){
    this.leftNode = left;
    String temp = this.toString()+"的左叶子节点是"+leftNode.toString();
    Log.d(MainActivity.TAG_GZPYP, temp);}
public void SetRighttNode(TreeNode right){
    this.rightNode = right;
    String temp = this.toString()+"的右叶子节点是"+rightNode.toString();
    Log.d(MainActivity.TAG_GZPYP, temp);}
@Override
public String toString() {
    return "TreeNode{" +"节点名称："  + mData +", 节点编号："  + mParent +'}';
}
```

第三步：在 MainActivity 类的 onCreate 方法中创建 3 个叶子节点，包括根节点、左节点和右节点，通过 SetLeftNode 与 SetRightNode 方法链接起 3 个节点，构建数据的树型关系，详见代码清单 2-26。

代码清单 2-26

```java
protected void onCreate(Bundle savedInstanceState){
    ...部分代码省略...
```

```
TreeNode root = new TreeNode("根节点",0);
TreeNode left_child = new TreeNode("左节点",1);
TreeNode right_child = new TreeNode("右节点",2);
root.SetLeftNode(left_child);
root.SetRightNode(right_child);
...部分代码省略...
}
```

第四步：运行该项目代码，在 Logcat 监视窗口中打印的信息如图 2-18 所示。

```
TreeNode{节点名称：根节点，节点编号：0}的左叶子节点是TreeNode{节点名称：左节点，节点编号：1}
TreeNode{节点名称：根节点，节点编号：0}的右叶子节点是TreeNode{节点名称：右节点，节点编号：2}
```

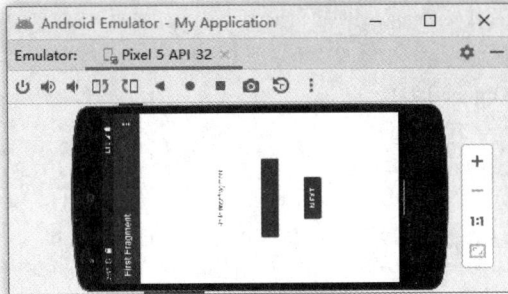

图 2-18　树型结构运行示意图

2.3.4　图型关系

数据的图型结构的表示方式并不是很多，因为它涉及了节点、边，由节点与边相互联系才构成图型关系。节案例较为复杂，关于数据的图型关系在后续章节中会详细讲解,这里仅提供一个样例代码，方便读者理解。图型关系如图 2-19 所示。

数据的图型关系很复杂，并不适合初学者，这里的案例代码仅作为预习了解。本代码实例参见源码文件 2-3-Test4。详见代码清单 2-27。

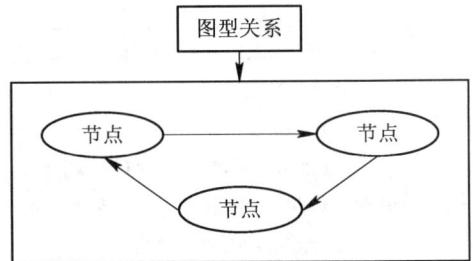

图 2-19　图型关系示意图

代码清单 2-27

```java
public class GraphGenerator{
    public static Graph createGraph(Integer[][] matrix){
        Graph graph = new Graph();
        for (int i = 0; i < matrix.length; i++) {//长度为 3 的数组
            Integer weight = matrix[i][0];
            Integer from = matrix[i][1];
            Integer to = matrix[i][2];
            if (!graph.nodes.containsKey(from)){
                graph.nodes.put(from, new Node(from));}
            if (!graph.nodes.containsKey(to)) {
```

```
            graph.nodes.put(to, new Node(to));}
        Node fromNode = graph.nodes.get(from);
        Node toNode = graph.nodes.get(to);
        Edge newEdge = new Edge(weight, fromNode, toNode);
        fromNode.nexts.add(toNode);
        fromNode.out++;
        toNode.in++;
        fromNode.edges.add(newEdge);
        graph.edges.add(newEdge);}
    return graph;}
}
```

2.4　数据的抽象类型

　　抽象数据类型较难理解，想要理解在计算机学科中为什么会出现抽象数据类型，在探索计算机运算步骤时，基本的顺序应该是先考虑顶层的运算步骤，再考虑底层的运算步骤。

　　宏观运算是指定义在数据模型级上的顶层运算步骤。底层运算是指顶层宏观运算的具体实现。它们都依赖于抽象数据结构，也依赖于抽象数据类型的接口。底层运算是顶层运算的细化，为顶层运算提供服务。为了将顶层运算与底层运算隔开，使二者在设计时不会互相牵制、互相影响，计算机科学家分别对二者进行了封装，并且向外部提供了对应的访问接口，可以让底层通过抽象数据接口为顶层服务，顶层运算也可以通过这个接口来调用底层算法。数据的抽象类型与宏观运算、底层运算的关系如图 2-20 所示。

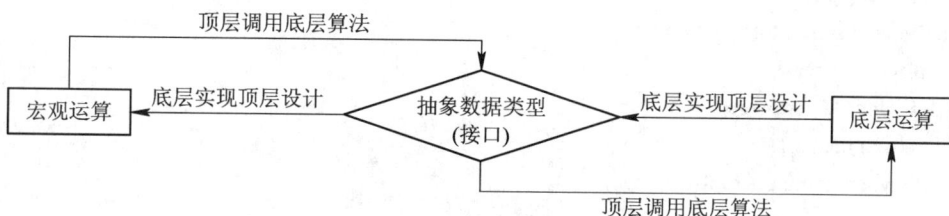

图 2-20　抽象数据类型原理图

　　抽象数据类型是指一个数据模型以及定义在该数据模型上的一组操作，它的具体表现在其值域的定义上，根据其值域的不同特性可以细分为三种类型：原子类型、聚合类型和多形数据类型。

2.4.1　原子类型

　　原子类型的变量的数值是不可分解的，这类抽象数据类型并不多见。在一般情况下，已有的固有数据类型足以满足需要，但有时也不得不定义一些新的数据类型，例如位数为10 的数据类型。我们经常使用的数组实际上就是原子类型的数据结构，还有一些通过原子类型的数据结构重新组合而形成的结构体也属于原子类型的数据结构。

2.4.2　聚合类型

在数据结构中，聚合类型最具代表性的就是复数。细分之下，复数属于固定聚合类型，因为复数是由两个实数依次确定的次序关系构成，具备聚合类型的特征。下面来实现一个复数的聚合类型实例。本代码实例参见源码文件 2-4-Test1。

第一步：创建一个复数的实例 Complex 类，其构造方法的两个参数分别代表该复数的实部与虚部，并且创建构造方法，详见代码清单 2-28。

代码清单 2-28

```java
public class Complex{ //复数类
    double real;   //实部
    double image; //虚部
    private void Complex(double real, double image){ //供不带参数的构造方法调用
        //TODO Auto-generated method stub
        this.real = real;
        this.image = image;}
    Complex(double real,double image){ //带参数的构造方法
        this.real = real;
        this.image = image;}
}
```

第二步：为实例 Complex 类添加获取数据的方法，详见代码清单 2-29。

代码清单 2-29

```java
public double getReal(){
    return real;}
public void setReal(double real){
    this.real = real;}
public double getImage(){
    return image;}
public void setImage(double image){
    this.image = image;}
```

第三步：创建复数的逻辑运算方法，详见代码清单 2-30。

代码清单 2-30

```java
Complex add(Complex a){ //复数相加
    double real2 = a.getReal();
    double image2 = a.getImage();
    double newReal = real + real2;
    double newImage = image + image2;
    Complex result = new Complex(newReal,newImage);
    return result;}
Complex sub(Complex a){ //复数相减
    double real2 = a.getReal();
```

```
    double image2 = a.getImage();
    double newReal = real - real2;
    double newImage = image - image2;
    Complex result = new Complex(newReal,newImage);
    return result;}
Complex mul(Complex a){ //复数相乘
    double real2 = a.getReal();
    double image2 = a.getImage();
    double newReal = real*real2 - image*image2;
    double newImage = image*real2 + real*image2;
    Complex result = new Complex(newReal,newImage);
    return result;}
Complex div(Complex a){ //复数相除
    double real2 = a.getReal();
    double image2 = a.getImage();
    double newReal = (real*real2 + image*image2)/(real2*real2 + image2*image2);
    double newImage = (image*real2 - real*image2)/(real2*real2 + image2*image2);
    Complex result = new Complex(newReal,newImage);
    return result;}
```

第四步：构建一个打印方法 print，用于将复数的信息打印出来，详见代码清单 2-31。

代码清单 2-31

```
public void print(){ //输出
    if(image > 0){
        System.out.println(real + " + " + image + "i");
    }else if(image < 0){
        System.out.println(real + "" + image + "i");
    }else{
        System.out.println(real);
    }
}
```

第五步：在 MainActivity 类中创建测试方法 AndroidMainTest，并且创建 2 个复数进行加减乘除的逻辑运算，详见代码清单 2-32。

代码清单 2-32

```
public void AndroidMainTest(){
    System.out.println("创建第一个复数的实部和虚部:");
    Complex data1 = new Complex(1,2);
    System.out.println("创建第二个复数的实部和虚部:");
    Complex data2 = new Complex(3,4);
    //以下分别为加减乘除
    Complex result_add = data1.add(data2);
    Complex result_sub = data1.sub(data2);
```

```
    Complex result_mul = data1.mul(data2);
    Complex result_div = data1.div(data2);
    result_add.print();
    result_sub.print();
    result_mul.print();
}
```

第六步：在 MainActivity 类的 onCreate 方法中调用上述方法，并运行该项目代码，在 Logcat 监视窗口中打印的信息如图 2-21 所示。

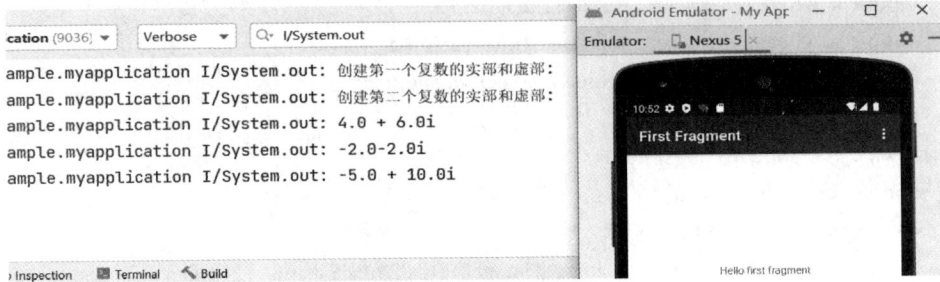

图 2-21   聚合类型运行效果图

2.4.3   多形数据类型

多形数据类型是指其值的成分不确定的数据类型，其数据元素的类型是不确定的，相比其他数据类型，例如一维数组或字符串，它们的每个元素始终都是相同类型，而不存在不同类型的元素为一组。

对于多形数据类型，通过一个实例来介绍。本代码实例参见源码文件 2-4-Test2。

第一步：创建一个 Java 数组，让该数组存放多种不同类型的变量，再创建一个数组仅存放同一类型的元素，详见代码清单 2-33。

代码清单 2-33

```
public void ObjectsTest(){
    Object[] test = {1,2.22f,"hello",'c'};
    int[] test01 = {1,2,3,4};
    for (int i = 0; i < test.length; i++) {
        System.out.println(test[i].toString());}
}
```

第二步：在 MainActivity 类的 onCreate 方法中调用上述方法，并运行该项目代码，在 Logcat 监视窗口中打印的信息如图 2-22 所示。

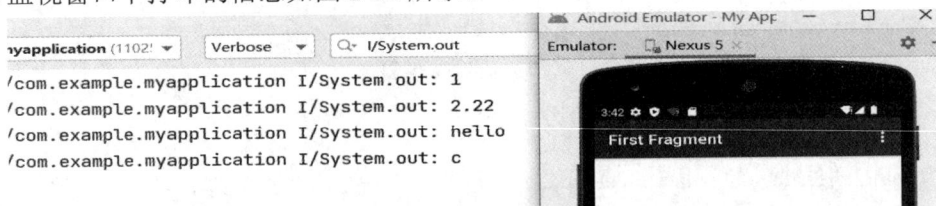

图 2-22   多形数据类型运行效果图

2.5　算法分析

算法是指对特定问题的解题方案的准确而完整的描述，是一系列解决问题的清晰指令。准确的算法能够接收具有一定规模的问题的输入，并且能在有限时间内得到预想的数据结果。如果一个算法有缺陷，或不适用于某个问题，执行这个算法便不会解决这个问题。不同的算法可能用不同的时间、空间或效率来完成同样的任务。一个算法的优劣可以用空间复杂度与时间复杂度来衡量。

算法具有以下五大特性：

(1) 有穷性：算法必须在有限时间内做完，即算法必须在执行有限个步骤之后终止。

(2) 确定性：算法中的每一个步骤都必须有明确的定义，不允许有模棱两可的解释和多义性。

(3) 可行性：针对实际问题而设计的算法，执行后能够得到满意的结果。

(4) 输入项：一个算法有 0 个或多个输入，以刻画运算对象的初始情况，所谓 0 个输入是指算法本身给出了初始条件。

(5) 输出项：一个算法有一个或多个输出，以反映对输入数据加工后的结果，没有输出的算法是毫无意义的。

2.5.1　算法的设计要求

在计算机行业内，如何设计算法一直是程序员经常探讨的问题，在经历了很长一段时间后，大家普遍认为一个好的算法应该具备以下四种属性：

(1) 正确性：算法至少应该具有输入、输出，加工处理无歧义性，能正确反映问题的需求、能够得到问题的正确答案。

(2) 可读性：便于阅读、理解和交流。

(3) 健壮性：当输入数据不合法时，算法能作出相关处理，而不是产生异常或者莫名其妙的结果。

(4) 时效性：指算法的执行时间。算法执行时间越短，效率越高。

2.5.2　时间复杂度

时间复杂度又称时间复杂性。算法的时间复杂度是一个函数，它可以定性描述算法的运行时间。时间复杂度常用符号 O 表述，表述中不包括这个函数的低阶项和首项系数，这种方式的时间复杂度又称渐近时间复杂度。

一个算法执行所耗费的时间从理论上是不能算出来的，必须上机运行测试才能知道。但不可能也没有必要对每个算法都上机测试，只需知道哪个算法花费的时间多，哪个算法花费的时间少。一个算法花费的时间与算法中语句的执行次数成正比，算法中语句执行次数多，花费时间就多。

语句频度(时间频度)是指在计算机程序中，单一的某一程序语句重复执行的次数，记为 T(n)，例如 for 循环语句，详见代码清单 2-34。

代码清单 2-34

```java
public class Test{
    public static void main(String[] args){
        for(int i = 0; i < 20; i++){
            System.out.print("value of x : " + x );①
            System.out.print("\n");
}}}
```

在代码清单 2-34 中，核心语句①重复执行的次数为 20 次，那么这个核心语句的语句频度即为 20。

1. 时间复杂度的表示

在上文提到的时间频度中，循环次数 n 被称为问题规模。当 n 不断变化时，时间频度也会不断变化。但为了知道它变化时呈现的规律，引入了时间复杂度的概念。一般情况下，算法中基本操作重复执行的次数是问题规模 n 的某个函数，用 T(n)表示。若有某个辅助函数 f(n)，使得当 n 趋近于无穷大时，T(n)/f(n)的极限值为不等于零的常数，则称 f(n)是 T(n)的同数量级函数，记作 T(n)=O(f(n))，将这种表示方法称为时间复杂度的"大 O 表示法"。

时间复杂度的表示原则如下：

(1) 如果运行时间是常数，则用常数 1 表示。

(2) 运行结果中，只保留时间函数的最高阶。

(3) 如果最高阶项存在，则省略最高阶项的系数。

O(f(n))中 f(n)的值可以为 1、n、logn、n^2 等，因此可以将 O(1)、O(n)、O(logn)、O(n^2)分别称为常数阶、线性阶、对数阶和平方阶，那么如何推导出 f(n)的值呢？下面介绍推导大 O 阶的方法。

1) 常数阶

下面以程序案例进行说明，详见代码清单 2-35。

代码清单 2-35

```java
public static void main(String[] args) {
    int sum = 0,n = 10;        //执行一次
    sum = (1+n)*n/2;           //执行一次
    System.out.println (sum);  //执行一次
}
```

代码清单 2-35 中运行次数的函数为 f(n)=3，根据推导大 O 阶的第一条原则，需要将常数 3 改为 1，则这个算法的时间复杂度为 O(1)。即使 sum = (1 + n)*n/2 这条语句再执行 10 遍，这个算法的时间复杂度仍是 O(1)，可以称之为常数阶。

2) 线性阶

线性阶主要分析循环结构的运行情况，下面以程序案例进行说明，详见代码清单 2-36。

代码清单 2-36

```
public static void main(String[] args){
    /*建立一个数组*/
    int[] integers = {1,2,3,4};
    /*开始遍历*/
    for (int j = 0; j<integers.length; j++){
        int i = integers[j];
        System.out.println(i);
    }}
```

上面算法循环体中的代码执行了 n 次，这个程序问题会随着程序规模 n 的增大而变得复杂，T(n)=f(n)，因此该程序的时间复杂度为 O(n)，称这种类型的时间复杂度为线性阶。

3）对数阶

对数阶主要是在循环结构的基础上再次进行乘积运算，其程序的运行情况以程序案例来讲解，详见代码清单 2-37。

代码清单 2-37

```
public static void main(String[] args){
    int number=1;
    while(index<n){
        index=*2;}
    System.out.println(index);
}}
```

在上述案例中，随着 index 每次乘以 2 后，都会越来越接近 n，当 index 不小于 n 时就会退出循环。假设循环的次数为 x，则由 $2^x=n$，求解得出 $x=\log_2 n$，因此得出这个算法的时间复杂度为 O(logn)，称这种类型的时间复杂度为对数阶。

4）平方阶

平方阶主要是在循环结构的基础上再嵌套一次循环结构，也就是双重循环，其程序的运行情况以程序案例来讲解，详见代码清单 2-38。

代码清单 2-38

```
public static void main(String[] args){
    index=2;
    for(int i=0;i<n;i++){
        for(int j=i;j<n;i++){
        index++;}}
        System.out.println(index);
}}
```

在上述案例中，内层循环的时间复杂度属于线性阶，可以确定为 O(n)。经过外层循环 n 次运算后，这段算法的时间复杂度为 O(n²)，称这种类型的时间复杂度为平方阶。在了解了平方阶的时间复杂度后，在数据结构的介绍中，对于平方阶算法还有另外一种常见的算法方式，详见代码清单 2-39。

代码清单 2-39

```java
public static void main(String[] args){
    index=2;
    for(int i=0;i<n;i++){
    for(int j=i;j<n;i++){
        index++;}}
        System.out.println(index);    }
```

在这个算法的内循环中，int j=i，而不是 int j＝0。当 i＝0 时，内循环执行了 n 次；当 i＝1 时，内循环执行了 n-1 次；当 i＝n-1 时，内循环执行了 1 次。由此可以推算出总的执行次数为：

$$n+(n-1)+(n-2)+(n-3)+\cdots+1=(n+1)+[(n-1)+2]+[(n-2)+3]+[(n-3)+4]+\cdots$$
$$=(n+1)+(n+1)+(n+1)+(n+1)+\cdots$$
$$=\frac{(n+1)n}{2}=\frac{n(n+1)}{2}=\frac{n^2}{2}+\frac{n}{2}$$

根据时间复杂度的表达公式，只保留最高阶，因此保留 $n^2/2$。根据时间复杂度的第三条原则，省略最高阶项的系数，则去掉 1/2，最终这段代码的时间复杂度为 $O(n^2)$。

5) 常见复杂度

除了常数阶、线性阶、对数阶、平方阶，还有以下时间复杂度：

当 $f(n)=nlogn$ 时，时间复杂度为 $O(nlogn)$，称为 nlogn 阶。

当 $f(n)=n^3$ 时，时间复杂度为 $O(n^3)$，称为立方阶。

当 $f(n)=2^n$ 时，时间复杂度为 $O(2^n)$，称为指数阶。

当 $f(n)=n!$ 时，时间复杂度为 $O(n!)$，称为阶乘阶。

当 $f(n)=\sqrt{n}$ 时，时间复杂度为 $O(\sqrt{n})$，称为平方根阶。

2. 时间复杂度的比较

算法中常见的 f(n)值根据几种典型的数量级列成一张表，如表 2-1 所示，根据这张表可以看出各种算法复杂度的差异。

表 2-1　时间复杂度比较表

n	logn	√n	nlogn	n^2	2^n	n!
5	2	2	10	25	32	120
10	3	3	30	100	1024	3 62 8800
50	5	7	250	2500	约 10^15	约 3.0*10^64
100	6	10	600	10 000	约 10^30	约 9.3*10^157
1000	9	31	9000	1 000 000	约 10^300	约 4.0*10^2567

从表 2-1 可以看出，随着 n 的增加，O(n)、O(logn)、O($\sqrt{n}$)、O(nlogn)提升不大，因此这些复杂度属于效率高的算法。反观 O(2^n)和 O(n!)，当 n 增加到 50 时，复杂度突破了十位数，这种效率极差的复杂度尽量不要出现在程序中。因此在编程时，程序员一定要预先评估所写算法的复杂度。为了更好地理解时间复杂度随问题规模变大后的趋势，下面给出一

个更加直观的图，如图 2-23 所示。其中 x 轴代表 n 值，y 轴代表 T(n)值(时间复杂度)。T(n)值随着 n 值的变化而变化。可以看出 O(n!)和 O(2^n)随着 n 值的增大，它们的 T(n)值上升幅度非常大，而 O(logn)、O(n)、O(nlogn)随着 n 值的增大，T(n)值上升幅度则很小。常用的时间复杂度按照耗费的时间从小到大依次是：O(1) < O(log n) < O(n) < O(n log n) < O(n^2) < O(n^3) < O(2^n) < O(n!)，由此可见时间复杂度对于算法的判断是有迹可循的。

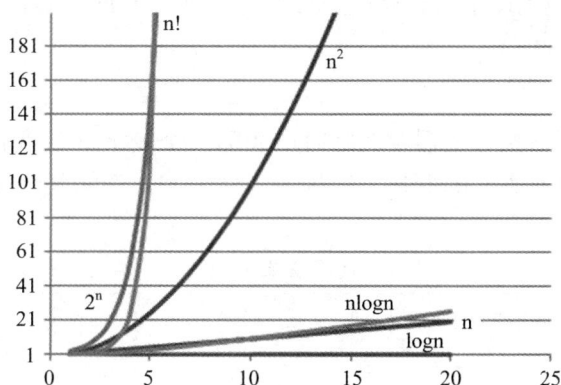

图 2-23　时间复杂度比较图

2.5.3　空间复杂度

空间复杂度是对一个算法在运行过程中临时占用存储空间大小的量度，记作 S(n) = O(f(n))。比如直接插入排序的时间复杂度是 O(n^2)，空间复杂度是 O(1)。一般的递归算法每次递归都要存储返回信息，所以它的空间复杂度是 O(n)。在一个算法中，判断其优劣的标准主要是算法的执行时间和所需占用的存储空间两个方面。

很多人可能对空间复杂度不是很了解，其实它并不复杂，下面对空间复杂度进行说明。一个程序执行时除了需要存储空间和存储本身所使用的指令、常数、变量和输入数据外，还需要一些对数据进行操作的工作单元和存储一些为现实计算所需信息的辅助空间。程序执行时所需存储空间包括两部分：静态空间和可变空间。

(1) 静态空间：这部分空间的大小与输入/输出的数据的个数多少、数值无关，主要包括指令空间(即代码空间)、数据空间(常量、简单变量)等所占的空间。

(2) 可变空间：这部分空间主要包括动态分配的空间以及递归栈所需的空间等，这部分空间的大小与算法有关。一个算法所需的存储空间用 f(n)表示。S(n)=O(f(n))，其中 n 为问题规模，S(n)表示空间复杂度。

下面通过几个常见案例来讲解空间复杂度。

1. 空间复杂度 O(1)

如果算法执行所需要的临时空间不随某个变量 n 的大小而变化，即此算法的空间复杂度为一个常量，则称为常量空间，空间复杂度可表示为 O(1)，详见代码清单 2-40。

代码清单 2-40

```
public static void main(String[] args){
    int i = 1;
```

```
    int j = 2;
    ++i;
    j++;
    int m = i + j;
}
```

在上述案例中，变量 i、j、m 所分配的存储空间不随处理数据量的变化而变化，因此它的空间复杂度 S(n) = O(1)。

2. 空间复杂度 O(n)

线性空间：如果算法执行所需要的临时空间随某个变量 n 的变化而变化，即此算法空间复杂度是与问题规模 n 有关的变量，则称为线性空间，空间复杂度可表示为 O(n)，详见代码清单 2-41。

代码清单 2-41

```
public static void main(String[] args){
    int[] m = new int[n]
    for(i=1; i<=n; ++i)
    {
        j = i;
        j++;
    }
}
```

在上述案例中，第一行实例出了一个数组，这个数据占用的大小为 n，这段代码虽然有循环，但没有再分配新的空间，因此，这段代码的空间复杂度主要看第一行即可，即它的空间复杂度 S(n) = O(n)。

3. 空间复杂度 O(nn)/O(nm)

如果算法中定义了一个二维线性数据结构集合，并且集合的长与宽都与问题规模 n 成正比，则称为二维空间，空间复杂度可表示为 O(nn)/O(nm)。

4. 空间复杂度 O(n)(递归算法)

递归空间：递归过程就是一个进栈和出栈的过程。当进入一个新函数时，进行入栈操作，把调用的函数和参数信息压入栈中；当函数返回时，执行出栈。递归的空间复杂度也是线性的，如果递归的深度是 n，那么空间复杂度就是 O(n)。

总的来说，空间复杂度随着硬件设备的提升，关于算法的临时空间占用也慢慢淡化，因为时间复杂度与空间复杂度关联度很高，所以现今行业主要以时间复杂度为主，空间复杂度为辅的方式来衡量一些算法的效率。

本 章 小 结

本章首先介绍了移动互联网的数据结构与算法分析，主要包括数据结构的定义和产生数据结构这一学科的原因。随后，针对数据进行了详细的解读，包括数据的描述、数据元素的用法、数据项的意义、数据对象的原理等。本章对数据的集合关系、线性关系、树型关系、图型关系都做了讲解。最后针对算法的分析，介绍了时间复杂度与空间复杂度。这些知识为后面的章节打下了良好的基础。从第 3 章开始，将通过案例介绍移动互联网中的线性数据结构。

课 后 习 题

一、选择题

1. 数据结构包含数据、数据元素、数据对象和(　　)。

A. 信息结构　　　　　　B. 时间复杂度　　　　　　　　C. 网络　　　　　　D. 数据项

2. 数据结构的特定关系包含(　　)等。

A. 亲缘关系、从属关系、层级关系、线性关系

B. 负极关系、正极关系、算法关系、聚合关系

C. 集合关系、线性关系、树型关系、图型关系

D. 结合关系、线性关系、图型关系、树型关系

3. 数据结构的抽象数据类型有(　　)等。

A. 原子类型、固态类型、逻辑类型　　　　　　　B. 原子类型、聚合类型、多形数据类型

C. 聚合数据类型、程序类型、极多类型　　　　D. 空间类型、二维类型、多态类型

4. 关于算法的效率问题，下列说法中正确的是(　　)。

A. 程序性算法的效率取决于时间复杂度与空间复杂度

B. 一个算法的效率高低只取决于算法所消耗的时间

C. 一个算法的效率高低只取决于算法所占用的内存空间

D. 一个算法的效率高低与时间复杂度、空间复杂度无关

二、简答题

1. 求下列程序清单中语句 1 和语句 2 的语句频度，同时求出整个程序的时间复杂度。

```
for (i=1;i<n;i++){
    y=y +1;                【语句 1】
    for (j=0;j<=(2*n);j++)
    x++;                   【语句 2】
}
```

2. 求下列程序清单中整个程序的时间复杂度。

```
for(i=0; i<n; i++){
    for(j=0; j<i; j++){
    for(k=0; k<j; k++)
    x=x+2;}
}
```

第 3 章　线性数据结构

本章将介绍线性数据结构，包括它的定义和实现。

在阐述线性数据结构的具体实现之前，需要了解：在程序设计中，线性数据结构能做些什么？首先，我们应该知晓，在很多情况下，并不需要在程序中存储数量非常多的数据，典型的情况有一所学校所有学生的个人信息表、一个公司所有员工的工资表等。这时，最简单也是最有效的方式就是将它们置于线性数据结构中进行存储。只有当程序中存储了大量的数据，并且需要在其中搜索特定数据时，才需要一种更加复杂的数据结构【如搜索树(Search Trees)】来对数据进行组织和搜索。

我们将从定义线性数据结构的 ADT 接口开始，阐述基于 ADT 的两种具体的线性数据结构实现方式，然后比较它们的优缺点。

3.1　线性数据结构的抽象接口

当谈到线性数据结构时，想必大家都有一种源于现实生活的直观理解。现在我们要做的就是将这种直观的理解转变为具体对线性数据结构的理解。对线性数据结构来说，最重要的概念就是 Position(位置)。换句话说，可以这样理解线性数据结构：开头是第一个元素，紧接着是第二个元素，然后是第三个元素，……，依次类推。因此可以把线性数据结构定义为：由元素组成的、有"顺序"的有限序列。这与数学中集合的概念十分接近。

需要注意的是，上述的"顺序"指的是每一个元素都在线性数据结构中有一个 Position，即第一个元素、第二个元素、第三个元素、……，依次类推，直到最后一个元素，所以"顺序"的意义并不是将线性数据结构中的元素根据它们的值进行排序，而是以一种线性的方式将数据链接起来，将线性数据结构中的元素进行排序不是线性数据结构在内部自发完成的，而是在外部借助线性数据结构提供的操作接口来完成的。

毋庸置疑，线性数据结构中的每一个元素都属于某种数据类型，线性数据结构在概念上也并没有限制所有元素的数据类型都要保持一致。但在本章中，我们着眼于通过一个基础版的 List 来向读者展现其核心要义，因此在大部分情况下，示例中元素的数据类型都会保持一致。事实上，在线性数据结构的 ADT 接口中所定义的所有 Operation(操作)都是独立于元素的数据类型的，既可用于所有整数型线性数据结构，也可用于所有字符型线性数据结构，甚至是所有线性数据结构型的线性数据结构(以线性数据结构为元素的线性数据结构)。

在正式介绍之前，需要对本章的描述性语言做一些说明：

- 当线性数据结构中没有任何元素时，将其称为 Empty 的线性数据结构。
- 线性数据结构中所有元素的数量称为线性数据结构的 Length(长度)。
- 线性数据结构的第一个元素称为 Head(头元素)，最后一个元素称为 Tail(尾元素)。

当定义一个 List 的 ADT 接口时，需要先确定该线性数据结构的特征，其包括：

- 一个 List 的 Length 是动态变化的，即可以向 List 插入或删除元素。
- 可以访问 List 中的任何元素，对其进行读取或改变其值。
- 必须可以随时重置线性数据结构，即将其转变为初始化的状态。
- 可以方便地访问当前元素的前一个或后一个元素。

基于上述内容的理解，将使用一个 List 的接口去正式定义线性数据结构的 ADT。List 接口定义了一系列的成员函数，这些成员函数将由继承自 List 接口的类所实现。

正如 ADT 的概念，其并不会描述具体的 Operation 细节，所以当我们用接口去具体定义一个 ADT 时，接口并不会具体地去实现成员函数。基于同一个 List 的 ADT 接口将呈现两种不同的实现接口方式，分别是线性数据结构的顺序存储结构和链式存储结构，它们在实现接口的方式和性能开销上也不同。

本代码实例参见源码文件 3-1-Test1。

第一步：在安卓项目中创建 ADT 接口 List。该接口声明了一系列对线性数据结构的通用操作，要求所有实现了该 ADT 接口的线性数据结构类都能支持任意的数据类型。为达到这个目的，我们将 ADT 接口中的变量类型声明为 Object，详见代码清单 3-1。

代码清单 3-1

```
//接口 ADT，将所有变量声明为 Object 类型
public interface List{
    //移除线性数据结构内的所有元素，使其成为一个空线性数据结构
    public void clear();
    //在当前位置插入元素"it"
    //操作者需确保插入后不会超过线性数据结构的最大容量
    public boolean insert(Object it);
    //将元素"it"附加到线性数据结构的末尾
    //操作者需确保插入后不会超过线性数据结构的最大容量
    public boolean append(Object it);
    //从线性数据结构中移除当前元素，并且返回它
    public Object remove() throws NoSuchElementException;
    //将当前位置设置在线性数据结构的开头
    public void moveToStart();
    //将当前位置设置在线性数据结构的末尾
```

```
    public void moveToEnd();
    //将当前位置向前(左)移动一步，如果当前位置已在线性数据结构的开头，则忽略这次操作
    public void prev();
    //将当前位置向后(右)移动一步，如果当前位置已在线性数据结构的末尾，则忽略这次操作
    public void next();
    //返回线性数据结构的元素数量
    public int length();
    //返回当前元素所在的位置
    public int currPos();
    //将当前位置设置为指定的位置"pos"
    public boolean moveToPos(int pos);
    //如果当前位置在线性数据结构的末尾，则返回 true
    public boolean isAtEnd();
    //返回当前元素
    public Object getValue() throws NoSuchElementException;
    //判断线性数据结构是否为空，为空返回 true，非空返回 false
    public boolean isEmpty();
}
```

第二步：创建一个线性数据结构类 AList，用于实现上述 ADT 接口，详见代码清单 3-2。

代码清单 3-2

```
    class AList implements List{
    ...部分代码省略...
        AList() { this(DEFAULT_SIZE); }
        public void next() { if (curr < listSize) curr++; }
        public boolean isAtEnd() { return curr == listSize; }
        public Object getValue() throws NoSuchElementException{
            if ((curr < 0) || (curr >= listSize))
                throw new NoSuchElementException("getvalue() in AList has current of " + curr +
                    " and size of " + listSize + " that is not a valid element");
            return listArray[curr];
        }
        ...部分代码省略...
    }
```

第三步：在 onCreate 方法中实例化一个线性数据结构对象，并向这个线性数据结构添加一些元素，最后遍历它，详见代码清单 3-3。

代码清单 3-3

```
    protected void onCreate(Bundle savedInstanceState){
        ...部分代码省略...
        AList arrList = new AList();
```

```
        arrList.append("小明");
        arrList.append("小红");
        arrList.append("小王");
        for( arrList.moveToStart();! arrList.isAtEnd();arrList.next() )
        {
            Log.d(TAG_GZPYP,(String) arrList.getValue());
            Toast.makeText(MainActivity.this, "自定义位置的 Toast", Toast.LENGTH_SHORT);
        }
        ...部分代码省略...
    }
```

第四步：运行该项目代码，在 Logcat 监视窗口中打印的信息如图 3-1 所示。

我们在代码清单 3-2 展示了一个泛型版本的 ADT 接口，其成员函数的组成和作用与代码清单 3-1 是一致的，区别仅在于声明变量类型的方式不同。

接下来，我们将在另一个安卓项目中演示如何实现一个泛型版本的 ADT 接口，代码实例参见源码文件 3-1-Test1。该 ADT 接口的成员函数的组成和作用与代码清单 3-1 一致，区别仅在于声明变量类型的方式不同。

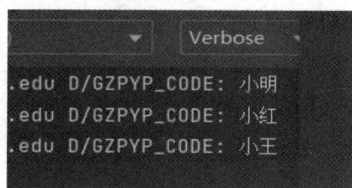

图 3-1　运行结果

第一步：在这个安卓项目中，新建一个名为 List 的泛型 ADT 接口，详见代码清单 3-4。

代码清单 3-4

```java
//接口 ADT，使用了泛型
public interface List<E>{
    public void clear();
    public boolean insert(E it);
    public boolean append(E it);
    public E remove() throws NoSuchElementException;
    public void moveToStart();
    public void moveToEnd();
    public void prev();
    public void next();
    public int length();
    public int currPos();
    public boolean moveToPos(int pos);
    public boolean isAtEnd();
    public E getValue() throws NoSuchElementException;
    public boolean isEmpty();
}
```

第二步：创建一个线性数据结构类 AList，用于实现上述 ADT 接口，详见代码清单 3-5。

代码清单 3-5

```java
class AList<E> implements List<E>{
    ...部分代码省略...
    public boolean append(E it){
        if (listSize >= maxSize){
            return false;
        }
        listArray[listSize++] = it;
        return true;
    }
    public void next(){
        if (curr < listSize){
            curr++;
        }
    }
    public E getValue() throws NoSuchElementException{
        if ((curr < 0) || (curr >= listSize)){
            throw new NoSuchElementException("getvalue() in AList has current of " +
                    curr + " and size of " + listSize + " that is not a valid element");
        }
        return listArray[curr];
    }
    ...部分代码省略...
}
```

　　第三步：在 onCreate 方法中实例化这个泛型线性数据结构类，添加一些元素并且迭代它，详见代码清单 3-6。

代码清单 3-6

```java
protected void onCreate(Bundle savedInstanceState){
    ...部分代码省略...
    AList<Object> arrList = new AList<Object>();
    arrList.append("小明");
    arrList.append("小红");
    rrList.append("小王");
    for( arrList.moveToStart();! arrList.isAtEnd();arrList.next())
    {
        Log.d(TAG_GZPYP,(String) arrList.getValue());
        Toast.makeText(MainActivity.this, "自定义位置的 Toast", Toast.LENGTH_SHORT);
    }
    ...部分代码省略...
}
```

第四步：运行该项目代码，在 Logcat 监视窗口中打印的信息如图 3-2 所示。

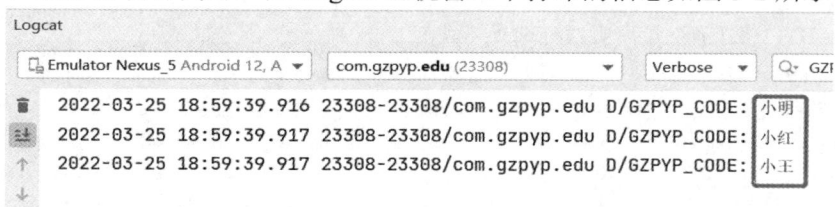

图 3-2　运行结果

从这个例子可以看出，通过泛型同样可以达到使线性数据结构支持任意数据类型的目的，并且相较于代码清单 3-1 所示的将变量类型声明为 Object，泛型更加灵活。

需要注意的是，大多数成员函数的运作都依赖于一个至关重要的概念，即当前位置 (Current Position)，而这也是设计这个 ADT 接口时的关键核心点，一切都以它为起点。当前位置处的元素被称为当前元素，例如，成员函数 moveToStart 将当前位置设置在线性数据结构的头元素，而 Next 和 Prev 分别将当前位置移动到后面一个元素和前面一个元素。因此，以不同方式实现的这个 ADT 接口中所有线性数据结构类都会在内部支持当前位置这个概念，所有对线性数据结构的操作也都是以当前位置为基础的。

插入操作并不只是在线性数据结构元素之间进行，还需要在线性数据结构两端插入元素。所以当线性数据结构中有 n 个元素时，实际上会有 n+1 个可能的插入点。

图 3-3 是一个拥有 4 个元素的线性数据结构，箭头表示所有可能的插入点。

图 3-3　线性数据结构中所有可能的插入点

3.2　线性数据的顺序存储结构

线性数据结构的顺序存储是指数据元素按照在表中的先后顺序依次存储于一段连续相邻的内存单元中。如果一个线性数据结构是按照这种顺序结构来存储数据元素的，便将其称为顺序表。

本节将会基于数组的顺序存储结构去构建一个顺序表，用于实现线性数据结构的 ADT 接口。同时，顺序表能够存储各种不同类型的数据。为了达到这个目的，将使用两种不同的方式：基于 Object 的顺序表实现和基于泛型的顺序表实现。

3.2.1　基于 Object 的顺序表实现

顺序表作为一种存储和组织数据结构的容器，在很多情况下，需要它能够存储任意的数据类型。我们要求这种多类型特性可以通过将存储类型声明为 Object 来实现。这是因为在 Java 中，作为所有类型的顶层类，Object 类型的引用变量可以对任何数据类型进行引用。本代码实例参见源码文件 3-2-Test1。

第一步：在安卓项目中新建一个名为 List 的接口 ADT，详见代码清单 3-7。

代码清单 3-7

```
//接口 ADT，将所有变量声明为 Object 类型
public interface List{
    //移除线性数据结构内的所有元素，使其成为一个空线性数据结构
    public void clear();
    //在当前位置插入元素"it"
    //操作者需确保插入后不会超过线性数据结构的最大容量
    public boolean insert(Object it);
    //将元素"it"附加到线性数据结构的末尾
    //操作者需确保插入后不会超过线性数据结构的最大容量
    public boolean append(Object it);
    //从线性数据结构中移除当前元素，并且返回它
    public Object remove() throws NoSuchElementException;
    //将当前位置设置在线性数据结构的开头
    public void moveToStart();
    //将当前位置设置在线性数据结构的末尾
    public void moveToEnd();
    //将当前位置向前(左)移动一步，如果当前位置已在线性数据结构的开头，则忽略这次操作
    public void prev();
    //将当前位置向后(右)移动一步，如果当前位置已在线性数据结构的末尾，则忽略这次操作
    public void next();
    //返回线性数据结构的元素数量
    public int length();
    //返回当前元素所在的位置
    public int currPos();
    //将当前位置设置为指定的位置"pos"
    public boolean moveToPos(int pos);
    //如果当前位置在线性数据结构的末尾，则返回 true
    public boolean isAtEnd();
```

第二步：创建一个名为 BList 的顺序表，用于实现上述 ADT 接口，以 Object 来接收任意的数据类型，详见代码清单 3-8。

代码清单 3-8

```
class BList implements List{
    ...部分代码省略...
    public boolean insert(Object it){
        if (listSize >= maxSize) return false;
        for (int i=listSize; i>curr; i--)
            listArray[i] = listArray[i-1];
        listArray[curr] = it;
        listSize++;
        return true;
    }
```

```
    public boolean append(Object it){
        if (listSize >= maxSize) return false;
            listArray[listSize++] = it;
        return true;
    }
    public Object remove() throws NoSuchElementException{
        if ((curr<0) || (curr>=listSize))
            throw new NoSuchElementException("remove() in AList has current of " + curr +
                        " and size of " + listSize + " that is not a valid element");
        Object it = listArray[curr];
        for(int i=curr; i<listSize-1; i++)
            listArray[i] = listArray[i+1];
        listSize--;
        return it;
    }
    public boolean isAtEnd(){ return curr == listSize; }
    public Object getValue() throws NoSuchElementException{
        if ((curr < 0) || (curr >= listSize))
            throw new NoSuchElementException("getvalue() in AList has current of " + curr +
                        " and size of " + listSize + " that is not a valid element");
        return listArray[curr];
    }
    ...部分代码省略...
}
```

　　第三步：在 onCreate 方法中去实例化名为 BList 的顺序表。在这个线性数据结构里，录入用户名和用户 Id，将它们按照在线性数据结构中的先后关系对应起来，这主要通过对线性数据结构进行 append 操作来实现。作为对比，我们还使用了 remove 方法和 insert 方法，将"用户名 3"的旧 Id 进行移除，并且用 insert 方法插入了一个新 Id，其值为 123456。从中可以发现，append 方法的操作并不依赖于当前位置这个概念，而 insert 方法和 remove 方法都是对当前位置进行操作的，详见代码清单 3-9。

代码清单 3-9

```
protected void onCreate(Bundle savedInstanceState){
    ...部分代码省略...
    BList userList = new BList(10);
    Log.d(TAG_GZPYP, "开始录入用户信息...");
    int startId = 202210;
    for(int i = 1; i < 6; i++){
        userList.append("用户" + i);
        userList.next();
        userList.append(startId++);
    }
    Log.d(TAG_GZPYP, "录入完成...");
```

```
Log.d(TAG_GZPYP, "用户信息如下：");
for(userList.moveToStart(); !userList.isAtEnd(); userList.next()){
    String userName = userList.getValue().toString();
    userList.next();
    String userId = userList.getValue().toString();
    Log.d(TAG_GZPYP, userName + ": " + userId);
    Toast.makeText(MainActivity.this, "自定义位置的 Toast", Toast.LENGTH_SHORT);
}
Log.d(TAG_GZPYP, "将名为"用户 3"的用户 Id 修改为 123456");
for(userList.moveToStart(); !userList.isAtEnd(); userList.next()){
    if(userList.getValue().toString().equals("用户 3")){
        Log.d(TAG_GZPYP, "将线性数据结构以当前位置向右移动到当前用户的 Id 位置...");
        userList.next();
        Log.d(TAG_GZPYP, "修改用户 Id");
        userList.remove();
        userList.insert("123456");
    }
}
Log.d(TAG_GZPYP, "修改后的用户信息如下：");
for(userList.moveToStart(); !userList.isAtEnd(); userList.next()){
    String userName = userList.getValue().toString();
    userList.next();
    String userId = userList.getValue().toString();
    Log.d(TAG_GZPYP, userName + ": " + userId);
    Toast.makeText(MainActivity.this, "自定义位置的 Toast", Toast.LENGTH_SHORT);
}...部分代码省略...
}
```

第四步：运行该项目代码，在 Logcat 监视窗口中打印的信息如图 3-4 所示。

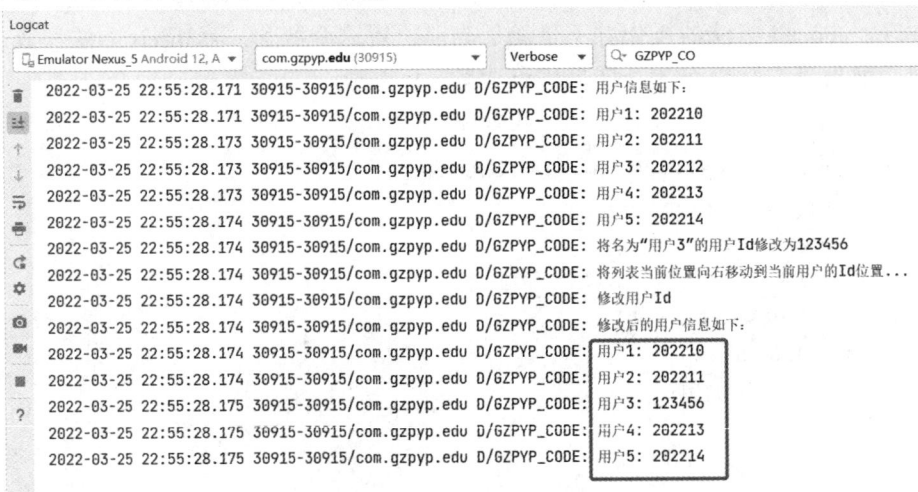

图 3-4　运行结果

在这个案例中，通过 Object 实现了顺序表实例 userList 对任意数据类型元素的存储，但是这种操作并不灵活。试想，若我们需要将顺序表 BList 的适用性拓宽，使其可以严格限制为只能存储整数型、字符型，或者其他任何特定的数据类型。很显然，我们无法通过将 BList 的相关变量类型声明为 Object 来实现。这是因为，按照 Java 的继承原则，Object 作为顶层类，其可以接收任意数据类型。虽然我们可以通过额外的代码来确保 Object 只接收某种特定的数据类型，但是那会增加程序的复杂性。因此相对于泛型来说，这并不是一个最优的选择。

3.2.2　基于泛型的顺序表实现

首先理解什么是泛型。泛型即"参数化类型"。当提到参数时，最熟悉的莫过于定义方法时的形参，然后调用此方法时传递的实参。但什么是参数化类型？顾名思义，就是限制了参数的类型，只能设定符合该类型的参数，类似于方法中的变量参数，将类型定义成参数形式(可以称之为类型形参)，然后在使用或调用时传入具体的类型(类型实参)。泛型的本质是参数化类型(在不创建新的类型的情况下，通过泛型指定不同类型来控制形参具体限制的类型)。也就是说，在泛型使用过程中，操作的数据类型被指定为一个参数，这个参数类型可以用在类、接口和方法中，分别称为泛型类、泛型接口和泛型方法。

基于 Java 的泛型特性，可以构建一个功能更完善且适用性更广泛的顺序表(相对于 Object 来说)。这体现在，通过一套代码就能实现多种不同的顺序表，即我们可以通过泛型参数去实例化一个只能存储某种特定数据类型的顺序表，例如整数型顺序表、字符型顺序表、Object 型顺序表等。

下面通过一个项目进行验证。本代码实例参见源码文件 3-2-Test2。

第一步：在项目中新建一个名为 List 的接口，作为泛型 ADT 接口，详见代码清单 3-10。

代码清单 3-10

```java
public interface List<E>{
    public void clear();
    public boolean insert(E it);
    public boolean append(E it);
    public E remove() throws NoSuchElementException;
    public void moveToStart();
    public void moveToEnd();
    public void prev();
    public void next();
    public int length();
    public int currPos();
    public boolean moveToPos(int pos);
    public boolean isAtEnd();
    public E getValue() throws NoSuchElementException;
    public boolean isEmpty();
}
```

第二步：构建一个泛型的顺序表类，名为 CList，用于实现 ADT 接口的所有函数成员，详见代码清单 3-11。

代码清单 3-11

```java
class CList<E> implements List<E>{
    private E listArray[];
    private static final int DEFAULT_SIZE = 10;
    private int maxSize;
    private int listSize;
    private int curr;
    ...部分代码省略...
    public boolean insert(E it){
        if (listSize >= maxSize){
            return false;
        }
        for (int i=listSize; i>curr; i--){
            listArray[i] = listArray[i-1];
        }
        listArray[curr] = it;
        listSize++;
        return true;
    }
    public E remove() throws NoSuchElementException{
        if ((curr<0) || (curr>=listSize)){
            throw new NoSuchElementException("remove() in AList has current of " + curr +
            " and size of "+ listSize + " that is not a valid element");
        }
        E it = listArray[curr];
        for(int i=curr; i<listSize-1; i++){
            listArray[i] = listArray[i+1];
        }
        listSize--;
        return it;
    }
    public E getValue() throws NoSuchElementException{
        if ((curr < 0) || (curr >= listSize)){
            throw new NoSuchElementException("getvalue() in AList has current of " + curr +
            " and size of "+ listSize + " that is not a valid element");
        }
        return listArray[curr];
    }
    ...部分代码省略...
}
```

第三步：构建一个数据类 UserInfo，它将作为这个顺序表的元素类型。UserInfo 记录了一个用户的信息，包括用户名、Id、性别(gender)、年龄(age)、工作类型(jobType)，详见代码清单 3-12。

代码清单 3-12

```
package com.gzpyp.edu;
public class UserInfo{
    public String userName;
    public String gender;
    public int age;
    public int id;
    public String jobType;
}
```

第四步：在 MainActivity 类中创建一个 AddUserInfoToList 方法，其接收的参数是一个顺序表对象。每次调用这个方法时，都会先新建一个用户信息表(UserInfo 实例)，然后随机生成用户的个人信息，最后将其添加进作为参数传递过来的顺序表里，详见代码清单 3-13。

代码清单 3-13

```
private void AddUserInfoToList(CList < UserInfo > infoCList){
    UserInfo info = new UserInfo();
    info.userName = "用户" + (infoCList.length() + 1);
    Random random = new Random();
    info.age = random.nextInt(80 - 20 + 1) + 20;
    info.id = 202200 + info.age;
    if(random.nextBoolean())
    {
        info.gender = "male";
    }else{
        info.gender = "female";
    }
    info.jobType = this.jobType[random.nextInt(5)];
    infoCList.append(info);
}
```

第五步：在 MainActivity 类中创建一个 PrintAllUsersInfo 方法。PrintAllUsersInfo 将根据顺序表提供的操作方法，通过循环使顺序表的当前位置依次向右移动，进而迭代每一个用户的个人信息，详见代码清单 3-14。

代码清单 3-14

```
private void PrintAllUsersInfo(CList < UserInfo > infoCList){
    for(infoCList.moveToStart(); !infoCList.isAtEnd(); infoCList.next()){
        String info;
        info = infoCList.getValue().userName + "的年龄为" + infoCList.getValue().age;
        info += "," + "性别为" + infoCList.getValue().gender + ",id 为";
```

```
        info += infoCList.getValue().id + ",工作类型为:" + infoCList.getValue().jobType;
        Log.d(TAG_GZPYP, info);
    }
}
```

第六步：在 onCreate 方法中对上述知识点进行综合运用，录入 6 名用户的个人信息，并且在完成后将其全部打印出来，详见代码清单 3-15。

代码清单 3-15

```
protected void onCreate(Bundle savedInstanceState)
{
    ...部分代码省略...
    CList < UserInfo > userInfoList = new CList < UserInfo > ();
    int startId = 202201;
    Log.d(TAG_GZPYP, "开始录入用户信息...");
    for(int i = 0; i < 6; i++){
        AddUserInfoToList(userInfoList);
        Log.d(TAG_GZPYP, "第" + (i + 1) + "个用户的信息已加入线性数据结构...");
    }
    Log.d(TAG_GZPYP, "录入完成...");
    Log.d(TAG_GZPYP, "输出所有用户的信息：");
    PrintAllUsersInfo(userInfoList);
    ...部分代码省略...
}
```

第七步：运行该项目代码，在 Logcat 监视窗口中打印信息如图 3-5 所示。

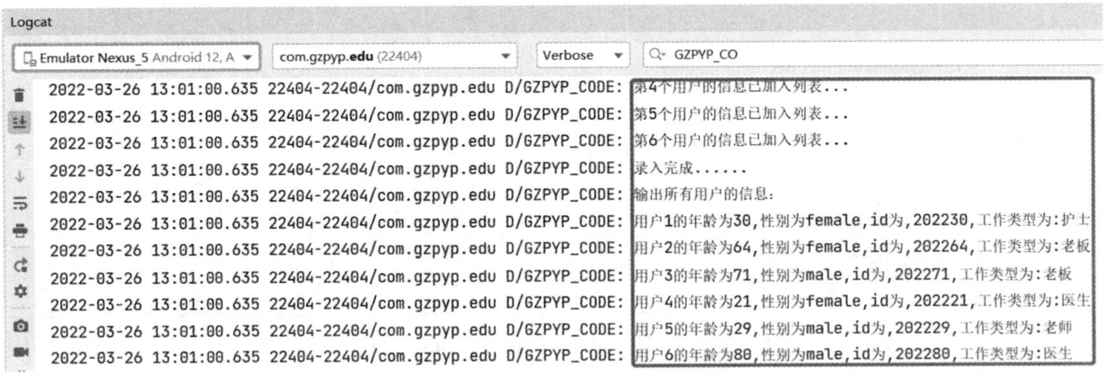

图 3-5   运行结果

3.3   线性数据的链式存储结构

在 3.2 中，介绍了线性数据结构的顺序存储结构，即顺序表。由于顺序表中的所有元素在存储结构上都位于一段连续且相邻的内存单元中，因此每当创建一个顺序表的实例时，都必须为其分配固定大小的内存空间。但是，如果需要应对的是一堆未知数量的数据时，便无法准确预估其所需要的存储空间，这是顺序表的一大缺陷。因此，在本节中将会介绍一种新的线性数据结构实现方式——链表。

链表和顺序表一样，也是一种线性数据结构。不同的是，链表的存储结构是基于链式的，其所需的内存是动态分配的。在链表中，其存储的元素被称为节点。

3.3.1　单向链表的表示及实现

链表使用动态内存分配，这意味着它会为新节点动态分配所需内存。图 3-6 展示了链表的特征，有 3 个节点被链接在一起。

图 3-6　具有 3 个节点的链表

在链表中，每个节点都分为左右两个部分，左边存储该节点的值，右边存储指向下一节点的指针。需要注意的是，Java 中并没有直接涉及指针这个概念，但是为了体现出节点之间的指向关系，我们将引用变量称为指针变量，并且把引用变量存储的对下一节点的引用称为指针。于是，便有了这种描述：当前节点的指针变量(引用变量)存储的指针(引用)指向了其在链表中的下一个节点。

事实上，与数组中存储元素的方式相比，我们可以发现链表的节点都是一个个明显的对象，这意味着应该创建一个单独的节点类。代码清单 3-16 是一个节点类的实现，名为 Link，代码清单 3-17 是节点类的泛型版本。

代码清单 3-16

```
//单向链表的节点类
class Link {
    private Object e;      //这个节点的值
    private Link n;        //持有对下一个节点的引用
    //构造函数
    Link(Object it, Link inn) { e = it; n = inn; }
    Link(Link inn){ e = null; n = inn; }
    Object element(){ return e; }                  //返回节点值
    Object setElement(Object it){ return e = it; }  //设置节点值
    Link next(){ return n; }                       //返回对下一个节点的引用
    Link setNext(Link inn){ return n = inn; }      //设置对下一个节点的引用
}
```

代码清单 3-17

```
class Link<E>{
    private E e;
    private Link<E> n;
    Link(E it, Link<E> inn) { e = it; n = inn; }
    Link(Link<E> inn){ e = null; n = inn; }
```

```
E element(){ return e; }
E setElement(E it){ return e = it; }
Link<E> next(){ return n; }
Link<E> setNext(Link<E> inn){ return n = inn; }
}
```

该节点类具有两个构造函数,一个设置了节点元素的初始值,另一个没有设置节点元素的初始值。它的私有成员变量分别为 e 和 n,e 存储当前节点元素的值,n 存储对下一个节点元素的引用,节点类提供了对 e 和 n 进行读取和设置的成员函数。

如果链表是由这样的节点元素组成的,那么就将其称之为单向链表,因为上述节点都有一个单向指针指向链表中的下一个节点元素。

图 3-7 为该单向链表存储了 5 个节点元素。箭头代表了节点类的私有成员变量 n(指针变量 n),其指向下一个节点元素。如果一个节点的右部分(指针区域)由斜线表示,则表示该节点的指针变量 n 为 NULL。当该节点元素处于链表末尾时,两个节点之间的竖线用于对箭头进行标示,代表了链表的当前位置。例如,在这个链表中,当前位置为 12 这个节点所在的位置,于是值为 12 的这个节点又被称为当前节点。

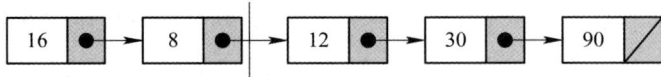

图 3-7　具有 5 个节点的单向链表

在单向链表中,通过指针 head 指向链表的第一个节点。同时,为了更快速地访问线性数据结构的最后一个节点以及让 Append 方法的执行时间保持固定,我们使用指针 tail 指向线性数据结构的最后一个节点,而 curr 则持有了当前节点所在的位置,即链表的当前位置,如图 3-8 所示。

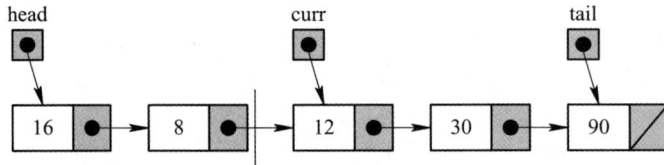

图 3-8　链表的指针变量

当我们删除了当前位置的元素 12 后,curr 的指向如图 3-9 所示。

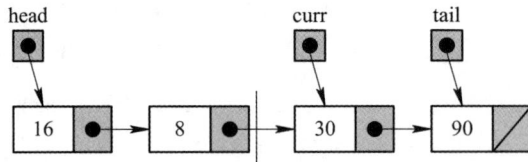

图 3-9　删除节点元素 12 后,curr 的指向

1. 问题的出现

上述链表的实现,将会导致一些问题的出现。首先,上述实现方式并不适用于某些特殊情况,这便需要对特殊情况进行特殊处理。例如,当链表为空时,head、tail 和 curr 就没

有元素可以指向了，在 insert 和 remove 方法里针对这些情况进行特殊处理将会显著增加代码的复杂性，使其难以理解，从而使引入 Bug 的概率大大增加。

　　在当前节点(curr 指向的节点)没有指针指向其之前的一个节点(由三角形标记)时，当前节点就无法访问前面的那个节点。于是当试图删除当前节点时，会发现没有有效的方式更新此节点的指针指向，使其指向当前节点后面的那个节点，如图 3-10 所示。这不能说是一个缺陷，只能说单向链表本身的设计便是如此。

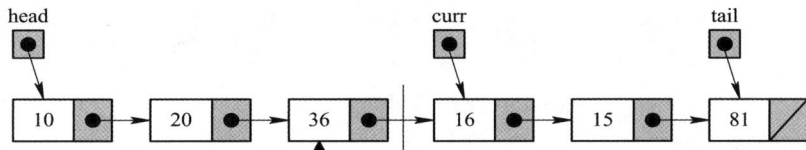

图 3-10　无法更新标记节点的指针指向

　　通常来说，在常规删除节点的情况下，可以避免这一情况的出现，即不需要通过更新当前节点前面一个节点的指针指向来完成整个删除操作的流程。所以，假设需要在链表中移除当前节点，可以这样做：

　　首先，清空当前节点的值，如图 3-11 所示。

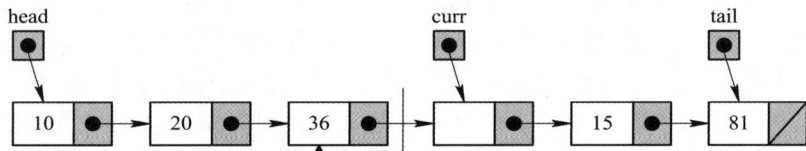

图 3-11　在当前元素移除值 16

接着，将值 15 拷贝到当前元素中，如图 3-12 所示。

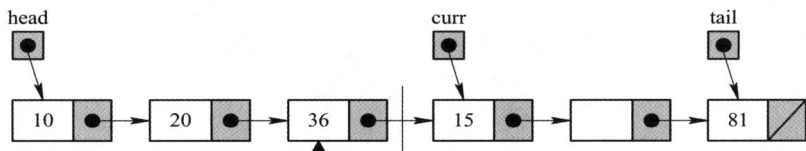

图 3-12　将值 15 移动到当前元素

在程序中只需要将当前节点的值直接赋值为 15 即可，上述步骤只是为了使演示更加清晰。

　　然后，绕过值为空的这个节点，将当前元素的指针重定向，如图 3-13 所示。

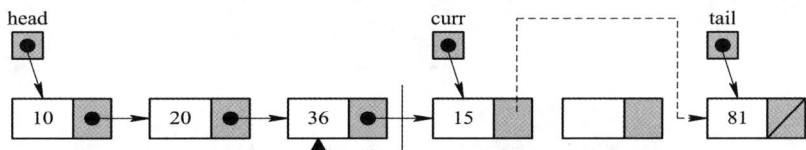

图 3-13　将当前元素的指针重定向

最后，经过整个流程的 Remove 操作，该链表的最终效果如图 3-14 所示。

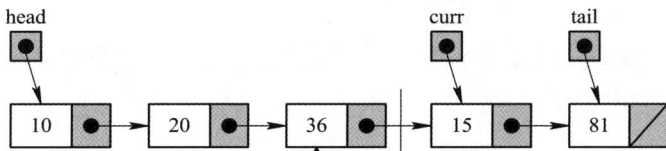

图 3-14　删除节点后的链表

需要注意的是,这种方法并不适用于当前节点为链表中最后一个节点的情况。在图 3-15 中,若当前节点为链表中的最后一个节点,试图从链表中移除它,不可避免地就要将当前节点前面的那个值为 15 的节点的指针变量 n 更新为 NULL,使其变为链表的最后一个节点,但这会导致没有办法访问之前节点的指针变量 n。

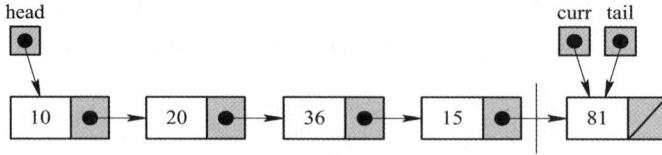

图 3-15　无法访问值为 15 的节点

2. 更优的解决方案

在前面的方案中,存在的问题是不能以一种单一的方式处理所有的特殊情况。所以,在本小节中,将使用一种通用的方案去应对所有可能的特殊情况,包括删除链表中的最后一个节点。

为了兼容特殊情况的处理,需要在链表开头和末尾分别引入额外的头节点和末节点。头节点和末节点跟其他节点是一样的,都是 Link 类的一个实例。但不同的是,对于头节点,只需要用到它的指针 n,它的节点值是被忽略的,而对于末节点来说,指针 n 和节点值都用不到。在链表中,因此它们不是用来存储数据的,只是用于确保操作通用性的占位节点,所以并不是有效的节点。通过引入头节点和末节点,可以避免对特殊情况的特殊处理,从而避免增加代码的复杂性。当然,在链表中增加额外的头节点和末节点也会增加一些内存的消耗。不过,考虑到代码量的减少会在一定程度上减少对运行内存的消耗,所以对性能来说,这是值得的。

图 3-16 展现了一个初始化状态的链表,没有任何节点被插入其中。

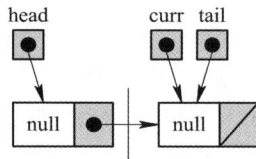

图 3-16　没有插入任何节点的链表

图 3-17 是插入了节点元素之后的链表。

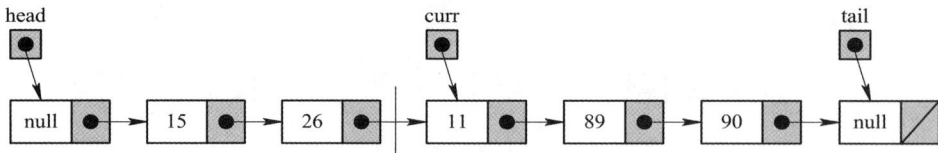

图 3-17　插入了一些节点后的链表

3. 单向链表的实现

我们将基于上述解决方案,以泛型 ADT 接口为标准,完整地实现一个名为 DList 的链表,其继承于线性数据结构的泛型 ADT 接口,并且实现了所有的成员函数。本代码实例参见源码文件 3-3-Test1。

第一步:在 AndroidStudio 中新建一个安卓项目。和前述案例一样,先在项目中创建一个名为 List 的泛型 ADT 接口，详见代码清单 3-18。

代码清单 3-18

```java
public interface List{
    public void clear();
    public boolean insert(Object it);
    public boolean append(Object it);
    public Object remove() throws NoSuchElementException;
    public void moveToStart();
    public void moveToEnd();
    public void prev();
    public void next();
    public int length();
    public int currPos();
    public boolean moveToPos(int pos);
    public boolean isAtEnd();
}
```

第二步：创建一个节点类 Link，该节点类包含了一个引用变量，用于存储一个节点实例对下一个节点实例的引用，从而实现线性数据结构的链式存储，详见代码清单 3-19。

代码清单 3-19

```java
class Link<E>{
    private E e;
    private Link<E> n;
    Link(E it, Link<E> inn){ e = it; n = inn; }
    Link(Link<E> inn){ e = null; n = inn; }
    E element(){ return e; }
    E setElement(E it){ return e = it; }
    Link<E> next(){ return n; }
    Link<E> setNext(Link<E> inn){ return n = inn; }
}
```

第三步：在项目目录下创建一个名为 DList 的泛型单向链表类，用于实现上述 ADT 接口的所有成员函数。无论链表的长度怎样变化，head 始终指向头节点，tail 始终指向末节点。链表的当前位置是通过 curr 来实现的，curr 持有对当前节点的引用。listSize 记录的是链表当前的长度，即记录了链表中所有节点的数量，详见代码清单 3-20。

代码清单 3-20

```java
import java.util.NoSuchElementException;
class DList<E> implements List<E>{
    private Link<E> head;        //指向单向链表的头节点
    private Link<E> tail;        //指向单向链表的末节点
    private Link<E> curr;        //指向单向链表的当前位置
    private int listSize;        //线性数据结构的当前长度
```

```
    ...部分代码省略...
    public boolean insert(E it){
        curr.setNext(new Link<E>(curr.element(), curr.next()));
        curr.setElement(it);
        if (tail == curr){
            tail = curr.next();
        }
        listSize++;
        return true;
    }
    public boolean append(E it){
        tail.setNext(new Link<E>(null));
        tail.setElement(it);
        tail = tail.next();
        listSize++;
        return true;
    }
    public E remove () throws NoSuchElementException{
        if (curr == tail){
            throw new NoSuchElementException("remove() in LList has current of " + curr + " and
size of "+ listSize + " that is not a valid element");
        }
        E it = curr.element();
        curr.setElement(curr.next().element());
        if (curr.next() == tail){
            tail = curr;
        }
        curr.setNext(curr.next().next());
        listSize--;
        return it;
    }
    public E getValue() throws NoSuchElementException{
        if (curr == tail)
        {
            throw new NoSuchElementException("getvalue() in LList has current of " + curr + " and
size of "+ listSize + " that is not a valid element");
        }
        return curr.element();
    }
    ...部分代码省略...
}
```

第四步：在 MainActivity 类中创建一个 PrintAllLinkNode 方法，用于打印单向链表中所有的节点值，详见代码清单 3-21。

代码清单 3-21

```
private void PrintAllLinkNode(DList dList){
    dList.moveToStart();
    String str = "";
    for(dList.moveToStart(); !dList.isAtEnd(); dList.next()){
        str += dList.getValue();
    }
    Log.d(TAG_GZPYP, str);
}
```

第五步：在 MainActivity 类中创建一个 InsertLowerCase 方法，会在链表的当前位置处插入一个新节点，这个新节点的值是当前节点的小写，详见代码清单 3-22。

代码清单 3-22

```
private void InsertLowerCase(DList dList){
    String lowercase = dList.getValue().toString().toLowerCase();
    dList.next();
    dList.insert(lowercase);
    Log.d(TAG_GZPYP, "在当前位置" + dList.currPos() + "处插入值为" + lowercase + "的新节点...");
}
```

第六步：在 MainActivity 类的 onCreate 方法中，实例化一个单向链表，并向其添加几个值为大写字母的节点。然后每个大写字母的节点后面插入相应的小写字母，详见代码清单 3-23。

代码清单 3-23

```
protected void onCreate(Bundle savedInstanceState)
{...部分代码省略...
    DList < Object > dList = new DList < Object > ();
    Log.d(TAG_GZPYP, "开始向链表添加节点...");
    dList.append("A");
    dList.append("B");
    dList.append("C");
    dList.append("D");
    Log.d(TAG_GZPYP, "添加完成...");
    Log.d(TAG_GZPYP, "遍历单向链表并且打印所有节点值...");
    PrintAllLinkNode(dList);
    Log.d(TAG_GZPYP, "在所有字母后面插入其小写形式...");
    dList.moveToStart();
    for(dList.moveToStart(); !dList.isAtEnd(); dList.next())
    {
        InsertLowerCase(dList);
```

```
    }
    Log.d(TAG_GZPYP, "遍历单向链表并且打印所有节点值...");
    PrintAllLinkNode(dList);...部分代码省略...
}
```

第七步：运行该项目代码，在 Logcat 监控窗口中打印的信息如图 3-18 所示。

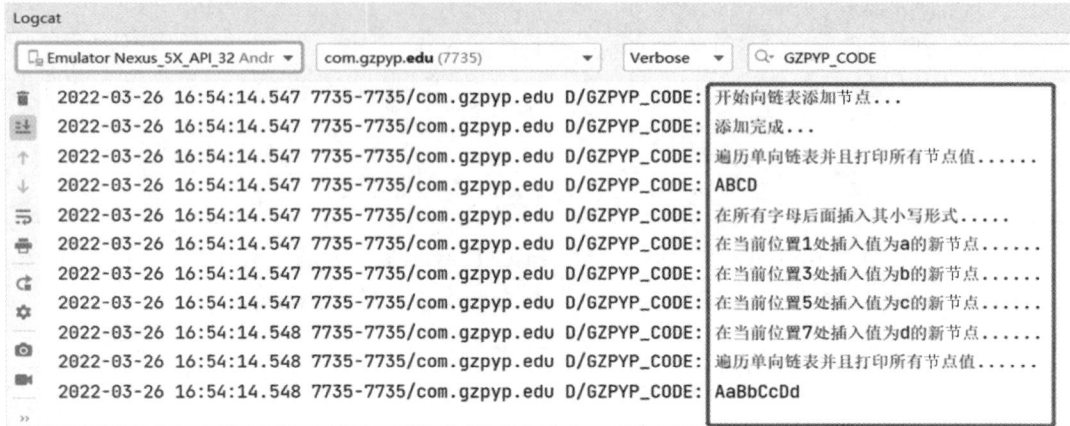

图 3-18　运行结果

3.3.2　单向链表和顺序表的对比

上述两种线性数据结构的实现方式在本质上差距很大，那么哪一种实现方式更好呢？或者说，如果要为某种需求去实现一个线性数据结构，我们该选择哪种方式去实现？本小节将分别从空间效率和时间效率介绍这个问题。

1. 空间效率对比

顺序表的缺点是需要事先指定线性数据结构的长度，即为内置数组预先分配指定大小的一段连续的内存空间。这意味着顺序表的容量是有限的，只能存储有限数量的元素。更大的问题是，当线性数据结构中实际存储的元素数量很少时，其依然会占据分配给它的内存空间，这将会造成明显的内存浪费。而链表的优点是其需要占据的内存空间只取决于其存储了多少节点。而且，链表没有对元素存储数量的限制，因为它是动态地为元素节点分配内存。

顺序表的优点是表中的每个元素除了存储数据值本身外，没有占据额外的内存空间。而链表则不同，每个节点元素除了存储本身的数据之外，还需要存储额外的对前一个或后一个节点的引用值，这就造成了额外的内存浪费。所以在元素值很小的情况下，使用链表并不合适，因为这将会导致所有引用值在链表总内存空间的占比很大。而使用顺序表，则不会出现这种情况。

以单向链表为例，利用空间效率公式可以决定什么时候顺序表的空间利用率高于单向链表，计算公式为：

$$n > \frac{DE}{P+E}$$

在上述公式中，内存空间的衡量是以字节为单位的：

- n 为线性数据结构中实际存在的元素数量。
- P 为引用变量所占据的空间(典型的是 4 个字节)。
- E 为元素值所占据的空间，可以是 4 个字节的 int 类型，也可以是几千个字节的复杂对象。
- D 为顺序表中可以存储的元素的最大数量。

无论顺序表存储了多少元素，DE 都代表它始终占据的固定内存空间。而对链表来说，其所有节点所需要的存储空间为 n(P+E)。通常情况下，当存储的数据类型一致且元素数量越少的时候，单向链表比顺序表所需要的内存空间更少，有着更高的空间利用率。而当顺序表的存储容量接近于满负荷时，顺序表将比单向链表的空间利用率更高。

因此，当数据量不明确时，以链表作为存储结构将具有更高的空间利用率。反之，当清楚大概的数据量，并且确信数据量不会超过指定的内置数组大小时，使用顺序表将会是更好的选择。

2. 时间效率对比

顺序表可以很容易地通过 next 和 prev 方法调节当前位置，从而访问当前位置处的元素，这两个操作的时间复杂度为 O(1)。而对于链表，以单向链表为例，由于其不能直接访问前驱节点，因此当我们试图通过移动当前位置来访问时，将不得不从线性数据结构的开头开始将当前位置移动到指定位置。如果假定单向链表中每个位置通过 prev 或 moveToPos 方法被访问的概率相等，那么在一般情况或者最坏情况下，这两个操作需要的时间复杂度为 O(n)。

当前位置处于单向链表中的某处时，进行 insert 和 remove 操作所耗费的时间为 O(1)。而对于数组来说，进行这两个操作将导致后半部分的所有元素整体向前或向后移动，在平均和最坏情况下，它们的时间复杂度为 O(n)。对于大多数应用程序而言，进行 insert 和 remove 的次数最多。所以基于这个原理，使用单向链表是更好的选择。

3.3.3　双向链表的表示及实现

由于单向链表的设计使然，其只允许从当前节点出发，依次访问后面的节点。双向链表允许从当前节点出发，既可以依次访问前面的节点，也可以依次访问后面的节点。双向链表之所以可以这么做，是因为它的每个节点都有两个指针，一个指向后面的节点(正如单向链表一样)，一个指向前面的节点，如图 3-19 所示。

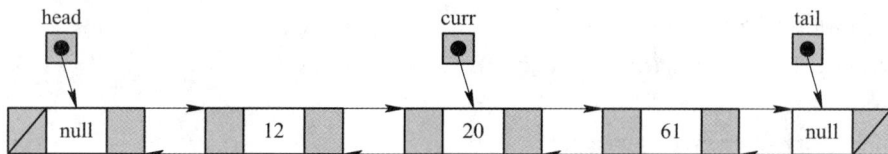

图 3-19　具有 3 个有效节点的双向链表

双向链表的每个节点由于多了一个指向前面节点的指针，因此相对于单向链表来说，其减少了对很多复杂特殊情况的考虑，使我们能以一种直观通用的思维方式去实现链表本身。总的来说，双向链表比单向链表更容易实现，这也是我们选择使用双向链表的原因。无论是单向链表还是双向链表，都应该对链表的使用者隐藏实现细节，也就是说对使用者来说，两者的操作方式应当是一致的。

与单向链表的实现方式一样，双向链表也同时具有头节点和末节点。它们在初始化时被创建，作为占位节点存在于双向链表中，并且不被认为是有效节点。在双向链表中引入这两个节点的目的和单向链表是一样的，也是为了避免特殊情况的出现，从而不用在 insert、append 和 remove 方法里进行额外的特殊处理，以此降低代码的复杂性。同理，在双向链表中，curr 指向的也是链表当前位置的当前节点。虽然末节点被认为不是一个有效节点，但是在链表的设计和实现中，curr 可以指向末节点。

下面在一个安卓项目中，实现一个完整的双向链表。本代码实例参见源码文件3-3-Test2。

第一步：以泛型的方式实现一个双向链表的节点类，名为 Link。这个节点类的代码量比单向链表的节点类稍多，因为它多了一个指针成员变量，却更加直观易懂，详见代码清单 3-24。

代码清单 3-24

```java
//以泛型表示的双向链表的节点类
class Link<E>{
    //存储这个节点的值
    private E e;
    //存储对下一个节点的引用，如果是末节点，则为 null
    private Link<E> n;
    //存储对上一个节点的引用，如果是头节点，则为 null
    private Link<E> p;
    //构造函数
    Link(E it, Link<E> inp, Link<E> inn) { e = it;    p = inp; n = inn; }
    Link(Link<E> inp, Link<E> inn) { p = inp; n = inn; }
    //一系列成员函数，用于读取和设置节点的成员变量
    //返回节点值
    public E element(){ return e; }
    //设置节点值
    public E setElement(E it){ return e = it; }
    //返回对下一个节点的引用
    public Link<E> next(){ return n; }
    //设置对下一个节点的引用
    public Link<E> setNext(Link<E> nextval){ return n = nextval; }
    //返回对上一个节点的引用
    public Link<E> prev(){ return p; }
    //设置对上一个节点的引用
    public Link<E> setPrev(Link<E> prevval){ return p = prevval; }
}
```

第二步：在实现一个双向链表的节点类之后，就要开始设计作为存储结构的双向链表了。事实上，双向链表和单向链表大体上是一致的。因为双向链表相较于单向链表多了一个指针(对前面节点的引用)需要进行相应的处理，所以某些成员函数的代码量就比相应的

单向链表版本稍多，但优点也是显而易见的，它们更易于直观理解。代码清单 3-25 是一个名为 EList 的泛型双向链表类，用于实现线性数据结构的泛型 ADT 接口。

代码清单 3-25

```java
class EList < E > implements List < E >{
    ...部分代码省略...
    public boolean append(E it){
        tail.setPrev(new Link < E > (it, tail.prev(), tail));
        tail.prev().prev().setNext(tail.prev());
        if(curr == tail) curr = tail.prev();
        listSize++;
        return true;
    }
    public void moveToStart(){curr = head.next();}
    public void moveToEnd(){curr = tail;}
    public void prev(){
        if(curr.prev() != head){
            curr = curr.prev();
        }
    }
    public void next(){
        if(curr != tail){
            curr = curr.next();
        }
    }
    public int currPos(){
        Link < E > temp = head.next();
        int i;
        for(i = 0; curr != temp; i++){
            temp = temp.next();
        }
        return i;
    }
    public boolean isAtEnd(){
        return curr == tail;
    }
    public E getValue() throws NoSuchElementException{
        if(curr == tail){
            throw new NoSuchElementException("getvalue() in LList has current of " + curr + " and
size of " + listSize + " that is not a valid element");
        }
        return curr.element();
```

```
        }
        ...部分代码省略...
    }
```

第三步：在 onCreate 方法中实例化上述双向链表类，使其存储 5 个字母。从第一个有效节点出发，遍历整个链表，按正序打印出每个字母。然后从最后一个有效节点出发，按逆序依次打印每个字母，以直观演示双向链表的"双向"特性，详见代码清单 3-26。

代码清单 3-26

```java
private final String TAG_GZPYP = "GZPYP_CODE";
protected void onCreate(Bundle savedInstanceState){
    ...部分代码省略...
    EList < String > eList = new EList < String > ();
    Log.d(TAG_GZPYP, "onCreate:开始录入字符 ABCDE... ");
    eList.append("A");eList.append("B");
    eList.append("C");eList.append("D");
    eList.append("E");
    Log.d(TAG_GZPYP, "onCreate:录入结束...");
    Log.d(TAG_GZPYP, "onCreate:从第一个有效节点出发，正序打印每个节点的值：");
    for(eList.moveToStart(); !eList.isAtEnd(); eList.next()){
        Log.d(TAG_GZPYP, "第" + (eList.currPos() + 1) + "个节点的值为：" + eList.getValue());
    }
    Log.d(TAG_GZPYP, "onCreate:从最后一个有效节点出发，逆序打印每个节点的值：");
    eList.moveToEnd();
    do {
        eList.prev();
        Log.d(TAG_GZPYP, "第" + (eList.currPos() + 1) + "个节点的值为：" + eList.getValue());
    } while (eList.currPos() != 0);
    ...部分代码省略...
}
```

第四步：运行该项目代码，在 Logcat 监视窗口中打印的信息如图 3-20 所示。

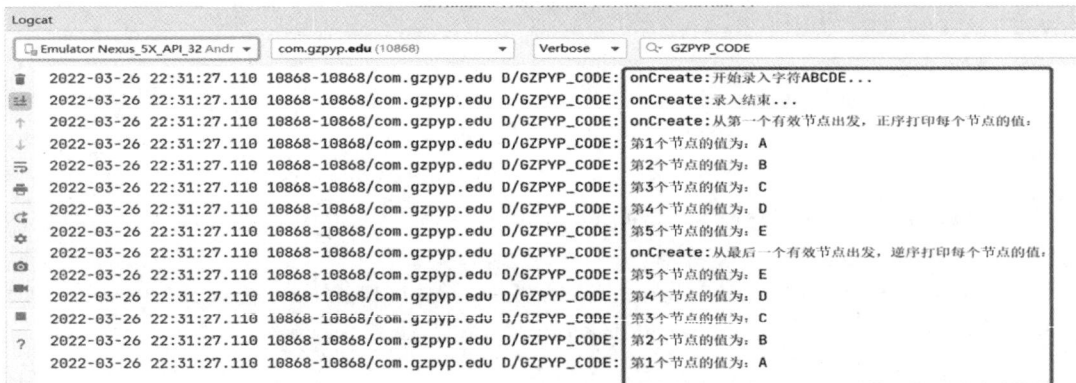

图 3-20　运行结果

3.3.4　循环链表的表示及实现

在单向链表中，除了末节点的引用变量为 null 之外，其余节点都持有对与其相邻的下一个节点的引用。在循环链表中，每一个节点都会持有对下一节点的引用，包括末节点，因为它持有对头节点的引用。因此，单向链表和循环链表的存储结构是极其相似的，唯一区别在于，在循环链表中，末节点指向了头节点，如图 3-21 所示。

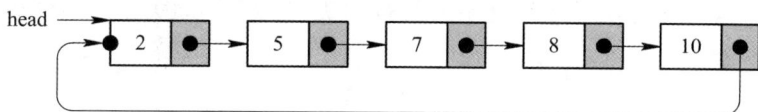

图 3-21　一个典型的循环链表

下面基于前面所介绍的单向链表，在一个安卓项目中，完整地实现一个基于泛型的循环链表，用于实现线性数据结构的泛型 ADT 接口。

本代码实例参见源码文件 3-3-Test3。

该项目已经包含了名为 List 的泛型 ADT 接口文件，同时也包含了节点类 Link，其和单向链表的节点类是一致的。

第一步：下面的循环链表类 FList 和单向链表类相似，详见代码清单 3-27。

代码清单 3-27

```
class FList < E > implements List < E >
{
    ...部分代码省略...
    public void clear(){
        curr = tail = new Link < E > (null);
        head = new Link < E > (tail);
        tail.setNext(head); //将末节点指向头节点
        listSize = 0;
    }
    public boolean append(E it){
        tail.setNext(new Link < E > (null));
        tail.setElement(it);
        tail = tail.next();
        tail.setNext(head);
        listSize++;
        return true;
    }
    public void moveToStart(){
        curr = head.next();
    }
    public void next(){
        curr = curr.next();
        if(curr == tail) curr = tail.next().next();
    }
}
```

```
    public E getValue(){
        return curr.element();
    }
    ...部分代码省略...
}
```

第二步：在 MainActivity 类的 onCreate 方法中实例化一个循环链表，并为其添加几个大写字母作为节点。然后演示如何利用末节点和头节点的指向关系进行链表的环形遍历，详见代码清单 3-28。

代码清单 3-28

```
protected void onCreate(Bundle savedInstanceState)
{   ...部分代码省略...
    FList < String > fList = new FList < String > ();
    Log.d(TAG_GZPYP, "onCreate:开始录入字符 ABCDE... ");
    fList.append("A");
    fList.append("B");
    fList.append("C");
    fList.append("D");
    fList.append("E");
    Log.d(TAG_GZPYP, "录入结束...");
    Log.d(TAG_GZPYP, "从第一个有效节点出发，遍历到最后一个节点：");
    String str = "";
    for(fList.moveToStart();(fList.currPos() + 1) != fList.length(); fList.next())
    {
        str += fList.getValue();
    }
    str += fList.getValue();
    Log.d(TAG_GZPYP, str);
    Log.d(TAG_GZPYP, "循环遍历两次：");
    str = "";
    fList.moveToStart();
    for(int count = 1; count <= 2; count++)
    {
        for(fList.moveToStart();
            (fList.currPos() + 1) != fList.length(); fList.next())
        {
            str += fList.getValue();
        }
        str += fList.getValue();
    }
    Log.d(TAG_GZPYP, str);...部分代码省略...
}
```

第三步：运行该项目代码，在 Logcat 监视窗口中打印的信息如图 3-22 所示。

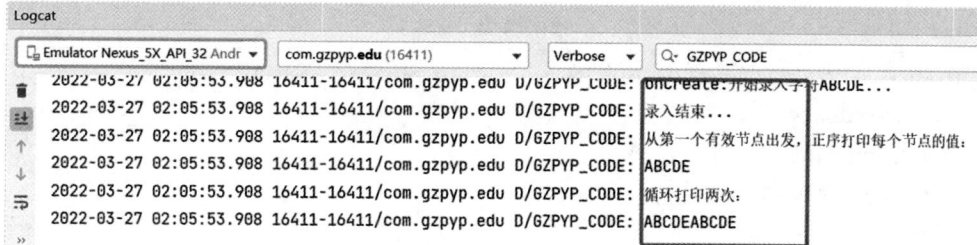

图 3-22　运行结果

3.4　一元多项式

多项式是数学中一个相当重要的概念，其可以通过顺序表或者链表的形式存储在计算机中，以此为基础，可以对多项式进行各种相关运算。本节将基于顺序表的形式来存储一元多项式，然后讨论其加法运算。

3.4.1　一元多项式的表示

假如一个多项式的形式为：
$$P_n(x) = P_0 + P_1x^1 + P_2x^2 + \cdots + P_nx^n$$
那么将其称为一元多项式。如果要将其以顺序表的形式存储在内存中，有两种可行的方式。

- 使用一个长度为 n+2 的顺序表存放，第一个位置存放最大的指数 n，其他位置按照指数 n 的递减依次存储相对应的系数，例如 $P_5(x) = 2 + 8x^1 + 5x^2 + 2x^4 + 6x^5$，可以用顺序表 AList 表示为：AList = {5，6，2，0，5，8，2}。
- 只存放多项式中的非零项。对于有 m 个非零项目的多项式，要使用长度为 2m+1 的顺序表来存放每一个非零项的指数和系数，在这种情况下，顺序表第一个位置存储的是该多项式的非零项个数。例如 $P_5(x) = 2 + 8x^1 + 5x^2 + 2x^4 + 6x^5$，可以用该方法表示为：AList = {5，6，5，2，4，5，2，8，1，2，0}。

使用第一种方法，对在程序中设计多项式的各种运算较为方便，但若多项式中有很多系数为 0 的项，如 $8x^{1000}+1$，就会浪费过多的存储空间。而对于第二种方法，其优点是可以节省不必要的内存空间，缺点是设计各种多项式的算法时，会比第一种方法复杂得多。

3.4.2　一元多项式的加法

3.4.1 小节的第一种存储方式为基础，演示如何对一元多项式 $A(x) = 2 + 6x + 7x^3 + 3x^4$ 和 $B(x) = 9 + 2x^2 + 5x^3 + x^4$ 进行加法运算。

打开一个新的项目，以 3-2-Test2 的顺序表源码为基础，设计一个算法，对任意两个最高次方相等的多项式进行相加操作，最后输出结果。

本代码实例参见源码文件 3-4-Test1。

第一步：在 MainActivity 类中创建一个 PrintMultinomial 方法，用于将顺序表中储存的多项式以标准的数学形式进行打印，详见代码清单 3-29。

代码清单 3-29

```java
private void PrintMultinomial(CList < Integer > arrList, String polyName){
    int i, MaxExp;
    String mathStr = "";
    arrList.moveToStart();
    MaxExp = arrList.getValue();
    for(arrList.next(); !arrList.isAtEnd(); arrList.next()){
        MaxExp--;
        if(arrList.getValue() != 0){
            if((MaxExp + 1) != 0){
                mathStr += arrList.getValue() + "X^" + (MaxExp + 1);
            }
            else{
                mathStr += arrList.getValue();
            }
            if(MaxExp >= 0){
                mathStr += "+";
            }
        }
    }
    Log.d(TAG_GZPYP, polyName + "=" + mathStr);
}
```

第二步：在 MainActivity 类中创建一个 MultinomialSum 方法，用于将两个一元多项式进行相加处理，详见代码清单 3-30。

代码清单 3-30

```java
private void MultinomialSum(CList < Integer > poly1, CList < Integer > poly2)
{
    CList < Integer > result = new CList < Integer > ();
    result.moveToStart(); poly1.moveToStart();
    result.append(poly1.getValue());
    result.next();
    poly1.moveToStart(); poly1.next();
    poly2.moveToStart(); poly2.next();
    while(!poly1.isAtEnd()){
        result.append(poly1.getValue() + poly2.getValue());
        poly1.next(); poly2.next(); result.next();
    }
    this.PrintMultinomial(result, "PolySum");
}
```

第三步：在 MainActivity 类的 onCreate 方法中进行相应的处理。首先创建两个顺序表，指定泛型参数为 Integer。然后将一元多项式 $A(x)=2+6x+7x^3+3x^4$ 和 $B(x)=9+2x^2+5x^3+x^4$ 分别录入两个顺序表，再调用 MultinomialSum 进行相加，并且打印最终结果，详见代码清单 3-31。

代码清单 3-31

```
protected void onCreate(Bundle savedInstanceState){
    ...部分代码省略...
    CList < Integer > polyA = new CList < Integer > ();
    CList < Integer > polyB = new CList < Integer > ();
    Log.d(TAG_GZPYP, "开始存储多项式 polyA...");
    polyA.append(4);polyA.append(3);
    polyA.append(7);polyA.append(0);
    polyA.append(6);polyA.append(2);
    Log.d(TAG_GZPYP, "开始存储多项式 polyB...");
    polyB.append(4);polyB.append(1);
    polyB.append(5);polyB.append(2);
    polyB.append(0);polyB.append(9);
    Log.d(TAG_GZPYP, "打印多项式 Pa：");
    this.PrintMultinomial(polyA, "Pa");
    Log.d(TAG_GZPYP, "打印多项式 Pb：");
    this.PrintMultinomial(polyB, "Pb");
    Log.d(TAG_GZPYP, "处理两个多项式的相加...");
    this.MultinomialSum(polyA, polyB);
    Log.d(TAG_GZPYP, "处理完毕...");
    ...部分代码省略...
}
```

第四步：运行该项目代码，在 Logcat 监视窗口中打印的信息如图 3-23 所示。

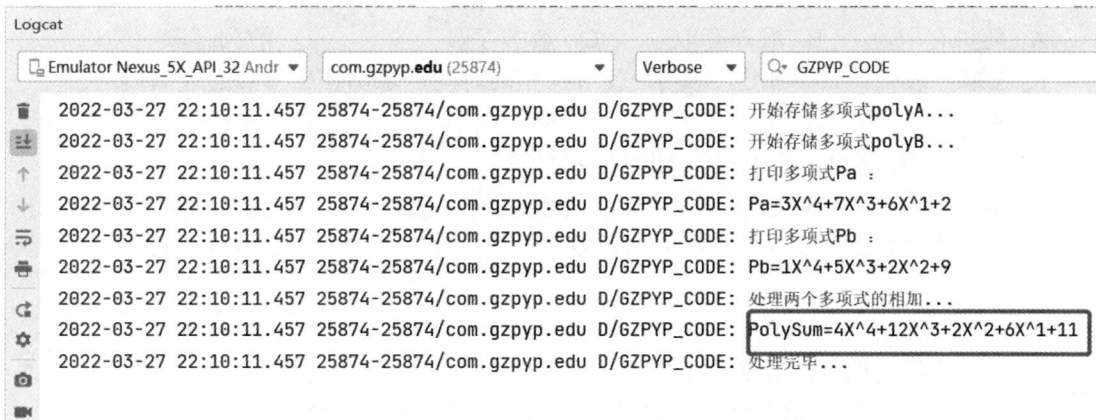

图 3-23　运行结果

本 章 小 结

　　本章由浅入深地介绍了线性数据结构。首先，从线性数据结构的 ADT 接口出发，给出了不同的实现方式，包括基于顺序存储结构的顺序表和基于链式存储结构的链表，力图让读者明白接口 ADT 是独立于具体的实现方式而存在的。然后，由于单向链表和顺序表在逻辑结构上的相似性，对比了它们的空间效率和时间效率，阐述了如何针对不同情况在它们之间进行合理的选择。最后，基于前面小节实现过的泛型顺序表，模拟了如何对一元多项式进行相加操作。

课 后 习 题

一、选择题

1. 线性表是(　　)。

A. 一个有限序列，可以为空　　　　　B. 一个有限序列，不可以为空

C. 一个无限序列，可以为空　　　　　D. 一个无限序列，不可以为空

2. 在一个长度为 n 的顺序表中删除第 i 个元素($0 \leqslant i \leqslant n$)时，需向前移动(　　)个元素。

A. $n-i$　　　　　B. $n-i+1$　　　　　C. $n-i-1$　　　　　D. i

3. 线性数据结构采用链式存储时，其地址(　　)。

A. 必须是连续的　　　　　　　　　B. 一定是不连续的

C. 部分地址必须是连续的　　　　　　D. 连续与否均可以

4. 从一个具有 n 个节点的单向链表中查找其值等于 x 的节点时，在查找成功的情况下，需平均比较(　　)个元素节点。

A. $\dfrac{n}{2}$　　　　　B. n　　　　　C. $\dfrac{n+1}{2}$　　　　　D. $\dfrac{n-1}{2}$

5. 线性表的顺序存储结构是一种(　　)的存储结构。

A. 随机存取　　　　B. 顺序存取　　　　C. 索引存取　　　　D. 散列存取

6. 在顺序表中，只要知道(　　)，就可在相同时间内求出任一节点的存储地址。

A. 基地址　　　　B. 节点大小　　　　C. 向量大小　　　　D. 基地址和节点大小

7. 在(　　)运算中，使用顺序表比链表好。

A. 插入　　　　B. 删除　　　　C. 根据序号查找　　　　D. 根据元素值查找

8. 在一个具有 n 个节点的有序单向链表中插入一个新节点并保持该表有序的时间复杂度是(　　)。

A. $O(1)$　　　　B. $O(n)$　　　　C. $O(n^2)$　　　　D. $O(\log_2 n)$

9. 以下关于线性表的说法不正确的是(　　)。

A. 线性表中的数据元素可以是数字、字符、记录等不同类型

B. 线性表中包含的数据元素个数不是任意的

C. 线性表中的每个节点有且只有一个直接前趋和直接后继

D. 存在这样的线性表：表中各节点都没有直接前趋和直接后继

10. 在等概率情况下，顺序表的插入操作要移动( )节点。

A. 全部   B. 一半   C. 三分之一   D. 四分之一

二、填空题

1. 线性表是一种典型的_____结构。

2. 在一个长度为 n 的顺序表的第 i 个元素之前插入一个元素，需要后移_____个元素。

3. 在双向链表中，每个节点含有两个指针域，一个指向_____节点，另一个指向_____节点。

4. 当对一个线性表经常进行存取操作，而很少进行插入和删除操作时，则采用_____存储结构为宜。相反，当经常进行的是插入和删除操作时，则采用_____存储结构为宜。

5. 顺序表中逻辑上相邻的元素，物理位置_____相邻，单向链表中逻辑上相邻的元素，物理位置_____相邻。

三、简答题

1. 线性表的两种存储结构各有哪些优缺点？

2. 对于线性表的两种存储结构，若线性表的总数基本稳定，且很少进行插入和删除操作，但要求以最快的速度存取线性表中的元素，应选用何种存储结构？试说明理由。

第4章 栈和队列

本章将介绍两种常见的数据结构——栈和队列。严格意义上来说，栈和队列也属于线性表，但它们是两种操作受限的特殊线性表。在使用栈这种数据结构存储数据时，需要遵循"先进后出"的原则。也就是说，如果一个元素最先进栈，那么它会最后出栈。而队列则不同，队列遵循的是"先进先出"的原则，即最先进入队列的元素，也会最先出队列。

4.1 栈的定义

栈是一种特殊的线性表，也被划分为线性数据结构。这种特殊性体现在栈的操作是受限的，其只允许从一端插入和删除数据，这个进行操作的端口又被称为顶端。使用栈存储数据时，遵循"先进后出"(Last In，First Out)的原则。基于这个原则，我们只能在栈的顶端向栈添加元素，并且也只能从栈的顶端移除元素。

虽然这种操作限制对于顺序表或链表而言不够灵活，但是针对很多应用程序，这种受限的操作恰好能满足其设计上的需要。因此，针对特定的应用需求，栈的这种受限操作不仅更具效率，而且相对来说更易实现。

在栈的术语中，位于栈顶端的元素称为顶端元素，将元素添加到顶端的操作称为 push(压入)，将顶端元素从顶端移除的操作称为 pop(弹出)。图 4-1 展示了一个标准形式的栈。

由于栈在存取元素时，遵循"先进后出"的原则，故其可以满足很多实际的应用需求。

例如，我们用浏览器上网时，首先打开了 A 页面，然后点击 A 页面的链接又打开了 B 页面，并且 B 页面覆盖了 A 页面，接着依次打开了 C、D、E 页面，最终停留在了 E 页面。如果我们想回到最开始的页面 A，就需要依次回退。这个过

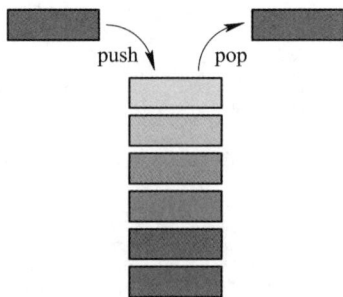

图 4-1 栈的压入与弹出

程符合"先进后出"的原则，因此浏览器的回退功能就是通过栈这种数据结构来实现的。

除了浏览器，还有很多软件(如 PhotoShop、LightRoom、Word、3ds Max 等)也是通过栈这种数据结构来实现撤销功能的。

不仅如此，在 IDE 中，栈这种存储结构还可以用于检测语法错误。在编程语言中，大括号、中括号、小括号等符号是语法的一部分，而括号的不匹配会导致程序编译错误。IDE 的检测功能的底层实现就是采用了栈这种结构。

4.2　栈的抽象数据类型

事实上，由于栈被限制为只能在顶端进行存取操作，因此针对栈只有两种实际的操作，分别是 push 和 pop。和上一章的线性表(操作不受限)ADT 接口比较，栈的 ADT 接口简洁得多，而且非常容易理解，详见代码清单 4-1。

代码清单 4-1

```
//Stack 的 ADT 接口
public interface Stack < E >{
    //重置该线性表
    public void clear();
    //将元素 it 压入栈的顶端
    public boolean push(E it);
    //移除并且返回栈顶的元素
    public E pop();
    //返回栈顶元素的值
    public E topValue();
    //返回栈中的元素数量
    public int length();
    //判断是否为空栈
    public boolean isEmpty();
}
```

和上一章不受限线性表的 ADT 接口一样，栈也有两种不同的实现方式，分别为顺序栈和链栈。这两种存储方式的区别仅在于数据元素在实际的物理内存上存放的相对位置不同，顺序栈的底层采用数组的方式，而链栈采用链表的方式。

4.3　栈的顺序存储结构及其实现

在前文中已经提到，栈是一种操作受到限制的线性表。作为一种线性表，栈的顺序存储可以被看作是顺序表的顺序存储的简化版本，我们称其为顺序栈。所以我们可以将上一章中对顺序表的基本认知应用于顺序栈。

4.3.1 顺序栈的实现

栈的顺序存储结构是借由内置数组来实现的。下面通过一个安卓项目来实现一个基于数组的栈。本代码实例参见源码文件 4-3-Test1。

第一步：在项目中新建一个名为 Stack 的泛型 ADT 接口，详见代码清单 4-1。

第二步：在项目中新建一个名为 AStack 的泛型类，意为以数组为基础的顺序栈，用于实现上述 ADT 接口，详见代码清单 4-2。

代码清单 4-2

```java
package com.gzpyp.edu;
class AStack<E> implements Stack<E>{
    //成员变量
    private E stackArray[];
    private static final int DEFAULT_SIZE = 10;
    private int maxSize;
    private int top;
    @SuppressWarnings("unchecked")
    //构造函数
    AStack(int size){
        maxSize = size;
        top = 0;
        stackArray = (E[])new Object[size];
    }
    AStack() { this(DEFAULT_SIZE); }
    //操作方法
    public void clear(){ top = 0; }
    public boolean push(E it){...部分代码省略...}
    public E pop(){...部分代码省略...}
    public E topValue(){
        if (top == 0){ return null; }
            return stackArray[top-1];
    }
    public int length(){ return top; }
    public boolean isEmpty(){ return top == 0; }
}
```

上述代码中省略了 pop 和 push 操作的具体实现代码，因为在接下来的两个小节中会对其进行阐述。

这里首先需要关注成员变量的作用。因为这些成员变量是我们设计这个顺序栈的立足点，基于它们，才能定义一系列操作。这正体现了面向对象编程的特性。这些成员变量的作用如下：

    • stackArray[]：和顺序表一样，依靠这个内置的数组来实现顺序栈存储数据的功能。将其声明为泛型，可以以一种灵活的方式实现顺序栈存储不同类型数据的需要。但是，缺点是必须在实例化一个栈时，指定其固定的大小。这在一些情况下，将导致不小的内存浪费。

    • DEFAULT_SIZE：在实例化一个顺序栈，而不指定其大小时，为内置数组分配的默认大小。

    • maxSize：数组的最大存储容量。如果在初始化栈时指定了大小值，那么 maxSize 的值为该指定值；如果没有指定，那么 maxSize 的值为 DEFAULT_SIZE。

    • top：栈的顶端位置，就是按从左到右的顺序，内置数组中第一个没有储存元素的索引位置处，这个索引值刚好等于内置数组中的元素数量(长度)。事实上，top 其实就是栈的当前位置，但是和顺序表不同的是，栈将当前位置限制在了栈的顶端。

我们将成员函数称为对顺序栈的一个操作，每个操作的代码逻辑是基于成员变量的。这些成员函数的作用如下：

    • AStack(int size)和 AStack()：这个类仅有的两个构造函数。由代码实现可以发现，AStack 的实质还是调用了 AStack(int size)，只不过将 DEFAULT_SIZE 作为参数传递了过去。

    • push(E it)：栈的压入操作，将 it 添加到栈的最顶端。

    • pop：栈的弹出操作，将最顶端的元素从栈中移除，并且将其返回。

    • topValue：返回最顶端元素的值，如果这个栈为空栈，即没有任何元素，则返回 null。

    • length：栈的长度，这里直接返回 top。

    • isEmpty：用于判断栈是否为空栈。

我们已经知道 top 代表栈的顶端位置，并且在设计中，这个位置被规定为从左到右的顺序，内置数组中第一个空位。那么，为什么要这么做呢？这么做有什么好处呢？考虑到顺序栈实际上是依靠内置数组来存储数据的，下面我们将基于内置数组来进行演示。

试想，如果将 top 规定为内置数组的第一个位置处，即索引 0 处，那么所有的 push 和 pop 操作都会在这个位置进行，如图 4-2 所示。但是，如果我们做这样的规定，将不得不带来额外的性能开销。因为这样做会导致每次执行 push 或 pop 操作时，都要将后面的全部元素向后或向前移动一位。如果线性表中的元素数量为 n，那么每进行一次 push 或 pop 操作的时间复杂度就为 O(n)。

为了使栈的操作更有效率，我们在 ArrayStack 中将顶端位置 top 规定为从左至右的第一个空闲的数组位置。这样，每次执行 push 或 pop 操作的时间复杂度就是 O(1)，可以显著降低不必要的时间开销，如图 4-3 所示。

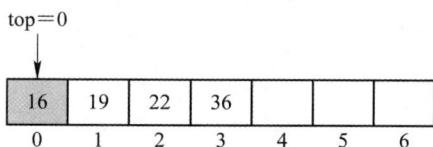

图 4-2　将 top 规定在索引 0 处　　　　图 4-3　将顶端位置规定为第一个空闲位置

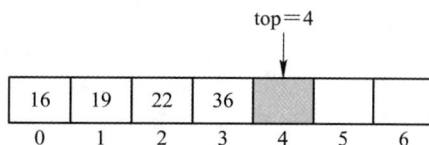

第三步：在 MainActivity 类的 onCreate 方法中实例化一个 ArrayStack，以演示如何操

作一个顺序栈,详见代码清单 4-3。

代码清单 4-3

```
protected void onCreate(Bundle savedInstanceState)
{
    ...部分代码省略...
    ArrayStack < Character > arrStack = new ArrayStack < Character > (100);
    String inputStr = "ABCDEFGH";
    for(int i = 0; i < inputStr.length(); i++){
        Log.d(TAG_GZPYP, "将字母" + inputStr.charAt(i) + "压入栈中.");
        arrStack.push(inputStr.charAt(i));
    }
    Log.d(TAG_GZPYP, "栈的当前长度: " + arrStack.length());
    while(!arrStack.isEmpty()){
        Character returnValue = arrStack.pop();
        Log.d(TAG_GZPYP, "将字母" + returnValue.toString() + "弹出栈.");
    }
    Log.d(TAG_GZPYP, "栈的当前长度: " + arrStack.length());
    ...部分代码省略...
}
```

第四步:运行该项目代码,在 Logcat 监视窗口将按照"先进后出"的原则打印的信息如图 4-4 所示。

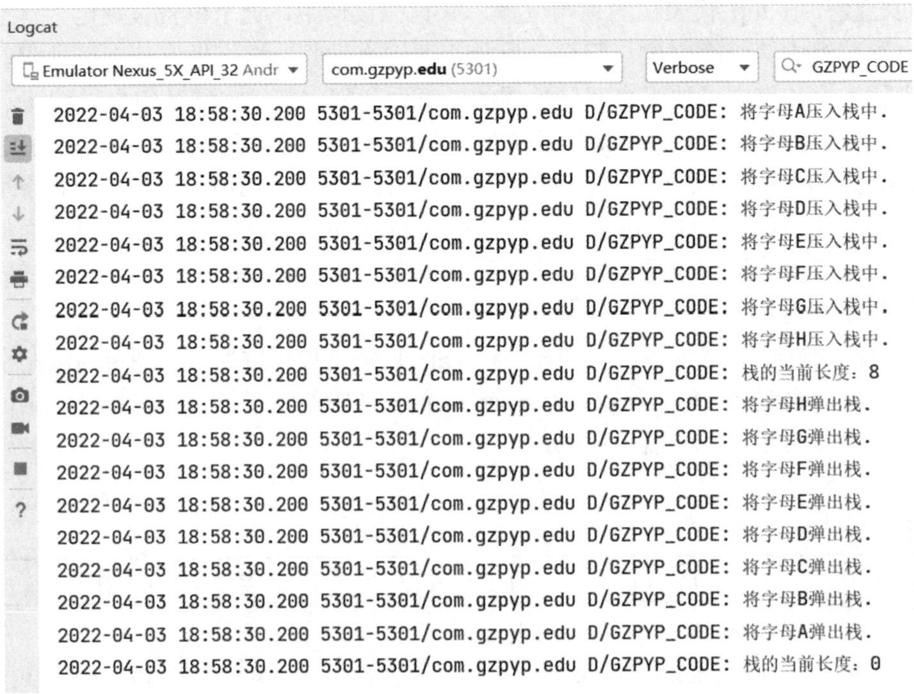

图 4-4　运行结果

4.3.2　进栈操作的实现

进栈操作又称为压入(push)操作，是栈仅有的两种操作之一。实际上，栈的压入操作和顺序表的附加(append)操作是对等的，只不过针对栈这种特殊的顺序表，需要使用专门的术语来描述以便进行区分。push 操作的具体实现详见代码清单 4-4。

代码清单 4-4

```java
public boolean push(E it){
    if(top >= maxSize){
        return false;
    }
    stackArray[top++] = it;
    return true;
}
```

在上述代码中，top 作为最顶端位置处的索引，其值就是栈中当前元素的数量。所以执行压入操作的先决条件是 top < maxSize，即栈还没有被元素占满。

图 4-5 演示了将一个元素压入到栈中的操作过程。

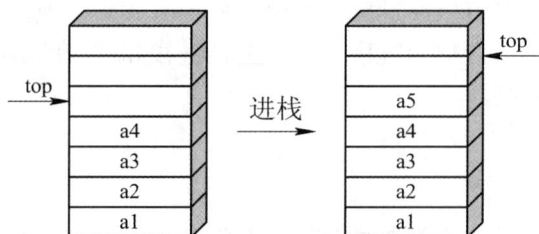

图 4-5　进栈操作

4.3.3　出栈操作的实现

与进栈操作一样，出栈操作也属于顺序表删除操作的特例，即顺序表可以在任意位置删除元素，而顺序栈只能在 top 位置处删除元素。针对栈顶端的删除操作，也有专门的术语，即弹出(pop)操作，其具体实现详见代码清单 4-5。

代码清单 4-5

```java
public E pop(){
    if(top == 0){
        return null;
    }
    return stackArray[--top];
}
```

在上述代码中，我们并没有实际清除栈中的顶端元素，即将其设置为 null。事实上，这是毫无必要的。因为顺序栈的存储载体是一个数组，我们已经事先为这个数组分配了固定大小的内存空间，也就是说，无论数组中某个位置处的元素为 null，还是一个有效的值，都不会影响实际的内存空间占用。而且，只要我们将 top 往下移动一位，后续的操作就是以这个位置为顶端位置，无论是 pop 还是 push 都可以正常执行。图 4-6 演示了出栈操作过程。

如果以图 4-6 的出栈结果为基础，压入一个元素 a5，则结果如图 4-7 所示。

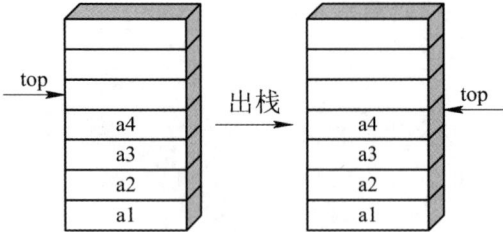

图 4-6　出栈操作　　　　　　　　图 4-7　进栈操作

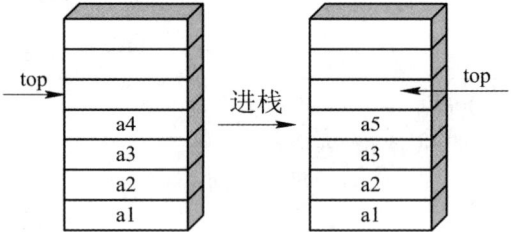

4.4　栈的链式存储结构及其实现

栈作为一种线性表，既可以通过顺序存储结构的方式来实现，也可以通过链式存储结构的方式来实现，我们将后者称为链栈。实际上，链栈和链表的概念是基本一致的，区别在于链栈的操作受到了限制。

4.4.1　链栈的实现

链栈的实现相对来说是非常简单直观的。数据节点仅在链式结构的头部位置处被压入和弹出，这个位置就是链栈的顶端位置。需要注意的是，在链栈中没有头节点这个概念，因为和链表不同，在这里由于操作受到限制，并不需要处理很多的特殊情况。本代码实例参见源码文件 4-4-Test1。

第一步：在项目中创建一个节点类 Link，详见代码清单 4-6。

代码清单 4-6

```java
package com.gzpyp.edu;
class Link < E >{
    //e 存储节点值
    private E e;
    //持有对下一个节点的引用
    private Link < E > n;
    //构造函数
    Link(E it, Link < E > inn){
        e = it;
        n = inn;
    }
```

```
    Link(Link < E > inn){
        e = null;
        n = inn;
    }
    //返回节点的值
    E element(){
        return e;
    }
    //设置节点的值
    E setElement(E it){
        return e = it;
    }
    //获取对下一个节点的引用
    Link < E > next(){
        return n;
    }
    //设置对下一个节点的引用
    Link < E > setNext(Link < E > inn){
        return n = inn;
    }
}
```

第二步：在项目中，基于上述的节点类和栈的 ADT 接口，实现链栈，将其命名为 LinkStack，详见代码清单 4-7。push 和 pop 操作的具体实现代码将在接下来的两个小节中进行阐述。

代码清单 4-7

```
class LinkStack < E > implements Stack < E >{
    private Link < E > top;
    private int size;
    LinkStack(){
        top = null;
        size = 0;
    }
    LinkStack(int size){
        top = null;
        size = 0;
    }
    public void clear(){
        top = null;
        size = 0;
```

```
    }
    public boolean push(E it){...部分代码省略...}
    public E pop(){...部分代码省略...}
    public E topValue(){
        if(top == null){
            return null;
        }
        return top.element();
    }
    public int length(){ return size; }
    public boolean isEmpty(){
        return size == 0;
    }
}
```

针对链栈的两个构造函数，需要注意的是，不用为其提供容量限制(参数 size)，因为链栈是为每个新节点动态分配内存的，和链表一样。如果我们设置了参数 size，这个参数会被忽略。实际上，调用的还是无参的构造函数 LinkStack()。

第三步：在 onCreate 方法中实例化一个 LinkStack，以演示对链栈的操作过程，详见代码清单 4-8。

代码清单 4-8

```
    private final String TAG_GZPYP = "GZPYP_CODE";
    protected void onCreate(Bundle savedInstanceState){
        ...部分代码省略...
        Log.d(TAG_GZPYP, "创建链栈 linkStack...");
        LinkStack < String > linkStack = new LinkStack < String > ();
        for(int i = 0; i < 5; i++){
            Log.d(TAG_GZPYP, "压入节点" + i + "...");
            linkStack.push("节点" + i);
        }
        Log.d(TAG_GZPYP, "链栈中一共有" + linkStack.length() + "个节点。");
        Log.d(TAG_GZPYP, "一共有" + linkStack.length() + "个节点。");
        for(int i = 0; i < 5; i++){
            Log.d(TAG_GZPYP, "弹出节点" + i + "...");
            linkStack.pop();
        }
        Log.d(TAG_GZPYP, "链栈中一共有" + linkStack.length() + "个节点。");
        ...部分代码省略...
    }
```

第四步：运行该项目代码，在 Logcat 监视窗口中打印的信息如图 4-8 所示。

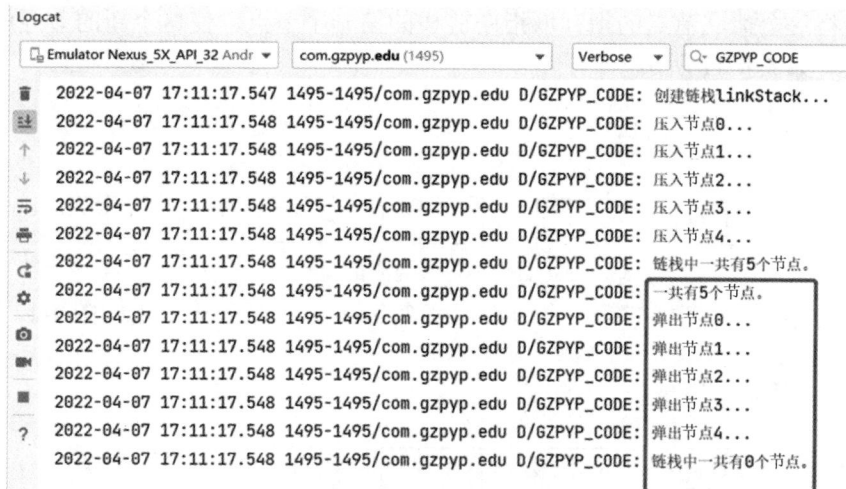

图 4-8 运行结果

4.4.2 进栈操作的实现

进栈操作通过 push 函数实现，详见代码清单 4-9。

代码清单 4-9

```
public boolean push(E it)
{
    top = new Link < E > (it, top);
    size++;
    return true;
}
```

下面以链栈在内存中的表现形式来描述上述代码的执行过程。首先，图 4-9 是一个具有 4 个节点的链栈。

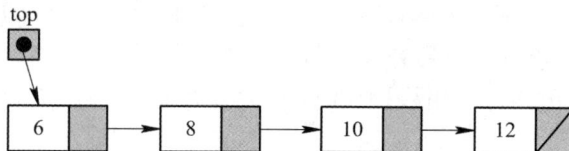

图 4-9 链栈在内存中的表现形式

然后，创建一个新的节点，其值为 21，如图 4-10 所示。

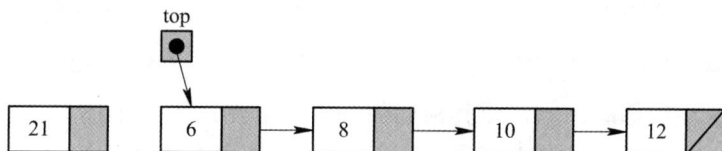

图 4-10 新节点还没有和链栈建立链接

接着，将这个孤立节点的指针域指向链栈的第一个节点，使这个新的节点成为链栈的第一个节点，如图 4-11 所示。

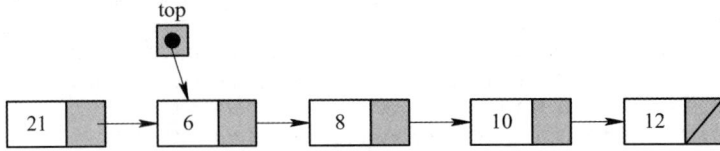

图 4-11　与链栈建立的新节点

最后，将 top 指向链栈的第一个节点，整个 push 操作就完成了，如图 4-12 所示。

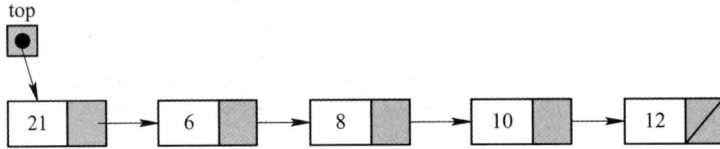

图 4-12　进栈操作的结果

4.4.3　出栈操作的实现

出栈操作通过 pop 函数实现，详见代码清单 4-10。

代码清单 4-10

```java
public E pop(){
    if(top == null){
        return null;
    }
    E it = top.element();
    top = top.next();
    size--;
    return it;
}
```

如果 top 的值为 null，则代表链栈为空，不执行任何操作，直接返回 null。在链栈不为空的情况下，图 4-13 所示是一个具有 3 个节点的链栈。

当我们试图对这个链栈进行出栈操作时，首先要存储第一个节点的值，如图 4-14 所示。

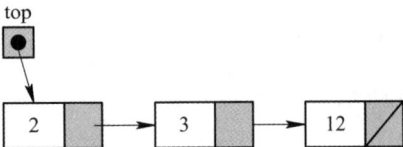

图 4-13　具有 3 个节点的链栈

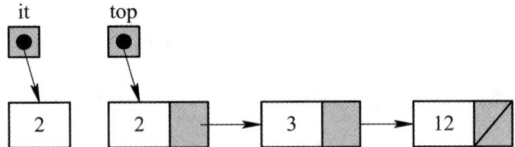

图 4-14　存储待弹出节点的值

然后，将 top 往后移动一位，使其指向值为 3 的节点，如图 4-15 所示。

接着，由于 top 不再指向值为 2 的节点，而且也不存在任何其他对该节点的引用，因此垃圾回收机制会自动销毁该节点，如图 4-16 所示。

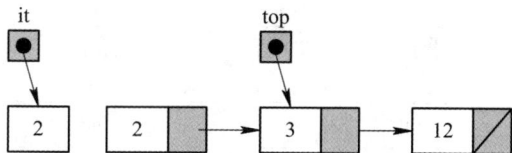

图 4-15　将 top 往后移动一位

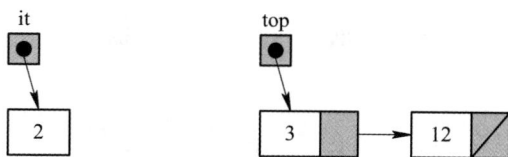

图 4-16　值为 2 的节点被垃圾回收后

最后，pop 函数会返回对 it 的引用，其指向被弹出节点的值。

4.5　顺序栈和链栈的比较

在顺序栈和链栈中，每一个相对应的操作所需要的时间复杂度都是相同的。所以，从时间效率上来看，两者相对于彼此都没有明显的优势。而从空间效率上来看，顺序表和链表的比较结果也适用于顺序栈和链栈，即顺序栈需要分配固定的空间，所以当空间没有被充分利用时，就会造成空间浪费。而链栈是动态分配内存的，不过相对于顺序栈的每一个元素，链栈却需要额外的内存开销去存储指针变量。

4.6　栈的应用

4.6.1　可利用空间表(freelist)

1. 可利用空间表的概念

在 Java 中，无论是使用 new 操作符去实例化一个新的对象，还是垃圾回收，都会带来显著的性能开销。这种性能上的开销，一方面来源于对内存分配的需求是没有固定模式可循的，另一方面则来源于垃圾回收的不可预期。为了避免这种情况的出现，需要设计一种可靠且具有特定模式的内存访问机制，我们将这种机制称为可利用空间表。

可利用空间表是一种高效率的动态内存管理方法，它是通过链栈来实现的。在单向链表的实现中，当我们插入一个节点时，需要用 new 去实例化一个节点对象。而当我们删除一个节点时，这个节点需要被 Java 垃圾回收机制进行回收。无论是 new 操作还是垃圾回收，都具有相对显著的性能开销，尤其是在操作频繁的情况下。为了避免这种情况的出现，我们可以将被删除的节点放置于一个可利用空间表中。这样，当我们需要插入一个节点时，就可以将现成的节点从可利用空间表中取出，从而避免了频繁地调用 new 操作符。当然，这一切都建立在可利用空间表不为空的情况下，如果它为空，那么我们就要调用 new 操作符。图 4-17 是一个空的单向链表，同时还有一个空的可利用空间表(链栈)，其顶端节点的引用值为 null。

现在我们在当前位置插入一个值为 19 的节点。因为可利用空间表为 null，所以必须通过 new 创建一个新节点，再将其插入单向链表中，如图 4-18 所示。

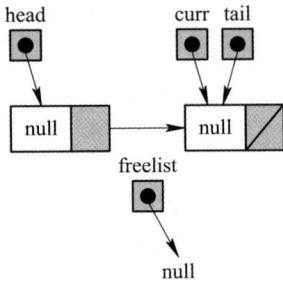

图 4-17　单向链表及空的可利用空间表在内存中的表现形式　　图 4-18　链栈在内存中的表现形式 1

　　然后，依次插入值为 6、10、12 的节点。因为可利用空间表为 null，依然无法利用 freelist 的优势，只能通过 new 创建节点对象，如图 4-19 所示。

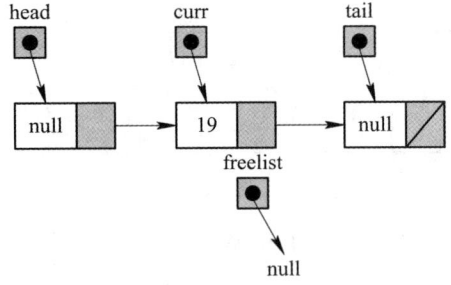

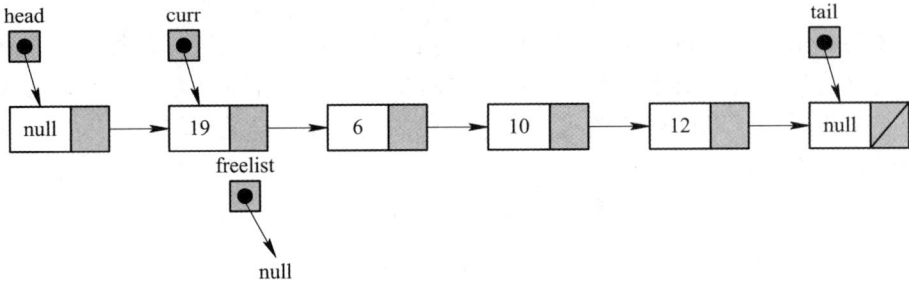

图 4-19　链栈在内存中的表现形式 2

　　接着，移除当前位置的节点，并将节点值设为 null。再将这个值为 null 的节点压入 freelist 中，使其不被垃圾回收，以便在将来复用这个节点，如图 4-20 所示。

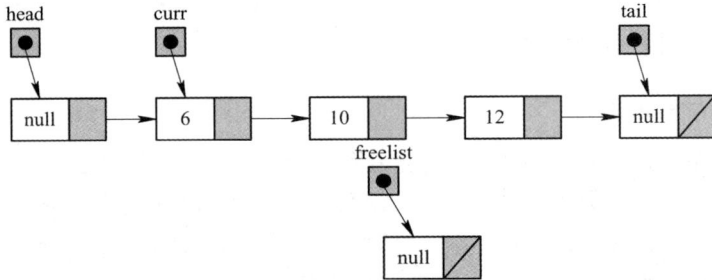

图 4-20　链栈在内存中的表现形式 3

　　继续移除当前位置的节点，并将其压入到链栈 freelist，如图 4-21 所示。

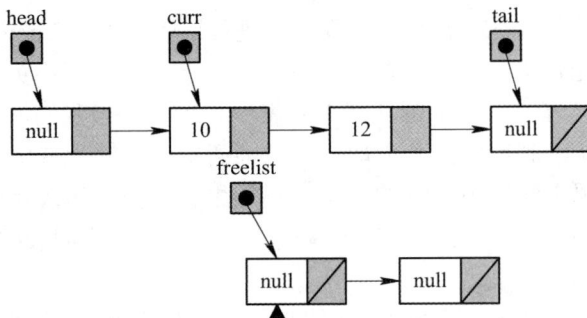

图 4-21　链栈在内存中的表现形式 4

最后，如果我们向单向链表插入一个值为 8 的节点，就不会再使用 new 去实例化一个新的节点对象，而是直接复用 freelist 弹出的节点，如图 4-22 所示。

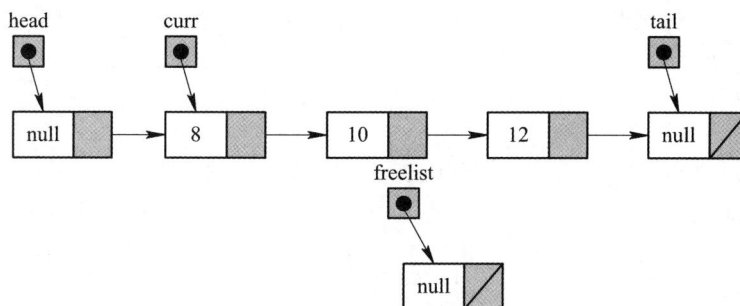

图 4-22　复用 freelist 弹出的节点

2. 可利用空间表的实现

从前面的论述中，我们可以看出，可利用空间表非常适用于周期性扩增和缩减的链表，其长度永远不会超出链表的长度，链表中新增的节点可以通过它来提供(不为空)。除此之外，它还可以在程序中被多个链表同时利用，作为它们被移除节点的储存"仓库"，并且也为它们提供新的节点。下面为单向链表实现一个具体的可利用空间表。本代码实例参见源码文件 4-6-Test1。

第一步：对节点类 Link<E>进行改进，详见代码清单 4-11。

代码清单 4-11

```
//支持可利用空间表的单向链表节点类
class Link < E >{
    ...部分代码省略...
    //用于指向可利用空间表的顶端位置(第一个节点)，可利用空间表为空栈时其值为 null
    private static Link freelist = null;
    private static int fsize = 0;
    public static int flength(){return fsize;}
    //如果可能的话，从可利用空间表返回一个储存的节点
    static < E > Link < E > get(E it, Link < E > inn){
        //当可利用空间表为空栈时，使用 new 操作创建一个新的节点
        if(freelist == null){
            return new Link < E > (it, inn);
        }
        //当可利用空间表不为空栈时，使用 temp 去引用即将被弹出的节点
        Link < E > temp = freelist;
        //将顶端位置移动到下一个节点
        freelist = freelist.next();
        //将可利用空间表的长度减 1
        fsize -= 1;
        //设置被弹出节点的值
```

```
            temp.setElement(it);
            //将被弹出节点与链表进行链接
            temp.setNext(inn);
            //返回被弹出的节点
            return temp;
        }
        //将链表中被移除的节点保存到可利用空间表中
        void release(){
            //将被移除节点的值设置为 null
            e = null;
            //将被移除节点与可利用空间表进行链接
            n = freelist;
            //将顶端位置移动到表头的位置(即被移除的节点)
            freelist = this;
            //将可利用空间表的长度加 1
            fsize += 1;
        }
        ...部分代码省略...
    }
```

在上述代码中，我们声明了一个静态变量 freelist，代表着链栈的顶端位置。通过将 freelist 声明为静态变量，使程序运行期间，多个链表可以共用一个节点暂存"仓库"。同时，静态的 get 方法相当于 pop 方法，用于在链表需要插入新节点时，从可利用空间表中弹出节点以供使用；release 方法相当于 push 方法，用于进行压入操作。但是 release 方法没有被声明为静态的，这是因为我们需要链表中每个具体的节点在被移除时，将其自身被 freelist 引用，所以有必要使每一个具体节点都带有 release 方法(其实就是 push 方法)。

第二步：将单向链表节点类进行部分改进，以使其能够利用改进过的节点类 Link，详见代码清单 4-12。

代码清单 4-12

```
    class LinkList < E > implements List < E >{
        ...部分代码省略...
        //在当前位置插入节点
        public boolean insert(E it){
            curr.setNext(Link.get(curr.element(), curr.next())); //从可利用空间表中获取节点，并且将其与
    链表进行链接
            curr.setElement(it);
            if(tail == curr){
                tail = curr.next();
            }
            listSize++;
            return true;
```

```
        }
        //在链表末尾附加节点
        public boolean append(E it){
            Link < E > temp = Link.get(null, null);
            tail.setNext(temp);
            tail.setElement(it);
            tail = tail.next();
            listSize++;
            return true;
        }
        //将当前位置处的节点移除
        public E remove(){
        //判断是否为空链表，如果是，则直接返回 null
        if(curr == tail){
            return null;
        }
        E it = curr.element();
            curr.setElement(curr.next().element());
            if(curr.next() == tail){
                tail = curr;
            }
            Link < E > tempptr = curr.next();
            curr.setNext(curr.next().next());
            //将被移除的节点压入可利用空间表中
            tempptr.release();
            listSize--;
            return it;
        }
        ...部分代码省略...
    }
```

在上述代码中，我们将 insert、append 和 remove 这几个涉及链表增缩的方法进行了改进，使 insert 和 append 方法能够利用可利用空间表中的可复用节点，避免了频繁的 new 操作。同时，remove 方法被改进成可以向可利用空间表中压入被移除的节点，以便在将来对其进行复用。

第三步：在 MainActivity 类中创建一个方法 ShowLinkList，用于以可视化的方式展现当前链表的状态，详见代码清单 4-13。

代码清单 4-13

```
public class MainActivity extends AppCompatActivity{
    ...部分代码省略...
    public void ShowLinkList(LinkList < String > linkList){
```

```
        String str = "";
        linkList.moveToStart();
        while(!linkList.isAtEnd()){
            str += linkList.getValue();
            linkList.next();
            if(!linkList.isAtEnd()) str += "->";
        }
        Log.d(TAG_GZPYP, "当前链表中存储的节点：" + str);
    }
    ...部分代码省略...
}
```

第四步：用 onCreate 方法中的逻辑演示如何操作带有可利用空间表的单向链表，详见代码清单 4-14。

代码清单 4-14

```
private final String TAG_GZPYP = "GZPYP_CODE";
protected void onCreate(Bundle savedInstanceState){
    ...部分代码省略...
    Log.d(TAG_GZPYP, "实例化一个链表 linkList...");
    LinkList < String > linkList = new LinkList < String > ();
    for(int i = 0; i < 5; i++){
        String it = "节点" + i;
        Log.d(TAG_GZPYP, "向链表中添加" + it + "...");
        linkList.append(it);
    }
    this.ShowLinkList(linkList);
    Log.d(TAG_GZPYP, "freelist 中可用的节点数" + Link.flength());
    Log.d(TAG_GZPYP, "移除节点 2 并将其存储到 freelist 中...");
    Log.d(TAG_GZPYP, "freelist 中可用的节点数" + Link.flength());
    linkList.moveToPos(2);
    linkList.remove();
    this.ShowLinkList(linkList);
    Log.d(TAG_GZPYP, "从 freelist 中弹出一个节点，将其作为节点 2 并重新插入到链表中... ");
    linkList.moveToPos(2);
    linkList.insert("节点 2");
    Log.d(TAG_GZPYP, "freelist 中可用的节点数" + Link.flength());
    this.ShowLinkList(linkList);
    ...部分代码省略...
}
```

第五步：运行该项目代码，在 Logcat 监视窗口中打印的信息如图 4-23 所示。

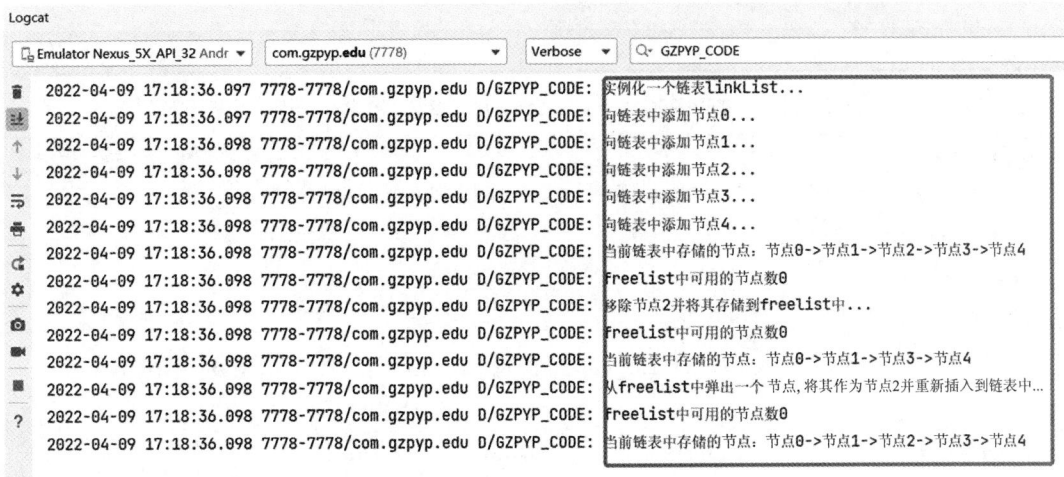

图 4-23 运行结果

4.6.2 递归的定义

在程序设计中，递归是一种编程技巧，其依赖于函数不断地调用自身来实现。在很多情况下，我们可以把一个大问题转化为规模小且等效的子问题，通过把这个子问题设计成一个函数，就产生了函数调用其自身的情况。当然，这种函数调用自身的行为是不能无限进行的，所以在函数中必须有一个具体的结束条件。

下面通过提供一个最大的自然数来进行累加，从而直观地演示递归的过程。本代码实例参见源码文件 4-6-Test2。

第一步：在 MainActivity 类中创建一个函数 sum，将其作为递归的主体，详见代码清单 4-15。

代码清单 4-15

```
public int sum(int maxNum){
    if(maxNum > 0){        //递归的限定条件
        return maxNum + sum(maxNum - 1);
    } else{
        return 0;
    }
}
```

第二步：在 onCreate 方法中执行 sum 函数，详见代码清单 4-16。

代码清单 4-16

```
private final String TAG_GZPYP = "GZPYP_CODE";
protected void onCreate(Bundle savedInstanceState){
    ...部分代码省略...
    int resultNum = sum(10);
    Log.d(TAG_GZPYP, "10 + 9 + 8 + 7 + 6 + 5 + 4 + 3 + 2 + 1 + 0 = " + resultNum);
```

```
    ...部分代码省略...
  }
```

在提供 10 作为最大自然数的情况下，sum 是按照以下流程进行递归的：

```
10+sum(9)
10+(9+sum(8))
10+(9+(8+sum(7)))
...
10+9+8+7+6+5+4+3+2+1+sum(0)
```

第三步：运行该项目代码，在 Logcat 监视窗口中打印的信息如图 4-24 所示。

图 4-24   运行结果

4.6.3   基于栈和递归解决汉诺塔问题

相传在古印度圣庙中流传着一种名为汉诺塔(Hanoi)的游戏。该游戏设有一块铜板装置，上面竖立着三根杆(编号 1、2、3)，在 1 号杆上自下而上、由大到小按顺序放置 $n(n \geq 3)$ 个盘子。游戏的目标是把 1 号杆上的盘子全部移到 3 号杆上，并且要保持原有顺序不变。操作规则：

- 每次只能移动一个盘子。
- 只有位于最顶端的盘子才能被移动到另一根杆的最顶端。
- 大盘子不能叠加在小盘子的上面，每一根杆都要始终保持大盘在下、小盘在上的顺序。

图 4-25 是具有 3 个盘子的汉诺塔问题，我们需要按照上述规则，将这 3 个盘子全部移动到编号为 3 的杆上。

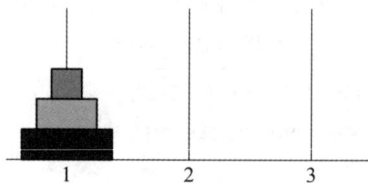

图 4-25   盘数为 3 的汉诺塔问题(初始状态)

第一步：将 1 号杆上最小的盘子移动到 3 号杆上，如图 4-26 所示。

第二步：将 1 号杆上中等大小的盘子移动到 2 号杆上，如图 4-27 所示。

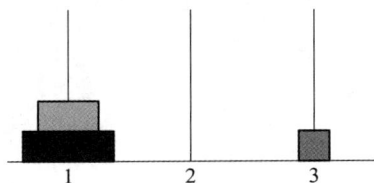

图 4-26 步骤一

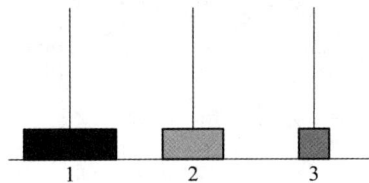

图 4-27 步骤二

第三步：将 3 号杆上最小的盘子移动到 2 号杆的顶部，如图 4-28 所示。

第四步：将 1 号杆上最大的盘子移动到 3 号杆上，如图 4-29 所示。

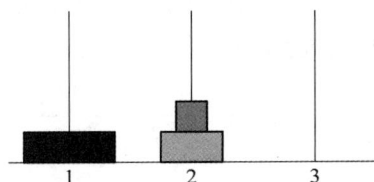

图 4-28 步骤三

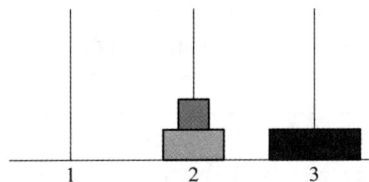

图 4-29 步骤四

第五步：将 2 号杆上最小的盘子移动到 1 号杆上，如图 4-30 所示。

第六步：将 2 号杆上中等大小的盘子移动到 3 号杆上(大盘子的上面)，如图 4-31 所示。

第七步：将 1 号杆上最小的盘子移动到 3 号杆上，至此 3 个盘子全部移动到编号为 3 的杆上，如图 4-32 所示。

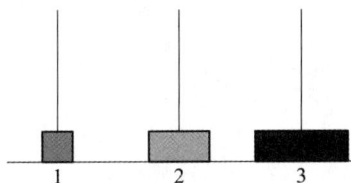

图 4-30 步骤五

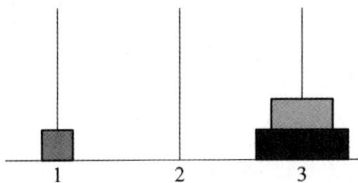

图 4-31 步骤六

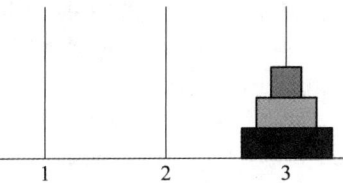

图 4-32 步骤七

通过上面的描述，可以得知汉诺塔问题的来龙去脉。下面综合利用栈和递归来实现一个通用的解决方案，它可以解决任意盘子数的汉诺塔问题。本代码实例参见源码文件 4-6-Test3。

第一步：在 MainActivity 类中定义一个 toh 函数，用于将盘子压入栈，详见代码清单 4-17。

代码清单 4-17

```
//将盘子压入栈的函数
public static void toh(int n){
    for(int d = n; d > 0; d--) tower[1].push(d);
        display();
    move(n, 1, 2, 3);
}
```

第二步：定义一个 move 函数，将其作为递归函数的主体，用于移动盘子，详见代码清单 4-18。

代码清单 4-18

```java
//递归函数的主体，用于移动盘子
public static void move(int n, int a, int b, int c){
    if(n > 0){
        move(n - 1, a, c, b);
        int d = tower[a].pop();
        tower[c].push(d);
        display();
        move(n - 1, b, a, c);
    }
}
```

第三步：定义一个 display 函数，用于显示盘子的移动过程(递归过程)，详见代码清单 4-19。

代码清单 4-19

```java
//用于显示盘子的移动过程
public static void display(){
    System.out.println("  A  |  B  |  C");
    System.out.println("--------------");
    for(int i = N - 1; i >= 0; i--){
        String d1 = " ", d2 = " ", d3 = " ";
        try{
            d1 = String.valueOf(tower[1].get(i));
            if(d1.equals("null")){ d1 = " ";}
        }catch(Exception e){}
        try{
            d2 = String.valueOf(tower[2].get(i));
            if(d2.equals("null")){ d2 = " ";}
        }catch(Exception e){}
        try{
            d3 = String.valueOf(tower[3].get(i));
            if(d3.equals("null")){ d3 = " "; }
        }catch(Exception e){}
        System.out.println("   " + d1 + "  |   " + d2 + "   |   " + d3);
    }
    System.out.println("\n");
}
```

第四步：在 onCreate 方法中定义运行逻辑，详见代码清单 4-20。

代码清单 4-20

```java
private final String TAG_GZPYP = "GZPYP_CODE";
public static int N;
public static ArrayStack < Integer > [] tower = new ArrayStack[4];
protected void onCreate(Bundle savedInstanceState){
```

```
...部分代码省略...
tower[1] = new ArrayStack < Integer > ();
tower[2] = new ArrayStack < Integer > ();
tower[3] = new ArrayStack < Integer > ();
N = 3;
toh(N);
...部分代码省略...
    }
```

在上述代码中，静态变量 N 代表盘子的数量；数组 ArrayStack 用于持有 3 个栈，分别代表 1 号杆、2 号杆、3 号杆。

第五步：运行该项目代码，在 Logcat 监视窗口中打印的信息如图 4-33 所示。

图 4-33　运行结果

4.7　队列的定义

正如栈一样，队列(queue)也是一种操作受到限制的线性表。但和栈相反的是，队列的操作是建立在"先进先出"这个原则上的。正是基于这个原则，我们只能在队列的一端进行插入操作，在另一端进行移除操作，如图 4-34 所示。

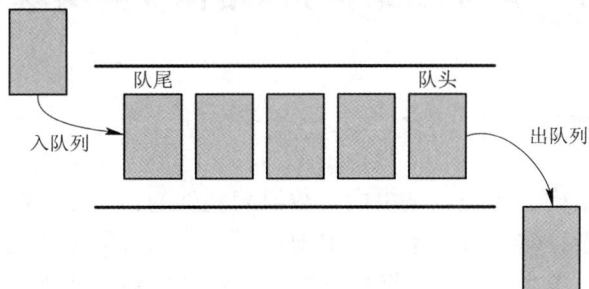

图 4-34　队列

观察图 4-34，可以发现，队列在两端进行操作，这和栈是完全不同的(栈只能在一端进行操作)。这两端分别称为队尾和队头，对应两个操作，即入队列(enqueue)和出队列(dequeue)。这两个操作是体现队列核心概念的关键操作。

在现实生活中，队列的应用是随处可见的。比如中午去食堂打饭，排在越前面的同学肯定是越先进入队列的，同时也是越早打完饭出队列的；排在越后面的同学肯定是越后进入队列的，同时也是越晚打完饭出队列的。

队列在计算机操作系统中也有很多的应用场景，尤其是在多用户或者多任务的情况下。多个用户或多个任务可能会同时请求同一资源(例如输入/输出设备)，这时就需要依靠队列这种结构，按先来先得的顺序，依次分配系统资源的使用资格。

4.8　队列的抽象数据类型

代码清单 4-21 展示了队列的抽象数据类型。队列的 ADT 接口既可以被实现为基于顺序存储结构的顺序队列，也可以被实现为基于链式存储结构的链式队列。

代码清单 4-21

```java
package com.gzpyp.edu;
//队列的 ADT 接口
public interface Queue < E >{
    public void clear();
    public boolean enqueue(E it);
    public E dequeue();
    public E frontValue();
    public int length();
    public boolean isEmpty();
}
```

在上述代码中，enqueue 和 dequeue 分别对应入队列和出队列两种操作，frontValue 用于获取队列前部元素的值，length 用于返回队列的实际长度(即元素数量)，isEmpty 用于判断队列是否为空。

4.9　队列的顺序存储结构及其实现

4.9.1　顺序队列的设计方案

队列的顺序存储结构的实现也是以内置数组为基础的。但是，考虑到"先进先出"的原则，顺序队列的元素存储模式并不能简单地以顺序表已有的模式为基础，因为这涉及性能开销的问题。所以，本小节将针对队列的特性讨论如何对其实现一种高效率的顺序存储模式。

假设队列中有 n 个元素，类比顺序表的实现，将所有元素存储到内置数组的前 n 个位置，如图 4-35 所示。

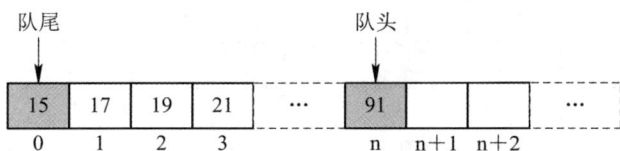

队尾　　　　　　　　　　　　队头

| 15 | 17 | 19 | 21 | ··· | 91 | | | ··· |
| 0 | 1 | 2 | 3 | | n | n+1 | n+2 | |

图 4-35　以顺序表的存储模式为基础 1

在图 4-35 中，我们将队尾设置在索引 0 处，队头设置在索引 n 处。如果将队列以上述的顺序存储模式实现，那么，入队列操作的时间复杂度为 O(n)，因为已有的 n 个元素必须向后移动一位，以便为新入队的元素腾出位置。但是，出队列操作的时间复杂度仅为 O(1)，因为队头被设置在列表的末尾元素。

反之，如果将队尾设置在索引 n 处，将队头设置在索引 0 处，那么，入队列操作的时间复杂度为 O(1)，出队列操作的时间复杂度为 O(n)，因为出队列操作将会使所有的元素向左移动一位，如图 4-36 所示。

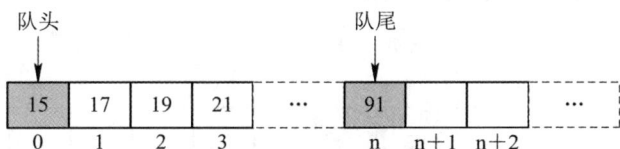

队头　　　　　　　　　　　　队尾

| 15 | 17 | 19 | 21 | ··· | 91 | | | ··· |
| 0 | 1 | 2 | 3 | | n | n+1 | n+2 | |

图 4-36　以顺序表的存储模式为基础 2

所以上述两种存储模式都是不可取的，无论将队头和队尾怎么设置，都会使一个相对应的操作的时间复杂度为 O(n)。

为了避免这种情况的出现，我们可以不要求所有的元素必须存储于内置数组的前 n 个位置。但是，这并不意味着数列中的所有元素会离散地分布在内置数组中。实际上，在内置数组中，所有的队列元素依然会存储在一段连续且相邻的内存空间中。

下面以具有 4 个元素的队列为例，进行出队列和入队列过程演示，如图 4-37 所示。

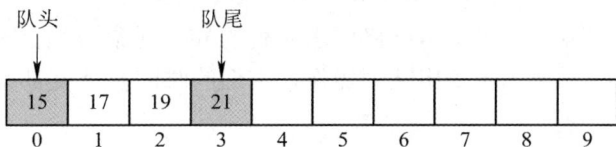

队头　　　　　队尾

| 15 | 17 | 19 | 21 | | | | | | |
| 0 | 1 | 2 | 3 | 4 | 5 | 6 | 7 | 8 | 9 |

图 4-37　具有 4 个元素的队列

首先进行出队列过程演示。

(1) 将 15 出队列，于是队头位于索引 1 处，如图 4-38 所示。

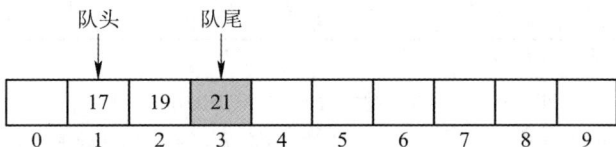

　　队头　　　队尾

| | 17 | 19 | 21 | | | | | | |
| 0 | 1 | 2 | 3 | 4 | 5 | 6 | 7 | 8 | 9 |

图 4-38　出队列后 1

(2) 将 17 出队列，于是队头位于索引 2 处，如图 4-39 所示。

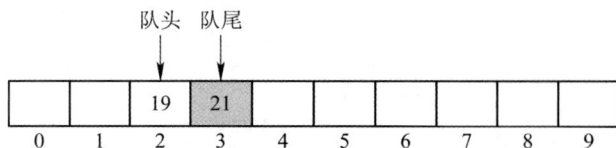

图 4-39   出队列后 2

(3) 将 19 出队列，于是队头和队尾重合，都位于索引 3 处，如图 4-40 所示。

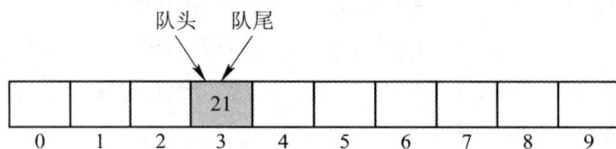

图 4-40   队头和队尾重合

然后进行入队列过程演示。

(1) 将元素 9 入队列，结果如图 4-41 所示。

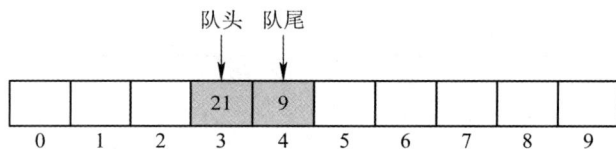

图 4-41   入队列后 1

(2) 将元素 10 入队列，结果如图 4-42 所示。

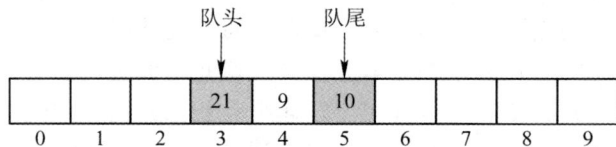

图 4-42   入队列后 2

综上，我们可以发现，如果不再严格要求队列的 n 个元素必须位于内置数组的前 n 个位置，那么不管是入队列操作还是出队列操作，它们的时间复杂度都为 $\Theta(1)$，因为我们不再需要移动任何元素。

但是，当我们从队列中移除(出队列)一个元素时，队头会向后移动一位，这意味着其前面的空闲内存空间会越来越大。例如，移除元素 21 后，结果如图 4-43 所示。

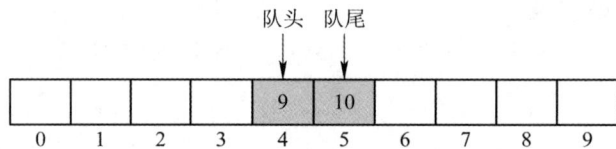

图 4-43   出队列操作导致前面的可用空间增大

接着，我们再将元素 11、21、31、41 依次入队列，使数组尾部空间饱和，此时便无法再执行进一步的入队列操作了，如图 4-44 所示。

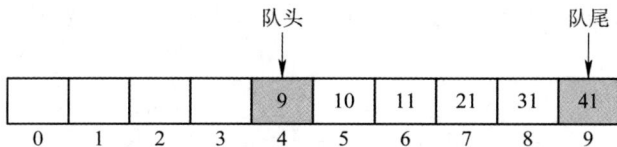

图 4-44　入队列操作导致尾部空间饱和

这样，入队列操作只能利用内置数组尾部的有限空间，无法利用数组前部因出队列操作而越来越多的空闲空间，从而导致内存浪费的问题。为了解决这个问题，我们可以通过循环队列来进一步改进上述方案。循环队列使数组的前端和末端建立起一种链接关系，从而使入队列操作可以充分利用内置数组的存储空间。图 4-45 展示了循环队列的基本形式，其中已经入队列的元素分别为 20、18、11、15。

将元素 20、18 出队列后，结果如图 4-46 所示。

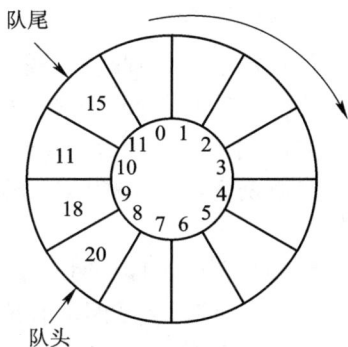

图 4-45　循环队列

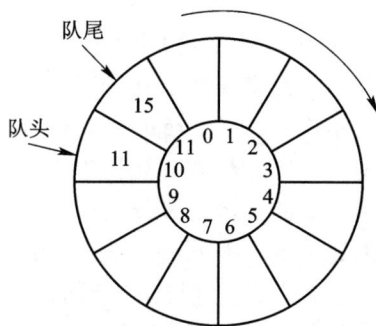

图 4-46　循环队列的出队

再将元素 19、20 入队列，结果如图 4-47 所示，可以发现数组的前部空闲空间得到了利用。

但是，这还会导致一个问题——如何确定循环队列是否为空或是否已经满载。假设 front 存储着队头元素的索引值，rear 存储着队尾元素的索引值。例如，当 front 和 rear 的值相等时，代表循环队列中只有一个元素，如图 4-48 所示。

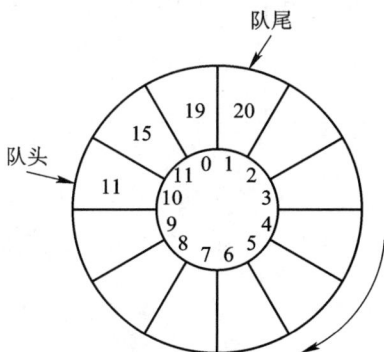

图 4-47　循环队列的入队

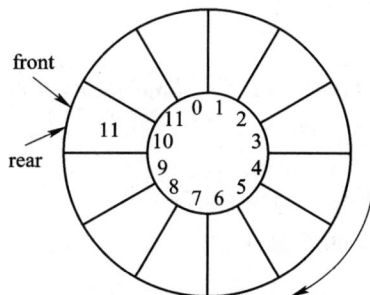

图 4-48　只有一个元素的队列

因此，当 rear 存储的索引比 front 少 1 时，代表队列为空。在图 4-49 中，当将元素 11 出队列后，front 的值为索引 11，此时 rear 的值比 front 少 1。

但是，当内置数组的 n 个位置存储了 n 个元素，即队列已经满载时，就会发生如图 4-50 所示。

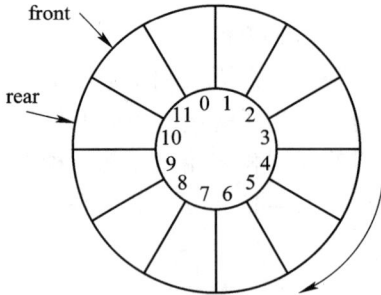

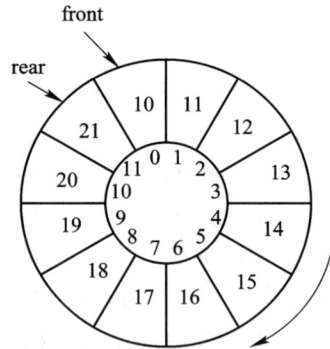

图 4-49　队列为空　　　　　　图 4-50　已经满载的队列

在图 4-50 中，循环队列已经达到满载状态。为了更好地演示如何判断循环队列是否满载，我们以队头元素在索引 0 处时的情况作为标准。在这种情况下，rear 位于索引 11 处。考虑到环状结构的特性，rear 和 front 也相差 1。所以，判断循环队列是否为满载的模式与判断队列是否为空的模式是相同的，或者说是重叠的。也就是说，在这种模式下，我们无法判断队列是空的，还是满载的。

针对上述情况，有两种解决方法：一种是在执行出队列和入队列操作时，更新相应的计数变量，这个计数变量记录了当前队列的元素数量；另一种是使内置数组的长度为 n+1，并且只允许存储 n 个元素。

下一小节将采用第二种方法实现顺序循环队列，即使得内置数组的长度为 n+1。

4.9.2　顺序队列的实现

这个项目中已经包含了名为 Queue 的队列的 ADT 接口。下面基于上述顺序队列设计方案来具体实现一个顺序队列。本代码实例参见源码文件 4-9-Test1。

第一步：在项目中创建一个名为 ArrayQueue 的类，用于实现队列的 ADT 接口，详见代码清单 4-22。

代码清单 4-22

```
class ArrayQueue < E > implements Queue < E >{
    private int front;
    private int rear;
    ...部分代码省略...
    public void clear(){
        rear = 0;
        front = 1;
    }
    public boolean enqueue(E it){
        if(((rear + 2) % maxSize) == front){
```

```
                return false;
            }
            rear = (rear + 1) % maxSize;
            queueArray[rear] = it;
            return true;
        }
        public E dequeue(){
            if(length() == 0){
                return null;
            }
            E it = queueArray[front];
            front = (front + 1) % maxSize;
            return it;
        }
        public E frontValue(){
            if(length() == 0){
                return null;
            }
            return queueArray[front];
        }
        public int length(){
            return((rear + maxSize) - front + 1) % maxSize;
        }
        public boolean isEmpty(){
            return front - rear == 1;
        }
        public void clear(){
            rear = 0;
            front = 1;
        }
        ...部分代码省略...
    }
```

在上述代码中，clear 用于重置队列，enqueue 和 dequeue 分别对应的是入队列和出队列操作，frontValue 用于获取队头元素的值。

第二步：在 MainActivity 类的 onCreate 方法中定义操作循环队列的逻辑，详见代码清单 4-23。

代码清单 4-23

```
protected void onCreate(Bundle savedInstanceState){
    ...部分代码省略...
    ArrayQueue < String > aQueue = new ArrayQueue < String > (5);
    for(int i = 1; i <= 5; i++){
```

```
            Log.d(TAG_GZPYP, "将节点" + i + "入队列...");
            aQueue.enqueue("节点" + i);
        }
        Log.d(TAG_GZPYP, "出队列顺序:");
        for(int i = 1; i <= 5; i++){
            String str = aQueue.dequeue();
            Log.d(TAG_GZPYP, str);
        }
        ...部分代码省略...
    }
```

第三步：运行该项目代码，在 Logcat 监视窗口中可以看到节点按照"先进先出"的原则出队列，如图 4-51 所示。

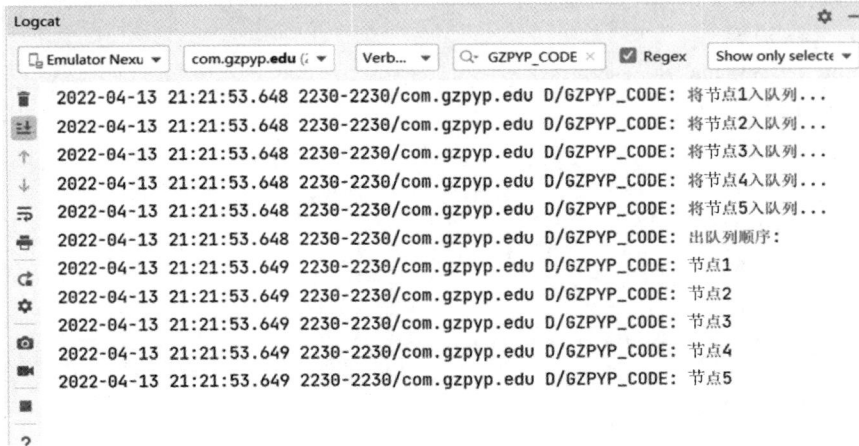

图 4-51　运行结果

4.10　队列的链式存储结构及其实现

由上一节可以发现，基于顺序存储结构的循环队列需要考虑各种各样的问题，这些问题的出现归根结底是因为内置数组长度的限制。本节我们将基于链式存储结构来实现一个链表。通过动态分配节点所需的内存，链表可以避免容量限制带来的各种问题，并且比顺序队列更直观且容易实现。本代码实例参见源码文件 4-10-Test1。

第一步：在列表中新建一个节点类 Link，详见代码清单 4-24。

代码清单 4-24

```
class Link < E >{
    //e 存储节点值
    private E e;
    //持有对下一个节点的引用
    private Link < E > n;
```

```
//构造函数
Link(E it, Link < E > inn){
    e = it;
    n = inn;
}
Link(Link < E > inn){
    e = null;
    n = inn;
}
//返回节点的值
E element(){
    return e;
}
//设置节点的值
E setElement(E it){
    return e = it;
}
//获取对下一个节点的引用
Link < E > next(){
    return n;
}
//设置对下一个节点的引用
Link < E > setNext(Link < E > inn){
    return n = inn;
}
}
```

第二步：新建一个名为 LinkQueue 的链式队列类，用于实现队列的 ADT 接口，详见代码清单 4-25。

代码清单 4-25

```
package com.gzpyp.edu;
class LinkQueue < E > implements Queue < E >{
    //指向链式队列的队头节点
    private Link < E > front;
    //指向链式队列的队尾节点
    private Link < E > rear;
    //当前的链队列中一共有多少个节点
    private int size;
    //构造函数
    LinkQueue(){
        clear();}
    LinkQueue(int size){
```

```
        clear();
    } // Ignore size
    //清除所有节点，初始化队列
    public void clear(){
        front = rear = new Link < E > (null);
        size = 0;}
    //入队列操作
    public boolean enqueue(E it){
        rear.setNext(new Link < E > (it, null));
        rear = rear.next();
        size++;
        return true;}
    //出队列操作，移除并且返回
    public E dequeue(){
        if(size == 0){
            return null;}
        E it = front.next().element();
        //更新队头指针的指向
        front.setNext(front.next().next());
        if(front.next() == null){
            rear = front;}
        size--;
        return it;}
    //返回队头节点的值
    public E frontValue(){
        if(size == 0){
            return null;}
        return front.next().element();}
    //返回链队列的当前长度
    public int length(){
        return size;}
    //判断链队列是否为空
    public boolean isEmpty(){
        return size == 0;}
}
```

第三步：在 onCreate 方法中定义操作链式队列的逻辑，详见代码清单 4-26。

代码清单 4-26

```
    protected void onCreate(Bundle savedInstanceState){
        ...部分代码省略...
        LinkQueue < String > lQueue = new LinkQueue < String > ();
        lQueue.enqueue("A");
```

```
    lQueue.enqueue("B");
    lQueue.enqueue("C");
    lQueue.enqueue("D");
    Log.d(TAG_GZPYP, "当前链式队列的长度: " + lQueue.length());
    Log.d(TAG_GZPYP, "当前链式队列队头的值: " + lQueue.frontValue());
    Log.d(TAG_GZPYP, "队节点出队列...");
    lQueue.dequeue();
    Log.d(TAG_GZPYP, "当前链式队列的长度: " + lQueue.length());
    Log.d(TAG_GZPYP, "当前链式队列队头的值: " + lQueue.frontValue());
    ...部分代码省略...
}
```

第四步：运行该项目代码，在 Logcat 监视窗口中打印的信息如图 4-52 所示，体现了队列"先进先出"的原则。

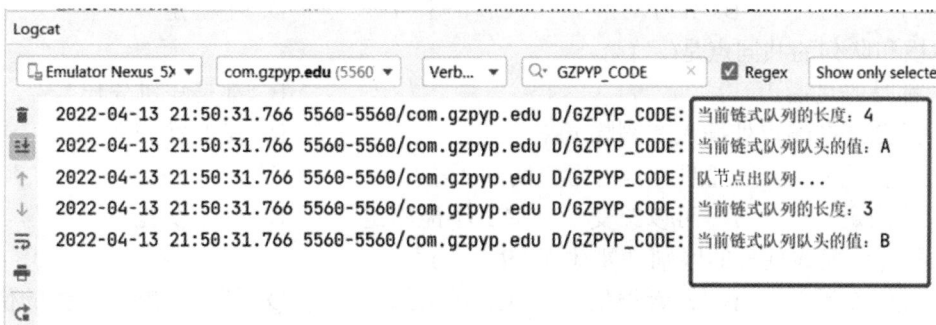

图 4-52　链式队列案例运行示意图

4.11　顺序队列和链式队列的比较

对每一个 ADT 接口中的成员方法而言，无论是顺序队列的实现，还是链式队列的实现，它们的时间复杂度都是一个固定的值，所以从时间效率来看，并没有相对于彼此明显的优势。

从空间效率来看，对顺序栈和链栈的比较同样也适用于顺序队列和链式队列。在我们明确知道数据规模时，顺序队列具有明显的空间优势。在我们不明确数据规模时，链式队列具有明显的优势，因为链式队列是动态分配内存的。

本 章 小 结

本章介绍了栈和队列这两种数据结构，它们都属于操作受限的特殊线性表。它们可以被实现为顺序存储结构和链式存储结构。

栈遵循"先进后出"的原则，只允许在栈顶端插入和移除元素。而队列遵循"先进先出"的原则，只能在队头进行移除元素的操作，在队尾进行插入元素的操作。

由于队列具有"先进先出"的特性，因此当我们试图以顺序存储结构实现它时，就会因为空间限制而引发许多问题。最终，我们使用循环队列，并且将内置数组长度规定为 $n+1$，得到了一个完整的解决方案。而链式队列简单且直观得多，因为它所需的内存空间是动态分配的。

课 后 习 题

一、选择题

1. 若已知一个栈的入栈序列是 a，b，c，d，e，则出栈序列不可能的组合是(   )。

A. e，d，c，b，a   B. d，e，c，b，a

C. d，c，e，a，b   D. a，b，c，d，e

2. 若已知一个栈的入栈序列是 1，2，3，…，n，其输出序列为 p1，p2，p3，…，pn。若 p1=n。则 pi 为(   )。

A. I   B. n=I   C. n-i+1   D. 不确定

3. 栈和队列的共同点是(   )。

A. 都是先进后出   B. 都是先进先出

C. 只允许在端点处插入和删除元素   D. 没有共同点

4. 一个顺序栈一旦说明，其占用空间的大小(   )。

A. 已固定   B. 可以改变   C. 不能固定   D. 动态变化

5. 栈与一般线性表的区别主要体现在(   )上。

A. 元素个数   B. 元素类型   C. 逻辑结构   D. 插入、删除元素的位置

二、填空题

1. 引入循环队列的目的是克服_____。

2. 队列是限制插入只能在表的一端、移除在表的另一端进行的线性表，其特点是_____。

3. 栈是_____的线性表，其运算遵循_____的原则。

4. 若已知一个栈的输入序列是 1，2，3，则出栈序列不可能的组合是_____。

5. 表达式求值是_____应用的一个典型例子。

第 5 章　串型数据结构

本章将介绍移动互联网中的串型数据结构，包括它的定义、实现、模式匹配等。在程序设计的过程中，使用串型数据结构有很多优势。例如在实际的开发工程中，如果要存储数量非常多的相同类型的数据，如数组、链表、堆栈等，就需要使用串型数据结构。当存储数据具有相同类型的变量时，可以选择串型数据结构，这样可以更有效地对数据进行存储。同时，使用串型数据结构来存储数据有利于数据的查询、搜索等操作。

5.1　串型数据的基本概念

串(String)又称为字符串，是由零个或多个字符组成的有序序列，一般记为 S = "A1 A2 A3…An"，其中 n≥0。串的结构如图 5-1 所示。

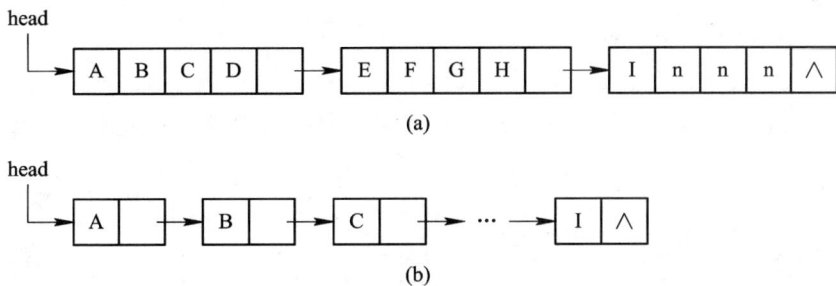

head

(a)

head

(b)

图 5-1　串类型结构图

串的长度：串中字符的数目，用 n 来表示。

空串：由零个字符组成的串，空串不包括任何字符，其长度为零。

子串：串中任意个连续的字符组成的子序列，空串是任何串的子串。

主串：包含子串的串，如图 5-2 所示。

串的位置：字符在序列中的序号。子串在主串中的位置则以子串的第一个字符在主串中的位置来表示。

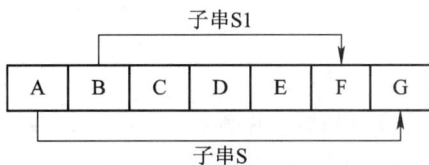

图 5-2　主串与子串示意图

在移动互联网技术中，字符串有很多种类型。下面通过一个程序案例来实现串型数据结构。本代码实例参见源码文件 5-1-Test1。

第一步：在 MainActivity 类中定义 TestString 方法，并且在 onCreate 方法中调用，详见代码清单 5-1。

代码清单 5-1

```java
protected void onCreate(Bundle savedInstanceState){
    super.onCreate(savedInstanceState);
    binding = ActivityMainBinding.inflate(getLayoutInflater());
    setContentView(binding.getRoot());
    System.out.print("onCreate 方法已启动...");
    this.TestString();
    ...部分代码省略...
}
public void TestString(){}
```

第二步：在 TestString 方法中分别创建三种不同类型的字符串，包括字母类型、汉字类型、符号类型，并且输出打印结果，详见代码清单 5-2。

代码清单 5-2

```java
public void TestString(){
    String s = "abcderf"; String s1 = "移动互联网数据";
    String s2 = "12345678";String s3 = "+-*/?%^";
    Log.d(TAG_GZPYP, "字符串 s: " + s);
    Log.d(TAG_GZPYP, "字符串 s1: " + s1);
    Log.d(TAG_GZPYP, "字符串 s2: " + s2);
    Log.d(TAG_GZPYP, "字符串 s3: " + s3);
}
```

第三步：运行该项目代码，在 Logcat 监视窗口中打印的信息如图 5-3 所示。

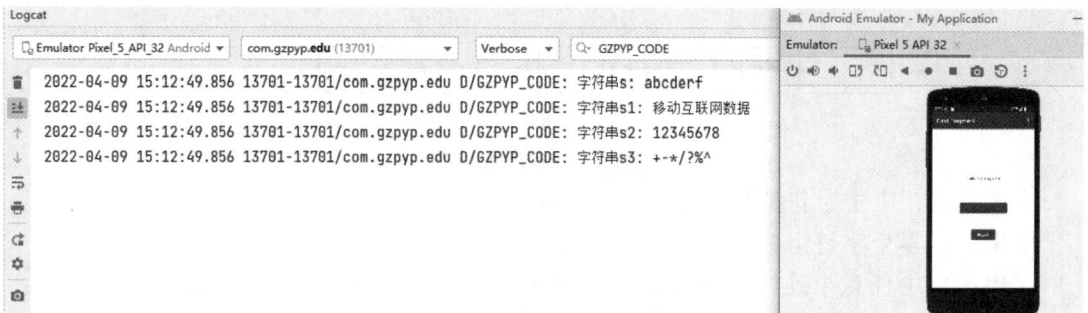

图 5-3　字符串案例运行效果图

串型结构在程序底层中是以集合形式封装的，在设计串型结构时，架构师需要用集合将单个字符存储进集合中，程序员在使用时虽然是直接调用串型结构，但是底层算法是将整个集合遍历并且将单个字符相加构成一个新的字符串，将整个字符串以返回值的形式返回给使用者。下面来实现这种底层封装。

本代码实例参见源码文件 5-1-Test2。

第一步：创建 MainTest 类，创建字符集合 ArrayList 作为容纳单个字符的容器，同时创建 getResult 方法用于拆解字符串，并返回打印结果，详见代码清单 5-3。

代码清单 5-3

```java
public class MainTest{
    public static ArrayList<Character> list = new ArrayList<Character>();
    public void getResult(String A){}
}
```

第二步：在 getResult 方法中，将传入的字符串拆解为字符，对拆解的字符进行判断，如果该字符的 ASCII 码数值介于字符 0~9 之间直接加入集合中，否则将该字符的 ASCII 码数值减少 32 并添加到集合中，最后每次循环都加入空格字符，隔开每个字符，详见代码清单 5-4。

代码清单 5-4

```java
public void getResult(String A){
    char[] arrayA = A.toCharArray();
    for(int i = 0;i < arrayA.length;i++){
        if(arrayA[i] == ' ')
            continue;
        char temp = arrayA[i];
        if(temp >= '0' && temp <= '9'){
            list.add(temp);
        } else{
            temp = (char) (temp - 32);
            list.add(temp);
        }
        if(i == arrayA.length - 1)
            break;
        list.add(' ');
    }
}
```

第三步：在方法中加入 Logcat 打印的信息，将字符逐个相加并且转换成字符串输出，详见代码清单 5-5。

代码清单 5-5

```java
public void getResult(String A){
    ...部分代码省略...
    String s ="";
    for(int i = 0;i < list.size();i++){
```

```
        s+=list.get(i) + "";
    }
    Log.d(MainActivity.TAG_GZPYP, s);
}
```

第四步：在 MainActivity 类的 onCreate 方法中调用该方法，详见代码清单 5-6。

代码清单 5-6

```
protected void onCreate(Bundle savedInstanceState){
    super.onCreate(savedInstanceState);
    binding = ActivityMainBinding.inflate(getLayoutInflater());
    setContentView(binding.getRoot());
    System.out.print("onCreate 方法已启动...");
    MainTest test = new MainTest();
    test.getResult("12345abcd");
    test.getResult("EFGHE1234");
    test.getResult("A2B34GH6");
    ...部分代码省略...
}
```

第五步：运行该项目代码，在 Logcat 监视窗口中打印的信息如图 5-4 所示。

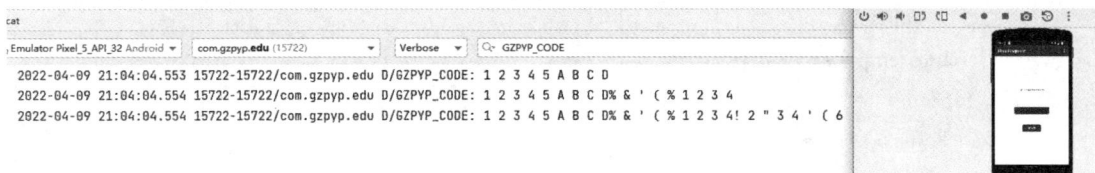

图 5-4　运行结果

5.2　串型数据的基本结构

　　串型数据结构跟线性表类似，它更像是顺序表的特殊类型，串仅仅是处理字符型数据的逻辑结构。串型数据结构在程序的逻辑操作中，通常以整体对象的方式被操作。例如在串中查找一个子串，求取一个子串，在母串中插入一个子串，删除一个子串等。这些逻辑结构都是以串型数据结构为载体，以统一的对象进行操作，所以在设计串型数据结构时要对常规的逻辑操作进行封装。串型数据结构的设计如图 5-5 所示。

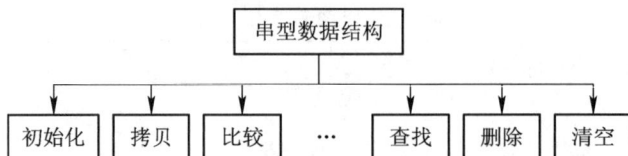

图 5-5　串型数据结构设计图

　　根据上面的程序设计图来实现串型数据结的抽象数据结构。本代码实例参见源码文件 5-2-Test1。

　　第一步：在项目中创建一个抽象数据接口 ADTString 类，并在该类中创建上述结构图的方法，详见代码清单 5-7。

代码清单 5-7

```
public abstract class ADTString,{
    public ADTString(){}
    public    abstract ADTString Init();
    public    abstract ADTString Insert();
    public    abstract ADTString Delete();
    public    abstract ADTString SetEmpty();
    public    abstract ADTString Concat();
    public    abstract ADTString Compare();
    public    abstract ADTString Copy();
    public    abstract ADTString SubString();
    public    abstract void Clear();
    public    abstract void Replace();
    public abstract int length();
    public abstract int IndexOf();
    public abstract int Destroy();
}
```

　　第二步：创建 MyString 类继承 ADTString 类，并且实现该抽象数据类的所有方法，详见代码清单 5-8。

代码清单 5-8

```
public class MyString extends    ADTString{
    @Override
    public ADTString Init(){
        Log.d(MainActivity.TAG_GZPYP, "Init...");
        return null;
    }
    @Override
    public ADTString Insert(){
        Log.d(MainActivity.TAG_GZPYP, " Insert...");
        return null;
    }
    @Override
    public ADTString Delete(){
        Log.d(MainActivity.TAG_GZPYP, " Delete...");
        return null;
```

```java
    }
    @Override
    public ADTString SetEmpty(){
        Log.d(MainActivity.TAG_GZPYP, " SetEmpty...");
        return null;
    }
    @Override
    public ADTString Concat(){
        Log.d(MainActivity.TAG_GZPYP, " Concat...");
        return null;
    }
    @Override
    public ADTString Compare(){
        Log.d(MainActivity.TAG_GZPYP, " Compare...");
        return null;
    }
    @Override
    public ADTString Copy(){
        Log.d(MainActivity.TAG_GZPYP, " Copy...");
        return null;
    }
    @Override
    public ADTString SubString() {
        Log.d(MainActivity.TAG_GZPYP, " SubString...");
        return null;
    }
    @Override
    public void Clear(){
        Log.d(MainActivity.TAG_GZPYP, " Clear...");
    }
    @Override
    public void Replace(){
        Log.d(MainActivity.TAG_GZPYP, " Replace...");
    }
    @Override
    public int length(){
        Log.d(MainActivity.TAG_GZPYP, " length...");
        return 0;}
    @Override
    public int IndexOf(){
```

```
        Log.d(MainActivity.TAG_GZPYP, " IndexOf...");
        return 0;}
    @Override
    public int Destroy(){
        Log.d(MainActivity.TAG_GZPYP, " Destroy...");
        return 0;}
    }
```

第三步：在 MainActivity 类的 onCreate 方法中创建 MyString 对象，并且调用该对象的方法，详见代码清单 5-9。

代码清单 5-9

```
    protected void onCreate(Bundle savedInstanceState){
        ...部分代码省略...
        MyString ms = new MyString();
        ms.Init();
        ms.IndexOf();
        ms.Clear();
        ms.Compare();
        ms.length();
        ms.Concat();
        ms.Delete();
        ms.Delete();
        ...部分代码省略...
    }
```

第四步：运行该项目代码，在 Logcat 监视窗口中打印的信息如图 5-6 所示。

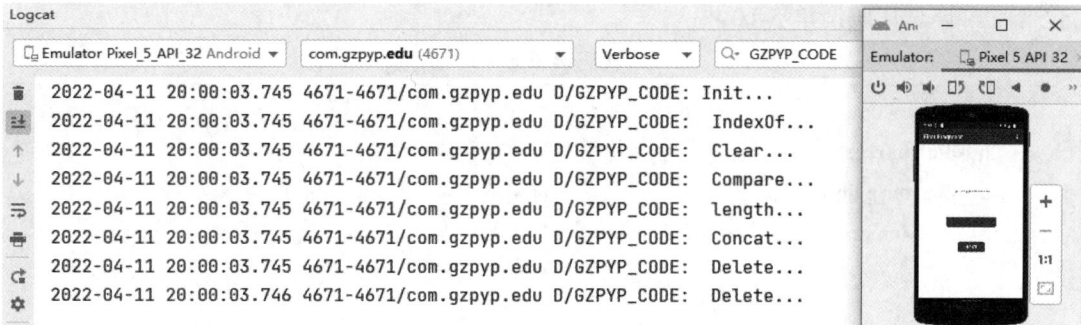

图 5-6　自定义字符串类运行效果图

5.3　串型数据的表示与实现

在程序的编写过程中，串型数据结构经常作为输入与输出的常量来实现，所以在编程过程中只需要考虑其存储串的数值即可。常见的串型数据结构的存储方式有两种，即定长顺序存储表示法与串型链式存储表示法。

5.3.1　定长顺序存储表示法

定长顺序表示是指串的定长顺序表示。它是采用一个固定长度的数组来存储串，但是并不是直接定义，而是额外定义一个变量存储串的长度。这种存储方式类似线性表的顺序存储结构，即用一组地址连续的存储单元存储字符串的字符序列，如图 5-7 所示。

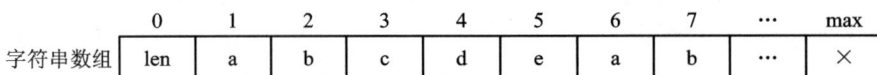

图 5-7　串顺序存储方式示意图

由于定长顺序存储表示法是固定了存储空间的长度，当待存储的字符串长度超过了存储空间时，内存会将待存储的字符串截断。定长顺序存储表示法在设计结构上一般有两种方式：一种是在顺序存储结构上在开始处存放整个结构的长度；另外一种是在存储结构的末尾加一个结束标识用于确定存储空间的终止，这种方式存储结构的长度是隐含值，如图 5-8 所示。

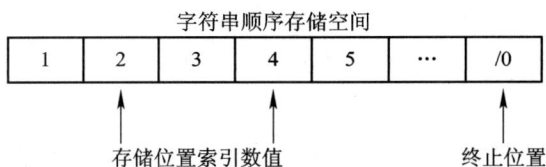

图 5-8　顺序存储方式示意图

下面通过程序来实现一个字符串顺序存储方式。本代码实例参见源码文件 5-3-Test1。

第一步：创建构造方法，创建连续的存储空间 str 用于存放字符，并且在构造方法中初始化变量，详见代码清单 5-10。

代码清单 5-10

```java
public class MemoryTest{
    public char[] str;                  //使用字符数组存放串值
    public static int curlen;           //当前字符串的长度
    public MemoryTest(){
        str = new char[0];
        curlen = 0;}
    //以字符串常量构造串
    public MemoryTest(String string){
        char[] a = string.toCharArray();
        str = a;
        curlen = a.length;
    }
    //以字符数组构造串
```

```
public MemoryTest(char[] astr){
    str = new char[astr.length];
    for (int i = 0; i < astr.length; i++){
        str[i] = astr[i];
    }
    curlen = str.length;
    }
}
```

第二步：添加判断空数值方法、获取长度方法等，详见代码清单 5-11。

代码清单 5-11

```
public void clear(){
    curlen = 0;}
//判断是否为空串
public boolean isEmpty(){
    return curlen == 0;}
//返回串的长度
public int length(){
    return curlen;}
//返回位序号为 i 的字符
public char charAt(int i){
    System.out.println(curlen);
    if (i < 0 || i >= curlen)
        throw new StringIndexOutOfBoundsException(i);
    return str[i];}
//将串的长度扩充为 newCapacity
public void allocate(int newCapacity){
    char[] tmp = str;
    str = new char[newCapacity];
    for (int i = 0; i < tmp.length; i++){
        str[i] = tmp[i];}
}
```

第三步：在程序中添加 3 个方法分别处理字符串的插入操作、切割操作、删除操作等，详见代码清单 5-12。

代码清单 5-12

```
//返回位序号从 begin 到 end-1 的子串，需要注意的是，此处串的起始位置为 0
public String subString(int begin, int end) {
    if (begin < 0 || begin >= end || end > curlen)
        throw new StringIndexOutOfBoundsException("the parameter is illegal!");
    char[] tmp = new char[end - begin];
```

```java
    for (int i = begin; i < end; i++){
        tmp[i - begin] = str[i];}
    return String.valueOf(tmp);}
//在第 i 个字符之前插入字串 str
public void insert(int i, String aString){
    if (i < 0 || i > curlen)
        throw new StringIndexOutOfBoundsException("the inserted location is illegal");
    int len = aString.length();
    int newcapacity = len + curlen;
    allocate(newcapacity);                 //重新分配存储空间
    for (int j = curlen - 1; j >= i; j--)  //移动数据元素
    {str[j + len] = str[j];}
    for (int j = i; j < i + len; j++){
        str[j] = aString.charAt(j - i);}
}
public void delete(int begin, int end){
    if (begin < 0 || end > curlen || begin >= end)
        throw new StringIndexOutOfBoundsException("变量不合法");
        for (int i = begin; i < end - 1; i++){
            str[i] = str[i + end - begin];}
    curlen = curlen - end + begin;
}
```

第四步：添加辅助打印方法，详见代码清单 5-13。

代码清单 5-13

```java
//打印字符串
public void print(){
    String temp = "";
    for (int i = 0; i < str.length; i++){
        temp += str[i] + "";}
    Log.d(MainActivity.TAG_GZPYP, temp);
    Log.d(MainActivity.TAG_GZPYP, "-------------------------");
}
```

第五步：在 MainActivity 类的 onCreate 方法中创建 MemoryTest 方法，用于测试定长顺序存储表示法，详见代码清单 5-14。

代码清单 5-14

```java
public void MemoryTest(){
    MemoryTest aMain = new MemoryTest("hello world");
    String aString = "thank you";
```

```
        Log.d(TAG_GZPYP, "该字符串的长度是  " + aMain.length());
        Log.d(TAG_GZPYP,    "if the string is empty:"+aMain.isEmpty());
        Log.d(TAG_GZPYP, "该字符串的长度是:"+aMain.length());
        Log.d(TAG_GZPYP, "字符串中 1~3 之间的字符是 :");
        Log.d(TAG_GZPYP, aMain.subString(1, 4));
        aMain.print();
        aMain.insert(2, aString);
        aMain.print();
    }
```

第六步：在 onCreate 方法中调用，详见代码清单 5-15。

代码清单 5-15

```
    protected void onCreate(Bundle savedInstanceState){
        super.onCreate(savedInstanceState);
        binding = ActivityMainBinding.inflate(getLayoutInflater());
        setContentView(binding.getRoot());
        this.MemoryTest();
        setSupportActionBar(binding.toolbar);
        ...部分代码省略...
        });
    }
```

第七步：运行该项目代码，在 Logcat 监视窗口中打印的信息如图 5-9 所示。

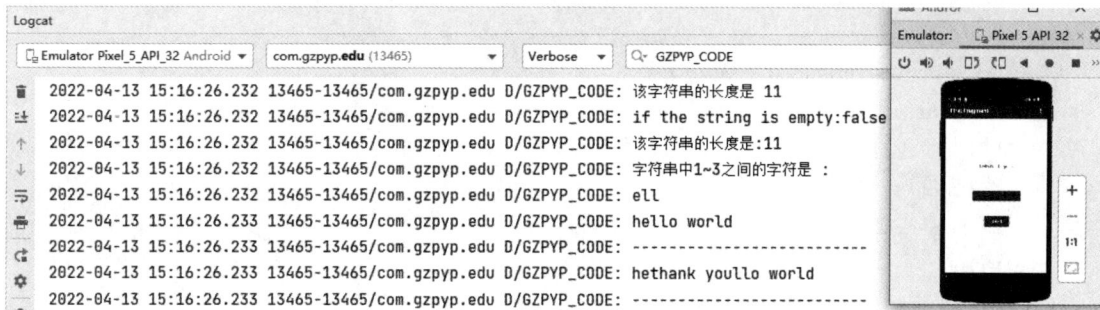

图 5-9　定长顺序存储表示法案例运行示意图

5.3.2　串型链式存储表示法

如果采用链式存储来表示串型数据结构，需要使用链式节点来保存字符串的值。使用链式存储结构存储的串称为链式串，它与链表结构类似，只是链式串数据域部分为字符。同样链式串中的节点有两个域，一个表示节点信息，称为数据域；一个表示当前节点的后续节点的引用，称为地址域。本代码实例参见源码文件 5-3-Test2。链式存储结构封装的节点类，详见代码清单 5-16。

代码清单 5-16

```java
public class Node{
    public char c;
    public Node next;
    public Node(){
        next = null;
    }
}
```

第一步：创建 LinkString 类，创建链式结构的头节点 head 与链式存储容量数值 curlen，详见代码清单 5-17。

代码清单 5-17

```java
public class LinkString{
    //头节点
    Node head = new Node();
    //实际表长
    public int curlen;
}
```

第二步：创建 Insert 方法，将插入字符数值与位置作为参数传入，详见代码清单 5-18。

代码清单 5-18

```java
public void insert(char c, int i){
    Node data = new Node();
    data.c = c;
    if (i < 0 || i > curlen){
        System.out.println("i 值无效");
        return;
    }
    if (curlen == 0){
        head.next = data;
    } else {
        //查询插入元素的前一个元素
        Node p = Search(i - 1);
        //修改前一个元素的指针
        data.next = p.next;
        p.next = data;
    }
    curlen++;
}
```

第三步：创建查询方法 search，并且将查询到的节点对象以返回值的形式返回，详见代码清单 5-19。

代码清单 5-19

```java
public Node Search(int i){
    Node p = head;
    if (i < 0 || i > curlen){
        return p;
    }
    for (int j = 0; j <= i; j++){
        p = p.next;
    }
    return p;
}
```

第四步：创建删除方法，删除位置 i 作为参数传入，详见代码清单 5-20。

代码清单 5-20

```java
public Node delete(int i){
    Node node; //保存删除的第 i 个节点
    //判断删除位置是否正确
    if (i < 0 || i > curlen){
        System.out.println("删除位置 i 无效");
        return null;}
    //查找要删除节点的前一个元素
    Node p = Search(i - 1);
    node = p.next;
    p.next = node.next;
    curlen--;
    return node;
}
```

第五步：在 MainActivity 类的 onCreate 方法中创建 linkString 对象 ls，并且加入节点 n1 与 n2，详见代码清单 5-21。

代码清单 5-21

```java
protected void onCreate(Bundle savedInstanceState){
    ...部分代码省略...
    LinkString ls = new LinkString();
    ls.insert('a',0);
    ls.insert('b',1);
    Node n1 =   ls.Search(0);
    Node n2 =   ls.Search(1);
    Log.d(TAG_GZPYP, "ls 对象的节点 n1 内存地址为" + n1);
    Log.d(TAG_GZPYP, "ls 对象的节点 n2 内存地址为： -> " + n2);
    Log.d(TAG_GZPYP, "ls 对象的节点 n1 存储的字符为： " + n1.c);
```

```
        Log.d(TAG_GZPYP, "链式串型对象 ls 的长度为: " + ls.curlen);
        ...部分代码省略...
    }
```

第六步：运行该项目代码，在 Logcat 监视窗口中打印的信息如图 5-10 所示。

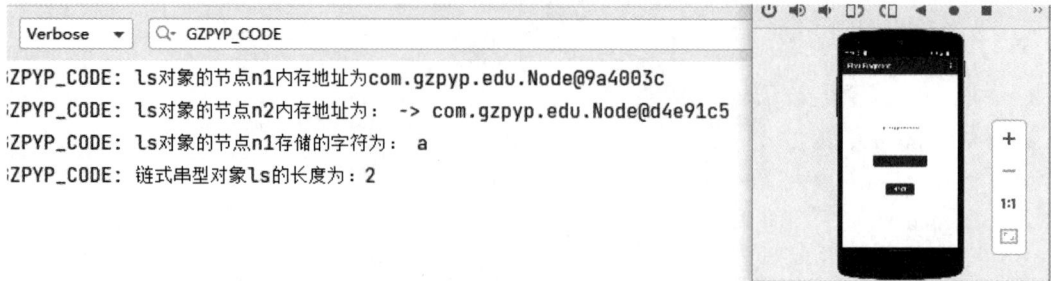

图 5-10   串型链式存储结构运行示意图

5.4   串型数据结构的封装实例

在移动端开发的过程中，串型数据结构的应用是很普遍的。在安卓开发中，也有封装好的串型数据结构，即 String 类与 StringBuffer 类。

5.4.1   String 类

String 类是 Java 开发语言针对串型数据结构封装的实例类，主要用于字符串操作，本质是字符数组 char[ ]。String 对象的值是不可变的，即当你修改一个 String 对象的内容时，JVM 不会改变原来的对象，而是生成一个新 String 对象。String 类的构造函数有 5 个，可以通过字节数组、字符数组构造对象，也可以通过 String 对象(即复制一个 String)来创建新的 String 对象，还可以构造空的字符串。下面通过一个案例来学习 String 类。本代码实例参见源码文件 5-4-Test1。

第一步：在 MainActivity 类中创建 TestString 方法，并且创建若干字符串实例，详见代码清单 5-22。

代码清单 5-22

```
    public void TestString(){
        String s1 = "abc";
        String s2 = "abd";
        int result = s1.compareTo(s2); // -1
        Log.d(TAG_GZPYP, "result ->" + result);
        String s3 = "aBc";
        String s4 = "ABC";
```

```
    result = s3.compareToIgnoreCase(s4); // 0
    Log.d(TAG_GZPYP, "result ->" + result);
}
```

第二步：在 onCreate 方法中调用，详见代码清单 5-23。

代码清单 5-23

```
protected void onCreate(Bundle savedInstanceState){
    ...部分代码省略...
    TestString();
    ...部分代码省略...
}
```

第三步：运行该项目代码，在 Logcat 监视窗口中打印的信息如图 5-11 所示。

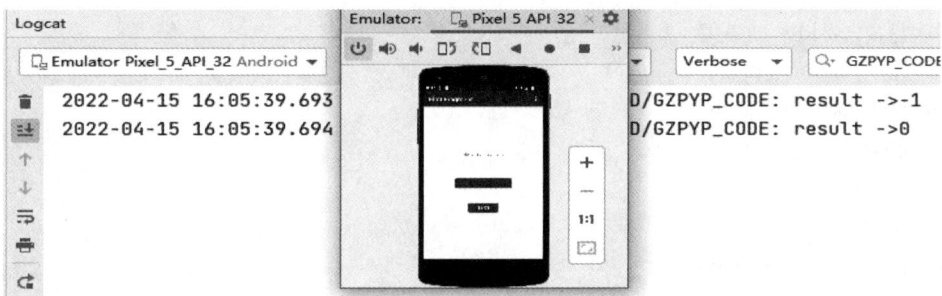

图 5-11　String 类的对象创建示意图

上面的案例讲解了如何使用 Java 的 String 类，其实 String 类还有很多不同的用法，下面通过案例来学习常见的转换方法。

第一步：在 MainActivity 类中创建 TestString02 方法，在该方法中创建字符串 s01 变量，详见代码清单 5-24。

代码清单 5-24

```
public void TestString02(){
    System.out.println("------创建字符串---------");
    String s01 = new String("hello");
}
```

第二步：字节数组可以通过 String 类封装，并且转化成字符串，详见代码清单 5-25。

代码清单 5-25

```
System.out.println("------字节数组转换为字符串---------");
byte[] byteArray = {97,98,99};
String s02 = new String(byteArray);
System.out.println(s02);
System.out.println("------字符数组转换为字符串---------");
char[] charArray1 = {'a','b','c'};
```

```
String s03 = new String(charArray1);
System.out.println(s03);
System.out.println("------使用字符数组的一部分构建字符串对象---------");
char[] charArray2 = {'a','b','c','d','e'};
//charArray2 后面的 2 为偏移字符下标，1 为偏移的量
String s04 = new String(charArray2,2,1);
System.out.println(s04);
```

第三步：将字符串转为字符数组，详见代码清单 5-26。

代码清单 5-26

```
System.out.println("------length 获取字符串长度---------");
String s = "abc";
System.out.println(s.length());      //3
System.out.println("------字符串转为字符数组---------");
char[] arr=s03.toCharArray();
System.out.println(arr);
for(char ch:arr){
    System.out.println(ch);
}
System.out.println("------字符串转为字节数组---------");
byte[] bytes = s02.getBytes();
for(byte b:bytes){
    System.out.println(b);
}
```

第四步：尝试字符串转换大小写、裁剪空格、任意类型转换等功能，详见代码清单 5-27。

代码清单 5-27

```
System.out.println("------字符串和任意类型之间使用"+"---------");
int age= 6;
String s6="He is" + age + "years old.";
//s 整个都是字符串型
System.out.println(s6);
System.out.println("------trim 修剪---------");
//trim (修剪)
String s7 = "   xs   ";
String newString = s7.trim();
```

第五步：尝试字符串的判断功能，详见代码清单 5-28。

代码清单 5-28

```
System.out.println("------判断---------");
String s07 = "asd";
String s08 = "ASD";
```

```
//判断两个字符串是否相同
System.out.println(s07.equals(s08));              //false
//判断两个字符串是否相同(忽略大小写)
System.out.println(s07.equalsIgnoreCase(s08));    //true
String s09 = "abcdef";
String s10 = "abc";
//判断字符串 s09 是否以 s10 开头
System.out.println(s09.startsWith(s10));          //true
//判断字符串 s09 是否以 s10 结尾
System.out.println(s09.endsWith(s10));            //false
//判断字符串 s11 是否为空
String s11 = " ";
System.out.println(s11.isEmpty());                //false
```

第六步：尝试字符串的定位功能，详见代码清单 5-29。

代码清单 5-29

```
System.out.println("------定位---------");
String s15 = "asdfghj";
//返回指定索引的字符
char ch = s15.charAt(2);          //d
String s16 = "zxcvxbnxm";
//返回此字符在字符串中第一次出现的索引值，如果都不匹配则返回-1
int index = s16.indexOf('v');     //3
index = s16.indexOf(2);           //-1
//返回此字符在字符串中最后一次出现的索引值，如果都不匹配则返回-1
index = s16.lastIndexOf('x');     //7
index = s16.lastIndexOf(3);       //-1
```

第七步：尝试替换字符串中字符功能，详见代码清单 5-30。

代码清单 5-30

```
System.out.println("------替换字符串中某字符---------");
String s18 = "zabjkl";
String reS18 = s18.replace('a','v');
System.out.println(reS18);        // zvbjkl
String s19 = "一树梨花";
String reS19 = s19.replace("梨花", "桃花");
System.out.println(reS19);        //一树桃花
```

第八步：尝试子串功能与比较功能，详见代码清单 5-31。

代码清单 5-31

```
System.out.println("------子串---------");
String s20 = "一树梨花压海棠";
```

```
//从下标为 4 的字符开始截取子串
s20.substring(4);              //压海棠
//从下标为 2 的字符开始截取子串，截到 3 为止
s20.substring(2, 4);          //梨花
System.out.println("------比较---------");
//按字典顺序比较两个字符串
//参数字符串等于此字符串，返回 0
//此字符串按字典顺序小于参数字符串，返回小于 0 的值
//此字符串按字典顺序大于参数字符串，返回大于 0 的值
String s21 = "abd";
String s22 = new String("abc");
int result = s21.compareTo(s22);
System.out.println(result);
System.out.println("------按字典顺序比较两个字符串，忽略大小写---------");
result = s21.compareToIgnoreCase(s22);
System.out.println(result);
```

第九步：尝试字符串拆分功能，详见代码清单 5-32。

代码清单 5-32

```
System.out.println("------拆分---------");
String s23 = "asd-dfg-gjh-jkl";
//将字符串分割为一个字符串数组
//根据指定字符进行切割
String[] splitArray = s23.split("-");
for(String str:splitArray) {
    System.out.println(str);
}
```

第十步：尝试分割功能与数据字符串转换，详见代码清单 5-33。

代码清单 5-33

```
System.out.println("------将其他数据转为字符串---------");
//将其他数据类型转换为字符串，包括但不仅限于字符数组
char[] chs = {'a','c','n'};
System.out.println(String.valueOf(chs));
System.out.println("-------Java 的 split 函数的基本用法-------");
String str="good good study, day day up";
String[] strarray=str.split(" ");
for (int i = 0; i < strarray.length; i++)
    System.out.println(strarray[i]);
```

第十一步：运行该项目代码，在 Logcat 监视窗口中打印的信息如图 5-12 所示。

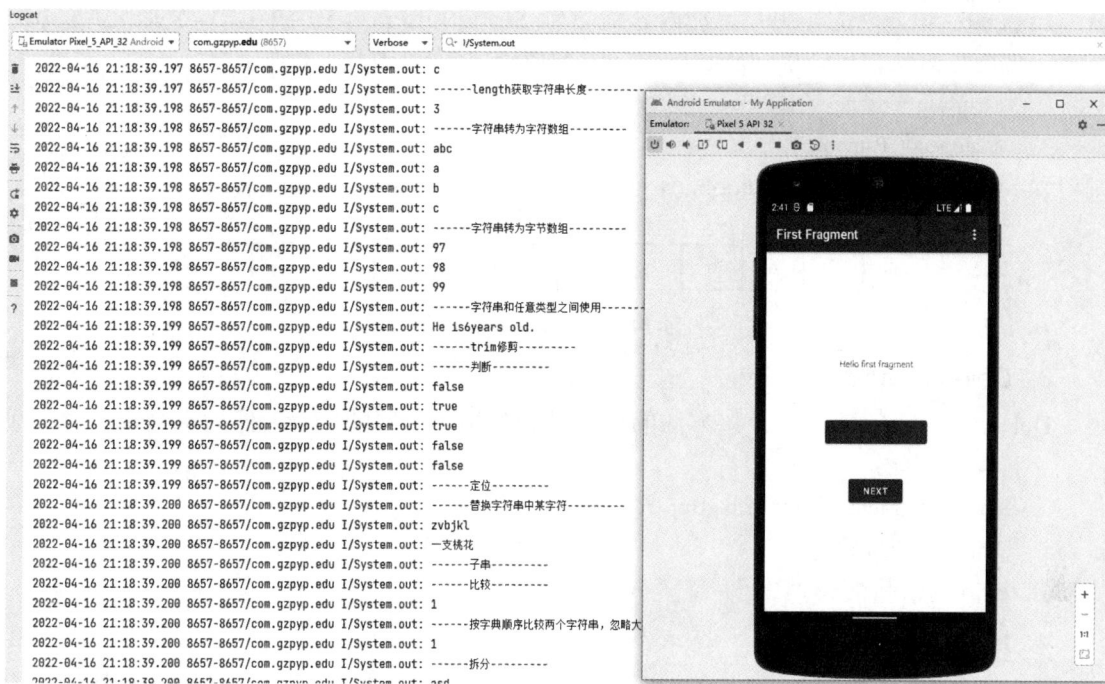

图 5-12　String 类实例示意图

JDK 封装的字符串 String 类还有很多用法，这里不一一介绍，可以根据相关关键字自行搜索查询学习。

5.4.2　StringBuffer 类

JDK 封装的 StringBuffer 类主要用来代表字符串，StringBuffer 在进行字符串处理时，不生成新的对象，在内存的使用上优于 String 类。比如在它的用途方面，StringBuffer 类对一个字符串进行修改如插入、删除等操作更加高效。下面介绍 JDF 封装 StringBuffer 对象的初始化以及其常见的功能。

1. 初始化

StringBuffer 对象的初始化不像 String 类的初始化，JDK 针对其创建对象提供了特殊的方法，即构造方法。例如：

StringBuffer s = new StringBuffer(10);

上述代码在 StringBuffer 的初始化过程中，开辟了 10 个内存空间，用于存放字符串型数据，如图 5-13 所示。

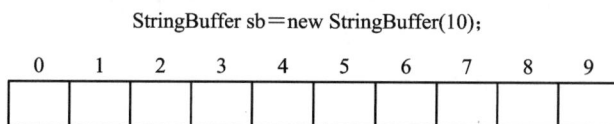

StringBuffer sb＝new StringBuffer(10);

0	1	2	3	4	5	6	7	8	9

图 5-13　StringBuffer 内存详解图

2. Append 方法

Append：该方法的作用是追加内容到当前 StringBuffer 对象的末尾，类似于字符串的连接。调用该方法以后，StringBuffer 对象的内容也发生了改变，例如：

```
StringBuffer temp = new StringBuffer("");

sb.append("Runoob.. ");
```

则对象 temp 的值将变成"Runoob.."，其将存放于内存，如图 5-14 所示。

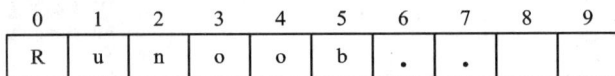

0	1	2	3	4	5	6	7	8	9
R	u	n	o	o	b	.	.		

图 5-14　字符串内存储存图

3. DeleteCharAt 方法

DeleteCharAt(int index)：该方法的作用是删除指定位置的字符，然后将剩余内容形成新的字符串。例如：

```
StringBuffer temp = new StringBuffer("Test");

temp. deleteCharAt(1);
```

则对象 temp 的值将变成"Tst"。

4. Insert 方法

Insert(int offset, boolean b)：该方法的作用是在 StringBuffer 对象中插入内容，然后形成新的字符串。例如：

```
StringBuffer temp = new StringBuffer("Runoob..");

temp.insert(8，"java");
```

则对象 temp 的值将变成"Runoob..java"，其内存插入效果如图 5-15 所示。

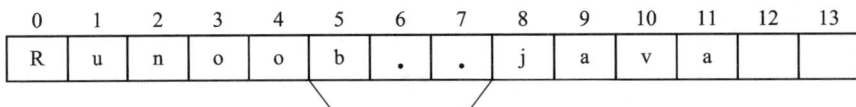

0	1	2	3	4	5	6	7	8	9	10	11	12	13
R	u	n	o	o	b	.	.	j	a	v	a		

图 5-15　Insert 内存插入图

5. Reverse 方法

Reverse()：该方法的作用是将 StringBuffer 对象中的内容反转，然后形成新的字符串。例如：

```
StringBuffer sb = new StringBuffer("abc");

sb.reverse();
```

经过反转以后，对象 sb 中的内容将变为"cba"。

6. setCharAt 方法

setCharAt(int index, char ch)：该方法的作用是修改对象中索引值为 index 位置的字符为新的字符 ch。例如：

```
StringBuffer sb = new StringBuffer("abc");

sb.setCharAt(1, 'D');
```

则对象 sb 的值将变成"aDc"。

7. trimToSize 方法

trimToSize()：该方法的作用是将 StringBuffer 对象中的存储空间缩小到和字符串长度一样的长度，减少空间的浪费。

StringBuffer 类的主要功能并不是存储字符串，更多的是针对字符串进行逻辑操作。在使用 StringBuffer 类时，每次都会对 StringBuffer 对象本身进行操作，而不是生成新的对象。因此，如果需要对字符串进行频繁修改操作，推荐使用 StringBuffer。

下面通过两个案例来学习 StringBuffer 对字符串的逻辑操作。本代码实例参见源码文件 5-4-Test2。

第一步：在 MainActivity 类中创建 TestStringBuffer 方法，并且在 onCreate 方法中调用该方法，详见代码清单 5-34。

代码清单 5-34

```
protected void onCreate(Bundle savedInstanceState){
    super.onCreate(savedInstanceState);
    binding = ActivityMainBinding.inflate(getLayoutInflater());
    setContentView(binding.getRoot());
    TestStringBuffer();
    ...部分代码省略...}
public void TestStringBuffer(){
    StringBuilder sb = new StringBuilder(10);
    sb.append("Runoob..");
    System.out.println(sb);
    sb.append("!");
    System.out.println(sb);
    sb.insert(8, "Java");
    System.out.println(sb);
    sb.delete(5,8);
    System.out.println(sb);
}
```

第二步：运行该项目代码，在 Logcat 监视窗口中打印的信息如图 5-16 所示。

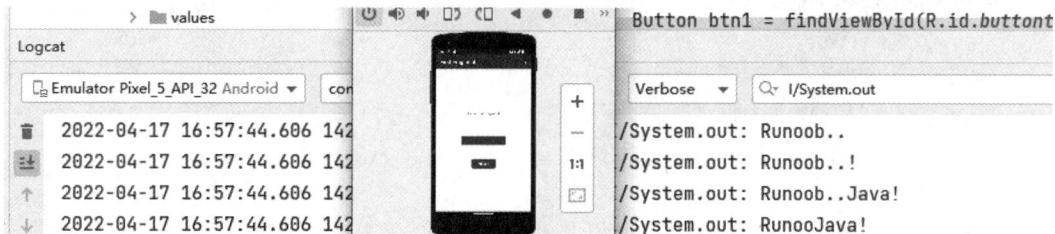

图 5-16　StringBuffer 程序运行图

为了对比 String 类与 StringBuffer 类，我们创建两个方法 ArrayToString 进行对比，详见代码清单 5-35。

代码清单 5-35

```java
public   String arrayToString(int[] arr){
    //定义一个"["的字符串
    String s = "[";
    //进行数组的遍历，以及转换为字符串
    for (int x = 0; x < arr.length; x++){
        if (x == arr.length - 1){
            s += arr[x] + "]";
        } else{
            s += arr[x] + ",";}
    }
    return s;
}


public   String arrayToString2(int[] arr){
    //定义一个"["的 StringBuffer 缓冲区
    StringBuffer sb = new StringBuffer();
    sb.append("[");
    //进行数组的遍历，以及转换为 StringBuffer 缓冲区
    for (int x = 0; x < arr.length; x++){
        if (x == arr.length - 1){
            sb.append(arr[x]);
        } else {
            sb.append(arr[x]).append(",");}}
    sb.append("]");
    // StringBuffer  转换成  String
    return sb.toString();
}
```

第一步：在 MainActivity 类的 onCreate 方法中调用方法，详见代码清单 5-36。

代码清单 5-36

```java
public void TestStringBuffer(){
    ...部分代码省略...
    //定义一个数组
    int[] arr = { 12, 21, 33, 9, 2 };
    //方式 1：定义功能，使用 String 做拼接
    String s1 = arrayToString(arr);
    System.out.println("String 拼接的方法： " + s1);
    //方式 2：定义功能，使用 StringBuffer 做拼接
    String s2 = arrayToString2(arr);
    System.out.println("StringBuffer 拼接的方法： " + s2);
}
```

第二步：运行该项目代码，在 Logcat 监视窗口中打印的信息如图 5-17 所示。

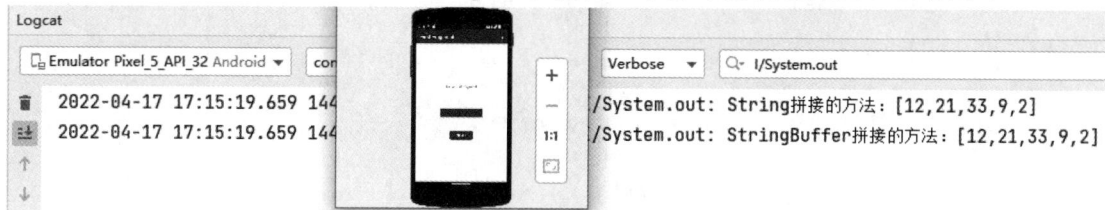

图 5-17　字符串拼接案例运行示意图

根据上述案例，可以看出 String 类与 StringBuffer 类很相似，只是侧重点不同，在学习过程中，需要注意区分。

5.5　串型数据结构的模式匹配

模式匹配是数据结构中字符串的一种基本运算，给定一个子串，要求在某个字符串中找出与该子串相同的所有子串，这就是模式匹配。

假设 P 是给定的子串，T 是待查找的字符串，要求从 T 中找出与 P 相同的所有子串，这个问题称为模式匹配问题，P 称为模式，T 称为目标。如果 T 中存在一个或多个模式为 P 的子串，就给出该子串在 T 中的位置，即匹配成功，否则匹配失败。在模式匹配过程中有两个比较经典的算法：朴素模式匹配算法与 KMP 模式匹配算法，如图 5-18 所示。

模式匹配单从定义上来理解具有一定难度，通常情况下，字符串的模式匹配相近于字符串子串的查找。

图 5-18　模式匹配结构示意图

5.5.1　朴素模式匹配算法

朴素模式匹配算法，简单地说就是利用循环把主串的每个字符作为开头，与子串去进行匹配。对主串做大循环，每个字符为开头做子串(要匹配的字符串)的小循环，如果对应字符匹配，则两字符串都向后移位，否则子串又从子串的开头开始与主串前一步比较的字符开头的下一位继续匹配，直到匹配成功或(主串)遍历完成。

比如主串为"cddcdc"，子串为"cdc"。首先从主串头字符"c"开始与子串匹配，接下来的 1、2、3 都与子串匹配，但第 3 位不匹配，于是又以主串的下一个字符"d"开始，与子串匹配，一直这样循环下去直到找到主串与子串有无子串匹配的结果。若有匹配，则返回匹配时子串第一个字符位于主串中的位置；若无匹配，则返回匹配失败的结果。匹配原理如图 5-19 所示。

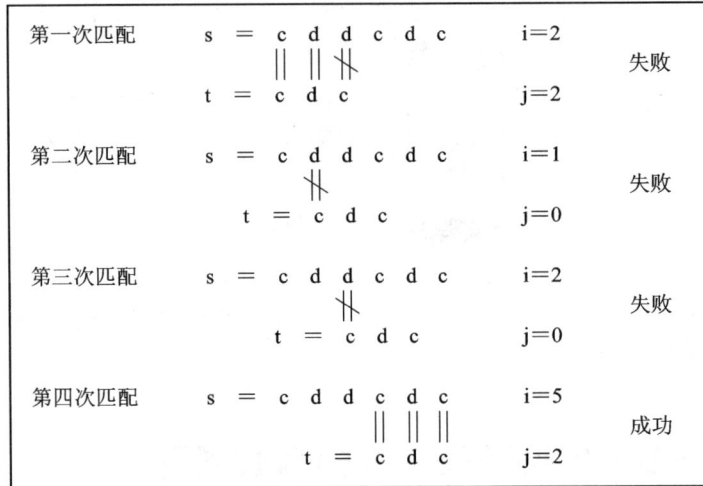

图 5-19　朴素模式匹配算法示意图

下面通过一个案例来实现朴素模式匹配算法。本代码实例参见源码文件 5-5-Test1。

第一步：在项目中创建方法 PatternMatch 用于模式匹配，将母串 source 与子串 subStr 作为参数传入该方法中，并且在 onCreate 方法中调用该方法，详见代码清单 5-37。

代码清单 5-37

```java
public class MainActivity extends AppCompatActivity{
    private AppBarConfiguration appBarConfiguration;
    private ActivityMainBinding binding;
    public static final String TAG_GZPYP = "GZPYP_CODE";
    protected void onCreate(Bundle savedInstanceState){
        ...部分代码省略...
        int pos;
        String source = "googldgfegogegoogleglgoogegooglegoo";
        String subStr = "google";
        pos = PatternMatch(source, subStr);
        Log.d(TAG_GZPYP, "朴素模式匹配查找到母串: " + source);
        Log.d(TAG_GZPYP, "朴素模式匹配查找到子串: " + subStr);
        Log.d(TAG_GZPYP, "朴素模式匹配查找到子串的位置: " + pos);
        ...部分代码省略...
    }
    public int PatternMatch(String source, String subStr){}
}
```

第二步：在 PatternMatch 方法中对母串与子串进行逻辑处理，使用 len1 与 len2 获取母串与子串长度，创建 i、j、k 变量，i 作为主串中字符的位置(下标)，j 作为子串中字符的位置，k 作为保存与子串匹配的下一个循环开头的字符的位置，详见代码清单 5-38。

代码清单 5-38

```java
int len1, len2;
len1 = source.length();
```

```
len2 = subStr.length();
int i, j, k;
i = j = k = 0;
```

第三步：通过 while 循环使用三个变量进行轮训遍历。如果母串 i 位置字符与子串 j 字符匹配，则接着比较下一对应的字符。否则，子串要从头(j = 0)开始与主串的前一个"开头"的下一位(k++)开始比较，详见代码清单 5-39。

代码清单 5-39

```java
public int PatternMatch(String source, String subStr){
    int len1, len2;
    len1 = source.length();
    len2 = subStr.length();
    int i, j, k;
    i = j = k = 0;
    while (i < len1 && j < len2){
        if (source.charAt(i) == subStr.charAt(j)){
            i++;j++;
        } else{
            k++;j = 0;i = k;}}
    if (j == len2)
        return k;
    else
        return -1;
}
```

第四步：运行该项目代码，在 Logcat 监视窗口中打印的信息如图 5-20 所示。

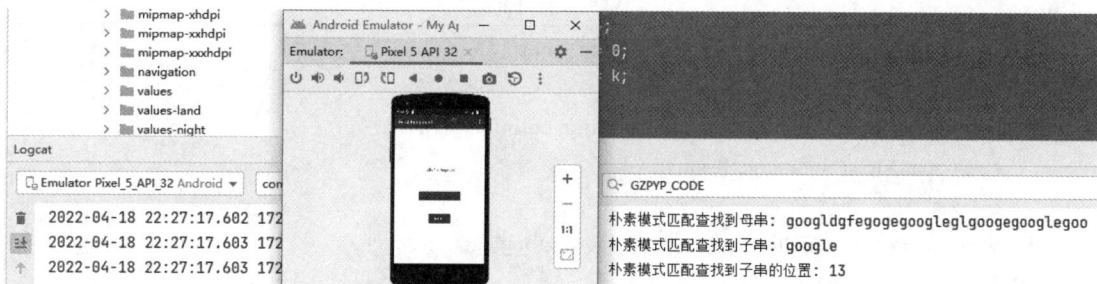

图 5-20　朴素模式匹配案例运行图

上面的程序在找到匹配后就会立即退出循环，这个算法只能找到第一个匹配，而在实际开发过程中，不仅需要找到母串是否匹配成功，同时也要确定匹配次数与多次匹配的子串位置。可以将程序再修改一下，使其不仅能够实现找到所有匹配的情况，同时也可以返回匹配成功次数。

第一步：创建 PatternMatchBetter 参数与上述方法相同，创建数组 arraylist 用于存放匹配成功的子串位置，那么算法的循环结束后，遍历数组就能获取匹配成功子串的位置以及匹配次数，详见代码清单 5-40。

代码清单 5-40

```java
public void PatternMatchBetter(String source, String subStr){
    int len1, len2;
    len1 = source.length();
    len2 = subStr.length();
    ArrayList<Integer> arrayList = new ArrayList<Integer>();
    int i, j, k;
    i = j = k = 0;
    while (i < len1){
        if (source.charAt(i) == subStr.charAt(j)){
            i++;j++;
        } else {
            k++;j = 0;i = k;
        }
        if (j == len2){//说明匹配成功
            arrayList.add(k);
            j =0;}}
    for (int m = 0; m < arrayList.size(); m++){
        Log.d(TAG_GZPYP, "子串模式匹配成功的位置：" + arrayList.get(m));
    }
    Log.d(TAG_GZPYP, "子串模式匹配成功的数量：  " + arrayList.size());
}
```

第二步：在 onCreate 方法中再次调用 PatternMatchBetter 方法，同时传入母串与子串参数，详见代码清单 5-41。

代码清单 5-41

```java
protected void onCreate(Bundle savedInstanceState){
    super.onCreate(savedInstanceState);
    binding = ActivityMainBinding.inflate(getLayoutInflater());
    setContentView(binding.getRoot());
    int pos;
    String source = "googldgfegogegoogleglgoogegooglegoo";
    String subStr = "google";
    pos = PatternMatch(source, subStr);
    Log.d(TAG_GZPYP, "朴素模式匹配查找到母串: " + source);
    Log.d(TAG_GZPYP, "朴素模式匹配查找到子串: " + subStr);
    Log.d(TAG_GZPYP, "朴素模式匹配查找到子串的位置: " + pos);
    Log.d(TAG_GZPYP, "-------------------------------");
    PatternMatchBetter(source,subStr);
    ...部分代码省略...
}
```

第三步：运行该项目代码，在 Logcat 监视窗口中打印的信息如图 5-21 所示。

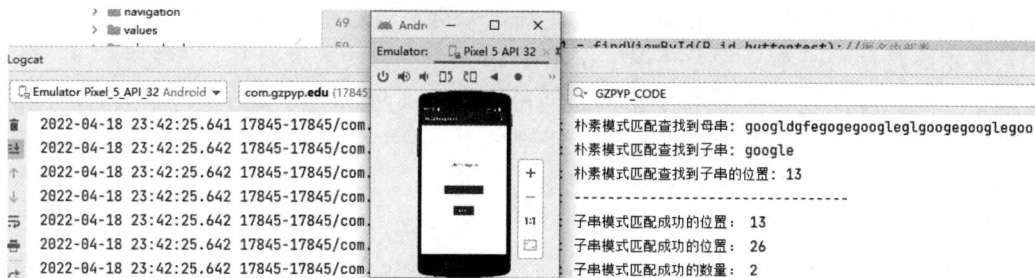

图 5-21　朴素模式匹配算法优化后运行示意图

5.5.2　KMP 模式匹配算法

KMP 模式匹配算法是一种改进的字符串匹配算法，由 D.E.Knuth、J.H.Morris 和 V.R.Pratt 提出，因此人们称它为克努特-莫里斯-普拉特操作(简称 KMP 算法)。KMP 算法的核心是利用匹配失败后的信息，尽量减少模式串与主串的匹配次数以达到快速匹配的目的。由于朴素模式匹配算法太过于低效，采用 KMP 匹配算法可以大大减少重复遍历的次数。具体实现是通过一个 next()函数，该函数本身包含了模式串的局部匹配信息。在介绍 KMP 模式匹配算法原理前，需要先了解两个概念，即前缀和后缀。

前缀：指字符串的子串中从原串最前面开始的子串，如 abcdef 的前缀有 a、ab、abc、abcd、abcd。

后缀：指字符串的子串中在原串结尾处结尾的子串，如 abcdef 的后缀有 f、ef、def、cdef、bcdef。

在字符串 S 中寻找 T 时，如果当匹配到位置 i 时，两个字符串不相等，此时需要将字符串 T 向前移动。在这里可以提前计算某些信息，就有可能一次前移多个位置。假设，根据分析两个字符串得知可以向前移动 k 位，分析 T 字符串有以下特征：

- A 段字符串是 T 的一个前缀；
- B 段字符串是 T 的一个后缀；
- A 段字符串和 B 段字符串相等。

所以前移 k 位之后，继续比较位置 i 的前提是 T 的前 i-1 个位置满足长度为 i-k-1 的前缀 A 和后缀 B 相同，只有这样才可以前移 k 位后从新的位置继续比较，详细原理结构如图 5-22 所示。

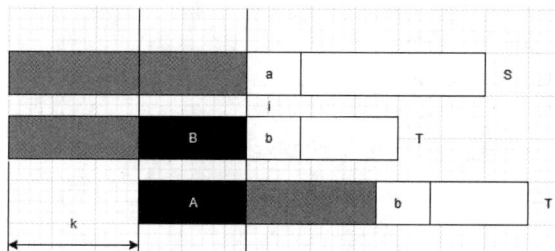

图 5-22　KMP 模式匹配原理示意图

综上所述，KMP 模式匹配算法的核心就是计算字符串母串 T 的每一个位置之前的字符串的前缀和其后缀的公共部分的最大长度。在这个运算过程中，不包括字符串本身，否则最大长度始终是字符串本身。当获得字符串 T 每一个位置的最大公共长度之后，就可以利用该最大公共长度快速和字符串 S 比较。当每次比较到两个字符串的字符不同时，就可以根据最大公共长度将字符串 T 向前移动(已匹配长度-最大公共长度)位，接着继续比较下一个位置。事实上，字符串 f 的前移只是概念上的前移，只要在比较时从最大公共长度之后比较 f 和 O 即可达到字符串 T 前移的目的。

下面解析 KMP 模式匹配算法，例如，当 S="abcdefgab"，由于 T="abcdex"，当中没有任何重复的字符，所以 T 的位置 j 就由 6 变到 1，如图 5-23 所示。

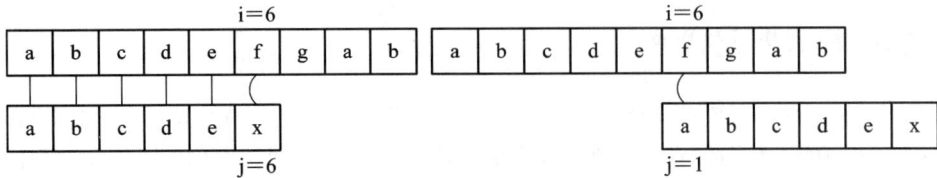

图 5-23　KMP 模式匹配算法原理示意图

当 S="abcababca"，T="abcabx"，前缀的"ab"与最后的"x"之前的串"ab"是相等的，所以 j 就由 6 变为了 3，如图 5-24 所示。

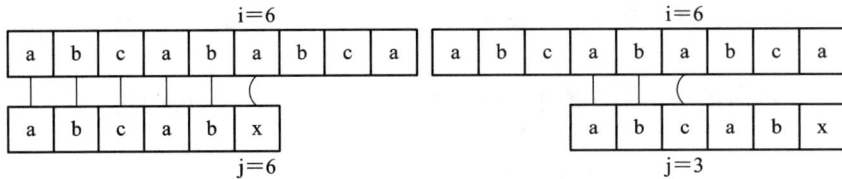

图 5-24　KMP 模式匹配算法原理示意图

因此，可以得出规律，j 值的多少取决于当前字符串之前的串的前后缀的相似度。把 T 串各个位置的 j 值变化定义为一个数组 next，那么 next 的长度就是 T 串的长度。下面通过程序来实现一个 KMP 模式匹配算法的案例。

第一步：创建 KMP 对象，在该类中创建两个方法，即获取数组 next 的方法与 KMP 匹配算法，详见代码清单 5-42。

代码清单 5-42

```java
public class KMP{
    public KMP(){}
    //获取下一次匹配的数组，即 Next 数组
    public    int[] getNext(String sub){
        return null;}
    //根据给定的主串和子串，采用 KMP 算法来进行模式匹配
    public int kmp(String src, String sub){
        return 0;}
}
```

第二步：上文中已经介绍了求 next 数组的原理，在 getNext 方法中实现该算法逻辑，详见代码清单 5-43。

代码清单 5-43

```java
//根据给定的字符串获取 next 数组
public    int[] getNext(String sub){
    int j = 1, k = 0;
    int[] next = new int[sub.length()];
    next[0] = -1;next[1] = 0;
    while (j < sub.length() - 1){
        if (sub.charAt(j) == sub.charAt(k)){
            next[j + 1] = k + 1;
            j++;
            k++;
        } else if (k == 0){
            next[j + 1] = 0;
            j++;
        } else{
            k = next[k];
        }
    }
    return next;
}
```

第三步：根据 KMP 模式匹配算法原理，在得到 next 数组后，通过 while 循环进行主串与模式串的匹配，当 j 变量等于 i 变量减去模式串的长度，即得到匹配子串的索引值位置，详见代码清单 5-44。

代码清单 5-44

```java
//根据给定的主串和子串，采用 KMP 算法来获取模式匹配
public int kmp(String src, String sub){
    //首先生成模式串 sub 的 next[j]
    int[] next = getNext(sub);
    int i = 0, j = 0, index = -1;
    while (i < src.length() && j < sub.length()){
        if (src.charAt(i) == sub.charAt(j)){
            i++;
            j++;
        } else if (j == 0){
            i++;
        } else{
            j = next[j];
        }
```

```
    }
    //得到开始匹配的位置索引
    if (j == sub.length()){
        index = i - sub.length();
    }
    return index;
  }
```

第四步：在 MainActivity 类的 onCreate 方法中创建 KMP 对象，同时调用模式匹配算法，求出子串的索引起始值，详见代码清单 5-45。

代码清单 5-45

```
    protected void onCreate(Bundle savedInstanceState){
        super.onCreate(savedInstanceState);
        binding = ActivityMainBinding.inflate(getLayoutInflater());
        setContentView(binding.getRoot());

        KMP kmpObj = new KMP();
        int temp = kmpObj.kmp("cddddddddddddcdc","cdc");
        Log.d(TAG_GZPYP, "查询到匹配子串的索引起始值为" + temp);
        setSupportActionBar(binding.toolbar);
        ...部分代码省略...
    }
```

第五步：运行该项目代码，在 Logcat 监视窗口中打印的信息如图 5-25 所示。

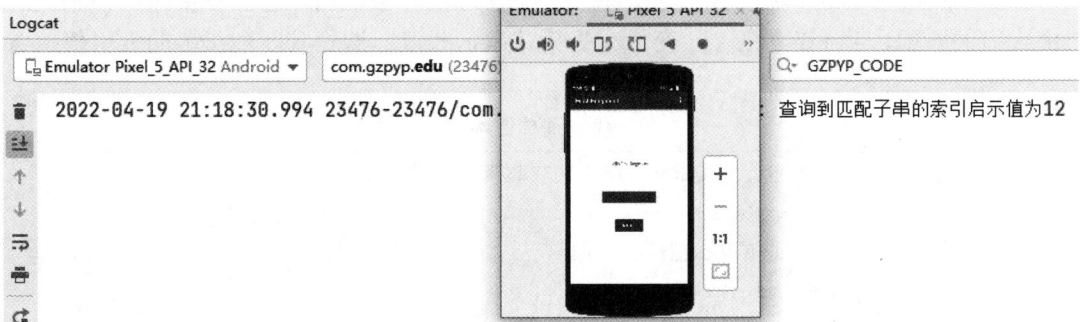

图 5-25　KMP 模式匹配程序运行示意图

本 章 小 结

　　本章介绍了移动互联网的数据结构与算法分析，包括串型数据结构的定义、特点等。随后，详细介绍了串型数据的基本概念、基本结构、表示与实现。本章还针对串型数据结构的存储方式进行了学习，其中包括定长顺序存储表示法、链式存储表示法。然后又介绍了 JDK 关于串型结构的封装，其中着重介绍了 String 类与 StringBuffer 类。最后介绍了串型数据结构的两种模式匹配方式，即朴素模式匹配算法与 KMP 模式匹配算法。

课　后　习　题

一、选择题

1. Java 封装的串型数据结构包含(　　　)。

A. String 类　　　　　　　　　　　　B. ArralList 类

C. Collection 类　　　　　　　　　　D. StringBuffer 类

2. 串型数据结构的表示分为(　　　)和串型链式存储法。

A. 定长顺序存储表示法　　　　　　　B. 顺序存储法

C. 定长匹配存储表示法　　　　　　　D. 块堆存储表示法

3. StringBuffer 类的对象中 append 方法是(　　　)的作用。

A. 插入指定字符串　　　　　　　　　B. 追加字符串到当前字符串末尾

C. 去掉多余的空格　　　　　　　　　D. 打印不同数据

4. 串的长度是指(　　　)。

A. 串中所含有字符串的种类　　　　　B. 字符串中字符的个数

C. 串中所含有的字符　　　　　　　　D. 字符串中非空字符的个数

5. 串是一种数据对象和操作都特殊的(　　　)。

A. 线性结构　　　　　　　　　　　　B. 线性表结构

C. 树型结构　　　　　　　　　　　　D. 图型结构

二、简答题

1. 串是一种特殊的线性表，请说明其特殊在哪些方面？

2. 串的模式匹配分为朴素模式匹配算法与 KMP 模式匹配算法，请简述这两种匹配方式的不同之处，并分析 KMP 模式匹配算法的优势。

3. Java 封装的字符串 String 类与 StringBuffer 类，请从内存的角度分析两者的不同之处。

第6章 矩阵与广义表

线性结构是数据结构的重要内容，前五章介绍了普通的线性结构，如顺序表与链表，操作受限的线性表，如栈与队列，具有特定功能的数据结构，如串型数据结构，这些都属于原子类型的线性结构，其组成元素不可再划分。本章将学习线性数据结构的扩展结构——广义表，通过对广义表的学习来加深对线性数据结构的理解。

6.1 矩阵的定义

在数学中，矩阵(Matrix)是高等代数中的常见工具，它是一个按照长方阵列排列的复数或实数集合。最早是由 19 世纪英国数学家凯利提出，用来处理多次方程组的系数与常数问题。凯利将方程组的系数与常数构成的方阵称为矩阵。

在数据结构中，矩阵是一种二维的数据存储方式。通俗的理解可以将矩阵看成一张二维的数据表格，计算机用这种"二维表格"来存储数据。那么在数据结构中，该怎么表示矩阵呢？我们可以使用数组来表示矩阵，但是矩阵是多维度的数据形式，那么就需要使用多维度的数组来表示矩阵。

1. 二维数组

数组是一类具有相同属性的数据集合。二维数组本质上也是数组，只不过它的数据结构具有特殊性，其数组的数据集合中每个数据元素也都是数组。为了区分这种特殊的数组，将这种每个数据元素都是数组的数据集合称为二维数组，如图 6-1 所示。

a[0]	a[0][0]	a[0][1]	a[0][2]	
a[1]	a[1][0]	a[1][1]	a[1][2]	3×3二维数组
a[2]	a[2][0]	a[2][1]	a[2][2]	

图 6-1　二维数组示意图

在移动互联网技术中，二维数组具有十分广泛的用途。下面通过一个程序案例来实现二维数组。

第一步：定义一个二维数组需要首先确定其内存占用空间，再创建二维数组的存储对象，详见代码清单 6-1。

代码清单 6-1

```
int[][] a = new int[10][10];
String[][] b = new String[10][10];
```

第二步：二维数组的初始化创建后，需要对数组的内存空间进行填充，即将二维数组进行赋值操作，详见代码清单 6-2。

代码清单 6-2

```
//静态初始化
int[][] a={{1,2,3,4},{4,5,6,7},{8,9,10,11}};
//动态初始化
String[][] b=new String[10][10];
b[0]=new String[]{"zahngsan","lisi","wangwu"};
b[1]=new String[]{"java","python","c++"};
```

第三步：在二维数组的使用过程中，创建二维数组与赋值二维数组都是基本操作，在很多时候也要对二维数组进行遍历，详见代码清单 6-3。

代码清单 6-3

```
public class ArrayTest{
    // ...部分代码省略...
    int[][] a={{1,2,3,4},{4,5,6,7},{8,9,10,11}};
    //遍历
    for (int i = 0; i < a.length; i++){
        for (int j = 0; j < a[i].length; j++){
            System.out.print(a[i][j]+" ");
        }
        System.out.println();
    }
}
```

第四步：在矩阵的运算中，二维数组不仅可以作为数据集合存放数据，也可以作为函数参数而进行传递，详见代码清单 6-4。

代码清单 6-4

```
public class ArrayTest1{
    //部分代码省略
    public void Init(){
        //静态初始化
        int[][] a={{1,2,3,4},{4,5,6,7},{8,9,10,11}};
        //调用 print 方法
        print(a);
```

```
    }
    public void print(int[][] a){
        //遍历
        for (int i = 0; i < a.length; i++){
            for (int j = 0; j < a[i].length; j++){
                System.out.print(a[i][j]+" ");
            }
            System.out.println();
        }
    }
}
```

2. 矩阵的数组表示

在移动互联网的数据结构中,经过前面的介绍我们已经了解到矩阵可以用数组来表示,那么在程序中该如何实现呢?下面介绍矩阵的数组表示法。

矩阵数组表示如下:

$$A_{m \times n} = \begin{bmatrix} a_{11} & a_{12} & a_{13} & \cdots & a_{1n} \\ a_{21} & a_{22} & a_{23} & \cdots & a_{2n} \\ \vdots & \vdots & \vdots & & \vdots \\ a_{m1} & a_{m2} & a_{m3} & \cdots & a_{mn} \end{bmatrix}$$

第一步:在 MainActivity 类中创建 MatrixTestInit 方法用于实现矩阵的数组表示,并且在 OnCreate 方法中调用 MatrixTestInit 方法,详见代码清单 6-5。

代码清单 6-5

```
public class MainActivity extends AppCompatActivity{
    // ...部分代码省略...
    protected void onCreate(Bundle savedInstanceState){
        super.onCreate(savedInstanceState);
        binding = ActivityMainBinding.inflate(getLayoutInflater());
        setContentView(binding.getRoot());
        //矩阵测试方法
        this.MatrixTestInit();
        //...部分代码省略...}
    public void MatrixTestInit(){}
    //...部分代码省略...
}
```

第二步:在 MatrixTestInit 方法中创建 3 个数组用于实现 3 个矩阵,详见代码清单 6-6。

代码清单 6-6

```
public void MatrixTestInit(){
    int[][] a = new int[3][4];
```

```
        int[][] b = new int[3][4];
        int[][] c = new int[4][4];
    }
```

第三步：在 MainActivity 类中创建矩阵实例化方法，通过随机数赋值给二维数组，详见代码清单 6-7。

代码清单 6-7

```
//矩阵赋值
public int[][] Matrix_value(int[][] array){
    for (int i = 0; i < array.length; i++){
        for (int j = 0; j < array[0].length; j++){
            array[i][j] = (int) (Math.random() * 100 + 1);
        }
    }
    return array;
}
```

第四步：为了查看矩阵的各项数值，在 MainActivity 类中创建矩阵查看方法，详见代码清单 6-8。

代码清单 6-8

```
//输出矩阵
public    void Matrix_Show(int[][] array){
    // System.out.println(Arrays.deepToString(a));
    for (int i = 0; i < array.length; i++){
        for (int j = 0; j < array[0].length; j++){
            System.out.print(array[i][j] + " ");
        }
        System.out.println();
    }
}
```

第五步：在 MatrixTestInit 方法中将二维矩阵 A 进行初始化，并且输出到控制台，详见代码清单 6-9。

代码清单 6-9

```
public void MatrixTestInit(){
    int[][] a = new int[3][4];
    int[][] b = new int[3][4];
    int[][] c = new int[4][4];
    a = this.Matrix_value(a);
    this.Matrix_Show(a);
}
```

第六步：运行该项目代码，在 Logcat 监视窗口中打印的信息如图 6-2 所示。

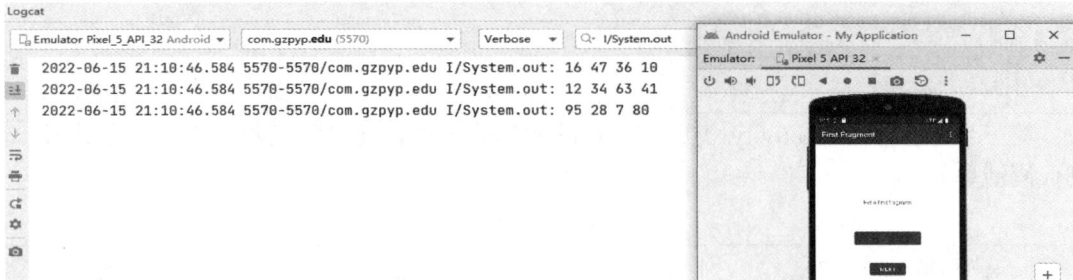

图 6-2　矩阵输出示意图

6.2　矩阵的运算

在数据结构中，矩阵运算是在算法设计过程中经常用到的，所以它也是非常重要的。矩阵的基本运算包括矩阵的加法、减法、乘法、转置、共轭和共轭转置等。下面介绍数据结构中的矩阵运算。

6.2.1　矩阵的加法

在矩阵的运算中，最基本的运算方式是加法。矩阵的加法相比其他运算比较容易理解，即在运算过程中将对应维度的数据进行加法运算即可，如图 6-3 所示。

$$\begin{vmatrix} 1 & 2 & 3 \\ 4 & 5 & 6 \\ 7 & 8 & 9 \end{vmatrix} + \begin{vmatrix} 1 & 2 & 3 \\ 4 & 5 & 6 \\ 7 & 8 & 9 \end{vmatrix} = \begin{vmatrix} 2 & 4 & 6 \\ 8 & 10 & 12 \\ 14 & 16 & 18 \end{vmatrix}$$

图 6-3　矩阵的加法运算示意图

矩阵的加法必须是指定的同型矩阵才可以进行运算，例如同型矩阵 A、B、C 满足下列运算规律：

(1) A+B = B+A；

(2) (A+B)+C = A+(B+C)。

下面通过一个数据结构的案例来介绍在程序中矩阵是如何实现加法运算的。本代码实例参见源码文件 6-2-Test1。

第一步：在 MainActivity 类中创建 Matrix_Add 方法，参数是两个待进行矩阵运算的矩阵 a、b，详见代码清单 6-10。

代码清单 6-10

```
//矩阵的加法
public void Matrix_Add(int[][] a, int[][] b){
    int[][] result = new int[a.length][a[0].length];
    for (int i = 0; i < result.length; i++){
        for (int j = 0; j < result[0].length; j++){
            result[i][j] = a[i][j] + b[i][j];
```

```
        }
      }
    Matrix_Show(result);
  }
```

第二步：在矩阵加法中，将传入的矩阵 A 与矩阵 B 通过双层嵌套的 for 循环，遍历两个矩阵中的每一个元素，并且将其相加，即可进行元素的运算，最后通过 Matrix_Show 方法将加法运算后的矩阵输出来。

在 MatrixTestInit 方法中创建测试矩阵 A 与矩阵 B，调用 Matrix_Show 方法分别将两者打印出来。调用矩阵加法运算方法，将测试矩阵 A 与矩阵 B 作为参数传入，详见代码清单 6-11。

代码清单 6-11

```
public void MatrixTestInit(){
    int[][] a = new int[3][4];
    int[][] b = new int[3][4];
    int[][] c = new int[4][4];
    //矩阵赋值
    a=Matrix_value(a);
    b=Matrix_value(b);
    //输出矩阵
    System.out.println("=============== 矩阵 A ===============");
    Matrix_Show(a);
    System.out.println("=============== 矩阵 B ===============");
    Matrix_Show(b);
    //加法
    System.out.println("=============== 矩阵 A + 矩阵 B =============");
    Matrix_Add(a, b);
}
```

第三步：运行该项目代码，在 Logcat 监视窗口中打印的信息如图 6-4 所示。

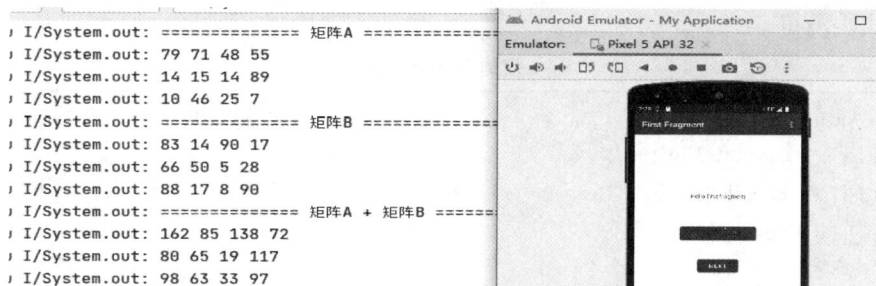

图 6-4 矩阵加法案例运行示意图

6.2.2 矩阵的减法

在矩阵的运算中，矩阵的减法也是最基本的运算方式。矩阵的减法相比其他运算也比较容易理解，即在运算过程中将对应维度的数据进行减法运算即可，如图 6-5 所示。

$$\begin{vmatrix} 1 & 2 & 3 \\ 4 & 5 & 6 \\ 7 & 8 & 9 \end{vmatrix} - \begin{vmatrix} 1 & 2 & 3 \\ 4 & 5 & 6 \\ 7 & 8 & 9 \end{vmatrix} = \begin{vmatrix} 0 & 0 & 0 \\ 0 & 0 & 0 \\ 0 & 0 & 0 \end{vmatrix}$$

图 6-5　矩阵的减法运算示意图

矩阵的减法必须是指定的同型矩阵才可以进行运算，例如同型矩阵 A、B、C，满足下列运算规律：

(1) A − B = (−B) + A；

(2) A − B − C = A − (B + C)。

下面通过一个数据结构的案例来介绍在程序中矩阵是如何实现减法运算的。

第一步：在 MainActivity 类中创建 Matrix_Sub 方法，参数是两个待进行矩阵运算的矩阵 a、b，详见代码清单 6-12。

代码清单 6-12

```
//减法
public void Matrix_Sub(int[][] a, int[][] b){
    int[][] result = new int[a.length][a[0].length];
    for (int i = 0; i < result.length; i++){
        for (int j = 0; j < result[0].length; j++){
            result[i][j] = a[i][j] - b[i][j];
        }
    }
    Matrix_Show(result);
}
```

第二步：在矩阵减法中，将参数传入的矩阵 A 与矩阵 B 通过双层嵌套的 for 循环，遍历两个矩阵中的每一个元素，并且将其相减，即可进行元素的运算，最后通过 Matrix_Show 方法将减法运算后的矩阵输出来。

在 MatrixTestInit 方法中调用矩阵减法运算方法，将测试矩阵 A 与矩阵 B 作为参数传入，详见代码清单 6-13。

代码清单 6-13

```
public void MatrixTestInit(){
    int[][] a = new int[3][4];
    int[][] b = new int[3][4];
    int[][] c = new int[4][4];
    //矩阵赋值
    a=Matrix_value(a);
    b=Matrix_value(b);
    //输出矩阵
    System.out.println("============ 矩阵 A ================");
    Matrix_Show(a);
    System.out.println("============ 矩阵 B ================");
```

```
        Matrix_Show(b);
        //加法
        System.out.println("============== 矩阵 A + 矩阵 B ==============");
        Matrix_Add(a, b);
        //减法
        System.out.println("============== 矩阵 A - 矩阵 B ==============");
        Matrix_Sub(a, b);
    }
```

第三步：运行该项目代码，在 Logcat 监视窗口中打印的信息如图 6-6 所示。

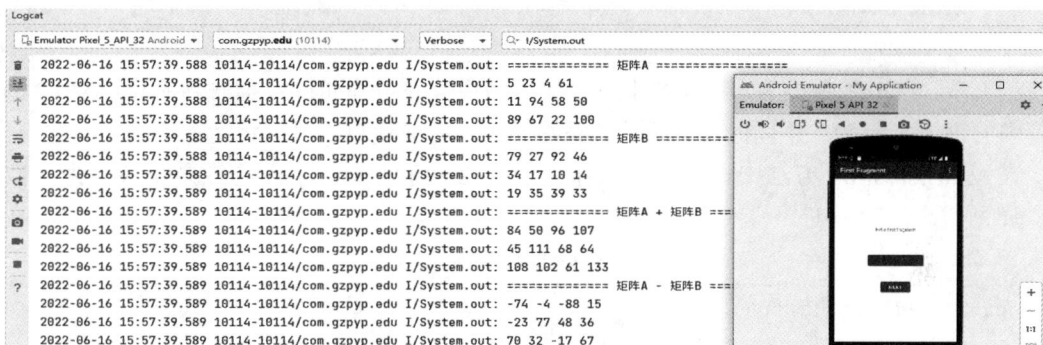

图 6-6　矩阵减法案例运行示意图

6.2.3　矩阵的乘法

矩阵的乘法分为数乘与矩阵乘积两种。

1. 矩阵的数乘

在矩阵的数乘运算中，将目标矩阵乘以一个数。矩阵乘以一个数的运算法则是将矩阵内的每一项都乘以这个常数，二阶矩阵的数乘案例如图 6-7 所示。

$$2\times \begin{vmatrix} 1 & 2 & 3 \\ 4 & 5 & 6 \\ 7 & 8 & 9 \end{vmatrix} = \begin{vmatrix} 1\times2 & 2\times2 & 3\times2 \\ 4\times2 & 5\times2 & 6\times2 \\ 7\times2 & 8\times2 & 9\times2 \end{vmatrix} = \begin{vmatrix} 2 & 4 & 6 \\ 8 & 10 & 12 \\ 14 & 16 & 18 \end{vmatrix}$$

图 6-7　矩阵的数乘示意图

矩阵的数乘必须满足两个条件：第一，乘数必须是数值型变量；第二，被乘数必须是矩阵，运算满足下列运算规律：

(1) $x*(y*A) = y*(x*A)$；

(2) $x*(y*A) = x*y*(A)$；

(3) $(x+y)*A = x*A + y*A$；

(4) $x*(A+B) = x*A + x*B$。

下面通过一个数据结构的案例来介绍在程序中矩阵是如何实现数乘运算的。

第一步：在 MainActivity 类中创建 Matrix_Mul 方法，参数 1 是数乘的系数 n，参数 2 是待进行数乘的矩阵，详见代码清单 6-14。

代码清单 6-14

```
//数乘
public static void Matrix_Mul(int n, int[][] a){
    int[][] result = new int[a.length][a[0].length];
    for (int i = 0; i < result.length; i++){
        for (int j = 0; j < result[0].length; j++){
            result[i][j] = a[i][j] * n;
        }
    }
    Matrix_Show(result);
}
```

第二步：在矩阵数乘中，将参数中执行数乘的系数与矩阵通过双层嵌套的 for 循环，遍历矩阵中的每一个元素，并且将其与数乘的系数相乘，完成运算，最后将运算后的矩阵输出来。

在 MatrixTestInit 方法中调用矩阵数乘运算方法，将测试矩阵 A 与数乘系数作为参数传入，详见代码清单 6-15。

代码清单 6-15

```
public void MatrixTestInit(){
    ...部分代码省略...
    Matrix_Add(a, b);
    //减法
    System.out.println("=============== 矩阵 A - 矩阵 B ===============");
    Matrix_Sub(a, b);
    //数乘
    System.out.println("=============== 2 * 矩阵 A ===============");
    Matrix_Mul(2, a);
}
```

第三步：运行该项目代码，在 Logcat 监视窗口中打印的信息如图 6-8 所示。

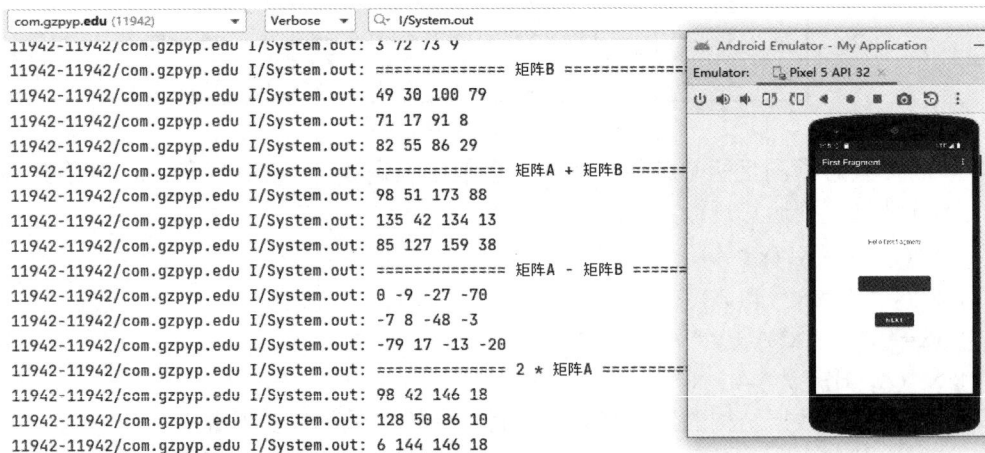

图 6-8 矩阵数乘案例运行示意图

2. 矩阵的乘积

矩阵相乘最重要的运算方法就是矩阵的乘积，它的运算满足一定的条件，只有在矩阵 A 的列数和矩阵 B 的行数相同时才可以进行运算，运算过程如下：

$$A=\begin{bmatrix} a_{1,1} & a_{1,2} & a_{1,3} \\ a_{2,1} & a_{2,2} & a_{2,3} \end{bmatrix} * B=\begin{bmatrix} b_{1,1} & b_{1,2} \\ b_{2,1} & b_{2,2} \\ b_{3,1} & b_{3,2} \end{bmatrix} =\begin{bmatrix} a_{1,1}b_{1,1}+a_{1,2}b_{1,2}+a_{1,3}b_{3,1} & a_{1,1}b_{1,2}+a_{1,2}b_{2,2}+a_{1,3}b_{3,2} \\ a_{2,1}b_{1,1}+a_{2,2}b_{2,1}+a_{2,3}b_{3,1} & a_{2,1}b_{1,2}+a_{2,2}b_{2,2}+a_{2,3}b_{3,2} \end{bmatrix}$$

$$C = AB$$

矩阵的乘积必须满足乘法运算规律，其运算规律如下：

(1) 乘法结合律：$(AB)C = A(BC)$；

(2) 乘法左分配律：$(A+B)C = AC+BC$；

(3) 乘法右分配律：$C(A+B) = CA+CB$；

(4) 对数乘的结合性 $k(AB) = (kA)B = A(kB)$；

(5) 矩阵 A 和单位矩阵或数量矩阵满足交换律。

下面通过一个数据结构的案例来介绍在程序中矩阵是如何实现乘积运算的。

第一步：在 MainActivity 类中创建 Matrix_Mul 方法，参数 1 是矩阵 A，参数 2 是矩阵 B，详见代码清单 6-16。

代码清单 6-16

```
//矩阵的乘积
public void Matrix_Mul(int[][] a, int[][] b){
    int[][] result = new int[a.length][b[0].length];
    for (int i = 0; i < result.length; i++){
        for (int j = 0; j < result[0].length; j++){
            for (int k = 0; k < b.length; k++){
                result[i][j] += a[i][k] * b[k][j];
            }
        }
    }
    Matrix_Show(result);
}
```

第二步：在矩阵乘积中，将参数传入的矩阵 A 与矩阵 B 通过双层嵌套的 for 循环，遍历两个矩阵中的每一个元素，并且将其相乘，即可进行元素的运算，最后通过 Matrix_Show 方法将乘法运算后的矩阵输出来。

在 MatrixTestInit 方法中调用矩阵乘积的运算方法，将测试矩阵 A 与矩阵 B 作为参数传入，详见代码清单 6-17。

代码清单 6-17

```
public void MatrixTestInit(){
    int[][] a = new int[3][4];
    int[][] b = new int[3][4];
```

```
int[][] c = new int[4][4];

//矩阵赋值
a=Matrix_value(a);
b=Matrix_value(b);
//输出矩阵
System.out.println("============== 矩阵 A ==============");
Matrix_Show(a);
System.out.println("============== 矩阵 B ==============");
Matrix_Show(b);
...部分代码省略...
//数乘
System.out.println("============== 2 * 矩阵 A ==============");
Matrix_Mul(2, a);
//乘法
c=Matrix_value(c);
System.out.println("============== 矩阵 C ==============");
Matrix_Show(c);
System.out.println("============== 矩阵 A * 矩阵 C ==============");
Matrix_Mul(a, c);
}
```

第三步：运行该项目代码，在 Logcat 监视窗口中打印的信息如图 6-9 所示。

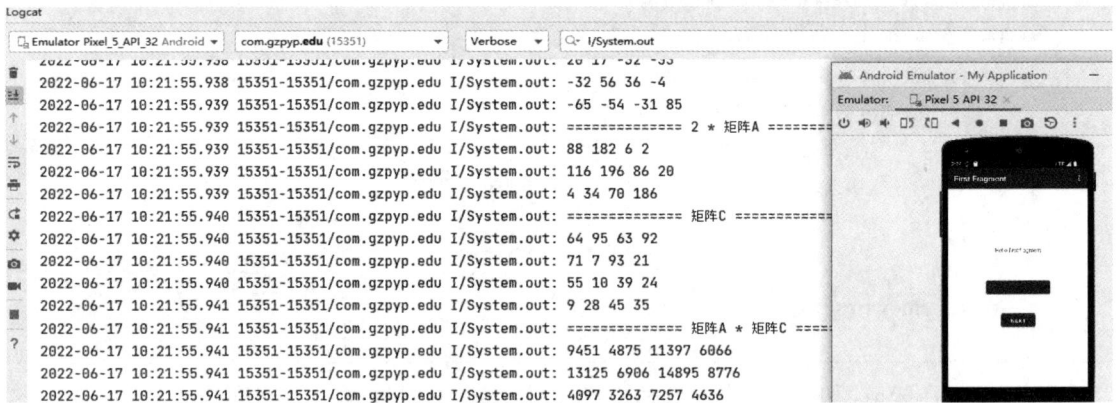

图 6-9　矩阵乘积案例运行示意图

6.2.4　矩阵的转置

在矩阵的运算中，矩阵的转置也是最基本的运算方式。矩阵的转置相比其他运算也比较容易理解，即在运算过程中将对应维度的数据进行转置运算即可，如图 6-10 所示。

图 6-10　矩阵的转置运算示意图

矩阵的转置和加减乘除一样，也是一种运算，且满足下列运算规律：

(1) $(A^T)^T = A$；

(2) $(A + B)^T = A^T + B^T$；

(3) $(kA)^T = kA^T$；

(4) $(AB)^T = B^T A^T$。

下面通过一个数据结构的案例来介绍，在程序中矩阵是如何实现转置运算的。

第一步：在 MainActivity 类中创建 Matrix_Tran 方法，参数是 1 个待进行矩阵转置运算的矩阵 A，详见代码清单 6-18。

代码清单 6-18

```
//矩阵转置
public void Matrix_Tran(int[][] a){
    int[][] result = new int[a[0].length][a.length];
    for (int i = 0; i < result.length; i++){
        for (int j = 0; j < result[0].length; j++){
            result[i][j] = a[j][i];
        }
    }
    Matrix_Show(result);
}
```

第二步：在矩阵转置运算中，将参数传入的矩阵 A 通过双层嵌套的 for 循环，遍历矩阵 A 中的每一个元素，并且将对应行列数上的数值对调，即可完成矩阵的转置运算，最后通过 Matrix_Show 方法将转置运算后的矩阵输出来。

在 MatrixTestInit 方法中调用矩阵转置的运算方法，将测试矩阵 A 作为参数传入，详见代码清单 6-19。

代码清单 6-19

```
public void MatrixTestInit(){
    int[][] a = new int[3][4];
    int[][] b = new int[3][4];
    int[][] c = new int[4][4];
    //矩阵赋值
    a=Matrix_value(a);
    b=Matrix_value(b);
    //输出矩阵
    System.out.println("============== 矩阵 A ==================");
    Matrix_Show(a);
    ...部分代码省略...
    //转置
    System.out.println("============== 矩阵 A 转置 ==================");
    Matrix_Tran(a);
}
```

第三步：运行该项目代码，在 Logcat 监视窗口中打印的信息如图 6-11 所示。

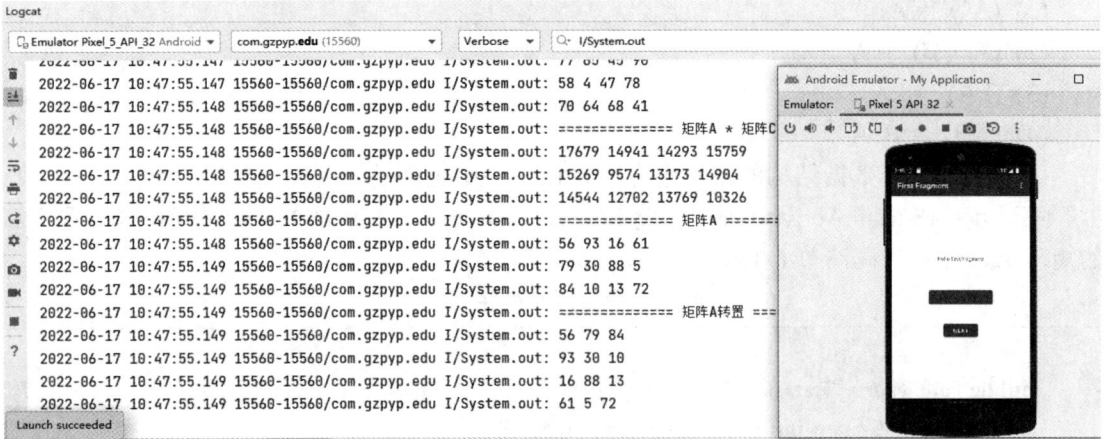

图 6-11   矩阵转置运算案例运行图

6.2.5   矩阵的其他运算

矩阵的其他运算还有很多，这里提供两种常见的运算，即矩阵的旋转与矩阵的对角线之差。

1. 矩阵的旋转

第一步：在 MainActivity 类中创建 Matrix_Rotate 方法，参数是一个矩阵，详见代码清单 6-20。

代码清单 6-20

```java
//矩阵旋转
public    int[][] Matrix_Rotate(int[][] a){
    //获得原矩阵的宽高，外层一维数组的长度
    int w = a.length;
    //内层一维数组的长度
    int h = a[0].length;
    //创建一个新二维数组
    int[][] c = new int[h][w];
    //原数组的读取位置
    int x = w - 1;
    int y = 0;
    //将原二维数组反转 90 度，赋值到新的二维数组中
    for (int i = 0; i < c.length; i++){
        for (int j = 0; j < c[i].length; j++){
            c[i][j] = a[x][y];
            x--;
        }
```

```
        //换行赋值
        x = w - 1;
        y++;
    }
    //旋转 90 度之后的结果
    return c;
}
```

第二步：在 MatrixTestInit 方法中调用矩阵旋转的运算方法，将测试矩阵 A 作为参数传入，详见代码清单 6-21。

代码清单 6-21

```java
public void MatrixTestInit(){
    int[][] a = new int[3][4];
    int[][] b = new int[3][4];
    int[][] c = new int[4][4];
    //矩阵赋值
    a=Matrix_value(a);
    b=Matrix_value(b);
    ...部分代码省略...
    System.out.println("=============== 矩阵旋转  ===============");
    for (int i = 1; i <= 3; i++) {
        System.out.println("=========== 旋转 "+i+" 次(每次旋转 90 度) ===========");
        a = Matrix_Rotate(a);
        Matrix_Show(a);
    }
}
```

第三步：运行该项目代码，在 Logcat 监视窗口中打印的信息如图 6-12 所示。

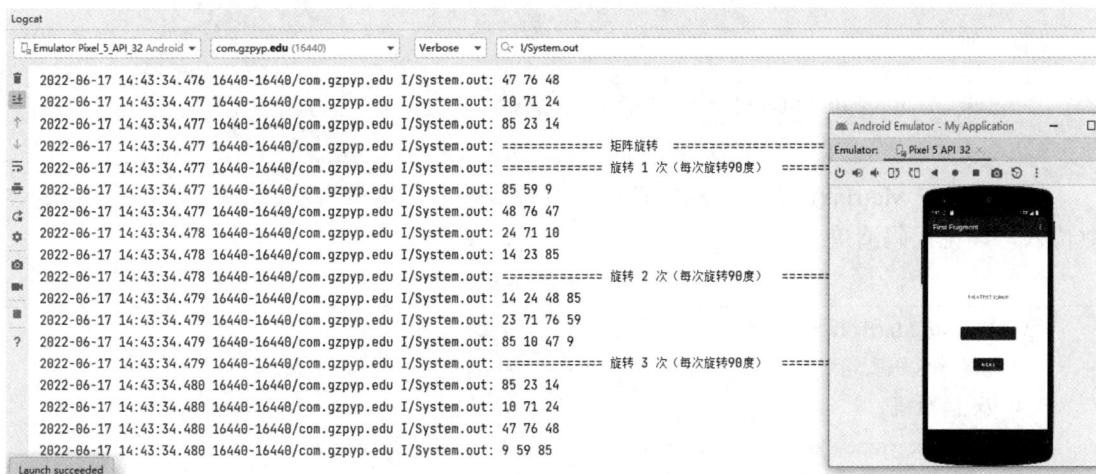

图 6-12　矩阵旋转案例运行示意图

2. 矩阵的对角线之差

矩阵的对角线之差是指主对角线的和与副对角线的和的差值。在程序设计中，要通过循环语句轮训矩阵，求出主对角线的和与副对角线的和，再将数值相减，详见代码清单 6-22。

代码清单 6-22

```
//矩阵对角线之差
    public void Matrix_Diag(int[][] a){
    //主对角线
    int x = 0;
    //次对角线
    int y = 0;
    //外层一维数组的长度
    int i = 0;
    //内层一维数组的长度
    int j = 0;
    //求主对角线值
    while ((i < a.length) && (j < a[0].length)){
        x += a[i][j];
        i++;
        j++;
    }
    i = 0;
    j = a[0].length - 1;
    //求次对角线值
    while ((i < a.length) && (j >= 0)){
        y += a[i][j];
        i++;
        j--;
    }
    System.out.println("矩阵对角线之差为 " + (x - y));
}
```

第一步：在 MatrixTestInit 方法中调用求对角线差值的运算方法，将测试矩阵 A 作为参数传入，详见代码清单 6-23。

代码清单 6-23

```
public void MatrixTestInit(){
    ...部分代码省略...
    //矩阵赋值
    a=Matrix_value(a);b=Matrix_value(b);
    //输出矩阵
    System.out.println("============== 矩阵 A ===============");
```

```
        Matrix_Show(a);
        ...部分代码省略...
        //对角线之差
        System.out.println("============== 矩阵对角线之差 ==================");
        Matrix_Diag(a);
    }
```

第二步：运行该项目代码，在 Logcat 监视窗口中打印的信息如图 6-13 所示。

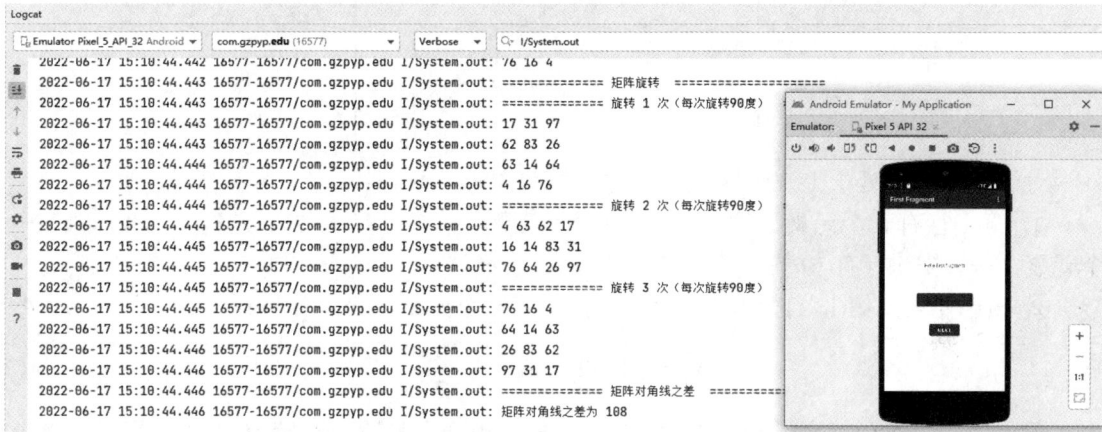

图 6-13　求矩阵对角线之差案例运行示意图

6.3　矩阵的压缩存储

通过上述矩阵的运算，可以发现存储一个矩阵，如果按照常规的存储方式，会占用大量的内存空间。为了更好地存储矩阵，发明了矩阵的压缩存储方式。

那么什么是矩阵的压缩存储？其实就是为很多个值相同的元素只分配一个存储空间，对零元素不分配存储空间。在矩阵中有很多值相同的元素并且它们的分布有一定的规律，称之为特殊矩阵。类似于线性代数中的特殊矩阵，如单位阵、对角阵、对称阵等，如图 6-14 所示。

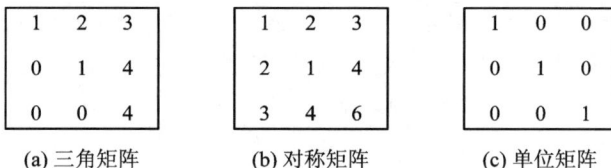

(a) 三角矩阵　　　　　(b) 对称矩阵　　　　　(c) 单位矩阵

图 6-14　特殊矩阵示意图

6.3.1　三角矩阵

三角矩阵属于一类特殊的二维数组组成的矩阵。三角矩阵使用压缩的存储方式能够更好地节约存储空间。三角矩阵分为上三角矩阵和下三角矩阵。

1. 上三角矩阵的存储

矩阵的对角线以下的所有元素均为同一常数 δ 或者无效的数据，这样的矩阵称为上三角矩阵。从上往下逐行的元素总数比上一行少一个，构成等差数列，表现形式如下：

$$\begin{bmatrix} a_{11} & a_{12} & a_{13} & a_{14} & \cdots & a_{1n-1} & a_{1n} \\ & a_{22} & a_{23} & a_{24} & \cdots & a_{2n-1} & a_{2n} \\ & & a_{33} & a_{34} & \cdots & a_{3n-1} & a_{3n} \\ & & & a_{44} & \cdots & a_{4n-1} & a_{4n} \\ & & \delta & & \ddots & \vdots & \vdots \\ & & & & & a_{(n-1)(n-1)} & a_{(n-1)n} \\ & & & & & & a_{nn} \end{bmatrix}$$

对于数据元素处于上三角区域，经过计算可得如下规律：

① 第 1 行有 n 个元素，第 2 行有 n−1 个元素，第 3 行有 n−2 个元素，第 4 行有 n−3 个元素，…，第 i 行有(n−i+1)个元素。

② a(ij)元素，第(i−1)行(即元素前一行)共有 x 个元素，公式如下：

$$X = \sum_{k=1}^{i-1}(n-k+1) = \frac{(i-1)(2n-i+2)}{2}$$

关于上三角的存储容量的计算，假设规定每个矩阵元素所占存储空间为 e，那么第 A(ij)元素的存储容量公式如下：

$$\text{address}(a_{ij}) = \text{address}(a_{11}) + \left(\frac{(i-1)(2n-i+2)}{2} + j - i\right)e$$

对于元素处于下三角区域，即元素 A(ij)，其中 i > j，因为下三角区的元素值都相同，则把它放到存储区的最后一个单元，即[(n+1)×n]/2 + 1 的位置，其存储地址公式如下：

$$\text{address}(a_{ij}) = \text{address}(a_{11}) + \left(\frac{(n+1)n}{2}\right)e$$

2. 下三角矩阵的存储

矩阵的对角线以上的所有元素均为同一常数 δ 或者无效的数据，这样的矩阵称为下三角矩阵。从下往上逐行的元素总数比上一行少一个，构成等差数列，表现形式如下：

$$\begin{bmatrix} a_{11} & & & & \\ a_{21} & a_{22} & & & \& \\ a_{31} & a_{32} & a_{33} & & \\ \vdots & \vdots & \vdots & & \ddots \\ a_{n1} & a_{n2} & a_{n3} & \cdots & a_{nn} \end{bmatrix}$$

下三角矩阵存储方式与上三角矩阵存储方式类似，第 1 行有 1 个元素，第 2 行有 2 个元素，第 3 行有 3 个元素，第 n 行有 n 个元素，…，第 i 行有(i)个元素，原理这里不再赘述。下面通过一个案例来介绍三角矩阵的压缩存储。本代码实例参见源码文件 6-3-Test1。

第一步：在 MainActivity 类中创建 MatrixInit 方法用于初始化运行三角矩阵的运行，创建 UpTri 方法用于创建上三角矩阵，详见代码清单 6-24。

代码清单 6-24

```java
public class MainActivity extends AppCompatActivity{
    private AppBarConfiguration appBarConfiguration;
    private ActivityMainBinding binding;
    public static final String TAG_GZPYP = "GZPYP_CODE";
    ...部分代码省略...
    public void MatrixInit(){

    }


    public    void UpTri(double[][] Matrix, int n){
    }
    ...部分代码省略...
}
```

第二步：在 MatrixInit 方法中创建若干二维矩阵，用于构建上三角矩阵，并且将创建好的矩阵打印出来，详见代码清单 6-25。

代码清单 6-25

```java
public void MatrixInit(){
    double[][] TestMatrix = { { 1, 22, 34, 22 },
    { 1, 11, 5, 21 }, { 0, 1, 5, 11 }, { 7, 2, 13, 19 } };
    double[][] TMatrix1 = { { 1, 2, 3 }, { 2, 1, 1 }, { 2, 2, 2 } };
    double[][] TMatrix2 = { { 1, 2 }, { 2, 3 } };
    UpTri(TestMatrix, 4);
    String Strr = new String("");
    for (int i = 0; i < 4; i++){
        for (int j = 0; j < 4; j++){
            String str = String.valueOf(Math.floor(TestMatrix[i][j]));
            Strr += str;
            Strr += " ";
        }
        Strr += "\n";
    }
    System.out.println(Strr);
}
```

第三步：在 UpTri 方法中，通过多重循环遍历原始矩阵的每一个元素，将获取的元素进行简单的逻辑运算得到结果后构建新的上三角矩阵，详见代码清单 6-26。

代码清单 6-26

```java
public void UpTri(double[][] Matrix, int n){
    int Count = 1;
    while (Count < n){
```

```
for (int N = n - 1; N >= Count; N--){
    double z;
    if (Matrix[Count - 1][Count - 1] != 0){
        z = Matrix[N][Count - 1] / Matrix[Count - 1][Count - 1];
    } else {
        for (int i = 0; i < n; i++){
            Matrix[Count - 1][i] += Matrix[N][i];
        }
        z = Matrix[N][Count - 1] / Matrix[Count - 1][Count - 1];
    }
    for (int i = 0; i < n; i++){
        Matrix[N][i] = Matrix[N][i] - Matrix[Count - 1][i] * z;
    }
}
Count++;
    }
}
```

第四步：运行该项目代码，在 Logcat 监视窗口中打印的信息如图 6-15 所示。

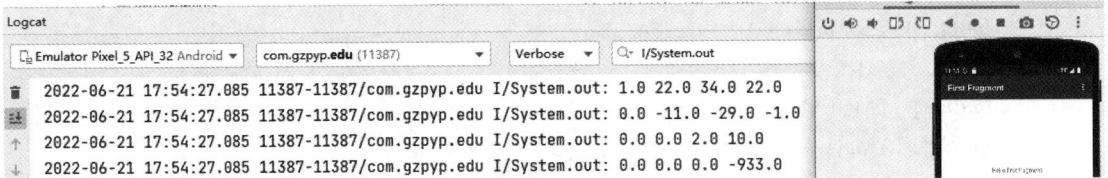

图 6-15　上三角矩阵案例运行示意图

6.3.2　对称矩阵

一个 n 阶的矩阵 A 中的元素满足 a(ij)=a(ji)(0<i，j<n-1)，则称其为对称矩阵。由于矩阵中的元素是关于主对角线对称的，那么就可以只存储上三角或者下三角矩阵中的元素，这种存储方式称为对称矩阵的压缩存储，如图 6-16 所示。

图 6-16　对称矩阵示意图

在存储的过程中，最多存储 N × (N + 1)/2 个数据。对称矩阵的压缩存储主要分两个步骤：

1. 存储数据

定义一个一维数组 A，开辟 N×(N+1)/2 个空间，遍历矩阵，若 i≥j，说明元素在矩阵的下三角位置，按顺序存入 A；若 i<j，则不存储，继续遍历矩阵的下一个元素，以此类推。

2. 遍历矩阵元素

要访问压缩存储的矩阵元素，可以根据对称矩阵和压缩存储的对应关系，即对称矩阵 i 行 j 列的元素值与一维存储数组中[i×(i+1)/2+j]位置的元素数值相同。下面通过一个案例来介绍对称矩阵的压缩存储。本代码实例参见源码文件 6-3-Test2。

第一步：在 MatrixInit 方法中创建一个对称矩阵的一维数组，该一维数组是按照行顺序的方式存储对称矩阵的数值，并且在 MainActivity 类中创建 SymmetricMatrix 方法，用于遍历对称矩阵，详见代码清单 6-27。

代码清单 6-27

```java
public void MatrixInit(){
    int[] test = {1,2,0,2,0,1,4,2,1,0,4,3,2,0,1};
    this.SymmetricMatrix(test,5);
}
```

第二步：在创建的 SymmetricMatrix 方法中，第一个参数是按照行顺序存储的对称矩阵的一维数组。通过循环嵌套的方式遍历矩阵，若 i≥j，则确定元素在矩阵的下三角位置，按顺序输出 A；若 i<j，则不输出，详见代码清单 6-28。

代码清单 6-28

```java
public void SymmetricMatrix(int[] s,int n){
    int k =0;
    String Strr = new String("");
    System.out.println("---------对称矩阵---------");
    for (int i = 0; i < n; i++) {
        for (int j = 0; j < n; j++) {
            if (i >= j){
                k = i * (i + 1) / 2 + j;
            }
            else{
                k = j * (j + 1) / 2 + i;
            }
            String str = String.valueOf(s[k]);
            Strr += str;
            Strr += " ";
        }
        Strr += "\n";
    }
    System.out.println(Strr);
    System.out.println("---------对称矩阵---------");
}
```

第三步：运行该项目代码，在 Logcat 监视窗口中打印的信息如图 6-17 所示。

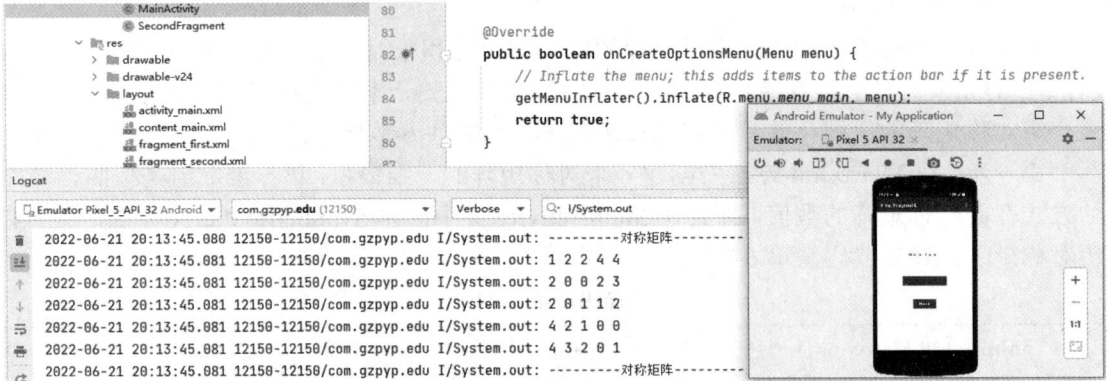

图 6-17   对称矩阵案例运行示意图

6.3.3   对角矩阵

对角矩阵是指所有非零元素全部集中在中心几条对角线上的矩阵。在 n×n 的方阵中，所有非零元素都集中在以主对角线为中心的带状区域中，区域外都是 0。下面以三对角矩阵(所有非零元素集中在中心三条对角线上)为例，介绍对角矩阵的压缩存储方法。三角矩阵的表示如下，此为一个 7×7 的三对角矩阵。

$$\begin{bmatrix} a_{00} & a_{01} & 0 & 0 & 0 & 0 & 0 \\ a_{10} & a_{11} & a_{12} & 0 & 0 & 0 & 0 \\ 0 & a_{21} & a_{22} & a_{23} & 0 & 0 & 0 \\ 0 & 0 & a_{32} & a_{33} & a_{34} & 0 & 0 \\ 0 & 0 & 0 & a_{43} & a_{44} & a_{45} & 0 \\ 0 & 0 & 0 & 0 & a_{54} & a_{55} & a_{56} \\ 0 & 0 & 0 & 0 & 0 & a_{65} & a_{66} \end{bmatrix}$$

存储对角矩阵要按照对角线的顺序进行存储。如果利用二维数组存储数据，一行存储一条对角线，存储顺序以右上角为起点、以左下角为终点，在存储过程中以中间对角线为基准线，其索引值为 0，如图 6-18 所示。

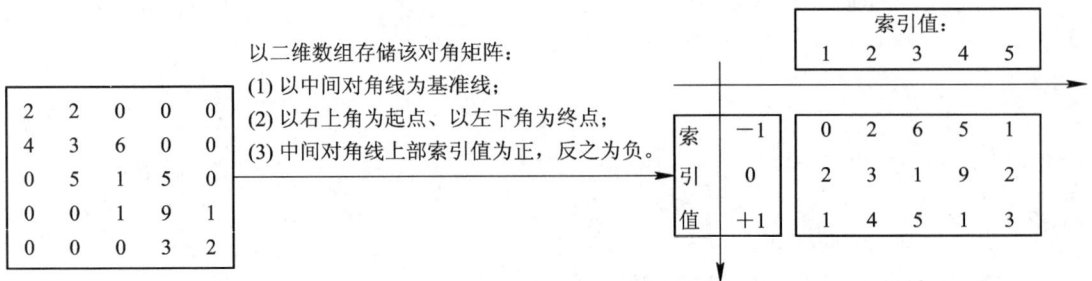

图 6-18   对角矩阵存储规则示意图

如果利用一维数组存储对角矩阵,那么要采用寻址计算法。经过科学论证,采用寻址计算法对角矩阵中元素 A(ij)在存储的一维数组空间中下标索引值为 $2 \times i + j - 3$。下面举例说明,假设有 5×5 阶矩阵 A 与一维数组 B,采用寻址计算法,存储到 B 数组中的情况如图 6-19 所示。

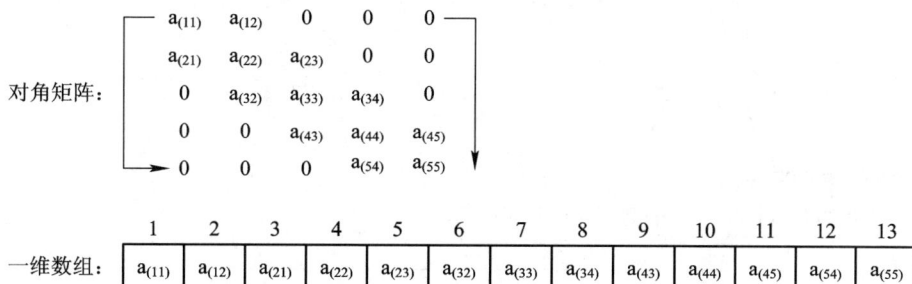

对角矩阵:

$$\begin{bmatrix} a_{(11)} & a_{(12)} & 0 & 0 & 0 \\ a_{(21)} & a_{(22)} & a_{(23)} & 0 & 0 \\ 0 & a_{(32)} & a_{(33)} & a_{(34)} & 0 \\ 0 & 0 & a_{(43)} & a_{(44)} & a_{(45)} \\ 0 & 0 & 0 & a_{(54)} & a_{(55)} \end{bmatrix}$$

1	2	3	4	5	6	7	8	9	10	11	12	13
$a_{(11)}$	$a_{(12)}$	$a_{(21)}$	$a_{(22)}$	$a_{(23)}$	$a_{(32)}$	$a_{(33)}$	$a_{(34)}$	$a_{(43)}$	$a_{(44)}$	$a_{(45)}$	$a_{(54)}$	$a_{(55)}$

一维数组:

图 6-19 对角矩阵一维数组存储示意图

下面通过一个程序案例来介绍如何实现对角矩阵的压缩存储。本代码实例参见源码文件 6-3-Test3。

第一步:确定压缩矩阵是一个对角矩阵,其一维数组存储的序列为{2,2,4,3,6,5,1,5,1,9,1,3,2},在 MainActivity 类的 MatrixInit 方法中创建该数组,详见代码清单 6-29。

代码清单 6-29

```java
public void MatrixInit(){
//    int[] test = {1,2,0,2,0,1,4,2,1,0,4,3,2,0,1};
//    this.SymmetricMatrix(test,5);
    int[] test = {2,2,4,3,6,5,1,5,1,9,1,3,2};
    this.TridiagonalMatrixStore(test,5);
}
```

第二步:在 MainActivity 类中创建 TridiagonalMatrixStore 方法,该方法参数 1 传入存储对角矩阵的一维数组,参数 2 指定该对角矩阵的维度,详见代码清单 6-30。

代码清单 6-30

```java
public void TridiagonalMatrixStore(int[] s, int n){
    int k =0;
    String Strr = new String("");
    System.out.println("---------对角矩阵---------");
    for (int i = 0; i < n; i++){
        for (int j = 0; j < n; j++){
            if (j - i >= -1 && j - i <= 1){
                String str = String.valueOf(s[k]);
                Strr += str;
                Strr += " ";
                k++;
```

```
            }
            else{
                Strr += "0";
                Strr += " ";
            }
        }
    }
    Strr += "\n";
}
System.out.println(Strr);
System.out.println("--------对角矩阵--------");
}
```

第三步：运行该项目代码，在 Logcat 监视窗口中打印的信息如图 6-20 所示。

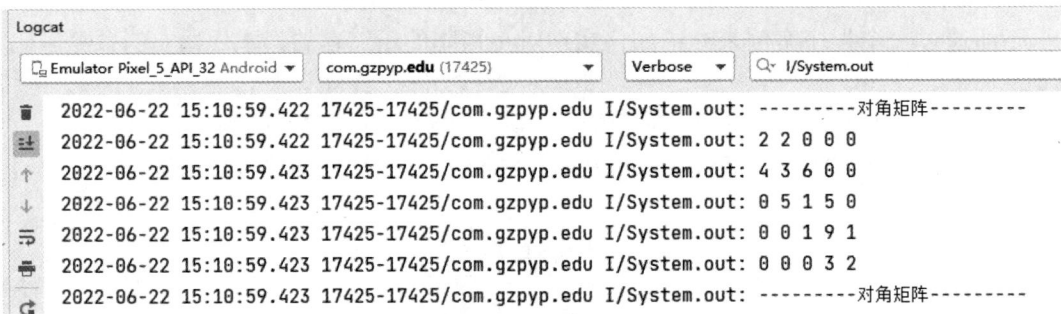

图 6-20　对角矩阵案例运行示意图

6.3.4　稀疏矩阵

稀疏矩阵指的是在二维矩阵中存储的元素大部分数值为零的矩阵，这样的矩阵存储密度稀疏。稀疏矩阵的表现形式如下：

$$A = \begin{bmatrix} 15 & 0 & 0 & 22 & 0 & -15 \\ 0 & 11 & 3 & 0 & 0 & 0 \\ 0 & 0 & 0 & 6 & 0 & 0 \\ 0 & 0 & 0 & 0 & 0 & 0 \\ 91 & 0 & 0 & 0 & 0 & 0 \\ 0 & 0 & 0 & 0 & 0 & 0 \end{bmatrix}$$

一般情况下，稀疏矩阵非零元素的总数与矩阵所有元素总数的比值小于等于 0.05，称该比值为矩阵的稠密度。

稀疏矩阵中相同元素在矩阵中分布不如特殊矩阵那么有规律可循，因此必须采用一些特殊的存储方式来存储稀疏矩阵中的数据。

稀疏矩阵的存储方式采用三元组表示法。三元组数据结构为一个长度为 n，表内每个元素有 3 个分量的线性表，其 3 个分量分别为值、行下标、列下标，如图 6-21 所示。

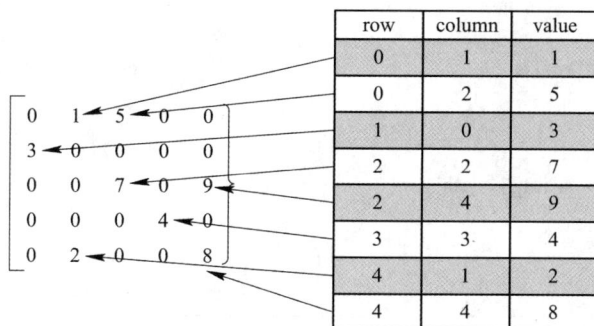

图 6-21　三元组表示法示意图

利用三元组进行稀疏矩阵的压缩存储首先要遍历稀疏矩阵，获取所有非零数据个数。其次，记录原稀疏矩阵中总行数、列数及非零数据个数。创建长度为 n 的线性表用于进行压缩存储，其中表内分量分别为 row、column、value。最后，再次遍历矩阵，将非零数据所在的行、列、值存储到三元组的线性表中。

下面通过一个案例来介绍稀疏矩阵的三元组表示法。本代码实例参见源码文件 6-3-Test4。

第一步：创建三元组实体对象 TripleEntity 类，详见代码清单 6-31。

代码清单 6-31

```java
package com.gzpyp.edu;
public class TripleEntity{
    private int rows;              //矩阵行数
    private int columns;           //矩阵列数
    private int sum;               //矩阵中非零元素的数据个数
    private int[][] data;          //稀疏矩阵压缩存储后所保存的线性表数据矩阵
    public int getRows(){
        return rows;
    }
    public void setRows(int rows){
        this.rows = rows;
    }
    public int getColumns(){
        return columns;
    }
    public void setColumns(int columns){
        this.columns = columns;
    }
    public int getSum(){
        return sum;
    }
    public void setSum(int sum){
        this.sum = sum;
```

```
    }
    public int[][] getData(){
        return data;
    }
    public void setData(int[][] data){
        this.data = data;
    }
}
```

第二步：创建稀疏矩阵压缩算法的工具类 SparseMatrixUtils 类，同时创建四个方法：

(1) process 方法，将稀疏矩阵压缩后，返回对应的三元组数据。

(2) restore 方法，将三元组数据表转换为稀疏矩阵。

(3) formitData 方法，将三元组数据表转换为字符串，方便控制台打印。

(4) formitSouce 方法，将稀疏矩阵转换为字符串，方便控制台打印。

将上述方法封装到 SparseMatrixUtils 类中，详见代码清单 6-32。

代码清单 6-32

```
public class SparseMatrixUtils {
    //将稀疏矩阵压缩后，返回对应的三元组数据
    public static TripleEntity process(int rows, int columns, int[][] source){
        ...部分代码省略...
    }
    //将三元组数据表转换为稀疏矩阵
    public static int[][] restore(TripleEntity tripleEntity){
        ...部分代码省略...
    }
    //将三元组数据转换为字符串，方便显示
    public static String formitData(TripleEntity tripleEntity){
        ...部分代码省略...
    }
    //将稀疏矩阵转换为字符串，方便显示
    public static String formitSouce(int rows,int columns, int[][] source){
        ...部分代码省略...
    }
}
```

第三步：在 process 方法中创建三元组对象，通过双重嵌套循环遍历稀疏矩阵中所有非零元素并计算数量，然后创建压缩矩阵的数据表，再次遍历稀疏矩阵，在遍历的同时将非零数据的行列数与数值存储进压缩矩阵数据表中，详见代码清单 6-33。

代码清单 6-33

```
//将稀疏矩阵压缩后，返回对应的三元组数据
public static TripleEntity process(int rows, int columns, int[][] source){
```

```
            //经过压缩矩阵运算后要返回的线性表数据
            TripleEntity tripleEntity = new TripleEntity();
            tripleEntity.setRows(rows);
            tripleEntity.setColumns(columns);
            int count = 0;
            //遍历稀疏矩阵，获取所有矩阵中的非零数据，并计算数量
            for (int i = 0;i<rows;i++){
                for (int j = 0;j<columns;j++){
                    if(source[i][j]!=0){
                        count++;
                    }
                }
            }
            tripleEntity.setSum(count);
            //稀疏矩阵压缩后的数据进行初始赋值
            int[][] data = new int[tripleEntity.getSum()][3];
            //移动数据线性表的行
            int c = 0;
            for (int i = 0;i<rows;i++){
                for (int j = 0;j<columns;j++){
                    if(source[i][j]!=0){
                        data[c][0] = i;              //为行数据赋值
                        data[c][1] = j;              //为列数据赋值
                        data[c][2] = source[i][j];   //为数据元素赋值
                        c++;
                    }
                }
            }
            tripleEntity.setData(data);
            return tripleEntity;
    }
```

第四步：在 restore 方法中将三元组数据表转换为稀疏矩阵。通过循环嵌套语句，将三元组数据表中的 data 数据进行遍历，并重组矩阵，最后返回稀疏矩阵对象，详见代码清单 6-34。

代码清单 6-34

```
//将三元组数据表转换为稀疏矩阵
public static int[][] restore(TripleEntity tripleEntity){
    int[][] source = new int[tripleEntity.getRows()][tripleEntity.getColumns()];
    for (int[] row: tripleEntity.getData()){
```

```
            source[row[0]][row[1]] = row[2];
        }
        return source;
    }
```

第五步：在 formitData 方法中，通过 for 循环将三元组数据转换为字符串，并且返回字符串对象，用于控制台打印，详见代码清单 6-35。

代码清单 6-35

```
//将三元组数据转换为字符串，方便显示
public static String formitData(TripleEntity tripleEntity){
    int[][] data = tripleEntity.getData();
    String str = "row\tcolumn\tvalue\n";
    for (int[] row:data){
        str += row[0]+"\t"+row[1]+"\t"+row[2]+"\n";
    }
    return str;
}
```

第六步：在 formitSouce 方法中，通过 for 循环将三元组数据还原成稀疏矩阵的字符串，并且返回字符串对象，用于控制台打印，详见代码清单 6-36。

代码清单 6-36

```
//将稀疏矩阵转换为字符串，方便显示
public static String formitSouce(int rows, int columns, int[][] source){
    String str = "";
    for (int i = 0;i<rows;i++){
        for (int j = 0;j<columns;j++){
            str += source[i][j]+"\t";
        }
        str += "\n";
    }
    return str;
}
```

第七步：在 MatrixInit 方法中创建一个稀疏矩阵，通过稀疏矩阵工具类将稀疏矩阵进行压缩存储，并且通过数据格式化方法将压缩后的三元组数据输出，详见代码清单 6-37。

代码清单 6-37

```
public void MatrixInit(){
    int[][] test = {{11,22,0,0,0,0,0},
                    {0,33,44,0,0,0,0},
                    {0,0,55,66,77,0,0},
                    {0,0,0,0,0,88,0},
                    {0,0,0,0,0,0,99},
```

```
    };
    TripleEntity tripleEntity = SparseMatrixUtils.process(5,7,test);
    String temp = SparseMatrixUtils.formitData(tripleEntity);
    System.out.println(temp);
}
```

第八步：运行该项目代码，在 Logcat 监视窗口中打印的信息如图 6-22 所示。

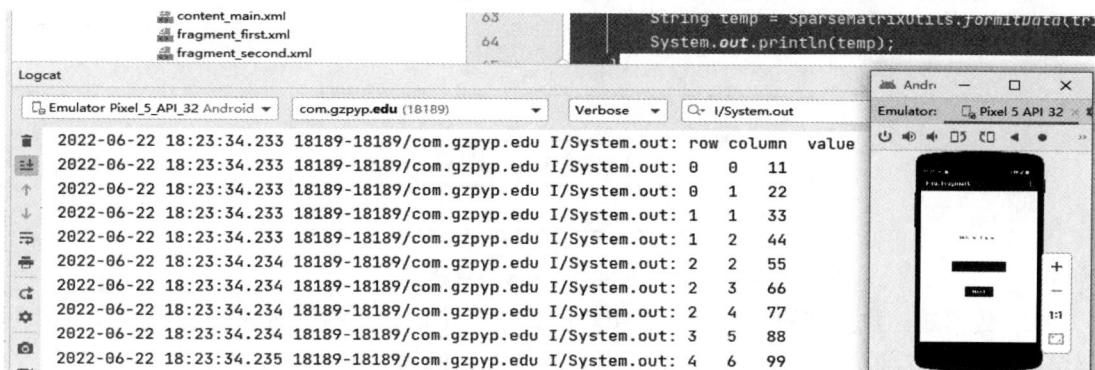

图 6-22　稀疏矩阵三元组表示法案例运行示意图

6.4　广义表

广义表其实是对线性表的扩展。在线性表中，表中元素具有原子性，不可分解。但是，如果在线性表中某一个元素具有一定的表结构，或者说允许表中的该元素具有可再分的某种结构，这就构成了一个广义表。

广义表是由 n(n＞0) 个数据元素 A0，A1，…，An-1 所组成的有限序列，记为 TableList = (A0，A1，…，An-1)，其中，Ai(0≤i＜n) 是原子或子广义表，原子是不可分解的数据元素。广义表的结构如图 6-23 所示。

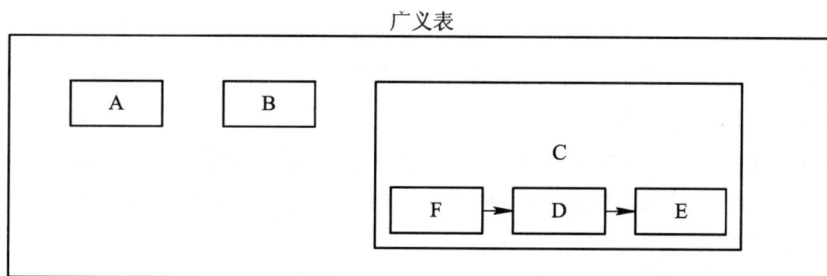

元素A与B不可拆分，元素C可以拆分为D、E、F。

图 6-23　广义表结构示意图

6.4.1　广义表的组成

在广义表中，表型结构存储的数据元素为单个元素，称该元素为广义表的"原子"数据，而非原子数据结构的元素，即可再分的表型数据元素，称为广义表的"子表"元素。

广义表是一种不定规模的数据结构，很难为之分配具体的内存空间，因此创建的方法采用动态的链式方法，动态地创建内存空间。广义表的节点由三部分组成，包括标签域、数据域和指针域。

(1) **标签域(tag)**。标签域主要用于标记字段，该字段为整数型，且数值只有 0 或 1。在实际应用过程中，若只需要简单判断该节点是原子节点还是子表节点，可使用更短的布尔类型等。标签域结构如图 6-24 所示。

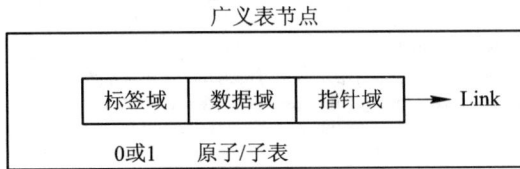

图 6-24　广义表节点图

(2) **数据域**。数据域的内容由标签域的标记字段决定。当标签域的数值为 0 时，表示该节点是原子节点，即存放原子数据；当标签域的数值为 1 时，表示该节点为指向下一个子表的指针，即指向表节点。数据域结构如图 6-24 所示。

(3) **指针域**。指针域存放于本元素同一层级的下一个元素所在的节点地址，若当前元素是所在层最后一个元素时，则该指针域为空。指针域结构如图 6-24 所示。

举例说明广义表的组成。若有广义表 LS＝{A，{A，B，C}}，则此广义表是由一个原子元素 A 和可再分的表型数据元素{A，B，C}构成的。广义表存储数据的一些常用形式，如图 6-25 所示。

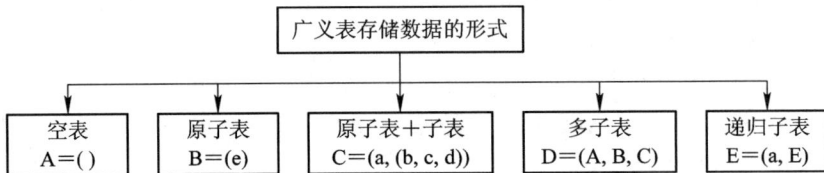

图 6-25　广义表数据的存储形式示意图

(1) A＝()：A 表示一个广义表，只不过表是空的。

(2) B＝(e)：广义表 B 中只有一个原子 e。

(3) C＝(a,(b,c,d))：广义表 C 中有两个元素，原子 a 和子表(b，c，d)。

(4) D＝(A,B,C)：广义表 D 中存有 3 个子表，分别是 A、B 和 C。这种表示方式等同于 D＝((),(e),(b,c,d))。

(5) E＝(a,E)：广义表 E 中有两个元素，原子 a 和它本身。这是一个递归广义表，等同于 E＝(a,(a,(a,…)))。

6.4.2　表头与表尾

当广义表不是空表时，称第一个数据(原子或子表)为"表头"，剩下的数据构成的新广义表为"表尾"。除非广义表为空表，否则广义表一定具有表头和表尾，且广义表的表尾一定是一个表型数据，如图 6-26 所示。

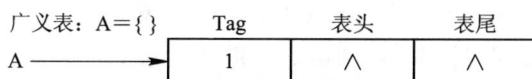

广义表：A={ }	Tag	表头	表尾
A ——→	1	∧	∧

图 6-26　广义表的表头与表尾示意图

关于广义表的表头与表尾，举例说明。假设有广义表 X=(a, (b))，那么根据广义表的定义，它的表头就是单元素 a，剩余的部分就是表尾，即((b))，在(b)的外面加一层小括号，才能变成广义表，因此是((b))。假设有广义表 Y=(a)，那么根据广义表的定义，它的表头是单元素 a，表尾是广义表()，a 后面没有元素了，但广义表的表尾一定是个广义表，所以它的表尾必带括号，即()。假设有广义表 Z=(a, b, c)，那么根据广义表的定义，它的表头是单元素 a，表尾是广义表(b,c)。

6.4.3　广义表的存储结构

由于广义表中既可存储原子(不可再分的数据元素)，也可存储子表，因此采用顺序存储结构并不太适合存储广义表，相比之下采用链式存储结构更适合广义表的数据实现，如图 6-27 所示。

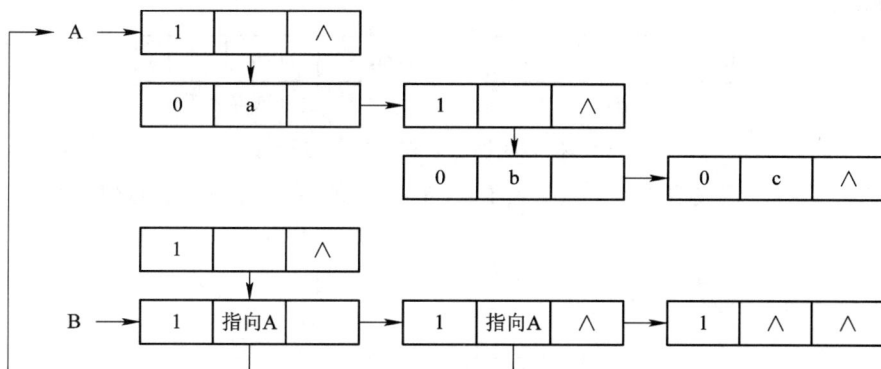

图 6-27　广义表的链式存储结构

1. 头尾表示法

广义表的头尾表示法采用的是链接存储表示，即双链表，如图 6-28 所示。双链表有两种节点：

(1) 表节点：代表广义表或子表，它的 hlink 指针指向表头，tlink 指向表尾，这是一种分支节点。

(2) 原子节点：用于存储数据，指向它的指针是 hlink，它是链尾的表节点，省去了首尾指针。

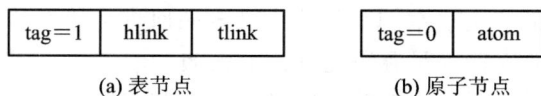

tag=1	hlink	tlink

(a) 表节点

tag=0	atom

(b) 原子节点

图 6-28　双链表节点存储示意图

　　在广义表存储的过程中，最关键的就是要确定节点的标签域，当标签域的数值为 0 时，表示该节点是原子节点，即存放原子数据，不存在指针指向下一项元素；当标签域的数值为 1 时，表示该节点为指向下一个子表的指针，即指向表节点。例如广义表{c,{d,e,f},{}}是由一个原子 c、子表{d,e,f}与{}构成，用链表存储该广义表，如图 6-29 所示。

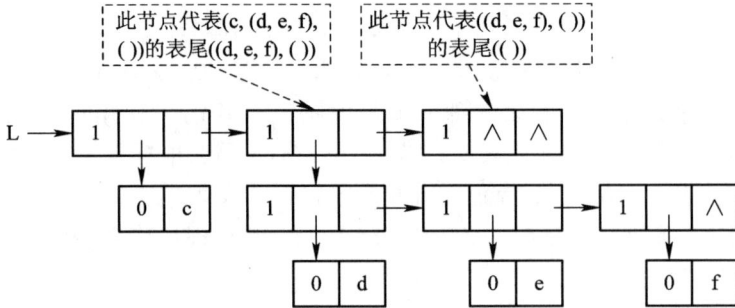

图 6-29　广义表存储示意图

2. 扩展线性链表表示法

　　扩展线性链表表示法在存储的过程中不区分表头与表尾，如图 6-30 所示。表节点的 hlink 指针指向该表的第一个表元素节点，tlink 指针指向同一层下一个表元素节点，空表的 hlink 和 tlink 指针都为 null。

图 6-30　扩展线性链表表示法节点示意图

　　下面举例说明，广义表 L = (c, (d, e, f), ( ))，它的扩展线性链表存储表示法如图 6-31 所示。

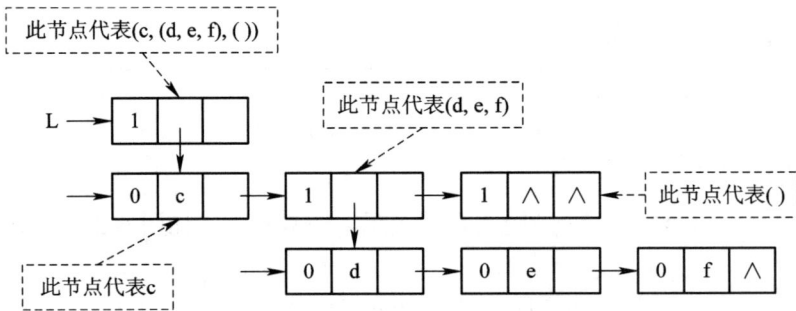

图 6-31　扩展线性链表表示法存储示意图

6.4.4　广义表的实现

　　下面通过一个实际的广义表案例来介绍广义表如何进行数据存储，并且通过该案例获取广义表的深度。本代码实例参见源码文件 6-4-Test1。

　　第一步：创建基础节点类，在该类中封装广义表节点的标签域、指针域、数据元素，详见代码清单 6-38。

代码清单 6-38

```
public abstract class BaseNode{
    public static final int head = 0;
    public static final int subNode = 1;
    public static final int element = 2;
    public int tag;
    public BaseNode tlink;
    private Object info;
    public int getTag(){
        return tag;
    }
    public BaseNode getTlink(){
        return tlink;
    }
    public BaseNode setTlink(BaseNode tlink){
        this.tlink = tlink;
        return tlink;
    }
    public Object getInfo(){
        return info;
    }
    public void setInfo(Object info){
        this.info = info;
    }
}
```

　　第二步：在 BaseNode 节点中，创建 getLength 与 getDepth 方法，在该方法中通过 while 循环不断地轮训子表节点，并且计数，最后返回当前节点的深度与长度，详见代码清单 6-39。

代码清单 6-39

```
public abstract class BaseNode{
    public static final int head = 0;
    public static final int subNode = 1;
    public static final int element = 2;
    ...部分代码省略...
    public int getLength(){
        int length = 0;
        BaseNode cur_node = this;
        while((cur_node.tlink)!=null){
            length++;
            cur_node = cur_node.tlink;
        }
        return length;
```

```
    }
    public int getDepth(){
        //深度一般为 1+其所有节点的深度的最大值
        int sub_depth = 0;
        BaseNode subs = tlink;
        while(subs!=null){
            sub_depth = Math.max(sub_depth,subs.getDepth());
            subs = subs.tlink;
        }
        return 1+sub_depth;
    }
}
```

第三步：创建数据域节点继承基础节点，并且重写 ToString 方法，以追加的形式展示数据节点的数据，详见代码清单 6-40。

代码清单 6-40

```java
public class Element extends BaseNode{
    public Element(Character data){
        this.tag = element;
        this.setInfo(data);
    }
    public void setInfo(Object info){
        if(info instanceof Character){
            super.setInfo(info);
        }else{
            System.err.println("错误，元素的数据字段应该是字符！");
        }
    }
    public int getDepth(){
        //元素的深度为 0
        return 0;
    }
    public String toString(){
        StringBuilder sb = new StringBuilder();
        sb.append(getInfo());
        if(tlink!=null){
            sb.append(',').append(tlink.toString());
        }
        return sb.toString();
    }
}
```

第四步：创建头节点继承基础节点，并且重写 ToString 方法，以追加的形式展示头节点的数据，详见代码清单 6-41。

代码清单 6-41

```java
public class HeadNode extends BaseNode{
    public HeadNode(Character name){
        this.tag = head;
        this.setInfo(name);
    }
    @Override
    public void setInfo(Object info){
        if(info instanceof Character){
            super.setInfo(info);
        }else{
            System.err.println("错误，表头的数据字段应该是字符(表名)！");
        }
    }
    @Override
    public String toString(){
        StringBuilder sb = new StringBuilder();
        sb.append(getInfo()).append('(');
        if(tlink!=null) {
            sb.append(tlink.toString());
        }
        sb.append(')');
        return sb.toString();
    }
}
```

第五步：创建子表节点继承基础节点，并且重写 ToString 方法，以追加的形式展示子表节点的数据，详见代码清单 6-42。

代码清单 6-42

```java
public class SubNode    extends BaseNode{
    public SubNode(BaseNode hlink){
        this.tag = subNode;
        this.setInfo(hlink);
    }
    @Override
    public void setInfo(Object info){
        if(info instanceof BaseNode){
            super.setInfo(info);
        }else{
```

```
        System.err.println("错误，子节点的数据字段应该是头节点指针！");
        }
    }
    @Override
    public String toString(){
        StringBuilder sb = new StringBuilder();
        sb.append(getInfo().toString());
        if(tlink!=null){
            sb.append(',').append(tlink.toString());
        }
        return sb.toString();
    }
}
```

第六步：在 MainActivity 类的 onCreate 方法中创建广义表对象，并且链接数据节点，将获取的结果打印出来，详见代码清单 6-43。

代码清单 6-43

```
pulic class MainActivity extends AppCompatActivity{
    private AppBarConfiguration appBarConfiguration;
    private ActivityMainBinding binding;
    public static final String TAG_GZPYP = "GZPYP_CODE";
    protected void onCreate(Bundle savedInstanceState){
        super.onCreate(savedInstanceState);
        binding = ActivityMainBinding.inflate(getLayoutInflater());
        setContentView(binding.getRoot());

        BaseNode head_A = new HeadNode('A');
        BaseNode head_B= new HeadNode('B');
        head_B.setTlink(new Element('e')).setTlink(new Element('f')).setTlink(new Element('g'));
head_A.setTlink(new Element('a')).setTlink(new SubNode(head_B)).setTlink(new Element('b'))
.setTlink(new Element('c'));
        System.out.println("广义表：" +head_A);
        System.out.println("当前广义表的长度为：" + head_A.getLength());
        System.out.println("当前广义表的深度为：" + head_A.getDepth());
        System.out.println("当前广义表的子表的长度为：" + head_B.getLength());
        System.out.println("当前广义表的子表的深度为：" + head_B.getDepth());
        setSupportActionBar(binding.toolbar);
        ...部分代码省略...

    }
    ...部分代码省略...

}
```

第七步：运行该项目代码，在 Logcat 监视窗口中打印的信息如图 6-32 所示。

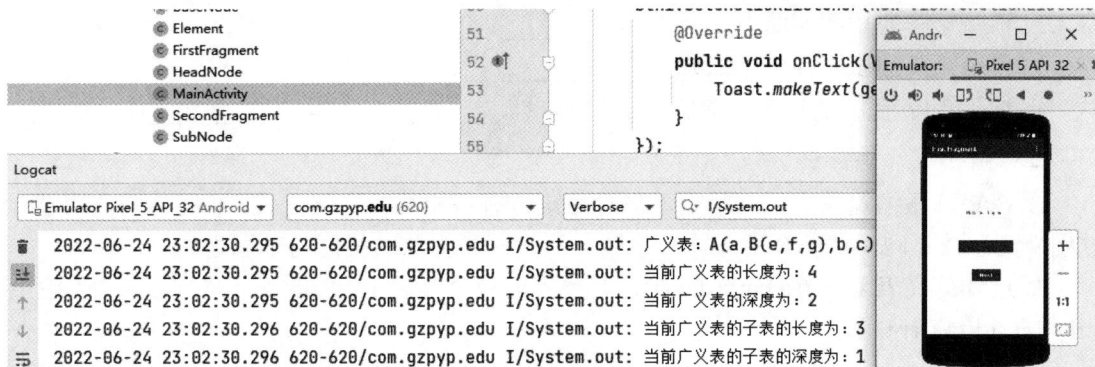

图 6-32　广义表实现案例示意图

本 章 小 结

本章介绍了移动互联网的数据结构中广义表的概念，主要包括矩阵与广义表的数据结构。在本章中，针对线性表的拓展结构进行了详细的说明，其中包括矩阵的数据存储、矩阵的运算、矩阵的压缩存储、广义表的实现。从第七章开始，将介绍数据结构中的树型结构，这也是数据结构中最重要的内容。希望通过本章对广义表的学习，能让大家更好地理解线性数据结构。

课 后 习 题

一、选择题

1. 假设存在广义表 L，并且其构成是 L((),())，那么 Head(L)是(　　)。

A. (　)　　　　　　　　　　　　B. 空集

C. (( ))　　　　　　　　　　　　D. 以上说法都不正确

2. 稀疏矩阵的压缩存储方法通常采用(　　)。

A. 二元组　　　　　　　　　　　B. 三元组

C. 散列　　　　　　　　　　　　D. 以上说法都正确

3. 若对 n 阶对称矩阵 A 以行序为主序方式将其下三角形的元素(包括主对角线上所有元素)依次存放于一维数组 B[1..(n(n+1))/2]中，则在 B 中确定 aij(i)为(　　)。

A. i*(i−1)/2+j　　　　　　　　　B. j*(j−1)/2+i

C. i*(i+1)/2+j　　　　　　　　　D. j*(j+1)/2+i

4. 广义表 A=((x,(a,b)),((x,(a,b)),y),y)，则运算 head(head(tail(A)))为(　　)。

A. x　　　　　　　　　　　　　　B. (a,b)

C. (x,(a,b))　　　　　　　　　　D. A

二、填空题

1. 二维数组 A[20][10]采用列优先的存储方法，若每个元素占 2 个存储单元，且第 1

个元素的首地址为 200，则元素 A[8][9]的存储地址为_____。

2. 稀疏矩阵的压缩存储方法通常采用_____。

3. 稀疏矩阵的压缩存储方法只存储_____。

4. 稀疏矩阵一般的压缩存储方法有两种，即_____和_____。

三、解析题

1. 在矩阵压缩算法中，三角矩阵与对角矩阵有着相同的存储方式，但是在存储数据的过程中又存在不同，请结合实际算法案例，简述两种算法的相同与不同之处。

2. 已知广义表 LS＝((a,b,c),(d,e,f))，若要提取出广义表 LS 中的 e 元素，在算法中采用 tail 与 head 该如何操作？

第 7 章　树型数据结构

在前面的章节中，我们主要讨论了线性表、栈、队列和串等线性数据结构。然而，在实际的开发需求中，有很多问题是不能用线性数据结构来解决的。从本章开始，我们将研究非线性数据结构。树是一种应用广泛且十分重要的非线性数据结构，它能够以一种高效率的方式对大规模数据进行访问和更新。在树的结构中，每个数据节点至多只有一个直接前驱节点，但可以有多个直接后继节点。也就是说，树是一种以分支关系定义的层次结构。

本章将首先介绍树的通用概念和术语；然后以二叉树为基础，阐述如何对树进行遍历、实现树节点；最后介绍二叉树的综合应用。

7.1　树的定义

树(Tree)是 $n(n \geq 0)$ 个节点的有限集合。当 $n=0$ 时称为空树。当 n 不为 0 时，对任意非空树而言：

- 有且仅有一个节点被称为该树的**根节点**。
- 除根节点之外，其余所有节点可分为 $m(m \geq 0)$ 个互不相交的集合 T_1，T_2，…，T_m，这些集合自身也是一棵树，被称为根节点的子树。

由此可见，对树的定义用到了递归的方法，即在树的定义中又用到了树。这体现了树的固有特性——树中的每一个节点都是该树中某一棵子树的根。

在图 7-1 中，A 为树的根节点，其余节点组成三个互不相交的集合：$T_1=\{B, E, F\}$、$T_2=\{C, G\}$、$T_3=\{D, H, I, J\}$。这三个集合都是作为根节点 A 的子树而存在的，但是它们自身也是一棵树。例如 T3 也是一棵树，它的根节点是 D，其余节点又可以组成三个互相独立的集合$\{H\}$、$\{I\}$、$\{J\}$，这三个集合本身又是只存在一个(根)节点的树。

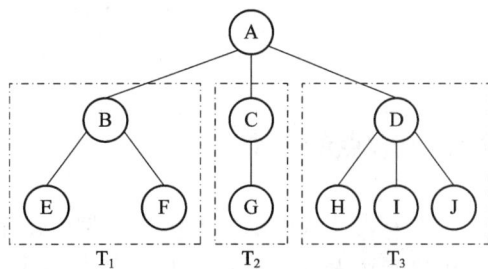

图 7-1　树的结构

在本章中，我们认为树 T 中的子树 T_1、T_2、T_3 等都是有次序的，所以讨论的对象都是有序树。在有序树中，改变子树 T_1、T_2、T_3 等的次序，就会使树变为另外一棵不相同的树。

7.1.1　节点的度

树中一个节点拥有子树的个数称为该**节点的度**。在图 7-2 中，根节点 A 和节点 B 有 3 棵子树，所以它们的度均为 3；节点 D 有 2 棵子树，所以它的度为 2；节点 C、E、F、G、H、I 没有子树，所以它们的度均为 0。当把树作为一个整体而言时，一棵树的度由其所有节点的最大度数决定。图 7-2 所示的树的度为 3。

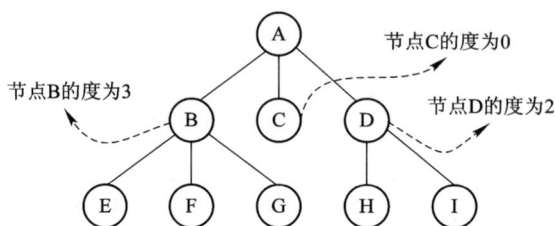

图 7-2　节点的度

7.1.2　节点的层次

树中的每一个节点都相对于根节点有一个层次。在图 7-3 所示的树中，根节点 A 的层次值为 1，所以它的所有直接后继节点 B、C、D 的层次值为 2，依次类推，节点 E、F、G、H、I 的层次值为 3，节点 J、K 的层次值为 4。对一整棵树而言，我们将所有节点的最大层次值称为该树的**深度**。图 7-3 所示的树的深度为 4。

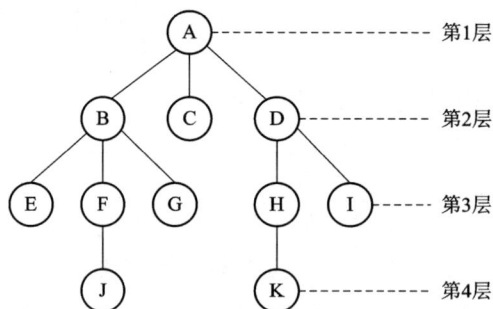

图 7-3　节点的层次

7.1.3　节点的分类

树中的节点可以分为两种类型：末端节点和非末端节点。度为 0 的节点是末端节点，又称为**树叶(leaf)**。度不为 0 的节点是非末端节点，又称为**内部节点(Internal Node)**。根节点在度不为 0(不为空)的情况下也是内部节点，否则就是末端节点。

在图 7-4 中，分支节点有 A、B、C、D、F、I，其中根节点为 A，内部节点为 B、C、D、F、I，而树叶有 E、G、H、J、K、L、M，它们都是度为 0 的节点。

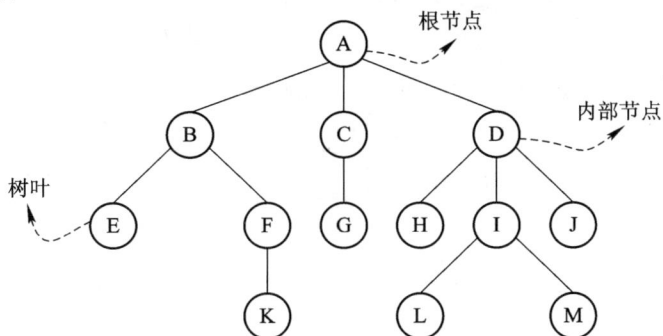

图 7-4　节点分类

7.1.4　节点间的关系

一个节点的直接后继节点称为该节点的**孩子(child)**，相应地，该节点称为孩子的**双亲(parent)**。同一个双亲的孩子之间互相称为**兄弟(sibling)**。从根到一个节点所经分支上的所有节点称为该节点的**祖先**。

在图 7-5 中，D、E 的双亲都是节点 B，所以它们是兄弟关系；同理，F、G、H 的双亲都是 C，所以它们也是兄弟关系；相应地，D、E 被称作 B 的孩子，F、G、H 被称作 C 的孩子；考虑路径 A -C-G-I，A、C、G 被称作节点 I 的祖先。

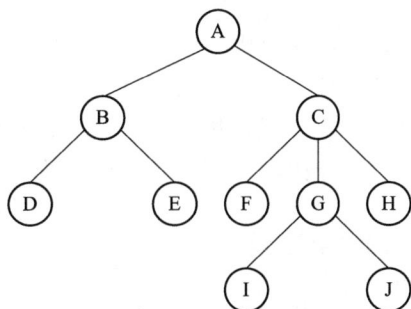

图 7-5　节点间的关系

7.1.5　树的路径

如果 n_1，n_2，…，n_k 是一棵树中的一系列节点，并且对任意节点 $n_i+1(1 \leqslant i < k)$ 而言，n_i 都是其双亲节点，那么就将这个序列称为从 n_1 到 n_k 的一条**路径(path)**，其长度**(length)**为 $k-1$。

图 7-6 标示了一条从 A 到 J 的路径 A-C-G-I-J，它的长度为 4。

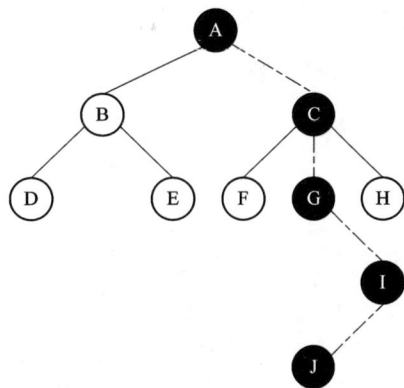

图 7-6　树的路径

7.1.6　森林

森林是零棵或多棵不相交的树的集合。森林的概念与树是十分相近的，若把一棵树的根节点去掉，这棵树就变成了森林。

在图 7-7 中，只要把根节点 A 去掉，就形成了由 3 棵树组成的森林。反之，当把这 3 棵树组成的森林加上一个根节点，并且把这 3 棵树作为该根节点的子树，那么森林就转变为了树。

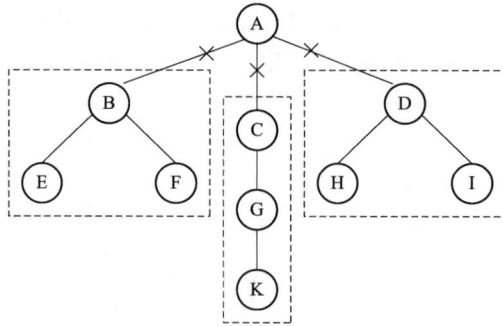

图 7-7　树转变为森林

7.2　树的存储结构

在计算机内存中，树既可以使用顺序结构来存储，也可以使用链式结构来存储。但是树是一种一对多的数据结构，使用顺序存储结构无法直观地反映其逻辑上的关系，且顺序存储需要分配定长的存储空间，这在很多情况下会导致内存空间的严重浪费。所以，本节将主要介绍如何利用基于动态内存分配的链式存储结构来表示树。

7.2.1　定长节点

在定长节点的设计中，取树的度数作为节点指针域个数，所以这种节点所占据的内存空间是固定的。图 7-8 是一棵度为 3 的树。因为这棵树的度为 3，所以将节点的指针域个数设置为 3，如图 7-9 所示。

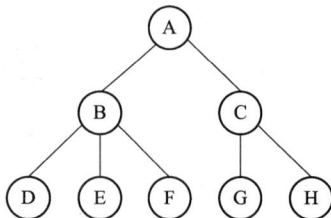

图 7-8　度为 3 的树

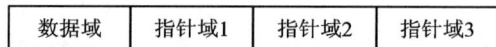

图 7-9　具有 3 个指针域的节点

但是在一棵树中，很多节点的度数都达不到树的度数，这样会造成内存空间的极大浪费。图 7-10 展现了采用这种节点设计的树在内存中的存储形式。

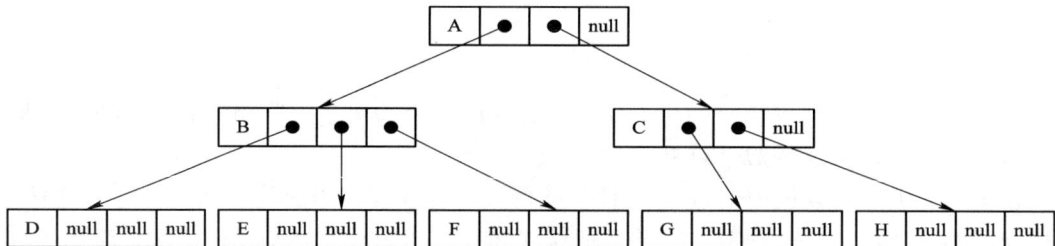

图 7-10　树的内存形式

在图 7-10 中，null 代表指针域为空。可以发现，内存中出现了很多没有被利用的空指针域。但是这种节点形式也有其优势，即非常直观易懂，易于对树进行各种操作。

7.2.2　不定长节点

上一小节中，我们将节点的指针域个数规定为树的度数，这么做会造成极大的内存浪费。为了节省空间，在本小节中，我们将树中每个节点的度数作为它自身的指针域个数，这样做可使节点所占据的内存空间随度数而动态变化。图 7-11 展现了这种节点的表现形式。

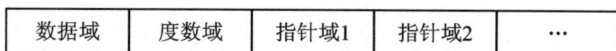

数据域	度数域	指针域1	指针域2	...

图 7-11　节点表现形式

图 7-12 展现了不定长节点链表在内存中的表现形式，其表示了图 7-8 所示的树结构。度数域存储着这个节点的度数，即孩子的个数。后续的指针域由度数域的值决定。

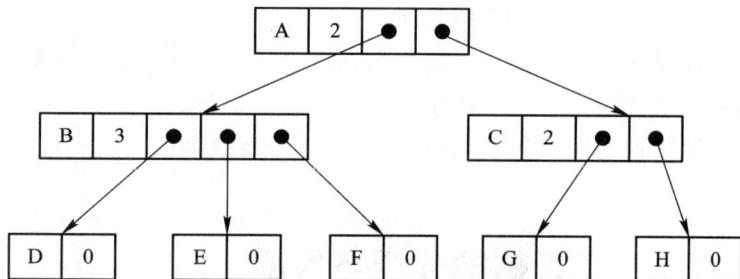

图 7-12　不定长节点链表的内存形式

可以发现，空间浪费的情况已经大为改观。但是这种节点设计也存在一定的缺点，那就是会增加运算和操作的复杂程度。

7.2.3　双指针节点

在双指针节点设计中，每一个节点都有 3 个域，分别是数据域、次弟指针域和长子指针域。次弟指针域指向与节点同一层次的最左边兄弟，长子指针域指向最左边的孩子。图 7-13 展现了双指针节点的结构特点。

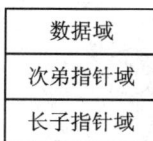

数据域
次弟指针域
长子指针域

图 7-13　双指针节点的结构形式

对于这种形式的节点，考虑实际需求，可以增加或删除指针域。如果必要，可以在节点中增加一个指向双亲的指针域。

图 7-14 就是使用这种节点表示的图 7-8 所示的树的结构。

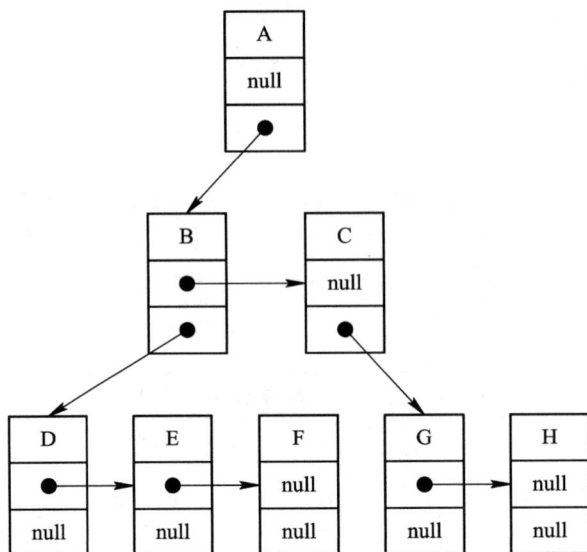

图 7-14　双指针节点链表

　　本节所述的存储结构各有优缺点，需要根据自己的具体需求来选择合适的存储结构。比如，二叉树的每个节点最多有两个孩子，这时采用定长节点形式的链表就非常合适。我们也可以把一般的树转换为二叉树，从而用定长节点来表示。

7.3　二叉树的分类与性质

　　一棵二叉树是一系列节点的有限集合，这个集合要么是空的，要么是由一个根节点和两棵互相分离的子树所组成(左子树和右子树)。

　　图 7-15 展现了二叉树的 5 种基本形态。其中：图 7-15(a)是空集符号，代表空二叉树；图 7-15(b)是仅有一个根节点的二叉树；图 7-15(c)是右子树为空的二叉树；图 7-15(d)是左子树为空的二叉树；图 7-15(e)是左、右子树均存在的二叉树。图 7-15(b)～(d)这三种情况虽然都存在子树为空的情况，但是为了满足二叉树必须具有两棵子树的定义，我们把空子树也看成是一棵有效的树。需要注意的是，虽然图 7-15(c)和(d)都是一棵子树为空、一棵子树不为空，但它们是两棵不同的二叉树。

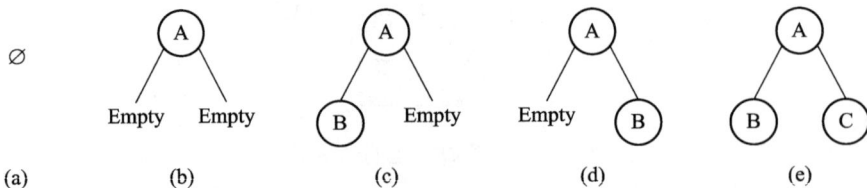

图 7-15　二叉树的 5 种基本形态

　　图 7-16 展现了一棵典型的二叉树。在这棵二叉树中，A 是根节点，B 和 C 是根节点 A

的直接后继节点(子节点)。节点 B、D、E 共同构成了根节点 A 的左子树，这棵左子树的根
节点是 B。而 D 和 E 作为根节点 B 的直接后继节点，又分别构成了仅有一个根节点的左、
右子树。相应地，右子树的根节点是 C，其由节点 C、F、G、H、I、J 共同构成。而 F、G
作为 C 的直接后继节点，又分别构成了根节点 C 的左、右子树，以此类推。由此可以发现，
对二叉树的定义也是一种递归的定义，因为二叉树是树的一种特殊形式。

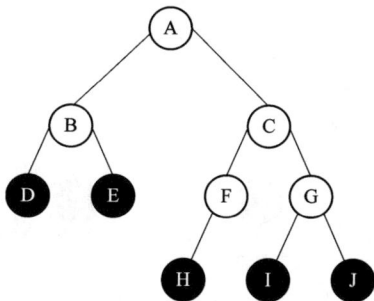

图 7-16 一棵二叉树

此外，在图 7-16 中，黑色节点表示这棵二叉树所有的树叶，分支节点分别为 A、B、C、
F、G，其中内部节点有 B、C、F、G。

从层次的角度来观察这棵树时，A 位于 0 层次，B、C 位于第 1 层次，D、E、F、G 位
于第 2 层次，H、I、J 位于第 3 层次，所以这棵树的深度为 3。

7.3.1 满二叉树

一棵二叉树中的任意一个节点最多只可以有两个孩子，但在满二叉树(Full Binary Tree)
中，每一个内部节点都必须有两个孩子，并且所有树叶都需要位于同一个层次。

图 7-17 展示了一棵典型的满二叉树。可以发现，满二叉树的树叶只能位于最底层，而
不能出现在其他层，并且内部节点的度一定都是 2。

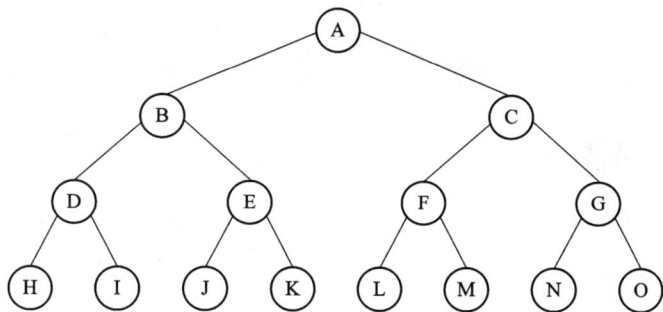

图 7-17 满二叉树

在满二叉树中，第 n 层节点的个数为 2^{n-1}。例如，第 2 层节点的个数为 $2^{2-1}=2$。

如果一颗二叉树的每一个节点要么是叶子节点(即没有子节点)，要么恰好有两个子节
点(即一个左子节点和一个右子节点)，那么这棵二叉树就被称为满二叉树。

7.3.2　完全二叉树

对一棵深度为 h 的完全二叉树而言，除第 h 层可能没有达到最大节点数 2^{h-1} 外，其他各层 t(1≤t≤h−1)都达到了其可具有的最大节点数 2^{t-1}，并且第 h 层的所有节点必须严格按照从左到右的顺序依次排列。图 7-18 展现了一棵典型的完全二叉树。

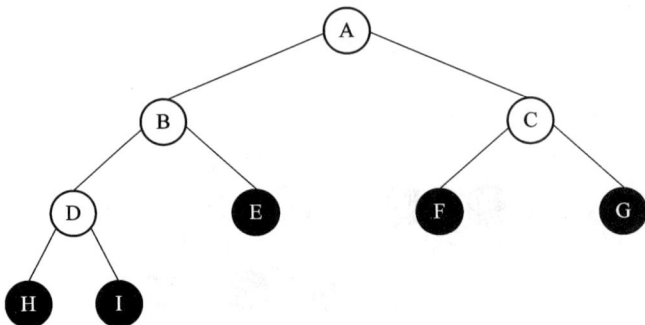

图 7-18　完全二叉树

值得注意的是，在国内语境下，满二叉树一定是完全二叉树，但是完全二叉树不一定是满二叉树。因为假设满二叉树的深度为 h，那么其在第 h 层的节点数便是饱和的，这也意味着第 h 层的所有节点都是严格按照从左到右的顺序依次排列的，所以满二叉树相当于完全二叉树在第 h 层达到最大节点数 2^{h-1} 的一种特殊情况。

如图 7-19 所示的二叉树，最后一层的树叶节点没有严格按照从左到右的顺序排列，所以是非完全二叉树。

完全二叉树可以用于表示数学表达式。在图 7-20 中，这棵完全二叉树代表的数学表达式为(A + B)×C。

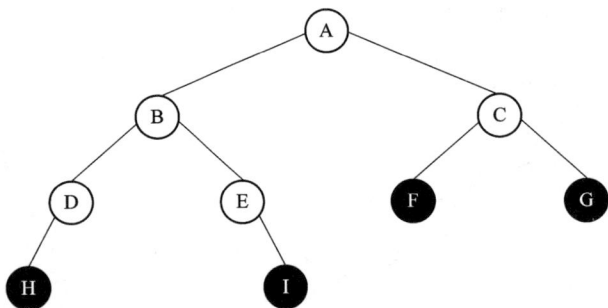

图 7-19　非完全二叉树

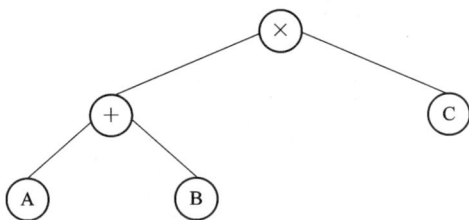

图 7-20　用完全二叉树表示的数学表达式

7.3.3　二叉树的性质

本小节将介绍二叉树的几个重要性质。了解这些性质，有助于我们更好地利用这种树状结构去完成特定的开发需求。

性质 1： 在二叉树中，第 i 层的节点数最多为 2^{i-1}(i≥1)。

证明：采用数学归纳法。

(1) 归纳基础：当 i=1 时，有 $2^{i-1} = 2^0 = 1$，因为第一层只有一个根节点，所以命题成立。

(2) 归纳假设：假设对所有的 k(1≤j<i)，性质 1 都成立，即第 k 层最多有 2^{k-1} 个节点。证明 k=i 时性质 1 仍然成立。

(3) 归纳步骤：根据(2)的归纳假设，第 i-1 层上至多有 2^{i-2} 个节点。考虑到二叉树的特点，每个节点最多有两个孩子，所以第 i 层上的节点数最多是第 i-1 层上最大节点数的 2 倍。也就是说，当 k=i 时，该层上最多有 $2×2^{i-2}$ 个节点。所以性质 1 对于 i≥1 的情况成立，证明结束。

性质 2：在深度为 k 的二叉树中，节点总数最多有 2^k-1。

证明：可以通过性质 1 得到，把二叉树中每一层上的最大节点数累加，即

$$\sum_{i=1}^{k} 2^{i-1} = 2^k - 1$$

性质 3：对任何一棵二叉树 A，设 a_0 是所有度为 0 的节点数，a_1 是所有度为 1 的节点数，a_2 是所有度为 2 的节点数，则有 $a_0 = a_2 + 1$。

证明：由于二叉树中任意节点的度只能为 0、1、2，所以节点的总数 a 为

$$a = a_0 + a_1 + a_2$$

设 C 为二叉树中总的分支数，因为除根节点外，每个节点都有一个来自父节点的分支进入，所以根据 a 的结论得 C=a-1，即 a = C+1。但考虑到这些分支只能由度为 1 和 2 的节点发出，于是得 $C = a_1 + 2a_2$。最终可得

$$a = a_1 + 2a_2 + 1$$

通过上述公式可得 $a_1 + 2a_2 + 1 = a_0 + a_1 + a_2$，即

$$a_0 = a_2 + 1$$

性质 4：对任何一棵满二叉树或完全二叉树，若其具有 n 个节点，则其深度为 $(\log_2 n) + 1$。证明略。

性质 5：若对具有 n 个节点的完全二叉树从上到下且从左至右进行从 1 到 n 的编号，对其中任意一个编号为 i(1≤i<n)的节点有：

(1) 若 i=1，则 i 节点是二叉树的根节点，无双亲节点；若 i≠1，则该节点的双亲节点为⌊i/2⌋。

(2) 若 2i≤n，则代表 i 的左孩子是 2i；若 2i>n，则 i 无左孩子。

(3) 若 2i+1≤n，则 i 的右孩子是 2i+1；若 2i+1>n，则 i 无右孩子。

此性质可以通过数学归纳法进行证明，此处省略。

7.4 二叉树的存储结构

前面提到，对一般树而言，采用链式存储结构。但是，对二叉树来说，在特定情况下，采用顺序存储结构也有其优势。

7.4.1 二叉树的顺序存储结构

二叉树的顺序存储就是用一组连续的存储单元存放二叉树中的节点元素，一般按照二

叉树节点自上向下、自左向右的顺序存储。对满二叉树和完全二叉树采用顺序存储结构来进行存储是非常合适的。因为满二叉树每层节点的数量已经达到饱和状态，这意味着它不会把空的顺序存储单元浪费在维系树的逻辑关系上，并且还可以有效地利用地址公式确定节点的位置。

图 7-21 展现了满二叉树以顺序存储结构存储时在内存中的表现形式。可以发现，满二叉树的顺序存储是按照层级顺序依次存储节点的，并且没有造成内存浪费。同样，完全二叉树的存储形式和满二叉树的一样，这里不再赘述。

但是，对于一般的二叉树而言，这样的存储形式会造成严重的空间浪费，大量的空存储单元用于维系树的结构关系，而不是用于存储实际的数据。图 7-22 展现了一棵右斜树以顺序存储结构进行存储时的内存状态。可以发现，虽然这棵斜二叉树只有 4 个实际的数据节点，但是在内存中不得不用大量的空内存单元去维系二叉树的结构关系。

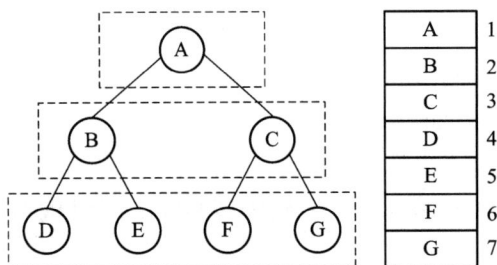

图 7-21   满二叉树的顺序存储   图 7-22   斜二叉树及其在内存中的存储形式

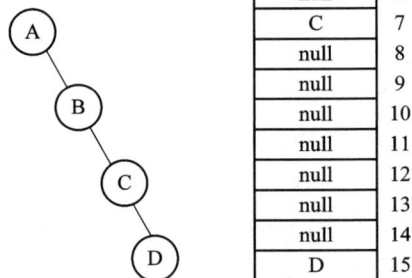

此外，使用顺序存储还会使在插入新节点和删除节点时变得极不方便，因为会导致大量后续元素的移动，造成性能上的极大开销。所以，基于上述原因，本章将采用适应范围更广的链式存储结构来进行树的存储。

7.4.2   二叉树的链式存储结构

二叉树的链式存储结构是基于动态内存分配的。所以，当使用链表来表示一棵树时，最关键的是节点结构的设计。通常情况下，二叉树的节点由三个域组成：数据域、左孩子域和右孩子域。但是，根据实际需求，可以增加额外的域，包括双亲域、标志域等。图 7-23 展现了二叉树的节点形式。

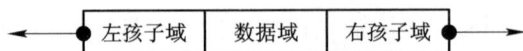

图 7-23   二叉树的节点形式

当使用上述节点存储二叉树的数据时，还是存在一定程度的内存浪费。这主要体现在指针域上，因为并不是每个节点都有左孩子和右孩子，所以在链表中还是会出现许多的空域。但是，链式存储结构出现的空域比顺序存储结构少得多，并且在后续的章节中我们将会介绍如何利用这些空域去实现一棵二叉线索树。

图 7-24 展现了一棵二叉树以及其在内存中的链式结构。

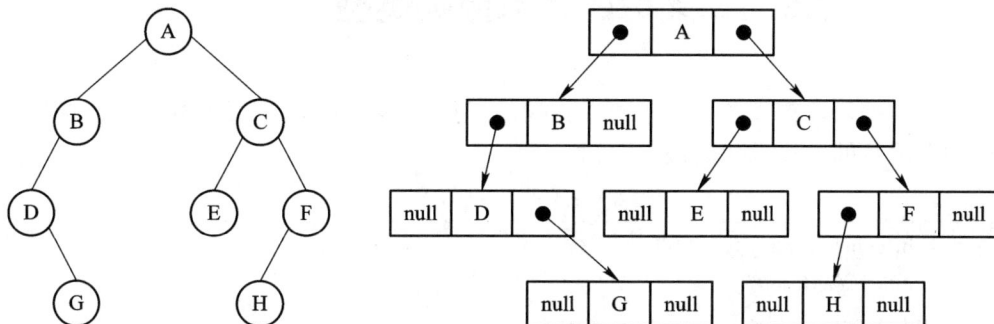

图 7-24 二叉树的链式结构

7.5 节点的抽象数据类型

正如链式的线性表是由一系列可链接在一起的节点所组成的一样，二叉树也是如此。本节将基于上一节的论述，设计一个二叉树节点 ADT 接口，该接口名为 BinaryNodeADT，详见代码清单 7-1。

代码清单 7-1

```
public interface BinaryNodeADT < E >{
    public E GetValue();
    public void SetValue(E dataValue);
    public BinaryNodeADT < E > GetLeftChildRef();
    public void SetLeftChildRef(BinaryNodeADT < E > theRefOfLeftChild);
    public boolean HasLeftChild();
    public BinaryNodeADT < E > GetRightChildRef();
    public void SetRightChildRef(BinaryNodeADT < E > theRefOfRightChild);
    public boolean HasRightChild();
    public boolean IsLeafNode();
}
```

BinaryNodeADT 中各个成员方法的作用如下：

• GetValue 和 SetValue：分别用于获取和设置当前节点的值。

• GetLeftChildRef 和 GetRightChildRef：分别用于获取对节点的左孩子和右孩子的引用。

• SetLeftChildRef 和 SetRightChildRef：分别用于设置节点的左孩子和右孩子。

• HasLeftChild 和 HasRightChild：分别用于判断当前节点有无左孩子和右孩子，有则返回 true，无则返回 false。

• IsLeafNode：用于判断当前节点是否为树叶。

7.6   二叉树的抽象数据类型

二叉树的抽象数据类型定义了对二叉树的操作。本节将通过名为 BinaryTreeADT 的接口来达到上述目的，详见代码清单 7-2。

代码清单 7-2

```java
public interface BinaryTreeADT < E >{
    public E GetRootValue();
    public void SetRootValue(E rootValue);
    public void SetTree(E rootData, BinaryTreeADT < E > leftTree, BinaryTreeADT < E > rightTree);
    public int GetHeight();
    public int GetTheNumberOfNodes();
    public boolean IsEmpty();
    public void Clear();
}
```

BinaryTreeADT 中各个成员方法的作用如下：

- GetRootValue 和 SetRootValue：分别用于获取和设置根节点的值。
- SetTree：用于初始化树，设置根节点的值，根节点的左子树和右子树。
- GetHeight：用于获取树的高度。
- GetTheNumberOfNodes：用于获取整棵二叉树的所有节点的数量。
- IsEmpty：用于判断树是否为空树。
- Clear：用于将树清空。方法是将对根节点的引用设置为 null，于是根节点的所有孩子会被垃圾回收。

7.7   二叉树的遍历

遍历二叉树指的是以一定的次序，依次访问二叉树中的每个节点。访问节点的含义是很宽泛的，既可以理解为对节点进行增加、删除、修改等操作，也可以理解为获取节点存储的数据值。在本节的讨论中，访问节点将局限于获取节点存储的数据值。

由于二叉树是一种非线性的数据结构，因此遍历二叉树实际上指的是将二叉树的各个节点按照某种特定的规则排成一个序列。正因如此，按照不同规则对二叉树进行遍历，得到的结果是不同的，即得到的序列是不同的。本节将讨论 3 种遍历二叉树的方法，分别是前序遍历、中序遍历和后序遍历。

7.7.1   前序遍历

前序遍历首先访问树的根节点，然后遍历左子树，最后遍历右子树。在遍历左子树和右子树时，依然首先访问子树的根节点，然后遍历左子树，最后遍历右子树。由此可见，前序遍历是一种递归定义。

图 7-25 所示的二叉树记录了一个算术表达式。按前序遍历得到的序列是：＋–a/b＋cd*ef，这种序列被称为算术表达式的前缀表示，其对应于表达式(a－b)/(c＋d)＋e*f。

前序遍历的程序逻辑见代码清单 7-3。其中 PreOrderTraversal 函数是一个递归函数，用于接收一个参数(根节点)，作为前序遍历的起点。

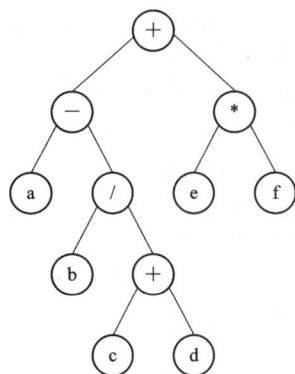

图 7-25　二叉树记录的算术表达式

代码清单 7-3

```
public static <E> void PreOrderTraversal(BinaryTreeNode <E> rootNode){
    //树为空，直接返回，不进行任何操作
    if(rt == null) return;
    //通过 ProcessNode 访问节点，进行某种处理，或者直接打印
    ProcessNode(rt);
    //递归调用函数自身，首先处理左子树，遍历其所有节点
    PreOrderTraversal(rootNode.GetLeftChildRef());
    //递归调用函数自身，接着处理右子树，遍历其所有节点
    PreOrderTraversal(rootNode.GetRightChildRef());
}
```

需要注意的是，ProcessNode 定义了对节点进行的某种处理，需要根据具体需求实现。

7.7.2　中序遍历

中序遍历也是一种递归定义，即首先遍历左子树，然后访问根节点，最后遍历右子树。图 7-26 所示的二叉树以中序遍历得到的结果是 DBHIEAFJCG。

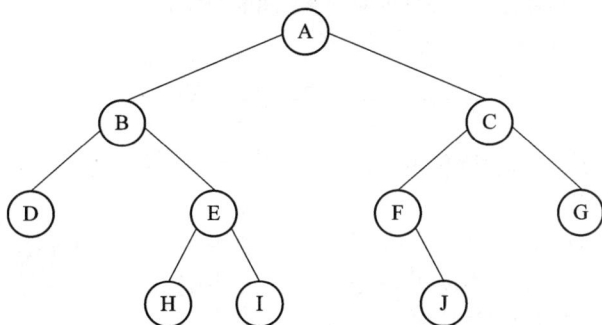

图 7-26　用于中序遍历的二叉树

中序遍历的程序逻辑实现和前序遍历相似，区别仅在于语句的顺序不同，如代码清单 7-4 展现了中序遍历的递归的实现过程。

代码清单 7-4

```
public static < E > void InOrderTraversal(BinaryTreeNode < E > rootNode){
    if(rt == null) return;
        InOrderTraversal(rootNode.GetLeftChildRef());
    ProcessNode(rt);
    InOrderTraversal(rootNode.GetRightChildRef());
}
```

7.7.3　后序遍历

后序遍历的递归定义是：首先遍历左子树，然后遍历右子树，最后访问根节点。

图 7-27 所示的二叉树以后序遍历得到的结果是 HIDEBJFKGCA。

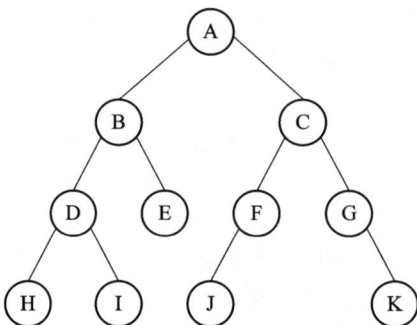

图 7-27　用于后序遍历的二叉树

代码清单 7-5 展现了后序遍历的递归实现过程，其与前序遍历和中序遍历的区别仅在于语句的顺序不同。

代码清单 7-5

```
public static < E > void PostOrderTraversal(BinaryTreeNode < E > rootNode){
    if(rt == null) return;
        PostOrderTraversal(rootNode.GetLeftChildRef());
        PostOrderTraversal(rootNode.GetRightChildRef());
        ProcessNode(rt);
}
```

7.7.4　遍历实现的另一种思路

前面三个小节以递归的方式分别实现了前序遍历、中序遍历和后序遍历。虽然它们的语句顺序不同，但是最关键的实现思路是一致的，即把函数体逻辑实现的焦点放在当前传入的节点上，而不是放在它的左孩子和右孩子上。

以前序遍历为例，在代码清单 7-3 中，我们首先判断的是 rootNode 是否为空，而不是它的左孩子和右孩子是否为空，这就是把逻辑实现的焦点放在了传入的节点上。

典型的反例见代码清单 7-6，其将逻辑实现的焦点放在了左孩子和右孩子上。

代码清单 7-6

```
public static < E > void PostOrderTraversal2(BinaryTreeNode < E > rootNode){
    ProcessNode(rt);
    if(rootNode.GetLeftChildRef() != null)
        PostOrderTraversal(rootNode.GetLeftChildRef());
    if(rootNode.GetRightChildRef() != null)
        PostOrderTraversal(rootNode.GetRightChildRef());
}
```

上述代码不是判断当前节点是否为空，而是判断当前节点的左、右孩子是否为空。于是，函数的递归调用只在非空的孩子上进行。

实际上，这是一种错误的思路。虽然 PostOrderTraversal2 过滤了很多空节点上的无效调用，看起来似乎更具运行效率，但是相较于 PreOrderTraversal，它需要访问两次指针引用，以分别判断左、右孩子是否为空，而 PreOrderTraversal 只需要在开头的 if 语句中访问当前节点(rootNode)的指针，以判断其是否为空。由于访问指针也会带来性能开销，因此优势和劣势相对抵消，PreOrderTraversal2 并不会带来运行效率的提升。

虽然 PreOrderTraversal2 的设计初衷是为了避免在空节点上的无效调用，但是带来了一个非常严重的程序 Bug。假设二叉树是一棵空树，那么根节点就不存在。于是，在第一次调用 PreOrderTraversal2 时，将传入一个 null 指针。但是，由于 PreOrderTraversal2 的逻辑缺陷，我们无法在一开始就发现这种特殊的情况，而这将导致在接下来的 if 语句中出现空指针引用(NullReferenceException)错误。为了避免这种情况，我们需要在 PreOrderTraversal2 的开头就判断当前传入的节点是否为空。然而，这又会导致接下来的两个 if 语句变得非常多余(分别判断左孩子和右孩子是否为空)，因为如果孩子节点不为空，就需要在递归调用中又一次将孩子节点作为当前节点进行判断。

PreOrderTraversal2 的缺陷在于我们将解决问题的思路放在了孩子节点上，即由孩子节点来决定是否触发递归调用，这需要过多地判断指针是否为空。对于二叉树这种简单的树结构，PreOrderTraversal2 需要至少进行两次判断，那么对于更加复杂的树结构，代码复杂程度的增加是不容忽视的，这将显著加大性能开销。

PostOrderTraversal 将关注的焦点放在当前节点(rootNode)，即由 rootNode 来决定递归调用是否发生。相对于 PostOrderTraversal2，这是一种兼具效率和直观性的方式。因此，我们应该由当前节点来决定是否触发递归调用，而不是由孩子节点来决定。

7.8　二叉树的实现

本节将基于前几节的论述来具体实现一棵二叉树，并且演示如何对其进行操作。本代码实例参见源码文件 7-8-Test1。在源码文件中，BinaryTreeADT 是二叉树的 ADT 接口，BinaryNodeADT 是二叉树节点的 ADT 接口。

7.8.1　实现节点的抽象数据类型

本小节实现了 BinaryNodeADT 接口的节点类，该类名为 BinaryTreeNode，详见代码清单 7-7。

代码清单 7-7

```java
import android.os.Debug;
import android.util.Log;
public class BinaryTreeNode < E > implements BinaryNodeADT < E >{
    private E nodeValue;
    private BinaryTreeNode < E > leftChild;
    private BinaryTreeNode < E > rightChild;
    //构造函数 1
    public BinaryTreeNode(){
        //调用构造函数 2
        this(null);
    }
    //构造函数 2
    public BinaryTreeNode(E dataValue){
        //实际上是调用了构造函数 3
        this(dataValue, null, null);
    }
    //构造函数 3
    public BinaryTreeNode(E dataValue, BinaryTreeNode < E > leftChild, BinaryTreeNode < E >
rightChild){
        this.nodeValue = dataValue;
        this.leftChild = leftChild;
        this.rightChild = rightChild;
    }
    public E GetValue(){ return this.nodeValue; }
    public void SetValue(E dataValue){ this.nodeValue = dataValue;}
    public BinaryTreeNode < E > GetLeftChildRef(){ return this.leftChild;}
    public void SetLeftChildRef(BinaryNodeADT < E > theRefOfLeftChild){
        this.leftChild = (BinaryTreeNode < E > ) theRefOfLeftChild;
    }
    public boolean HasLeftChild(){
        return leftChild != null;
    }
    public BinaryTreeNode < E > GetRightChildRef(){
        return this.rightChild;
    }
```

```
    public void SetRightChildRef(BinaryNodeADT < E > theRefOfRightChild){
        this.rightChild = (BinaryTreeNode < E > ) theRefOfRightChild;
    }
    public boolean HasRightChild(){
        return this.rightChild != null;
    }
    public boolean IsLeafNode(){
        return(leftChild == null) && (rightChild == null);
    }
    //递归函数 CopyTree 用于完整地复刻以当前节点为根节点的树结构
    public BinaryTreeNode < E > CopyTree(){
    BinaryTreeNode < E > newTreeRoot = new BinaryTreeNode < > (this.nodeValue);
    if(leftChild != null) newTreeRoot.SetLeftChildRef(leftChild.CopyTree());
        if(rightChild != null) newTreeRoot.SetRightChildRef(rightChild.CopyTree());
            return newTreeRoot;
    }
}
```

这个类有 3 个构造函数，分别是构造函数 1(无参数)、构造函数 2(有一个参数)、构造函数 3(有两个参数)，但本质上调用的都是构造函数 3。

在 BinaryTreeNode 中，我们引入了一个在节点接口中没有出现的函数 CopyTree，其存在于每个节点实例中。CopyTree 的作用是完整地复刻一份以当前节点为根节点的树结构，或者说，完整地复刻一份二叉树中的子二叉树，并且将其返回。

BinaryTreeNode 类中实现了 BinaryNodeADT 接口中的其他方法，这些方法的代码逻辑相对简单，而且它们的作用已经在 7.5 节中阐述过，这里不再赘述。

7.8.2　实现二叉树的抽象数据类型

本小节实现了 BinaryTreeADT 接口的二叉树类，该类名为 BinaryTree。这个类有 3 个构造函数，分别是构造函数 1、构造函数 2、构造函数 3，详见代码清单 7-8。

代码清单 7-8

```
public class BinaryTree < E > implements BinaryTreeADT < E >{
    ...部分代码省略...
    //构造函数 1(默认的构造函数)
    public BinaryTree(){
        root = null;
    }
    //构造函数 2
    public BinaryTree(E rootValue){
        root = new BinaryTreeNode < E > (rootValue);
    }
```

```
//构造函数 3
public BinaryTree(E rootValue, BinaryTree < E > leftTree, BinaryTree < E > rightTree){
    this.initializeTree(rootValue, leftTree, rightTree);
}
...部分代码省略...
}
```

构造函数 1 没有提供参数，将会创建一个空的二叉树。构造函数 2 有一个参数，这个参数作为根节点的值，将创建只有一个根节点的二叉树。构造函数 3 需要提供 3 个参数，分别是根节点的值、根节点的左子树和右子树，然后通过调用 initializeTree 来建立树结构。

InitializeTree 方法的实现逻辑见代码清单 7-9。InitializeTree 被声明为 private，这意味着它只能在内部被调用。

代码清单 7-9

```
private void initializeTree(E rootValue, BinaryTree < E > leftTree, BinaryTree < E > rightTree){
    root = new BinaryTreeNode < E > (rootValue);
    //判断传入的左子树是否为 null，以及在不是 null 的情况下是否为一棵空树
    if((leftTree != null) && !leftTree.IsEmpty()){
        //设置根节点对左子树根节点的引用
        root.SetLeftChildRef(leftTree.root);
    }
    if((rightTree != null) && !rightTree.IsEmpty()){
        //判断传入的左子树和右子树是否是同一棵树
        if(rightTree != leftTree){
            //如果左子树和右子树不是同一棵树，设置根节点对右子树根节点的引用
            root.SetRightChildRef(rightTree.root);
        }else{
            //如果左子树和右子树是同一棵树，设置根节点对左子树根节点的引用
            root.SetRightChildRef(rightTree.root.CopyTree());
        }
    }
    if((leftTree != null) && (leftTree != this)){
        //如果传入的左子树不为这个当前的实例树，则将左子树置空
        leftTree.Clear();
    }
    if((rightTree != null) && (rightTree != this)){
        //如果右子树不为这个当前所代表的树，则将右子树置空
        rightTree.Clear();
    }
}
```

SetTree 方法是 BinaryTreeNode 类向外暴露的方法，它用于调用私有的 initializeTree 方法，设置二叉树的根节点的值以及它的左、右子树，详见代码清单 7-10。

代码清单 7-10

```
public void SetTree(E rootValue,BinaryTreeADT <E>leftTree,BinaryTreeADT<E> rightTree){
    this.initializeTree(rootValue,(BinaryTree<E>)leftTree,(BinaryTree<E>)rightTree);
}
```

GetRootValue 用于获取根节点的值，详见代码清单 7-11。

代码清单 7-11

```
public E GetRootValue(){
    //判断二叉树是否为空树
    if(this.IsEmpty()){
        //如果是空树，抛出异常
        throw new EmptyTreeWarrning();
    } else {
        //如果不是，就返回节点值
        return root.GetValue();
    }
}
```

SetRootValue 方法用于设置根节点的值，详见代码清单 7-12。

代码清单 7-12

```
public void SetRootValue(E rootValue){
    root.SetValue((rootValue));
}
```

GetHeight 方法用于获取二叉树的高度，这是一个递归函数，详见代码清单 7-13。

代码清单 7-13

```
private int GetHeight(BinaryTreeNode < E > node){
    int height = 0;
    if(node != null) height = 1 + Math.max(GetHeight(node.GetLeftChildRef()),
                                    GetHeight (node.GetRightChildRef()));
    return height;
}
```

IsEmpty 方法用于判断二叉树是否为空树，详见代码清单 7-14。

代码清单 7-14

```
public boolean IsEmpty(){
    return root == null;
}
```

Clear 方法用于将二叉树置空，详见代码清单 7-15。

代码清单 7-15

```java
public void Clear(){
    //当根节点没有被 root 引用时，就会被垃圾回收(包括其所有子节点)
    root = null;
}
```

SetRootNode 方法用于设置 root 对根节点的引用，详见代码清单 7-16。

代码清单 7-16

```java
public void SetRootNode(BinaryTreeNode < E > rootNode){
    root = rootNode;
}
```

GetRootNode 方法用于返回对根节点的引用，详见代码清单 7-17。

代码清单 7-17

```java
protected BinaryTreeNode < E > GetRootNode(){
    return root;
}
```

GetTheNumberOfNodes 是一个私有的递归函数，用于返回二叉树的节点数量，需要通过对外暴露的无参 GetTheNumberOfNodes 方法进行访问，详见代码清单 7-18。

代码清单 7-18

```java
private int GetTheNumberOfNodes(BinaryTreeNode < E > node){
    int nodeCount = 0;
    if(node != null){
        nodeCount = 1 + this.GetTheNumberOfNodes(node.GetLeftChildRef()) + this.
                        GetTheNumberOfNodes(node.GetRightChildRef());
    }
    return nodeCount;
}
```

PostOrderTraverse 是后序遍历方法，用于遍历整个二叉树。它是一个私有的成员方法，需要通过对外暴露的无参 PostOrderTraverse 方法进行访问，详见代码清单 7-19。

代码清单 7-19

```java
private void PostOrderTraverse(BinaryTreeNode < E > node){
    if(node == null){
        return;
    }
    this.PostOrderTraverse(node.GetLeftChildRef());
    this.PostOrderTraverse(node.GetRightChildRef());
    ProcessNode(node);
}
```

ProcessNode 方法用于处理遍历到的节点，此处的"处理"可以理解为打印节点的值，详见代码清单 7-20。

代码清单 7-20

```
private void ProcessNode(BinaryTreeNode < E > node){
    Log.d("GZPYPCODE", "VisitNode: " + node.GetValue());
}
```

7.8.3　二叉树的实现过程

在前面两个小节中已经实现了二叉树的创建和其函数的封装。本小节将基于上述讨论，讲解如何建立一棵具体的二叉树，并对其进行访问。

第一步：在 MainActivity 类中创建一个 CreateTree 方法，用于创建指定的树结构，详见代码清单 7-21。

代码清单 7-21

```
public static void CreateTree(BinaryTree < String > tree){
    //树叶节点
    BinaryTree < String > dTree = new BinaryTree < String > ("D");
    BinaryTree < String > eTree = new BinaryTree < String > ("E");
    BinaryTree < String > gTree = new BinaryTree < String > ("G");
    //创建子树
    BinaryTree < String > fTree = new BinaryTree < String > ("F", null, gTree);
    BinaryTree < String > bTree = new BinaryTree < String > ("B", dTree, eTree);
    BinaryTree < String > cTree = new BinaryTree < String > ("C", fTree, null);
    //设置根节点的值，以及根节点的左子树和右子树
    tree.SetTree("A", bTree, cTree);
    //以图形化打印二叉树结构
    Log.d("BinaryTree", "创建的二叉树:\n");
    Log.d("BinaryTree", "      A      ");
    Log.d("BinaryTree", "     /   \\   ");
    Log.d("BinaryTree", "    B     C  ");
    Log.d("BinaryTree", "   / \\    /  ");
    Log.d("BinaryTree", "  D   E  F   ");
    Log.d("BinaryTree", "          \\  ");
    Log.d("BinaryTree", "           G ");
    Log.d(" ", "\n");
}
```

第二步：在 onCreate 方法中调用 CreateTree 方法，并且对创建好的二叉树进行访问，详见代码清单 7-22。

代码清单 7-22

```
protected void onCreate(Bundle savedInstanceState){
    ...部分代码省略...
    Log.d(TAG_GZPYP, "开始创建二叉树...");
    BinaryTree < String > aTree = new BinaryTree < String > ();
    CreateTree(aTree);
    Log.d(TAG_GZPYP, "创建完成，开始遍历二叉树：");
    aTree.PostOrderTraverse();
    Log.d(TAG_GZPYP, "遍历完成...");
    Log.d(TAG_GZPYP, "二叉树的高度为:" + aTree.GetHeight());
    Log.d(TAG_GZPYP, "二叉树的节点数量为" + aTree.GetTheNumberOfNodes());
    ...部分代码省略...
}
```

第三步：运行该项目代码，在 Logcat 监视窗口中打印的信息如图 7-28 所示。

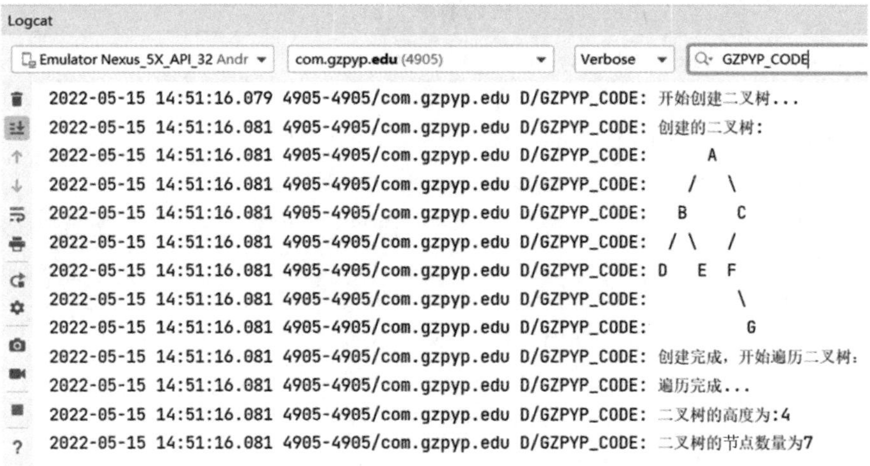

图 7-28　运行结果

7.9　线索二叉树的定义

在前面的章节中，我们已经讨论了如何通过二叉树的遍历算法将二叉树的各个节点按照一定的次序进行线性化的排列。但是，有时我们需要直接获取某个节点在某一遍历次序下的直接前驱节点和后继节点。显然，不遍历二叉树是很难达到目的的。但是，二叉树的节点中常有很多未被利用的指针域，如图 7-29 所示。于是，为了达到上述目的，我们可以考虑在某种遍历过程中对这些空指针域进行利用，使空的左指针域指向前驱，空的右指针域指向后继。而对于那些非空的指针域，仍然使其保持对左孩子和右孩子的引用。这种用于指向节点的前驱和后继的指针称为线索，将二叉树按照某种特定次序进行遍历并且加上线索的过程称为二叉树的"线索化"，经过遍历后得到的二叉树称为**线索二叉树**。

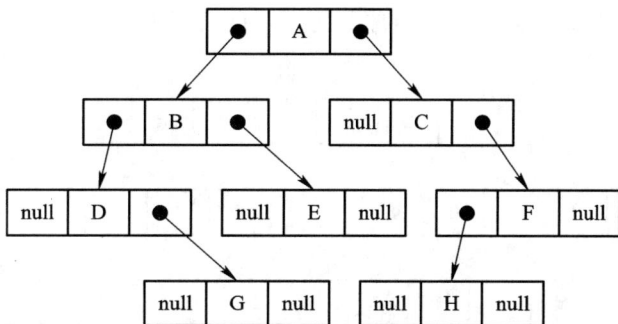

图 7-29　有很多空指针域的二叉树

同时，我们需要对节点增加两个标志域 ltag 和 rtag，分别用于标示左、右指针域是指向孩子节点，还是指向前驱和后继节点。当 ltag 为 0 时，表示左指针域指向的是左孩子；当 ltag 为 1 时，表示左指针域指向的是前驱节点。同理，当 rtag 为 0 时，表示右指针域指向的是右孩子；当 rtag 为 1 时，表示右指针域指向的是后继节点。线索二叉树的节点形式如图 7-30 所示。

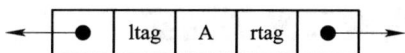

图 7-30　线索二叉树的节点形式

对图 7-29 所示的二叉树进行前序遍历，得到的序列为 A，B，D，G，E，C，F，H。遍历后得到的线索二叉树如图 7-31 所示。

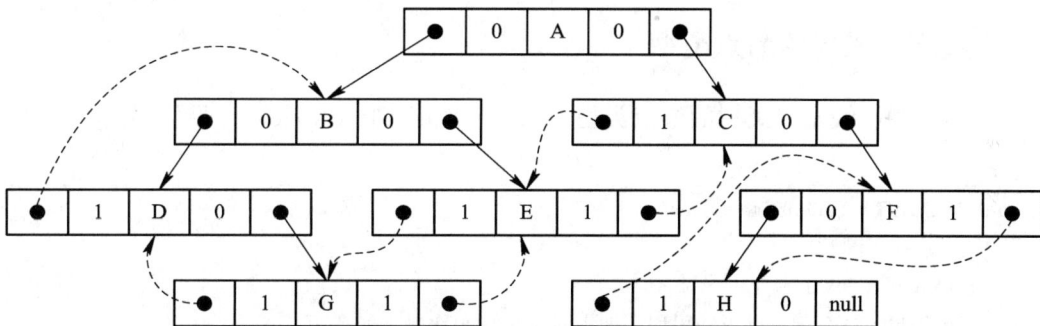

图 7-31　前序遍历后的线索二叉树

经中序遍历后的线索二叉树的节点序列为 D，G，B，E，A，C，H，F。遍历后得到的线索二叉树如图 7-32 所示。

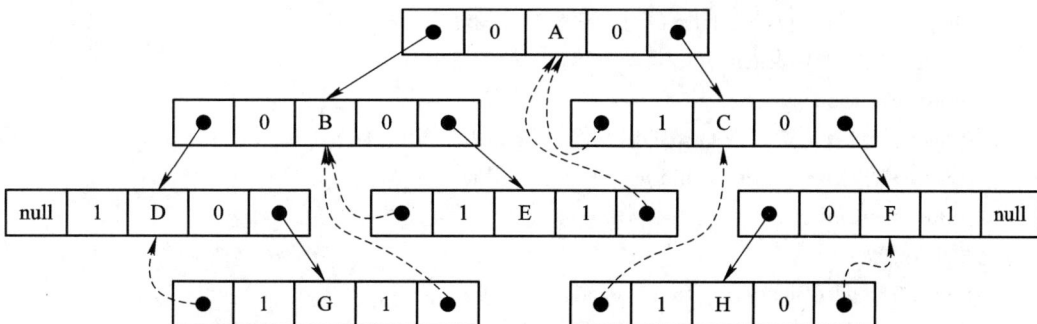

图 7-32　中序遍历后的线索二叉树

经后序遍历后的线索二叉树的节点序列为 G，D，E，B，H，F，C，A。遍历后得到的线索二叉树如图 7-33 所示。

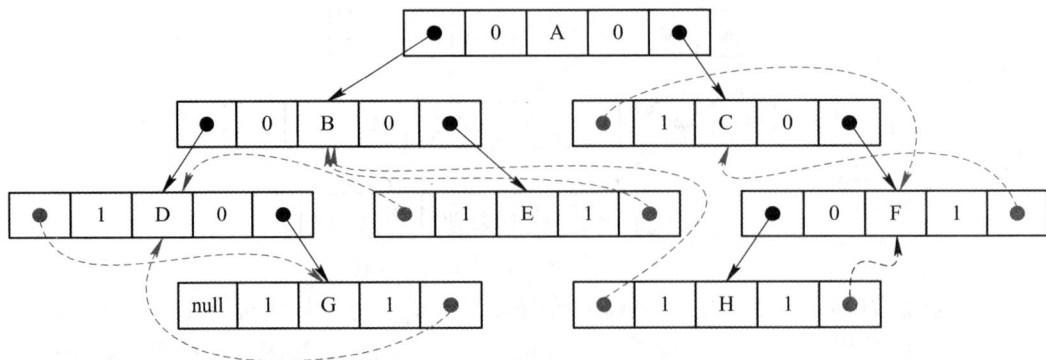

图 7-33　后序遍历后的线索二叉树

7.10　线索二叉树的实现

本节将基于线索二叉树的定义，具体地实现一棵线索二叉树。本代码实例参见源码文件 7-10-Test1。

7.10.1　线索二叉树的节点类型

本小节实现了线索二叉树的节点类型 ThreadedBinaryTreeNode，详见代码清单 7-23。

代码清单 7-23

```java
public class ThreadedBinaryTreeNode <E>{
    //节点持有的数据
    public E nodeValue;
    // leftChild 持有对左孩子的引用，或者对特定遍历次序下的前驱节点的引用
    public ThreadedBinaryTreeNode <E> leftChild;
    // rightChild 持有对右孩子的引用，或者对特定遍历次序下的后继节点的引用
    public ThreadedBinaryTreeNode <E> rightChild;
    //ltag 是一个标志位，为 false 的时候代表 leftChild 指向孩子节点，
    //为 true 的时候代表 leftChild 是一个线索，指向前驱节点
    public boolean ltag;
    //rtag 是一个标志位，为 false 的时候代表 rightChild 指向孩子节点，
    //为 true 的时候代表 rightChild 是一个线索，指向后继节点
    public boolean rtag;
    //构造函数
    public ThreadedBinaryTreeNode(E data){
        this.nodeValue = data;
```

```
    }
    @Override
    public String toString(){
        return nodeValue.toString();
    }
}
```

7.10.2　线索二叉树类

线索二叉树类用于将节点以链式结构组织成二叉树，并且对外提供了相应的方法，用于线索化二叉树。

1. 成员变量

线索二叉树类定义了一些成员变量，详见代码清单 7-24。

代码清单 7-24

```
public class ThreadedBinaryTree < E >{
    ...部分代码省略...
    private ThreadedBinaryTreeNode rootRef;
    private ThreadedBinaryTreeNode preNodeRef;
    private int size;
    ...部分代码省略...
}
```

这些成员变量的作用如下：

- rootRef：用于持有对根节点的引用。
- preNodeRef：用于在线索化时，保留对遍历到的上一节点的引用。
- size：用于记录二叉树中节点的数量。

2. 构造函数

线索二叉树类一共有两个构造函数，一个是无参的空构造函数，一个是带参的构造函数，详见代码清单 7-25。

代码清单 7-25

```
public class ThreadedBinaryTree < E >{
    ...部分代码省略...
    public ThreadedBinaryTree(){}
    public ThreadedBinaryTree(E rootData){
        CheckNullData(rootData);
        this.rootRef = new ThreadedBinaryTreeNode < > (rootData);
        size++;
    }
    ...部分代码省略...
}
```

3. AddChild 方法

AddChild 方法用于向二叉树添加节点。它具有 3 个参数，分别是父节点、子节点的值和一个标志位，其中标志位 left 用于标示子节点是作为父节点的左孩子还是右孩子插入，详见代码清单 7-26。

代码清单 7-26

```java
public class ThreadedBinaryTree < E >{
    ...部分代码省略...
    public ThreadedBinaryTreeNode < E > AddChild(ThreadedBinaryTreeNode < E > parent, E data,
boolean left){
        CheckNullParent(parent);
        CheckNullData(data);
        ThreadedBinaryTreeNode < E > node = new ThreadedBinaryTreeNode < > (data);
        if(left){
            if(parent.leftChild != null){
                throw new IllegalStateException(" parent 具有左孩子，添加失败 ");
            }
            parent.leftChild = node;
        } else {
            if(parent.rightChild != null){
                throw new IllegalStateException(" parent 具有右孩子，添加失败 ");
            }
            parent.rightChild = node;
        }
        size++;
        return node;
    }
    ...部分代码省略...
}
```

4. IsEmpty 方法

IsEmpty 方法用于判断二叉树是否为一棵空树，详见代码清单 7-27。

代码清单 7-27

```java
public class ThreadedBinaryTree < E >{
    ...部分代码省略...
    public boolean IsEmpty(){
        return size == 0;
    }
    ...部分代码省略...
}
```

5. GetSize 方法

GetSize 方法是对外暴露的方法，用于获取私有成员变量 size 的值，即节点的数量，详见代码清单 7-28。

代码清单 7-28

```
public class ThreadedBinaryTree < E >{
    ...部分代码省略...
    public int GetSize(){
        return size;
    }
    ...部分代码省略...
}
```

6. GetRootRef 方法

GetRootRef 方法是对外暴露的方法，用于获取私有成员变量 rootRef 的值，即对根节点的引用，详见代码清单 7-29。

代码清单 7-29

```
public class ThreadedBinaryTree < E >{
    ...部分代码省略...
    public ThreadedBinaryTreeNode < E > GetRootRef(){
        return rootRef;
    }
    ...部分代码省略...
}
```

7. GetLeftChildRef 方法

GetLeftChildRef 方法用于获取对传入父节点 parent 的左孩子的引用，详见代码清单 7-30。

代码清单 7-30

```
public class ThreadedBinaryTree < E >{
    ...部分代码省略...
    public ThreadedBinaryTreeNode < E > GetLeftChildRef(ThreadedBinaryTreeNode < E > parent){
        return parent == null ? null : parent.leftChild;
    }
    ...部分代码省略...
}
```

8. GetRightChildRef 方法

GetRightChildRef 方法用于获取对传入父节点 parent 的右孩子的引用，详见代码清单 7-31。

代码清单 7-31

```
public class ThreadedBinaryTree < E >{
    ...部分代码省略...
    public ThreadedBinaryTreeNode < E > GetRightChildRef(ThreadedBinaryTreeNode < E > parent) {
        return parent == null ? null : parent.rightChild;
```

```
        }
        ...部分代码省略...
    }
```

9. CheckNullData 方法

CheckNullData 方法用于判断节点的数据值是否为 null，如果为 null，则抛出异常，详见代码清单 7-32。

代码清单 7-32

```java
public class ThreadedBinaryTree <E>{
    ...部分代码省略...
    private void CheckNullData(E data){
        if(data == null){
            throw new NullPointerException(" 节点数据值不能为 null");
        }
    }
    ...部分代码省略...
}
```

10. CheckNullParent 方法

CheckNullParent 方法用于判断传入的父节点引用变量是否为 null，如果为 null，则抛出异常，详见代码清单 7-33。

代码清单 7-33

```java
public class ThreadedBinaryTree <E>{
    ...部分代码省略...
    private void CheckNullParent(ThreadedBinaryTreeNode <E> parent){
        if(parent == null){
            throw new NoSuchElementException(" 父节点不能为 null");
        }
    }
    ...部分代码省略...
}
```

11. InThread 方法

InThread 方法用于对二叉树以中序遍历的方式进行线索化，详见代码清单 7-34。

代码清单 7-34

```java
public class ThreadedBinaryTree <E>{
    ...部分代码省略...
    public boolean InThread(){
        if(IsEmpty()){
            return false;
```

```
        }
        InThread(GetRootRef());
            return true;
        }
        //从根节点开始，以中序遍历对二叉树进行线索化的递归函数，*/
        private void InThread(ThreadedBinaryTreeNode < E > root){
        ThreadedBinaryTreeNode < E > left = GetLeftChildRef(root);
        if(left != null){
            //如果对左孩子的引用不为 null，就继续在左孩子上触发递归调用
            InThread(left);
        } else {
            //因为持有对前驱节点的引用，所以如果节点对左孩子的引用为 null，就对
            //左指针域添加一个线索，即使其指向前驱节点
            root.ltag = true;
            root.leftChild = preNodeRef;
        }
        //如果前驱节点的右指针域为 null，就将当前节点视为前驱节点的后继节点，
        //并且设置相应的标志位,指示已经线索化
        if(preNodeRef != null && null == preNodeRef.rightChild){
            preNodeRef.rtag = true;
            preNodeRef.rightChild = root;
        }
        //每当当前节点被 preNodeRef 引用后，就会被下一个节点视为前一个被访问的节点
        preNodeRef = root;
        ThreadedBinaryTreeNode < E > right = this.GetRightChildRef(root);
        if(right != null){
            //如果当前节点的右指针域不为 null，就在右孩子上触发递归调用，进行线索化
            InThread(right);
        }
    }
}
    ...部分代码省略...
}
```

　　私有的 InThread 方法是对二叉树进行线索化的核心逻辑，它接收一个根节点，以其为起点对二叉树进行线索化。公有的 InThread 方法用于向外界提供对私有 InThread 方法的访问通道。

12. InThreadList 方法

　　InThreadList 方法用于对已经线索化的二叉树进行中序遍历，并且打印中序遍历后的节点序列，详见代码清单 7-35。由于二叉树已经线索化，因此相较于一般二叉树的遍历，其效率更高。

代码清单 7-35

```java
public class ThreadedBinaryTree < E >{
    ...部分代码省略...
    public void InThreadList(ThreadedBinaryTreeNode < E > root){
        String str = "";
        if(root == null){
            return;
        }
        //寻找中序遍历的起始节点
        while(root != null && !root.ltag){
            root = root.leftChild;
        }
        while(root != null){
            str += root.nodeValue + ",";
            //判断对右孩子的引用是否为一个线索
            if(root.rtag){
                root = root.rightChild;
            } else {
                //如果不是线索,就遍历它的右子树
                root = root.rightChild;
                while(root != null && !root.ltag){
                    //如果右孩子不为 null,并且右孩子的左孩子存在
                    root = root.leftChild;
                }
            }
        }
        Log.d("GZPYP_CODE","对线索二叉树进行的中序遍历: "+str);
    }
    ...部分代码省略...
}
```

7.10.3 线索二叉树的实现过程

线索二叉树的实现步骤如下。

第一步:在 MainActivity 类中创建一个函数 CreateTree,用于建立线索二叉树的结构,并且返回对线索二叉树的引用,详见代码清单 7-36。

代码清单 7-36

```java
public class MainActivity extends AppCompatActivity{
    ...部分代码省略...
    public ThreadedBinaryTree < String > CreateTree(){
        //创建二叉树
```

```
        ThreadedBinaryTree < String > stringThreadedBinaryTree = new ThreadedBinaryTree < > ("r");
        //开始建立二叉树的结构
        Log.d(TAG_GZPYP, "开始建立二叉树结构: ");
        ThreadedBinaryTreeNode < String > root = stringThreadedBinaryTree.GetRootRef();
        //为 root 添加左孩子 a
        Log.d(TAG_GZPYP, "为 root 添加左孩子 a...");
        ThreadedBinaryTreeNode < String > a = stringThreadedBinaryTree.AddChild(root, "a", true);
        //为 root 添加右孩子 b
        Log.d(TAG_GZPYP, "为 root 添加右孩子 b...");
        ThreadedBinaryTreeNode < String > b = stringThreadedBinaryTree.AddChild(root, "b", false);
        //为 a 添加左孩子 c
        Log.d(TAG_GZPYP, "为 a 添加左孩子 c...");
        ThreadedBinaryTreeNode < String > c = stringThreadedBinaryTree.AddChild(a, "c", true);
        //为 a 添加右孩子 d
        Log.d(TAG_GZPYP, "为 a 添加右孩子 d...");
        ThreadedBinaryTreeNode < String > d = stringThreadedBinaryTree.AddChild(a, "d", false);
        //为 b 添加左孩子 e
        Log.d(TAG_GZPYP, "为 b 添加左孩子 e...");
        ThreadedBinaryTreeNode < String > e = stringThreadedBinaryTree.AddChild(b, "e", true);
        //为 b 添加右孩子 f
        Log.d(TAG_GZPYP, "为 b 添加右孩子 f...");
        ThreadedBinaryTreeNode < String > f = stringThreadedBinaryTree.AddChild(b, "f", false);
        //为 c 添加左孩子 g
        Log.d(TAG_GZPYP, "为 c 添加左孩子 g...");
        ThreadedBinaryTreeNode < String > g = stringThreadedBinaryTree.AddChild(c, "g", true);
        //为 c 添加右孩子 h
        Log.d(TAG_GZPYP, "为 c 添加右孩子 h...");
        ThreadedBinaryTreeNode < String > h = stringThreadedBinaryTrcc.AddChild(c, "h", false);
        //为 d 添加左孩子 i
        Log.d(TAG_GZPYP, "为 d 添加左孩子 i...");
        ThreadedBinaryTreeNode < String > i = stringThreadedBinaryTree.AddChild(d, "i", true);
        //为 f 添加左孩子 j
        Log.d(TAG_GZPYP, "为 f 添加左孩子 j...");
        ThreadedBinaryTreeNode < String > j = stringThreadedBinaryTree.AddChild(f, "j", true);
        //向上层调用处返回二叉树的引用
        return stringThreadedBinaryTree;
    }
    ...部分代码省略...
}
```

第二步：在 onCreate 方法中定义对线索二叉树进行操作的逻辑，详见代码清单 7-37。

代码清单 7-37

```java
public class MainActivity extends AppCompatActivity{
    ...部分代码省略...
    protected void onCreate(Bundle savedInstanceState){
    ...部分代码省略...
    ThreadedBinaryTree < String > stringThreadedBinaryTree = this.CreateTree();
    Log.d(TAG_GZPYP, "-->开始线索化二叉树....");
    stringThreadedBinaryTree.InThread();
    stringThreadedBinaryTree.InThreadList(stringThreadedBinaryTree.GetRootRef());
    ...部分代码省略...
    }
}
```

第三步：运行该项目代码，在 Logcat 监视窗口中打印的信息如图 7-34 所示。

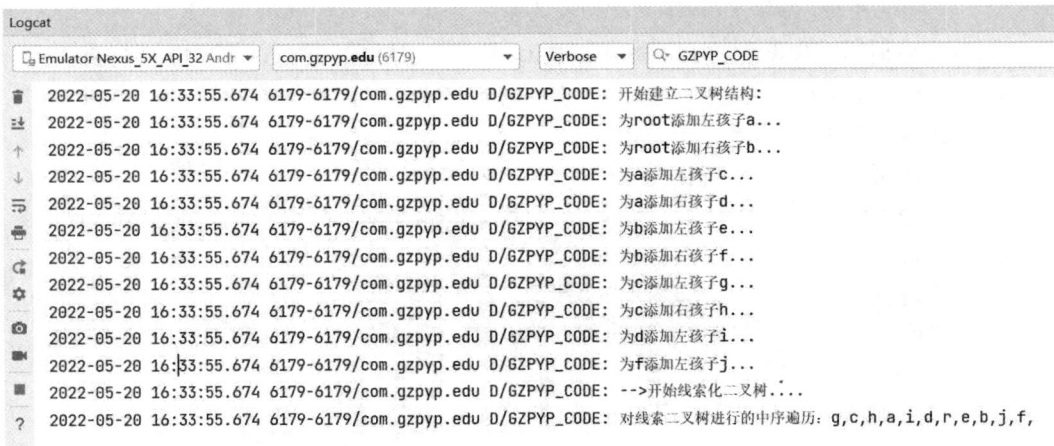

图 7-34　运行结果

7.11　二叉树的应用

树结构已被广泛应用于数据库、人工智能等领域，本节将以二叉排序树和哈夫曼树为例，介绍二叉树的应用。

7.11.1　二叉排序树

1. 二叉排序树的定义

二叉排序树显著改善了对二叉树节点的查找效率。有关二叉排序树的查找内容将在后续章节中介绍，这里仅讨论如何生成二叉排序树，以及对其进行基本的操作(例如插入和删除操作)。

二叉排序树(又称二叉查找树)是指任意的空树或具有以下性质的二叉树：

- 给定任意一个左子树不为空的节点，其左子树上所有节点的值均小于它的根节点的值。

- 给定任意一个右子树不为空的节点，其右子树上所有节点的值均大于它的根节点的值。

- 任意节点的左子树和右子树也都是二叉排序树。

相较于其他数据结构，二叉排序树的查找、插入操作的时间复杂度较低。

图 7-35 展现了一棵典型的二叉排序树。

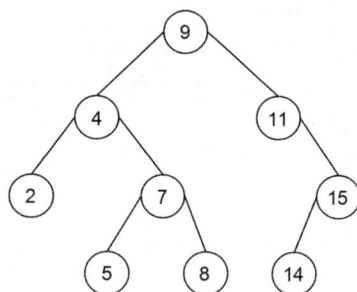

图 7-35　一棵典型的二叉排序树

2. 二叉排序树的实现

二叉排序树的实现步骤如下(本代码实例参见源码文件 7-11-Test1)。

第一步：创建二叉排序树的节点类型 BSTNode，详见代码清单 7-38。

代码清单 7-38

```java
public class BSTNode{
    int key;
    BSTNode left, right;
    public BSTNode(int data){
        key = data;
        left = right = null;
    }
}
```

在上述代码中，key 是该节点的整型数据值，left 和 right 分别指向左孩子和右孩子，BSTNode 是构造函数。

第二步：创建二叉排序树类，详见代码清单 7-39。

代码清单 7-39

```java
public class BSTTree{
    BSTNode rootNode;
    //记录中序遍历下的节点次序
    String str = "";
    BSTTree(){
        rootNode = null;
    }
    void Insert(int key) {rootNode = insertKey(rootNode, key);}
```

```
//向树中插入值 key
BSTNode insertKey(BSTNode root, int key){
    //如果传入的 node 为 null，则创建一个新节点，并将它的值设置为 key
    if(root == null){
        root = new BSTNode(key);
        return root;
    }
    //遍历到合适的地方，并且插入这个节点
    if(key < root.key) root.left = insertKey(root.left, key);
    else if(key > root.key) root.right = insertKey(root.right, key);
    return root;
}
void Inorder(){
    InorderTraversal(rootNode);
    PrintNodes(str);
    str = "";
}
//中序遍历节点
void InorderTraversal(BSTNode root){
    if(root != null){
        InorderTraversal(root.left);
        str += root.key + " -> ";
        InorderTraversal(root.right);
    }
}
//递归函数，用于在二叉排序树中删除具有特定值 key 的节点
BSTNode DeleteRec(BSTNode root, int key){
    //如果是一棵空树，就直接返回
    if(root == null) return root;
    //根据值找到需要被删除的节点
    if(key < root.key) root.left = DeleteRec(root.left, key);
    else if(key > root.key) root.right = DeleteRec(root.right, key);
    else{
        //如果节点只具有一个子节点或者没有子节点
        if(root.left == null) return root.right;
        else if(root.right == null) return root.left;
        //如果节点具有两个子节点，将后继节点移动到即将被删除的节点所处的位置
        root.key = MinValue(root.right);
        //删除后继节点
        root.right = DeleteRec(root.right, root.key);
    }
```

```
        return root;
    }
    //寻找后继节点
    int MinValue(BSTNode root){
        int minv = root.key;
        while(root.left != null){
            minv = root.left.key;
            root = root.left;
        }
        return minv;
    }
}
```

第三步：运行该项目代码，在 Logcat 监视窗口中打印的信息如图 7-36 所示。

图 7-36　运行结果

7.11.2　哈夫曼树

1. 哈夫曼树的定义

当为 N 个叶子节点分别赋予 N 个权值后，便构造出了一棵二叉树。如果这棵树的带权路径长度最短，就称这棵树为哈夫曼树。

与哈夫曼树定义相关的几个术语解释如下：

- 带权：对二叉树的节点赋予一个有着某种含义的数值，这个数值称为节点的权值。
- 节点的带权路径长度：从根节点到该节点之间的路径长度与该节点的权的乘积。
- 树的带权路径长度(WPL)：树中所有树叶的带权路径长度之和。

二叉树的带权路径长度计算公式为

$$WPL = \sum_{k=1}^{n} w_k l_k$$

其中，n 表示二叉树中树叶的个数，w_k 表示第 k 个树叶的权值，l_k 表示从根节点到第 k 个树叶的路径长度。

图 7-37 所示的 3 棵二叉树，它们的树点相同，权值分别是 3、5、7、9，这 3 棵二叉树

的带权路径长度分别为：

(a) $WPL = 3 \times 2 + 5 \times 2 + 7 \times 2 + 9 \times 2 = 48$

(b) $WPL = 5 \times 2 + 7 \times 3 + 9 \times 3 + 3 \times 1 = 61$

(c) $WPL = 9 \times 1 + 7 \times 2 + 5 \times 3 + 3 \times 3 = 47$

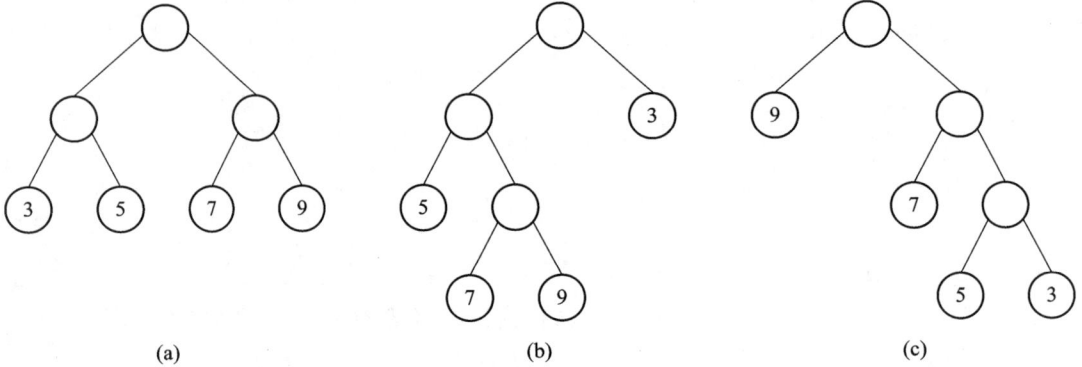

图 7-37   带权节点相同的二叉树

2. 哈夫曼树的构建

假设二叉树有 n 个树叶，它们的权值所组成的集合为 $\{W_1, W_2, W_3, \cdots, W_n\}$，那么我们如何用这 n 个树叶节点构建一棵二叉树，使这棵二叉树的带权路径长度最短呢？1952 年，哈夫曼提出了一种算法来解决这个问题，这个算法称为哈夫曼算法，以纪念这位计算机科学家所作的贡献。

用哈夫曼算法构建哈夫曼树的步骤如下：

(1) 给定一组权值为 $\{W_1, W_2, W_3, \cdots, W_n\}$ 的节点，根据这组带权值的节点生成森林 $F = \{F_1, F_2, F_3, \cdots, F_n\}$，森林中的每棵树都仅由一个带权值的根节点组成。

(2) 在 F 中选取两棵根节点权值最小的二叉树，将其作为左、右子树，生成一棵新的二叉树，新树根节点的权值为左、右两棵子树根节点的权值之和。

(3) 在 F 中将这两棵树删除，并且将新生成的树加入集合 F 中。

(4) 重复步骤(2)和(3)，直到集合 F 中只有一棵树为止。

例如，给定一组权值为 $\{3, 9, 6, 5\}$ 的节点，将其构造成二叉树的步骤如下。

第一步：生成森林，如图 7-38 所示。

第二步：选取权值最小的两棵树 3、5，生成新的二叉树，如图 7-39 所示。

第三步：从森林中删除二叉树 3、5，并加入新的二叉树，如图 7-40 所示。

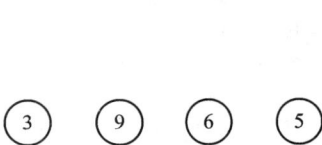

图 7-38   由根节点组成的森林   图 7-39   新的二叉树   图 7-40   森林集合

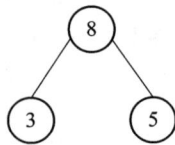

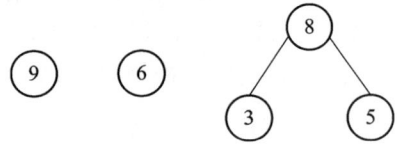

第四步：重复第二步，选取 6、8 这两棵权值最小的二叉树，生成一棵新的二叉树，如图 7-41 所示。

第五步：重复第三步，从森林集合中删除 6、8 这两棵二叉树，并将新树 14 加入森林，如图 7-42 所示。

第六步：重复第二步，把森林中仅剩的两棵二叉树组成一棵新树，该树即为哈夫曼树，如图 7-43 所示。

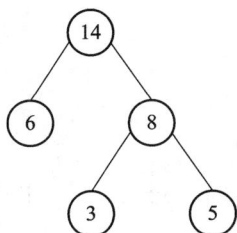

图 7-41　新的二叉树　　　　图 7-42　新的森林　　　　图 7-43　哈夫曼树

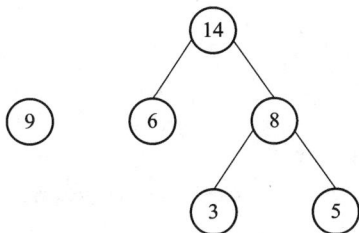

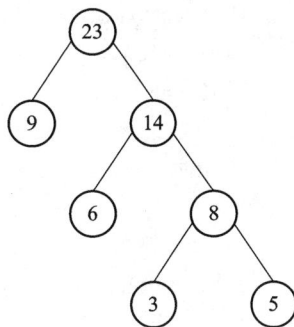

7.11.3　哈夫曼编码

哈夫曼树的应用非常广泛，不同的应用领域对树叶的权值有着不同的定义。当哈夫曼树被应用到信息编码时，树叶的权值被定义为某个符号出现的频率。

设 $M = \{M_1, M_2, M_3, \cdots, M_n\}$ 为一段文本信息中的字符集合，W_i 为 $M_i(1 \leq i \leq n)$ 在文本中出现的次数。当应用哈夫曼算法对 M 进行编码时，需要将 W_i 作为权值去构造一棵哈夫曼树。在构造出的哈夫曼树中，取任意节点的左分支为编码 0，任意节点的右分支为编码 1，则对每个树叶(字符)都有唯一的一条从根节点出发的路径，将这条路径上的分支编码按先后顺序排列即可得到每个字符对应的二进制编码。

例如，已知文本信息为 AABBC CCCD AA BC BADA，求其二进制编码。

首先，需要明确这段文本的字符集合为 M={A，B，C，D}，每个字符出现的次数为 W={6，4，5，2}。然后，将集合 W 中的字符出现次数作为权值，构造出如图 7-44 所示的哈夫曼树。由此可以得到 M 中每个字符的二进制编码：

A：0　　　　　　B：111
C：10　　　　　　D：110

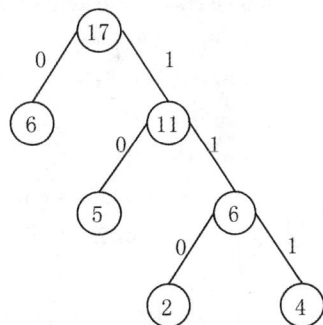

图 7-44　哈夫曼树

因此，上述文本的二进制编码为 0011111110 101010110 00 11110 11101100。

下面通过代码来具体实现哈夫曼编码过程(本代码实例参见源码文件 7-11-Test2)。

第一步：实现哈夫曼树的节点类型，在项目文件中，它被命名为 HuffmanNode，详见代码清单 7-40。

代码清单 7-40

```
public class HuffmanNode{
    //需要编码的字符
    Character charac;
    //字符出现的频率
```

```java
    Integer frequency;
    //左孩子和右孩子
    HuffmanNode leftChild = null;
    HuffmanNode rightChild = null;
    //构造函数 1，不指定孩子
    HuffmanNode(Character charac, Integer frequency){
        this.charac = charac;
        this.frequency = frequency;
    }
    //构造函数 2，指定左孩子和右孩子
    public HuffmanNode(Character charac, Integer frequency, HuffmanNode left, HuffmanNode right)
    {
        this.charac = charac;
        this.frequency = frequency;
        this.leftChild = left;
        this.rightChild = right;
    }
}
```

第二步：在 MainActivity 类中定义 EncodeHuffman 函数，用于对文本信息进行编码，详见代码清单 7-41。

代码清单 7-41

```java
public class MainActivity extends AppCompatActivity{
    ...部分代码省略...
    //对哈夫曼树进行递归遍历，并且将编码信息存储在哈希表里
    public void EncodeHuffman(HuffmanNode rootNode, String str, Map < Character, String >
huffmanCode){
        if(rootNode == null){
            return;
        }
        if(IsLeaf(rootNode)){
            //如果节点是一个叶子节点，就将其添加到哈希表里
            huffmanCode.put(rootNode.charac, str.length() > 0 ? str : "1");
        }
        //在左孩子和右孩子上触发递归调用
        EncodeHuffman(rootNode.leftChild, str + '0', huffmanCode);
        EncodeHuffman(rootNode.rightChild, str + '1', huffmanCode);
    }
    ...部分代码省略...
}
```

第三步：在 MainActivity 类中定义 DecodeHuffman 函数，用于对二进制文本进行解码，

详见代码清单 7-42。

代码清单 7-42

```
public class MainActivity extends AppCompatActivity{...部分代码省略...
    //对哈夫曼树进行遍历，并且解码已经编码的文本信息
    public int DecodeHuffman(HuffmanNode rootNode, int index, StringBuilder sb){
    if(rootNode == null){
        return index;
    }
    //判断当前节点是否是一个叶子节点
    if(IsLeaf(rootNode)){
        decodeStr += rootNode.charac;
        return index;
    }
    index++;
    rootNode = (sb.charAt(index) == '0') ? rootNode.leftChild : rootNode.rightChild;
    index = DecodeHuffman(rootNode, index, sb);
    return index;
    }...部分代码省略...
}
```

第四步：在 MainActivity 类中定义 IsLeaf 函数，用于判断传入的节点是否为叶子节点，详见代码清单 7-43。

代码清单 7-43

```
public class MainActivity extends AppCompatActivity{
    ...部分代码省略...
    //这个函数用于判断传入的节点是否为叶子节点
    public boolean IsLeaf(HuffmanNode rootNode){
        return rootNode.leftChild == null && rootNode.rightChild == null;
    }
    ...部分代码省略...
}
```

第五步：实现一个名为 CreateHuffmanTree 的函数，其基于哈夫曼算法，用于通过一组给定的权值(字符出现的频率)创建哈夫曼树，详见代码清单 7-44。

代码清单 7-44

```
public class MainActivity extends AppCompatActivity{
    ...部分代码省略...
    //哈夫曼树的构造函数(利用哈夫曼算法)
    @RequiresApi(api = Build.VERSION_CODES.N)
    public void CreateHuffmanTree(String text){
        //如果传入了一个空字符串
```

```java
if(text == null || text.length() == 0){
    return;
}
//计算每个字符出现的频率(作为权值)，并且将其存储到哈希表里
Map < Character, Integer > frequency = new HashMap < > ();
for(char c: text.toCharArray()){
    frequency.put(c, frequency.getOrDefault(c, 0) + 1);
}
//用于存储哈夫曼树节点的优先队列，优先级越高代表着字符出现的频率越低
PriorityQueue < HuffmanNode > prio_queue;
prio_queue = new PriorityQueue < > (Comparator.comparingInt(l - > l.frequency));
//将每个字符的叶子节点加入优先队列
for(Map.Entry < Character, Integer > entry: frequency.entrySet())
{
    prio_queue.add(new HuffmanNode(entry.getKey(), entry.getValue()));
}
//重复这个步骤，直到队列里只有一棵树
while(prio_queue.size() != 1){
    //将两个优先级高的节点(出现的频率低)从队列中移除
    HuffmanNode left = prio_queue.poll();
    HuffmanNode right = prio_queue.poll();
    //现在新建一个内部节点，并且将移除的两个节点分别作为它的左、右孩子，再将这
    //个新树加入队列
    int sum = left.frequency + right.frequency;
    prio_queue.add(new HuffmanNode(null, sum, left, right));
}
HuffmanNode root_node = prio_queue.peek();
//对哈夫曼树进行遍历，并且将哈夫曼编码存储到哈希表里
Map < Character, String > huffmanCode = new HashMap < > ();
EncodeHuffman(root_node, "", huffmanCode);
//打印哈夫曼编码
Log.d(TAG_GZPYP, "原始的文本信息为: " + text);
Log.d(TAG_GZPYP, "文本中的每一个字符所对应的哈夫曼编码为: " + huffmanCode);
StringBuilder sb = new StringBuilder();
for(char c: text.toCharArray()){
    sb.append(huffmanCode.get(c));
}
Log.d(TAG_GZPYP, "对文本进行编码处理中...");
Log.d(TAG_GZPYP, "编码后的文本是: " + sb.toString());
Log.d(TAG_GZPYP, "对文本进行解码处理中...");
```

```
        if(IsLeaf(root_node)){
            //如果是叶子节点
            while(root_node.frequency-- > 0){
                decodeStr += root_node.charac;
            }
        }
        else {
            //如果不是叶子节点
            int index = -1;
            while(index < sb.length() - 1){
                index = DecodeHuffman(root_node, index, sb);
            }
        }
        Log.d(TAG_GZPYP, "解码后的文本是: " + decodeStr);
    }
}
```

第六步：在 MainActivity 类的 onCreate 方法中调用 CreateHuffmanTree 函数，进行哈夫曼树的构建，详见代码清单 7-45。

代码清单 7-45

```
public class MainActivity extends AppCompatActivity{
    ...部分代码省略...
    protected void onCreate(Bundle savedInstanceState){...部分代码省略...
        //Logical
        String text = "I Love You!";
        CreateHuffmanTree(text);
        //Logical End
        ...部分代码省略...
    }
    ...部分代码省略...
}
```

第七步：运行该项目代码，在 Logcat 监视窗口中打印的信息如图 7-45 所示。

图 7-45 运行结果

7.12 二叉树与树、森林之间的转换

7.12.1 二叉树与树的转换

对于普通树而言，每个节点的孩子之间的次序可以是任意的，只要父节点与子节点之间保持双亲关系即可。但是对于二叉树而言，每个节点的孩子都是严格遵循左右次序排列的，不能颠倒。所以为了避免混淆，在讨论二叉树与普通树的转换时，我们需要事先约定按照树结构上的节点次序进行转换。

1. 普通树转换为二叉树

将普通树转换为二叉树的步骤如下：

(1) 加线。在各个兄弟节点之间加一条虚线。

(2) 抹线。只保留父节点与第一个孩子(最左边的孩子)的连线，将所有与其他孩子的连线抹掉。

(3) 旋转。将新加上的虚线改为实线且全部向右倾斜，原有的连线向左倾斜，使相关部分经旋转后形成二叉树的树形结构。

图 7-46 演示了普通树转换为二叉树的过程。

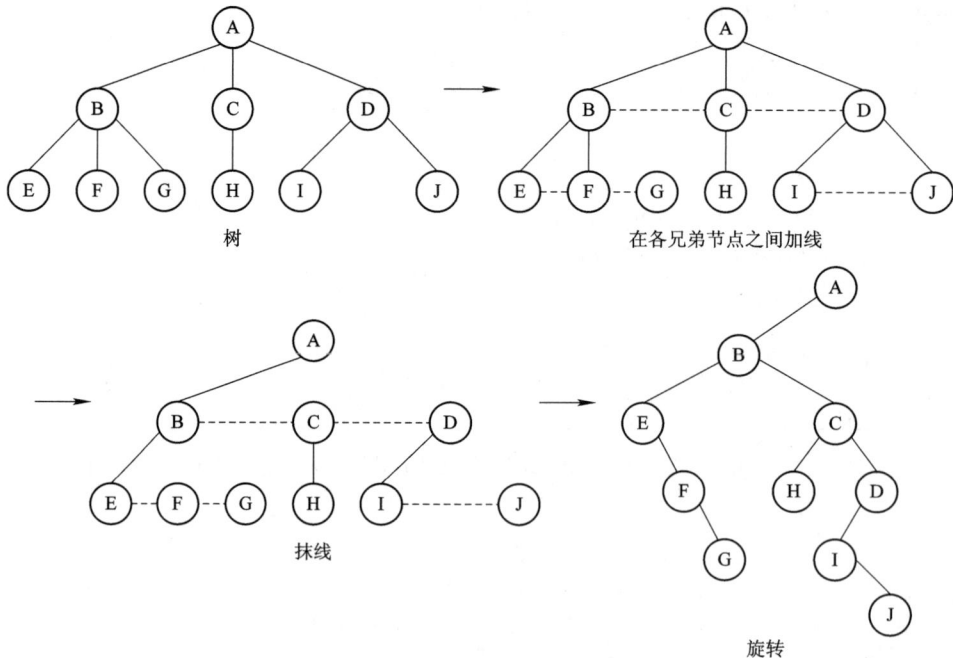

图 7-46 普通树转换为二叉树

2. 二叉树转换为普通树

将二叉树转换为普通树的步骤如下：

(1) 加线。如果某个节点 l 是双亲节点 p 的左孩子，则将这个节点 i 的右孩子以及沿着这个右孩子的右链一直向下所找到的所有右孩子分别与双亲节点 p 用虚线相连。

(2) 抹线。抹掉原二叉树中所有节点与其右孩子的连线。

(3) 调整结构。将树结构规范化，使各节点按层次排列在水平线上，并且将虚线替代成实线。

图 7-47 演示了二叉树转换为普通树的过程。

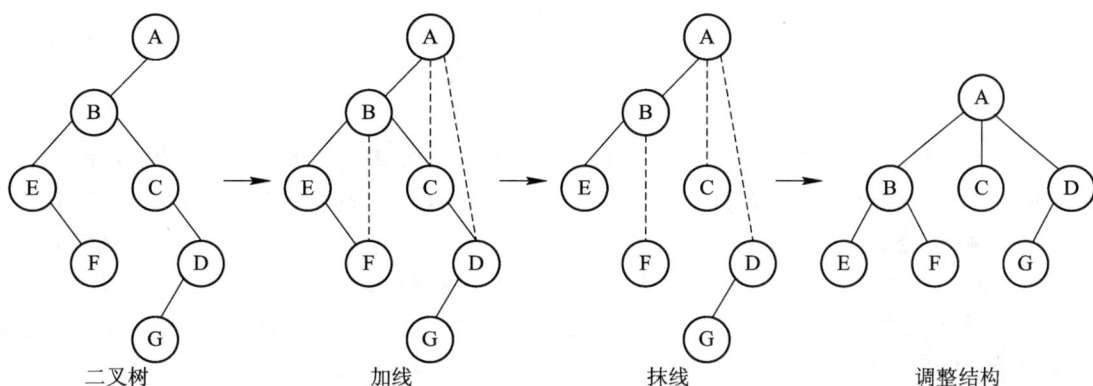

图 7-47　二叉树转换为普通树

7.12.2　二叉树与森林的转换

通过前面章节的学习，我们已经了解到去掉一棵树的根节点就可以将树转换为森林，所以森林是一系列子树的集合。下面将基于这个概念讨论二叉树与森林的转换。

1. 森林转换为二叉树

将森林转换为二叉树的步骤如下：

(1) 将森林中的树全部转换为二叉树。

(2) 将转换后的二叉树按照森林中相应的树的次序，依次将后一棵二叉树作为前一棵二叉树根节点的右子树。于是，第一棵二叉树的根节点就是转换后的整体二叉树的根节点。

图 7-48 展现了森林转换为二叉树的过程。

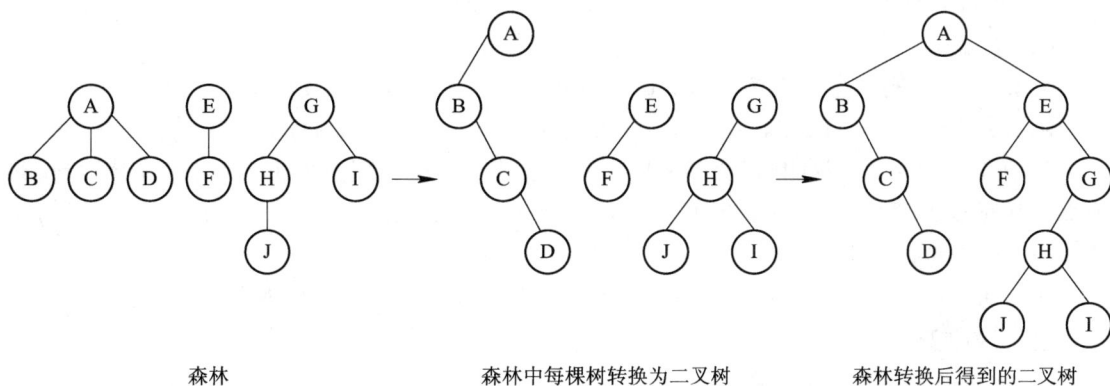

图 7-48　森林转化为二叉树

2. 二叉树还原为森林

将一棵由森林 F 转换来的二叉树 B 还原为森林,其步骤相对简单,具体如下:

(1) 抹线。从二叉树 B 的根节点开始,如果右孩子存在,则把与右孩子的连线删掉。再观察分离后的二叉树,如果它们的根节点还有右孩子存在,则继续删除连线,依次类推,直到所有这些根节点与右孩子的连线都被删除为止。

(2) 还原。依据上一小节的知识,将一棵孤立的二叉树还原为普通树。

本 章 小 结

本章系统地介绍了关于树结构的知识。与前面的章节相比,本章无论是在规模上,还是在知识点的复杂性上,都有显著提升。首先,从对普通树的定义开始,介绍了子树、节点、度、树叶、孩子、兄弟、双亲等的通用概念;然后,介绍了树的两种不同存储结构,比较了它们的优缺点;最后,以二叉树这种最简单的树结构为研究蓝本,介绍了如何将递归应用于树结构的遍历过程,如何在遍历的过程中对二叉树进行线索化以提升空间的利用效率和遍历效率,以及二叉树的应用,包括二叉排序树和哈夫曼树。

本章之后,我们还会结合其他内容介绍关于树结构的知识。由此可见,树结构在计算机科学中具有十分重要的作用。

课 后 习 题

一、选择题

1. 下列关于二叉树的说法正确的是(　　　)。

A. 二叉树的度为 2　　　　　　　　　　B. 二叉树的度可以小于 2

C. 一个节点的度都为 2　　　　　　　　D. 至少有一个节点的度为 2

2. 在树中,若节点 A 有 4 个兄弟,而且 B 是 A 的双亲,则 B 的度为(　　　)。

A. 3　　　　　　　B. 4　　　　　　　C. 5　　　　　　　D. 6

3. 若一棵完全二叉树中某节点无左孩子,则该节点一定是(　　　)。

A. 度为 1 的节点　　　　　　　　　　B. 度为 2 的节点

C. 分支节点　　　　　　　　　　　　D. 叶子节点

4. 深度为 k 的完全二叉树至多有(　　　)个节点,至少有(　　　)个节点。

A. 2k-1-1　　　B. 2k-1　　　C. 2k-1　　　D. 2k

5. 在具有 200 个节点的完全二叉树中,设根节点的层次编号为 1,则层次编号为 60 的节点,其左孩子节点的层次编号为(　　　),右孩子节点的层次编号为(　　　),双亲节点的层次编号为(　　　)。

A. 30　　　　　　B. 60　　　　　　C. 120　　　　　　D. 121

二、填空题

1. 二叉树的叶子节点又称为_____。

2. 从概念上讲,树与二叉树是两种不同的数据结构,将树转换为二叉树的基本目的是：_____。

3. 深度为 k 的完全二叉树至少有_____个节点，至多有_____个节点。若按自上而下、从左到右的次序给节点编号(从 1 开始)，则编号最小的叶子节点的编号是_____。

4. 在一棵二叉树中，度为 0 的节点的个数为 n_0，度为 2 的节点的个数为 n_2，则有_____个叶子节点。

5. 一棵二叉树的第 $i(i \geqslant 1)$ 层最多有 2^{i-1} 个节点；一棵有 $n(n > 0)$ 个节点的满二叉树共有_____个叶子和_____个非末端节点。

6. 哈夫曼树是_____的二叉树。

7. 以给定的数据集合 {4，5，6，7，10，12，18} 为节点权值构造的哈夫曼树的加权路径长度是_____。

8. 哈夫曼树中，节点的带权路径长度是指由_____到_____之间的路径长度与节点权值的乘积。

9. 现有按中序遍历的二叉树的结果为 abc，有___种不同形态的二叉树可以得到这一遍历结果。

第8章　图型数据结构

数据之间的关系有三种，即一对一、一对多和多对多，前两种关系前面已经学习过。线性结构的数据是一个节点对应一个节点，树型结构的数据是一个节点可以对应多个节点。本章将介绍数据结构中多个节点对应多个节点的数据逻辑关系，即图型数据结构。

8.1　图型数据的概念

图(Graph)是由顶点的有穷非空集合和顶点之间边的集合组成，通常表示为 G(V, E)。G 表示一个图，V 是图 G 中顶点的集合，E 是图 G 中边的集合，如图 8-1 所示。

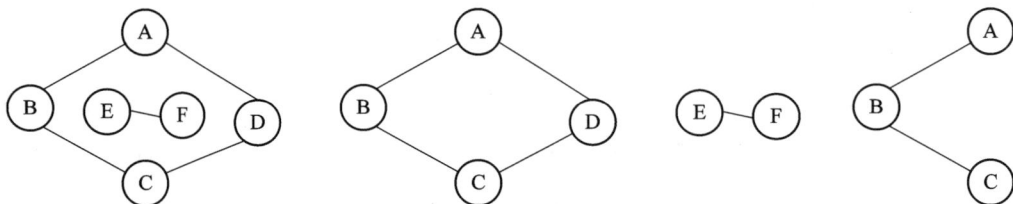

图 8-1　图型数据结构示例图

图型数据结构中的一些术语与概念如图 8-2 所示。

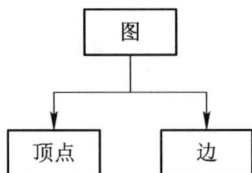

图 8-2　图型结构的组成示意图

(1) 线性表中将数据元素称为元素，树中将数据元素称为节点，图中将数据元素称为顶点(Vertex)。

(2) 线性表可以没有元素，称为空表；树中可以没有节点，称为空树；但是，在图中不允许没有顶点，即图型数据结构的有穷非空性。

(3) 线性表中的各元素是线性关系，树中的各元素是层次关系，而图中各顶点的关系用边来表示(边集可以为空)。

在图型数据结构中，一般情况下采用 Vi 表示图中的顶点，且所有顶点构成的集合通常用集合 V 来表示，例如顶点的集合为 V={V1, V2, V3, V4}，它所表示的图型数据结构如图 8-3 所示。

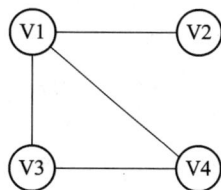

图 8-3　集合 V 的图型示意图

1. 无向图

如果图中任意两个顶点之间的边都是无向边(简而言之就是没有方向的边)，则称该图为无向图。假设有一个图型数据结构 G，该图的顶点集为 V = {1, 2, 3, 4, 5, 6}，边集 E = {(1 ,2), (1, 5),(2, 3), (2, 5), (3, 4), (4, 5), (4, 6)}，那么在它构成的无向图中，边(u, v)和边(v, u)所表示的数据结构是一样的，并没有因为顶点与边的方向不同而影响数据的传递，因此称这种图型数据结构为无向图，如图 8-4 所示。

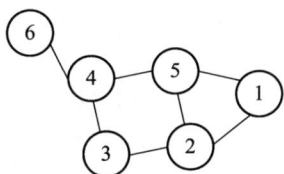

顶点集：V = {1, 2, 3, 4, 5, 6}

边集：E = {(1, 2), (1, 5), (2, 3), (2, 5), (3, 4), (4, 5), (4, 6)}

图 8-4　无向图

2. 无向完全图

在无向图中，如果任意两个顶点之间都存在边，则称该图为无向完全图，含有 n 个顶点的无向完全图有(n×(n−1))/2 条边，如图 8-5 所示。

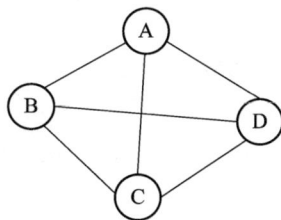

顶点集：V = {A, B, C, D}

边集：E = {(A, B), (B, C), (C, D), (D, A)}

图 8-5　无向完全图

3. 有向图

在图型数据结构中，连接两个顶点并且具有方向的边，称为该图型结构的有向边。如果图中任意两个顶点之间的边都是有向边，则称该图为有向图，如图 8-6 所示。

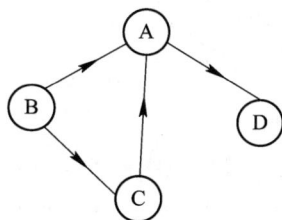

顶点集：V = {A, B, C, D}

边集：E = {(A, D), (B, A), (B, C), (C, A)}

图 8-6　有向图

4. 有向完全图

在有向图中，如果任意两个顶点之间都存在方向互为相反的两条弧，则称该图为有向完全图。含有 n 个顶点的有向完全图有 n×(n-1)条边，如图 8-7 所示。

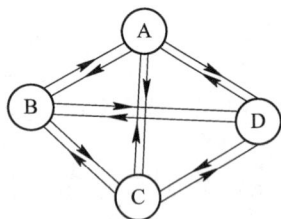

顶点集：V＝{A, B, C, D}

边集：E＝{(A, B), (B, A), (A, D), (D, A), (B, C), (C, B), (C, D), (D, C)}

图 8-7　有向完全图

5. 弧头和弧尾

在有向图中，无箭头一端的顶点通常被称为初始点或弧尾，箭头直线的顶点被称为终端点或弧头，如图 8-8 所示。

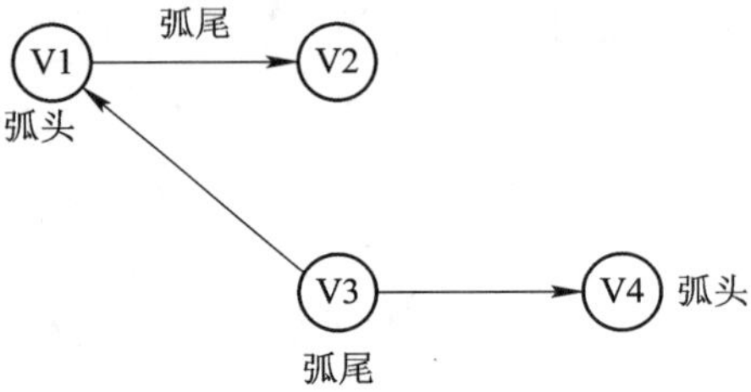

6. 入度和出度

对于有向图中的一个顶点 V 来说，箭头指向 V 的弧的数量称为 V 的入度，一般记为 ID(V)。箭头远离 V 的弧的数量称为 V 的出度，一般记为 OD(V)。

图 8-8　弧头与弧尾示意图

下面举例说明，假设存在一个有向图 G，该图的顶点集 V＝{V1, V2, V3, V4}，边集 E＝{{V1, V2}, {V1, V3}, {V3, V4}, {V4, V1}}，如图 8-9 所示。在该有向图中，针对顶点 V1，该顶点的入度为 1，出度为 2，该顶点的度为 3。

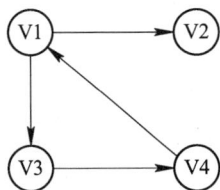

顶点集：V＝{V1, V2, V3, V4}

边集：E＝{{V1, V2}, {V1, V3}, {V3, V4}, {V4, V1}}

图 8-9　有向图的度示意图

在无向图中描述两顶点(V1 和 V2)之间的关系可以用(V1, V2)来表示，而有向图中描述从 V1 到 V2 的单向关系用<V1, V2>来表示。由于图型数据结构中顶点之间的关系是用线来表示的，因此(V1, V2)还可以用来表示无向图中连接 V1 和 V2 的线，又称为边；同样，<V1, V2>也可以用来表示有向图中从 V1 到 V2 带方向的线，又称为弧，如图 8-10 所示。

有向图：<V1, V2>　　　　　　　　　无向图：(V1, V2)

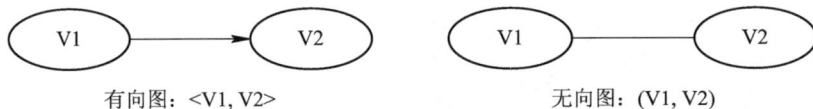

图 8-10　顶点的指向

下面通过代码来实现一个简单的图型数据结构。本代码实例参见源码文件 8-1-Test1。

第一步：创建顶点类，通过数组对象来链接边与点，同时在节点类中封装入度与出度，详见代码清单 8-1。

代码清单 8-1

```java
import java.util.ArrayList;
public class Node{
    public int value;
    public int in;//入度
    public int out;//出度
    public ArrayList<Node> nexts;//下一级节点
    public ArrayList<Edge> edges;//边
    public Node(int value){
        this.value = value;
        in = 0;
        out = 0;
        nexts = new ArrayList<>();
        edges = new ArrayList<>();
    }
}
```

　　第二步：创建图型数据结构的边类，在该类中封装边的权重入度节点与出度节点，详见代码清单 8-2。

代码清单 8-2

```java
public class Edge{
    public int weight;//权重
    public Node from;
    public Node to;
    public Edge(int weight, Node from, Node to){
        this.weight = weight;
        this.from = from;
        this.to = to;
    }
}
```

　　第三步：创建图类，在该类中通过集合的形式封装键值对，将顶点的索引与顶点进行匹配，同时也确定了边的关系，详见代码清单 8-3。

代码清单 8-3

```java
import java.util.HashMap;
import java.util.HashSet;
public class Graph{
    public HashMap<Integer, Node> nodes;
    public HashSet<Edge> edges;

    public Graph(){
        nodes = new HashMap<>();
```

```
        edges = new HashSet<>();
    }
}
```

第四步：创建图型数据构造方法，在 MainActivity 类中通过二维矩阵创建图型数据结构对象，详见代码清单 8-4。

代码清单 8-4

```
public class MainActivity{
    ...部分代码省略...
    public Graph createGraph(Integer[][] matrix){
        Graph graph = new Graph();
        for (int i = 0; i < matrix.length; i++){//长度为 3 的数组
            Integer weight = matrix[i][0];
            Integer from = matrix[i][1];
            Integer to = matrix[i][2];
            if (!graph.nodes.containsKey(from)){
                graph.nodes.put(from, new Node(from));
            }
            if (!graph.nodes.containsKey(to)){
                graph.nodes.put(to, new Node(to));
            }
            Node fromNode = graph.nodes.get(from);
            Node toNode = graph.nodes.get(to);
            Edge newEdge = new Edge(weight, fromNode, toNode);
            fromNode.nexts.add(toNode);
            fromNode.out++;
            toNode.in++;
            fromNode.edges.add(newEdge);
            graph.edges.add(newEdge);
        }
        return graph;
    }
    ...部分代码省略...
}
```

第五步：在 MainActivity 类的 onCreate 方法中调用 createGraph 方法，详见代码清单 8-5。

代码清单 8-5

```
protected void onCreate(Bundle savedInstanceState){
    super.onCreate(savedInstanceState);
    binding = ActivityMainBinding.inflate(getLayoutInflater());
    setContentView(binding.getRoot());
    ...部分代码省略...
```

```
        Integer[][] matrix = {{1,2,3,4},{4,5,6,7},{8,9,10,11}};
        Graph g = createGraph(matrix);
        int count =    g.nodes.size();
        int edge_count = g.edges.size();
        Log.d(TAG_GZPYP, "图型数据结构中【顶点】数量为："+ count);
        Log.d(TAG_GZPYP, "图型数据结构中【边】数量为："+ count);
        Button btn1 = findViewById(R.id.buttontest);
        ...部分代码省略...
    }
```

第六步：运行该项目代码，在 Logcat 监视窗口中打印的信息如图 8-11 所示。

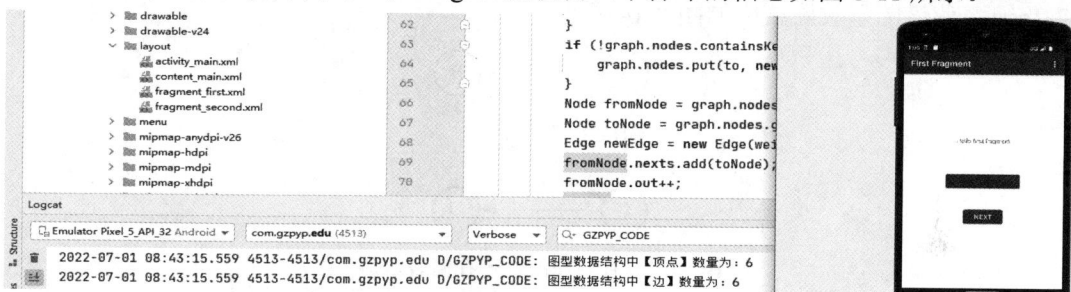

图 8-11　创建图型数据结构对象运行示意图

8.2　图型数据结构的存储

图型数据结构有多种存储方式，其中比较有代表性的是顺序存储表示法、邻接矩阵存储表示法、十字链表存储表示法、邻接多重表存储表示法。

8.2.1　图的顺序存储表示法

图的顺序存储表示法是采用数组来存放图的顶点与边的信息，称这样的数组为边集数组。在边集数组中，一共有两个数组：一个是一维数组，负责存储图型数据结构的顶点信息；另外一个是二维数组，负责存储图型数据结构的边的信息，其中边的信息包括指定边的起始顶点、终点顶点、边的权值。下面举例说明，假设图 8-12 所示的无向图，那么存储该无向图的顶点的一维数组就是{V0, V1, V2, V3, V4, V5}。

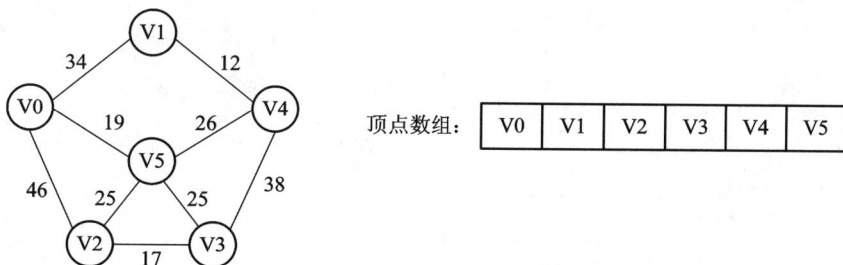

图 8-12　无向图的顺序存储表示法

顶点数据采用一维数组存储即可，存储该无向图的边信息需要用二维数组，在二维数组中存储指定边的起始顶点、终点顶点、边的权值，如图 8-13 所示。

数组索引	0	1	2	3	4	5	6	7	8
起始顶点	1	2	0	2	3	4	0	3	0
终点顶点	4	3	5	5	5	5	1	4	2
权值	12	17	19	25	25	26	34	38	46

图 8-13 图的二维数组数据存储示意图

下面通过一个案例来介绍图型数据结构的顺序存储，本代码实例参见源码文件 8-2-Test1。假设图型数据结构如图 8-14 所示。

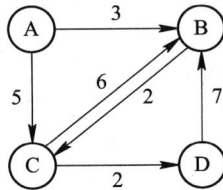

图 8-14 有向图的顺序存储表示图

第一步：创建边类，将入度节点、出度节点、边的权值封装进去，详见代码清单 8-6。

代码清单 8-6

```java
package com.gzpyp.edu;
public class Edge{
    int start_vex;
    int end_vex;
    int weight;
}
```

第二步：创建图型数据结构类，封装关键数据，详见代码清单 8-7。

代码清单 8-7

```java
public class GraphsTest{
    private    final int N = 1000;
    //图中顶点的数量
    private    int vertex_count;
    //图中边的数量
    private    int edge_count;
    //顶点容器结合
    private    String vex[] = new String[N];
    //加入边的集合的边数
    private    int counter;
    //边集容器集合
    private    Edge edges_list[] = new Edge[N * N];
}
```

第三步：封装初始化数组与边集计数器，详见代码清单 8-8。

代码清单 8-8

```
//初始化数组与边集计数器
private    void init(){
    Arrays.fill(vex, -1);
    Arrays.fill(edges_list, -1);
    counter = 0;
}
```

第四步：封装 locateVex 方法用于定位顶点，封装 AddEdgeToList 方法用于添加图型数据结构的边，详见代码清单 8-9。

代码清单 8-9

```
//定位顶点位置
private    int locateVex(String x){
    for (int i = 0; i < vertex_count; i++){
        if (vex[i].equals(x)){
            return i;
        }
    }
    return -1;
}
//向边集数组中增加边
private    void AddEdgeToList(int start_vex, int end_vex, int weight){
    edges_list[counter] = new Edge();
    edges_list[counter].start_vex = start_vex;
    edges_list[counter].end_vex = end_vex;
    edges_list[counter++].weight = weight;
}
```

第五步：封装创建图，详见代码清单 8-10。

代码清单 8-10

```
//创建图
private void createGraph(){
    int i,j,w;
    //AB 边
    i = locateVex("A");
    j = locateVex("B");
    w = 3;
    AddEdgeToList(i, j, w);
    //AC 边
    i = locateVex("A");
    j = locateVex("C");
```

```
        w = 5;
        AddEdgeToList(i, j, w);
        //BC 边
        i = locateVex("B");
        j = locateVex("C");
        w = 2;
        AddEdgeToList(i, j, w);
        //CB 边
        i = locateVex("C");
        j = locateVex("B");
        w = 6;
        AddEdgeToList(i, j, w);
        //CD 边
        i = locateVex("C");
        j = locateVex("D");
        w = 2;
        AddEdgeToList(i, j, w);
        //DB 边
        i = locateVex("D");
        j = locateVex("B");
        w = 7;
        AddEdgeToList(i, j, w);
    }
```

第六步：封装打印数据与创建图集的测试，详见代码清单 8-11。

代码清单 8-11

```
    private void print(){
        System.out.println("边集数组如下：");
        for (int i = 0; i < counter; i++){
            System.out.println(edges_list[i].start_vex + " " + edges_list[i].end_vex + " "
                                + edges_list[i].weight);
        }
    }
    public    void ShowTest(){
        vertex_count = 4;
        edge_count = 6;
        vex[0] = "A";
        vex[1] = "B";
        vex[2] = "C";
        vex[3] = "D";
        String s = "顶点数组： ";
        for (int i = 0; i < vex.length ; i++){
```

```
        if(vex[i] != null) s += vex[i] + " ";
    }
    System.out.println(s);
    createGraph();
    print();
}
```

第七步：运行该项目代码，在 Logcat 监视窗口中打印的信息如图 8-15 所示。

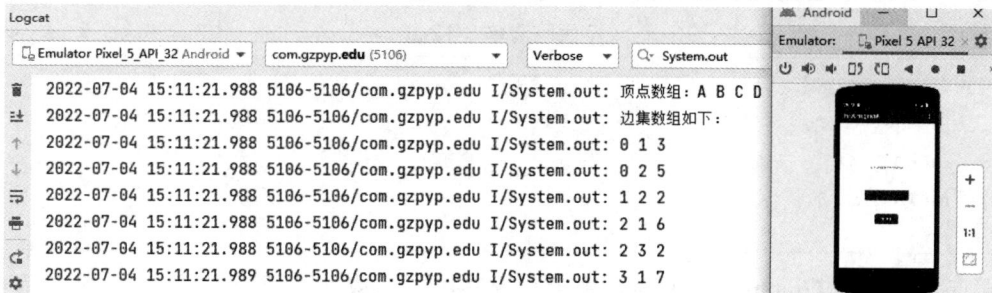

图 8-15　图型数据结构顺序存储案例运行示意图

8.2.2　图的邻接矩阵存储表示法

图的存储结构相比顺序表、链表、树等数据结构更复杂，不可能仅用简单的顺序存储结构就表示所有的图型数据结构。如何高效率低容量地存储图型数据结构一直以来都是一个很困难的问题。除了顺序存储结构，科学家们又发现了存储图型数据结构可以借用数学工具——邻接矩阵，这就产生了图的邻接矩阵表示法。

邻接矩阵存储表示法的基本思想：对于有 n 个顶点的图，用一维数组 vexs[n]存储顶点信息，用二维数组 A[n][n]存储顶点之间关系的信息，那么称该二维数组矩阵为邻接矩阵。在邻接矩阵中，以顶点在 vexs 数组中的下标代表顶点，邻接矩阵中的元素 A[i][j]存放的是顶点 i 到顶点 j 之间关系的信息。

假设有一个无向图 G，具有四个顶点，分别是顶点 A、顶点 B、顶点 C、顶点 D，其中它们的边两两相连，即 ABCD 四个顶点都是相通的，那么采用邻接矩阵表示法使用一维数组 Vexes 存储顶点数据信息，即 Vexes={A，B，C，D}；采用二维数组 M[4][4]存储顶点与顶点之间的关系，即 M[4][4]={{0,1,1,1},{1,0,1,1,{1,1,0,1},{1,1,1,0}}}，该无向图 G 的邻接矩阵表示如图 8-16 所示。

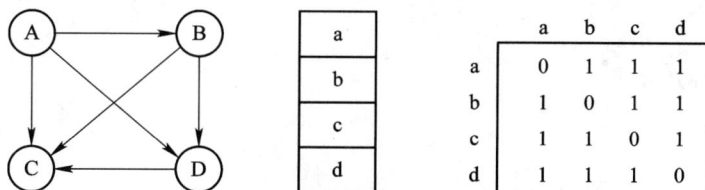

图 8-16　无向图 G 的邻接矩阵表示法

下面通过一个案例来介绍图型数据结构的邻接矩阵存储表示法，本代码实例参见源码文件 8-2-Test2。假设图型数据结构如图 8-17 所示。

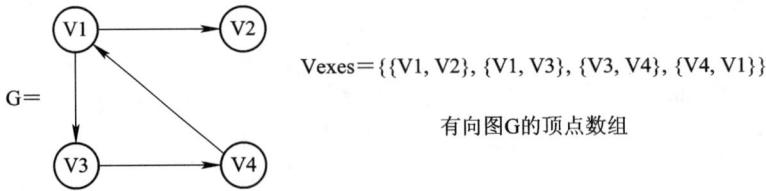

$Vexes=\{\{V1, V2\}, \{V1, V3\}, \{V3, V4\}, \{V4, V1\}\}$

有向图G的顶点数组

图 8-17　有向图 G 的示意图

第一步：创建边类，封装入度、出度、权重，详见代码清单 8-12。

代码清单 8-12

```java
public class Edge{
    int start_vex;
    int end_vex;
    int weight;

}
```

第二步：创建 Graph_matrix 类，用于实现邻接矩阵数据模型的展示，并且封装存储点的链表、数据模型的邻接矩阵、存储边的数目等，详见代码清单 8-13。

代码清单 8-13

```java
public class Graph_matrix{
    //存储点的链表
    private ArrayList vertexList;
    //邻接矩阵，用来存储边
    private int[][] edges;
    //边的数目
    private int numOfEdges;

}
```

第三步：封装数据模型中属性的 get 与 set 方法，详见代码清单 8-14。

代码清单 8-14

```java
//得到节点的个数
public int getNumOfVertex(){
    return vertexList.size();
}
//得到边的数目
public int getNumOfEdges(){
    return numOfEdges;
}
//返回节点 i 的数据
public Object getValueByIndex(int i){
    return vertexList.get(i);
}
//返回 v1,v2 的权值
```

```
public int getWeight(int v1,int v2){
    return edges[v1][v2];
}
//插入节点
public void insertVertex(Object vertex){
    vertexList.add(vertexList.size(),vertex);
}
```

第四步：封装图型数据结构增加边与删除边，详见代码清单 8-15。

代码清单 8-15

```
//插入边
public void insertEdge(int v1,int v2,int weight){
    edges[v1][v2]=weight;
    numOfEdges++;
}
//删除节点
public void deleteEdge(int v1,int v2){
    edges[v1][v2]=0;
    numOfEdges--;
}
```

第五步：封装获取第一个邻接节点的下标与根据前一个邻接节点的下标来取得下一个邻接节点的方法，详见代码清单 8-16。

代码清单 8-16

```
//得到第一个邻接节点的下标
public int getFirstNeighbor(int index){
    for(int j=0;j<vertexList.size();j++){
        if (edges[index][j]>0){
            return j;
        }
    }
    return -1;
}
//根据前一个邻接节点的下标来取得下一个邻接节点
public int getNextNeighbor(int v1,int v2){
    for (int j=v2+1;j<vertexList.size();j++){
        if (edges[v1][j]>0){
            return j;
        }
    }
    return -1;
}
```

第六步：在 MainActivity 类中创建 TestGraphMatrix 方法，并且创建一个有向图，删除其一条边，详见代码清单 8-17。

代码清单 8-17

```java
public void TestGraphMatrix(){
    int n=4,e=4;//创建一个有向图，有向图的 n 与 e，分别代表节点个数和边的数目
    String labels[]={"V1","V2","V3","V4"};//节点的标识
    Graph_matrix graph=new Graph_matrix(n);
    for(String label:labels){
        graph.insertVertex(label);//插入节点
    }
    //插入四条边
    graph.insertEdge(0, 1, 2);
    graph.insertEdge(0, 2, 5);
    graph.insertEdge(2, 3, 8);
    graph.insertEdge(3, 0, 7);
    System.out.println("节点个数是："+graph.getNumOfVertex() + "，边的个数是：" +
                    graph.getNumOfEdges());
    System.out.println("Graph 的邻接矩阵:");
    String temp = "";
    for (int i = 0; i < n; i++){
        for (int j = 0; j < n; j++){
            temp += graph.getWeight(i,j) + " ";
        }
        System.out.println(temp);
        temp="";
    }
    System.out.println("---------------------华丽的分割线-----------------------");
    //删除<V1,V2>边
    graph.deleteEdge(0, 1);
    System.out.println("删除<V1,V2>边后...");
    System.out.println("节点个数是："+graph.getNumOfVertex() + "，边的个数是：" +
                    graph.getNumOfEdges());
    System.out.println("Graph 的邻接矩阵:");
    for (int i = 0; i < n; i++){
        for (int j = 0; j < n; j++){
            temp += graph.getWeight(i,j) + " ";
        }
        System.out.println(temp);
        temp="";
    }
}
```

第七步：在 MainActivity 类的 onCreate 方法中调用 TestGraphMatrix 方法，详见代码清单 8-18。

代码清单 8-18

```
public class MainActivity extends AppCompatActivity{
    ...部分代码省略...
    private AppBarConfiguration appBarConfiguration;
    private ActivityMainBinding binding;
    public static final String TAG_GZPYP = "GZPYP_CODE";
    @Override
    protected void onCreate(Bundle savedInstanceState){
        super.onCreate(savedInstanceState);
        binding = ActivityMainBinding.inflate(getLayoutInflater());
        setContentView(binding.getRoot());
        this.TestGraphMatrix();
        ...部分代码省略...
    }
}
```

第八步：运行该项目代码，在 Logcat 监视窗口中打印的信息如图 8-18 所示。

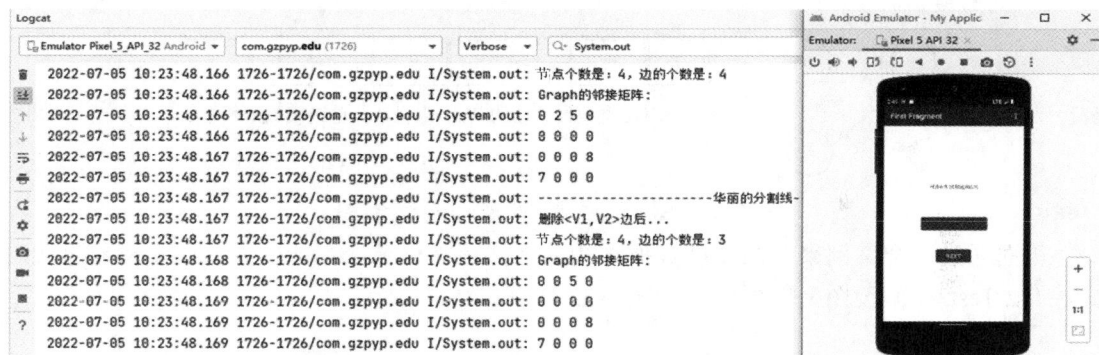

图 8-18　邻接矩阵表示法案例运行示意图

8.2.3　图的链式存储表示法

图型数据结构除了顺序存储表示法，也可以使用链式存储结构来表示。在图的链式存储结构中，经常采用邻接表来存储图，如图 8-19 所示。邻接表存储图型数据结构其实就是采用链表存储图，将数据中的节点与已知的数据节点相连接，同时将全部节点链接到顶点上，这样就可以大大节省内存。

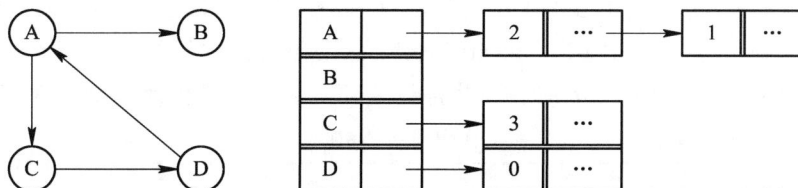

图 8-19　图的链式存储示意图

在图型数据结构中采用链表的方式存储图，必须使用链式节点，在图中如果存在两个链式节点相互连通，并且通过其中一个链式节点可直接找到另一个链式节点，那么就称它们互为邻接链式节点，简称为邻接点，如图 8-20 所示。

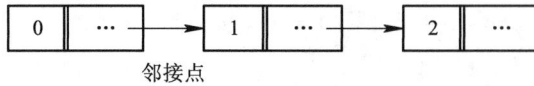

图 8-20　邻接点示意图

在邻接点之间的关系称为邻接关系。邻接关系是指在图型数据结构中顶点之间存在边或者弧的关系。图的链式存储方式主要通过邻接链来实现，给图中的各个链式节点单独建立一个链表，用链式节点存储图中顶点；再用另一个链表中的链式节点存储其他邻接点。为了便于管理这些链表，将链表的头节点存储到相应的数组中，因为各个链表的头节点存储的是图型数据结构的各个顶点，所以各链表在存储邻接点数据时，仅需存储该邻接点位于数组中的位置下标。

在图型数据结构中邻接表的理解是十分重要的，邻接表的理解一定要注意链式节点的关联性，在每一个单链表的第一个链式节点上必须存放的是图型数据结构的顶点信息，该单链表剩下的所有元素都是与单链表头节点相连或相关的链式节点，如图 8-21 所示。

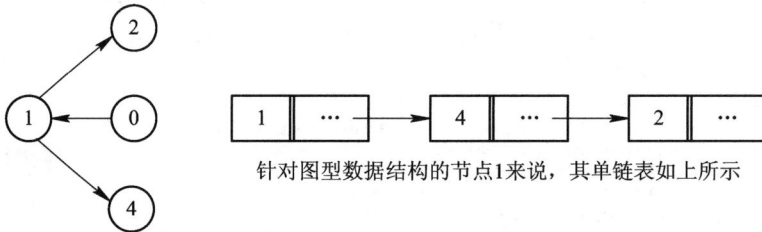

针对图型数据结构的节点1来说，其单链表如上所示

图 8-21　图型数据结构的链式节点示意图

下面通过一个案例来介绍图型数据结构的邻接矩阵表示法存储，本代码实例参见源码文件 8-2-Test3。假设图型数据结构如图 8-22 所示。

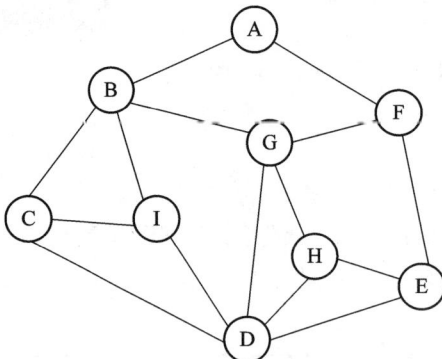

该图采用深度优先搜索遍历，其遍历结果：
AFGHEDICBFB

图 8-22　无向图深度优先搜索遍历示意图

第一步：创建图型数据结构顶点类并且封装部分数据，详见代码清单 8-19。

代码清单 8-19

```java
package com.gzpyp.edu;
public class VertextNode{
```

```
        private String data;//顶点域
        private EdgeNode firstEdge;
        private int id;
        public int getId(){
            return id;
        }
        public void setId(int id){
            this.id = id;
        }
        public String getData(){
            return data;
        }
        public void setData(String data){
            this.data = data;
        }
        public EdgeNode getFirstEdge(){
            return firstEdge;
        }
        public void setFirstEdge(EdgeNode firstEdge){
            this.firstEdge = firstEdge;
        }
    }
```

第二步：封装边节点类，将必要数据封装，详见代码清单 8-20。

代码清单 8-20

```
    package com.gzpyp.edu;
    public class EdgeNode{
        private String Adjvex;//邻接点域，存储该顶点对应下标
        private int weight;//权重
        private EdgeNode next;
        private int edgeInfo;//边值
        public int getEdgeInfo(){
            return edgeInfo;
        }
        public void setEdgeInfo(int edgeInfo){
            this.edgeInfo = edgeInfo;
        }
        public String getAdjvex(){
            return Adjvex;
        }
        public void setAdjvex(String adjvex){
            Adjvex = adjvex;
```

```
        }
        public int getWeight(){
            return weight;
        }
        public void setWeight(int weight){
            this.weight = weight;
        }
        public EdgeNode getNext(){
            return next;
        }
        public void setNext(EdgeNode next){
            this.next = next;
        }
    }
```

第三步：创建 GraphLink 类，使用邻接表表示法封装图型数据结构，以邻接链表的方式存储图型数据结构，详见代码清单 8-21。

代码清单 8-21

```
    package com.gzpyp.edu;
    public class GraphLink{
        //输入的总数
        private int numInputV,numInputE;
        VertextNode vtNode[];
        //是否为有向图
        Boolean kind;
        public GraphLink(int sizeVertexes,Boolean kind){
            if(sizeVertexes>0&&sizeVertexes<65535){
                vtNode = new VertextNode[sizeVertexes];//初始化顶点域
                numInputV=numInputE=0;
                for(int i=0;i<sizeVertexes;i++){
                    //顶点域置空
                    vtNode[i]=null;
                }
            }else{new RuntimeException("创建失败");}
            this.kind=kind;
        }
        //输入头节点
        public void InsertVertextes(String ev){
            VertextNode vt = new VertextNode();
            vt.setData(ev);
            vt.setFirstEdge(null);
```

```
        vt.setId(numInputV);
        vtNode[numInputV]=vt;
        numInputV++;
    }
    //建立边表_头插法，把边的 next 指向顶点的 firstedge，顶点的 firstedge 指向 eNode 的 getNext()
    public void InsertEdges(String start,String end,int weight,int ID){
        int pos = getVertexPos(start);
        if(pos!=-1){
            EdgeNode en = new EdgeNode();
            en.setAdjvex(end);
            en.setEdgeInfo(ID);
            en.setWeight(weight);
            en.setNext(vtNode[pos].getFirstEdge());
            vtNode[pos].setFirstEdge(en);
            numInputE++;
        }
        if(!kind){//无向图
            int posEnd = getVertexPos(end);
            if(posEnd!=-1){
                EdgeNode enStart = new EdgeNode();
                enStart.setAdjvex(start);
                enStart.setEdgeInfo(ID);
                enStart.setWeight(weight);
                enStart.setNext(vtNode[posEnd].getFirstEdge());
                vtNode[posEnd].setFirstEdge(enStart);
                numInputE++;
            }
        }
    }
    public int getVertexPos(String vertx){
        //给出顶点 vertex 在图中的位置
        for (int i = 0; i < numInputV; i++)
            if (vtNode[i].getData() == vertx)
                return i;
        return -1;
    }
    public String GetFirstNeighbor(String vertx){
        int pos=getVertexPos(vertx);
        if(pos!=-1){
            EdgeNode en = vtNode[pos].getFirstEdge();
```

```java
            return en.getAdjvex();
        }
        return null;
    }
    //给出顶点 v 的邻接点 w，求下一个邻接点
    public String GetSecNeighbor(String start,String next){
        int pos1=getVertexPos(start);
        int pos2=getVertexPos(next);
        if(pos1!=-1&&pos2!=-1){
            EdgeNode en = vtNode[pos1].getFirstEdge();
            while(en! = null&&en.getAdjvex()! = next){
                en = en.getNext();
            }
            if(en.getNext()! = null){
                return en.getNext().getAdjvex();
            }
        }
        return null;
    }
    public int getNumInputV(){
        return numInputV;
    }
    public void setNumInputV(int numInputV){
        this.numInputV = numInputV;
    }
    public int getNumInputE(){
        return numInputE;
    }
    public void setNumInputE(int numInputE){
        this.numInputE = numInputE;
    }
    public VertextNode[] getVtNode(){
        return vtNode;
    }
    public void setVtNode(VertextNode[] vtNode){
        this.vtNode = vtNode;
    }
}
```

第四步：在 MainActivity 类中创建 TestGraphMatrix 方法，并且在其中以邻接表的存储方式创建一个具有 9 个顶点的图型数据结构，并且采用深度优先搜索遍历将该图型数据结

构打印出来，详见代码清单 8-22。

代码清单 8-22

```java
public class MainActivity extends AppCompatActivity {
    ...部分代码省略...
    public void TestGraphMatrix(){
        GraphLink gl = new GraphLink(9,false);
        gl.InsertVertextes("A");gl.InsertVertextes("B");
        gl.InsertVertextes("C");gl.InsertVertextes("D");
        gl.InsertVertextes("E");gl.InsertVertextes("F");
        gl.InsertVertextes("G");gl.InsertVertextes("H");
        gl.InsertVertextes("I");
        gl.InsertEdges("A", "B", 0, 1);gl.InsertEdges("A", "F", 0, 2);
        gl.InsertEdges("B", "C", 0, 3);gl.InsertEdges("B", "I", 0, 4);
        gl.InsertEdges("B", "G", 0, 5);gl.InsertEdges("C", "I", 1, 6);
        gl.InsertEdges("C", "D", 1, 7);gl.InsertEdges("D", "G", 1, 8);
        gl.InsertEdges("D", "I", 5, 1);gl.InsertEdges("D", "H", 4, 2);
        gl.InsertEdges("D", "E", 3, 3);gl.InsertEdges("E", "F", 2, 4);
        gl.InsertEdges("E", "H", 1, 5);gl.InsertEdges("G", "F", 1, 6);
        gl.InsertEdges("G", "H", 1, 7);
        DFSTraverse(gl);
        System.out.println("深度优先搜索遍历节点的顺序如下所示：");
        System.out.println(gl.GetFirstNeighbor("A"));
        System.out.println(gl.GetSecNeighbor("A", "F"));
    }
    Boolean [] visited;
    private void DFS(GraphLink gl,int i){
        visited[i]=true;
        System.out.println(gl.vtNode[i].getData());

        EdgeNode en = gl.vtNode[i].getFirstEdge();//获取当前节点的下一个相邻节点
        while(en!=null){
            int pos = gl.getVertexPos(en.getAdjvex());
            if( !visited[pos]){
                DFS(gl,gl.getVertexPos(en.getAdjvex()));
            }
            en=en.getNext();
        }
    }
    void DFSTraverse(GraphLink gl){
        visited = new Boolean[gl.getNumInputV()];
        for(int i=0;i<gl.getNumInputV();i++){
```

```
            visited[i]=false;
        }
        for(int i=0;i<gl.getNumInputV();i++){
            if(!visited[i]){
                DFS(gl,i);}
        }
    }
    ...部分代码省略...
}
```

第五步：在 onCreate 方法中调用该方法进行测试，详见代码清单 8-23。

代码清单 8-23

```
protected void onCreate(Bundle savedInstanceState){
    super.onCreate(savedInstanceState);
    binding = ActivityMainBinding.inflate(getLayoutInflater());
    setContentView(binding.getRoot());
    TestGraphMatrix();
    setSupportActionBar(binding.toolbar);
    ...部分代码省略...
}
```

第六步：运行该项目代码，在 Logcat 监视窗口中打印的信息如图 8-23 所示。

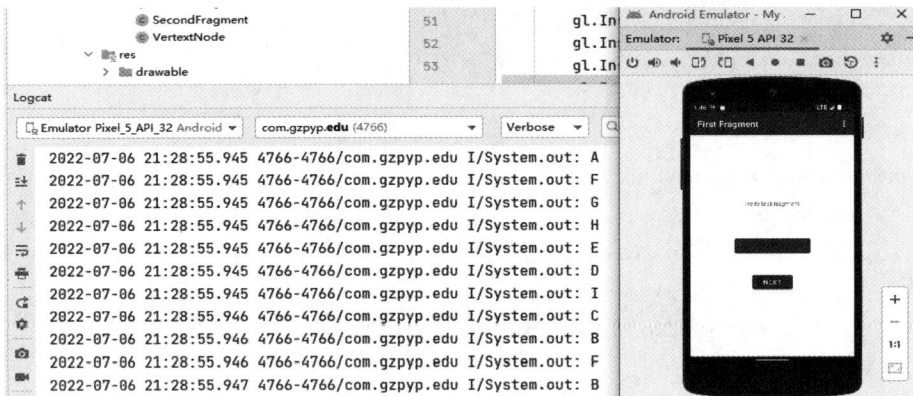

图 8-23　图型数据结构邻接表表示法运行示意图

8.3　图型数据结构的遍历

　　图型数据结构的遍历是指从给定图中任意指定的顶点即初始点出发，按照某种特定的搜索方法沿着图的边不断地访问图中的所有顶点，使每个顶点都被且仅被访问一次，这个访问过程称为图的遍历。图型数据结构的遍历一般分为两种，即深度优先搜索遍历与广度优先搜索遍历。

8.3.1　深度优先搜索遍历

深度优先搜索遍历是常用的图型数据结构的遍历方式，其遍历方法类似于树型数据结构的先根遍历。假设有一个图型数据结构 G，选定其一个顶点作为初始访问顶点 V，以它为起点依次从顶点 V 的未被访问的邻接节点出发，进行深度优先搜索，每次搜索都沿着相邻节点进行直至和起始点 V 有路径相通的顶点都被访问到，这种图型数据结构的搜索方式称为图的深度优先搜索遍历。

假设有一个图型数据结构 G，如图 8-24 所示。

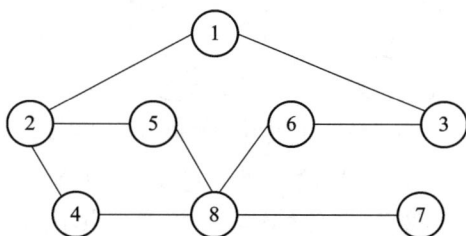

图 8-24　深度优先搜索遍历案例图 1

以节点 1 为起始点，在起始点的邻接点中寻找一个未被访问过的节点，以该节点为新的出发点再继续进行深度优先遍历，其遍历的过程如下：

(1) 确定初始访问节点，初始访问的第一个节点是节点 1。

(2) 访问节点 1 的邻接节点，其邻接节点有节点 2 和节点 3，且节点 2 和节点 3 都没有被访问过，那么选择节点 2 还是选择节点 3 均可以，如图 8-25 所示。

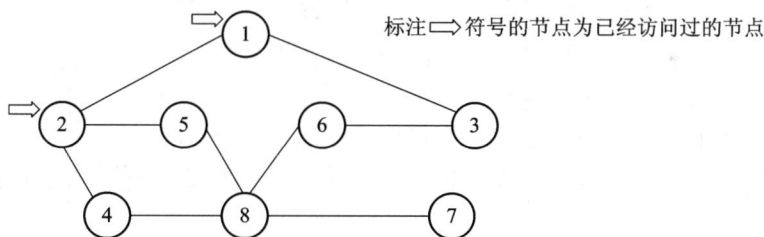

图 8-25　深度优先搜索遍历案例图 2

(3) 以节点 2 为新的出发点，节点 2 的邻接点有节点 4 和节点 5，节点 4 和节点 5 都没有被访问过，那么这里选择节点 4。

(4) 以节点 4 为新的出发点，节点 4 的邻接点有节点 2 和节点 8，其中节点 2 已经被访问过了，那么现在只能选择节点 8，如图 8-26 所示。

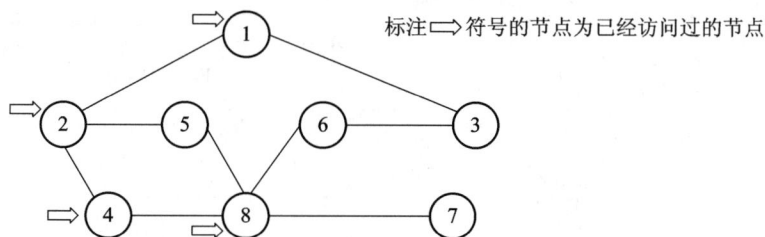

图 8-26　深度优先搜索遍历案例图 3

(5) 以节点 8 为新的出发点，节点 8 的邻接点有节点 4、节点 5、节点 6、节点 7，其中节点 5、节点 6、节点 7 都没有被访问，在这里选择节点 5 作为下一个新的出发点。

(6) 以节点 5 为新的出发点，节点 5 的邻接点有节点 2 和节点 8，可是节点 2 和节点 8 都被访问过了，这时应该返回当前出发点的上一个出发点节点 8，以上一个出发点节点 8 为新的出发点，继续寻找新出发点的未被访问过的邻接点，如图 8-27 所示。

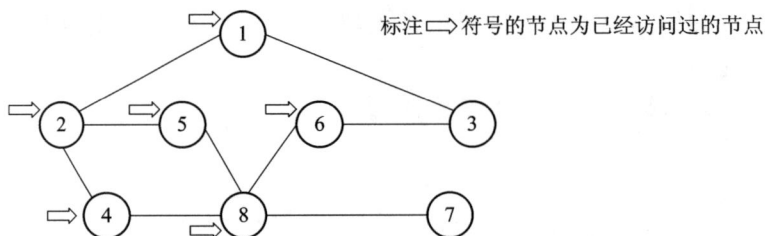

图 8-27   深度优先搜索遍历案例图 4

(7) 后续的节点的遍历逻辑是一样的，遍历完成后，将访问过的节点按顺序输出即可，如图 8-28 所示。这里需要明确的是，因为选取的邻接节点不同，所以输出的深度优先遍历的序列是不唯一的。

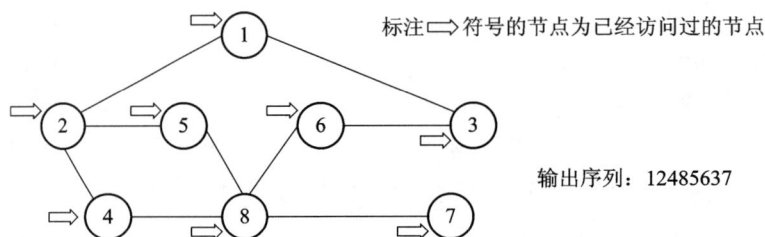

图 8-28   深度优先搜索遍历案例图 5

在图型数据结构中，对于连通图进行遍历时，从一个顶点出发即可通过深度优先搜索遍历访问完所有的顶点。而对于非连通图进行遍历时，若图中尚有顶点未被访问，则需要另选一个未曾访问的顶点作为起始点，再次进行深度优先搜索遍历，直至将所有顶点都被访问到。

下面通过一个案例来介绍图型数据结构的邻接矩阵表示法存储，本代码实例参见源码文件 8-3-Test1。假设图型数据结构如图 8-29 所示。

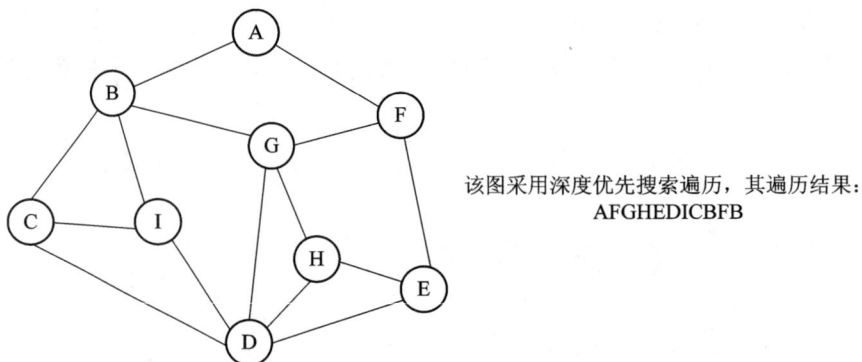

图 8-29   深度优先搜索遍历案例图

在图的链式存储表示法中，介绍了链式存储案例的过程，为了打印出图的逐个节点，使用了简单的深度优先搜索遍历，本节将采用案例 8-2-Test3 的源码案例来讲解图的深度优先搜索遍历。

在案例 8-2-Test3 中，对于基础类如 EdgeNode 类、VertextNode 类、GraphLink 类等，这里不再赘述。

第一步：在 MainActivity 类中创建 DFS 方法，将图型数据结构的对象与该节点的索引作为参数传入 DFS 方法之中。创建布尔类型的数组来记录图中顶点被访问的情况，详见代码清单 8-24。

代码清单 8-24

```
Boolean [] visited;
private void DFS(GraphLink gl,int i){}
```

第二步：在方法内首先要存储当前节点的访问情况，当 i 作为参数传入后，必须将该节点的访问情况存储为真，并且将当前节点的数据打印出来，同时获取当前节点的下一个相邻节点，然后通过 while 循环语句，根据当前的边来获取相应的节点。如果边存在的话，那么必定存在下一个节点，通过这种方式不断地递归寻址，最后访问完当前连通图的所有顶点，详见代码清单 8-25。

代码清单 8-25

```
private void DFS(GraphLink gl,int i){
    visited[i]=true;
    System.out.println(gl.vtNode[i].getData());
    EdgeNode en = gl.vtNode[i].getFirstEdge();//获取当前节点的下一个相邻节点
    while(en!=null){
        int pos = gl.getVertexPos(en.getAdjvex());
        if( !visited[pos]){
            DFS(gl,gl.getVertexPos(en.getAdjvex()));
        }
        en=en.getNext();
    }
}
```

第三步：在 MainActivity 类中创建 DFSTraverse 方法，将图型数据结构作为对象传入该方法中。在遍历图之前，首先要将存储顶点遍历情况的布尔数组重置，即所有数组元素设置为假。初始化数组后，将布尔数组的长度设置为长度与当前图顶点数量相同，然后通过 for 循环并且调用 DFS 方法逐一访问数据节点，将数据输出，详见代码清单 8-26。

代码清单 8-26

```
void DFSTraverse(GraphLink gl){
    visited = new Boolean[gl.getNumInputV()];
    for(int i=0;i<gl.getNumInputV();i++){
        visited[i]=false;}
    for(int i=0;i<gl.getNumInputV();i++){
```

```
if(!visited[i]){
    DFS(gl,i);
    }
  }
}
```

第四步：运行该项目代码，在 Logcat 监视窗口中打印的信息如图 8-30 所示。

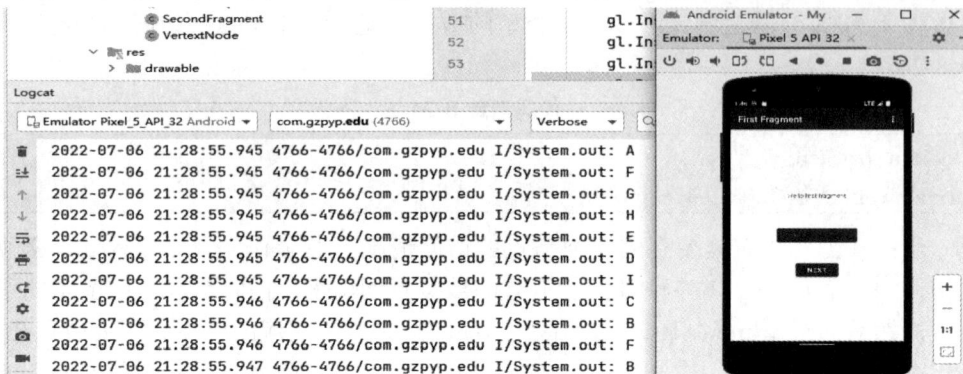

图 8-30　图型数据结构邻接表表示法运行示意图

8.3.2　广度优先搜索遍历

广度优先搜索遍历是指选定图中某一个节点作为起始点，首先访问该节点，然后依次访问该起始点的各个未被访问过的邻接点，分别从这些邻接点出发依次访问它们的邻接点。在访问次序上应使先被访问的出发点的邻接点先于后被访问的出发点的邻接点被访问，直至图中所有已被访问过的节点的邻接点都被访问到，图的遍历才算结束。

假设有一个图型数据结构 G，如图 8-31 所示。

以节点 1 为起始点，在起始点的邻接点中寻找一个未被访问过的节点，以该节点为新的出发点再继续进行广度优先搜索遍历，其遍历的过程如下：

(1) 确定图 G 遍历的起始点。首先选择节点 1，将该节点作为起始点。

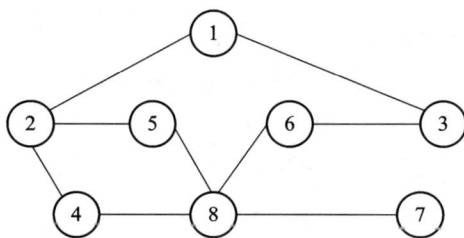

图 8-31　广度优先搜索遍历案例图 1

(2) 创建遍历节点存储队列，将遍历后的节点存储其中。经起始点后，确定节点 1 的邻接节点为节点 2 与节点 3，如图 8-32 所示。

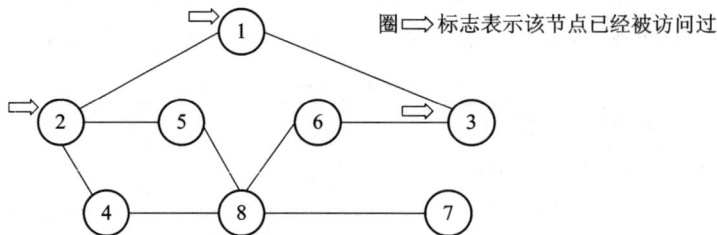

图 8-32　广度优先搜索遍历案例图 2

（3）访问节点 2 与节点 3 后，以节点 2 与节点 3 为起始点去访问两者相邻节点，即节点 4、节点 5、节点 6，如图 8-33 所示。

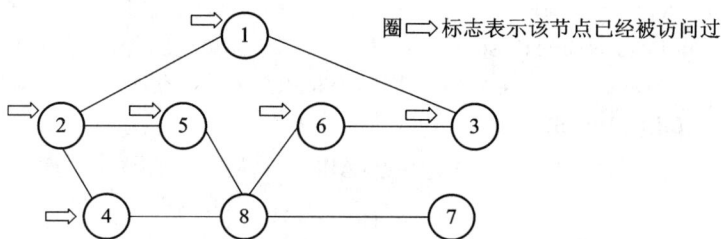

图 8-33　广度优先搜索遍历案例图 3

（4）访问完节点 6 后，与其相邻的节点为节点 8，与节点 8 相邻的为节点 7，那么节点 7 作为最后一个被访问的节点，如图 8-34 所示。

（5）最后图型数据结构 G 的广度优先搜索遍历的顺序为：12345687。

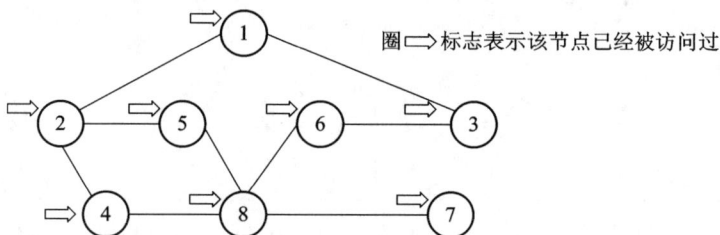

图 8-34　广度优先搜索遍历案例图 4

在图的链式存储表示法中，讲解了链式存储案例的过程，为了打印出图的逐个节点，使用了简单的深度优先搜索遍历，本节将采用案例 8-2-Test3 的源码案例来讲解图的广度优先搜索遍历。

在案例 8-2-Test3 中，对于基础类如 EdgeNode 类、VertextNode 类、GraphLink 类等，这里不再赘述。

第一步：在 MainActivity 类中创建 BFS 方法，将图型数据结构的对象与该节点的索引作为参数传入 BFS 方法之中。创建布尔类型的数组来记录图中顶点被访问的情况，详见代码清单 8-27。

代码清单 8-27

```
private void BFSTraverse(GraphLink gl){
    Queue<String> q = new LinkedList<String>();              //初始化一个辅助队列
    Boolean [] visitedB = new Boolean [gl.getNumInputV()];
    for(int i=0;i<gl.getNumInputV();i++){
        visitedB[i]=false;
    }
    //访问 i 元素
    for(int i=0;i<gl.getNumInputV();i++){
        if(!visitedB[i]){
            System.out.println(gl.getVtNode()[i].getData());       //getData 中为顶点头的内容
```

```
            visitedB[i]=true;
            q.add(gl.getVtNode()[i].getData());              //把当前顶点添加到队列中
            while(!q.isEmpty()){                              //队列不为空则一直循环
                int j =gl.getVertexPos(q.poll());            //获取当前出栈元素的位置
                EdgeNode en = gl.getVtNode()[j].getFirstEdge();  //当前出栈元素的连接边
                while(en!=null){
                    j= gl.getVertexPos(en.getAdjvex());      //Agjvex 为 String，需先获取在图中位置，
                                                             //当前边对应节点在图中的位置(id)
                    if(!visitedB[j] ){
                        visitedB[j]=true;
                        System.out.println(en.getAdjvex());
                        q.add(en.getAdjvex());               //将顶点入栈
                    }
                    en = en.getNext();                       //指向下一个节点
                }
            }
        }
    }
}
```

第二步：运行该项目代码，在 Logcat 监视窗口中打印的信息如图 8-35 所示。

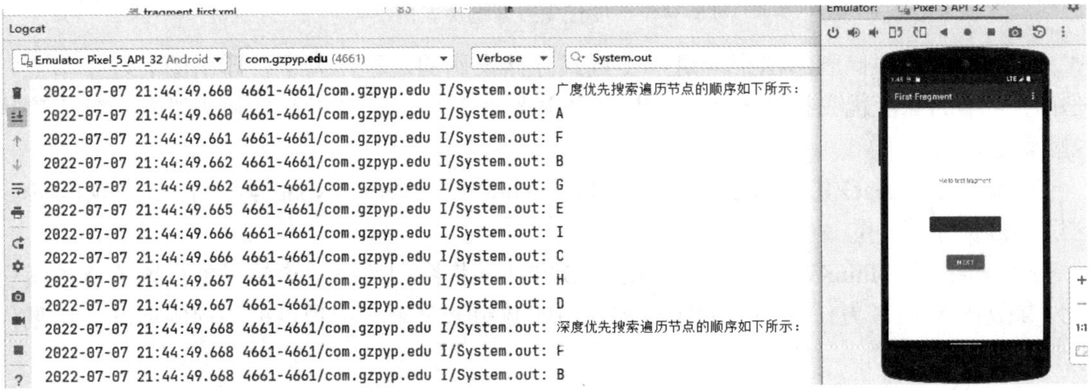

图 8-35　广度优先搜索遍历案例运行示意图

8.4　图型数据结构的连通性

在无向图 G 中，若存在一个顶点序列 Vp，V1，V2，…，Vm，Vq，使得(Vp，V1)，(V1，V2)，…，(Vm，Vq)均属于 E(G)，则称顶点 Vp 到顶点 Vq 存在一条**路径**。在有向图中，路径也是存在的，它由 E(G)中的有向边<Vp，V1>，<V1，V2>，…，<Vm，Vq>组成。路径上的边或弧的数目称为**路径长度**，如图 8-36 所示。

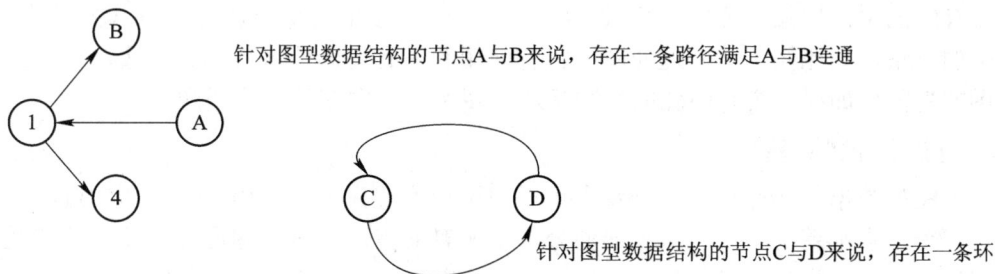

针对图型数据结构的节点A与B来说，存在一条路径满足A与B连通

针对图型数据结构的节点C与D来说，存在一条环

图 8-36 图的连通性基本概念示意图

如果起点 Vp 和终点 Vq 重合且节点相同，则称这样的路径为环(回路)。若一条路径上除了起点 Vp 和终点 Vq 可以相同外，其余顶点均不相同，则称此路径为一条简单路径。起点 Vp 和终点 Vq 相同的简单路径称为简单回路或简单环。

图型数据结构的连通性分为两种，即无向图的连通性和有向图的连通性。无向图的连通性指的是一个无向图是否为连通图；有向图的连通性指的是一个有向图是否为强连通图、单向连通图、弱连通图。强连通图必然是单向连通图，单向连通图必然是弱连通图，如图 8-37 所示。

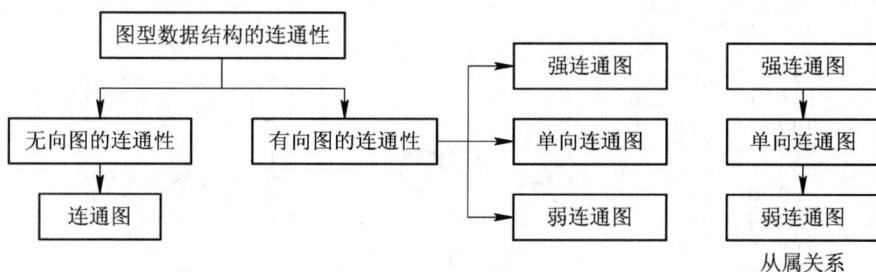

图 8-37 连通图结构示意图

1. 无向图的连通性

在无向图中，若从顶点 V1 到顶点 V2 有路径，则称无向图的顶点 V1 与顶点 V2 是连通的，如果在该图中任意两个顶点都是连通的则称该图为连通图。设 G=(V，E)和 G′=(V′，E′)，如果 V′是 V 的子集，并且 E′是 E 的子集，那么称 G′是 G 的子图。如果子图是连通的，那么它就是连通子图。将无相连通图的极大连通子图称为连通分量，极大连通分量中"极大"针对的是无向图的边而言的。连通图的边越多，最后生成的子图中，包含原图 G 与子图 G 的顶点也就越多。

生成一个极大连通子图的过程，可以简单地描述为从一个顶点出发，逐个添加所有与这个子图有边的顶点，直到将所有连通的顶点全都纳入这个图中，这时生成的子图就是极大连通子图，如图 8-38 所示。

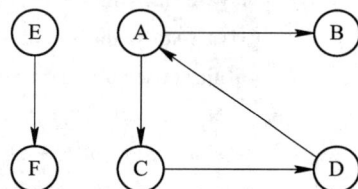

图 8-38 极大连通分量示意图

2. 有向图的连通性

有向图的连通分为强连通图、单向连通图、弱连通图等多个种类。在有向图中，如果对于每个顶点 V1 与 V2 都存在一条从 V1 到 V2 的路径，那么就称这个有向图为强连通图。相应地，该有向图存在的强连通分量，类似于无向图的极大强连通子图。强连通图只有一个强连通分量，即其自身。非强连通的有向图有多个强连通分量。

在有向图中,如果对于任意节点 V1 与 V2,至少存在从 V1 到 V2 和从 V2 到 V1　的路径中的一条,则原图为单向连通图。将有向图的所有有向边替换为无向边,得到的图称为原图的基图。如果一个有向图的基图是连通图,则有向图是弱连通图。

3. 连通分量的计算

关于图型数据结构计算连通分量,可以使用深度优先搜索遍历。在遍历的过程中,每次遍历一个顶点都遍历一次其所在连通分量中所有的点。在每次遍历时,就对该连通分量中的点进行标记与染色,以此类推,就可以计算出该图的连通分量的数量。

如果有一个图型数据结构,由三个部分构成,这三个部分就是这个图的连通分量,即 $\{0, 1, 2, 6, 3, 4, 5\}$、$\{7, 8\}$、$\{9, 10, 11, 12\}$,其构成与邻接矩阵如图 8-39 所示,遍历该图时要声明一个计数器变量 Count 用于统计,再声明一个标记数组 Color[]。在开始遍历图型数据结构时,从 0 开始遍历,在针对 $\{0, 1, 2, 6, 3, 4, 5\}$ 这个连通分量遍历时,使用顶点的数值作为索引,标记数组 Color 的元素赋值为 count,最后完成一个连通分量的遍历时计数器自增。

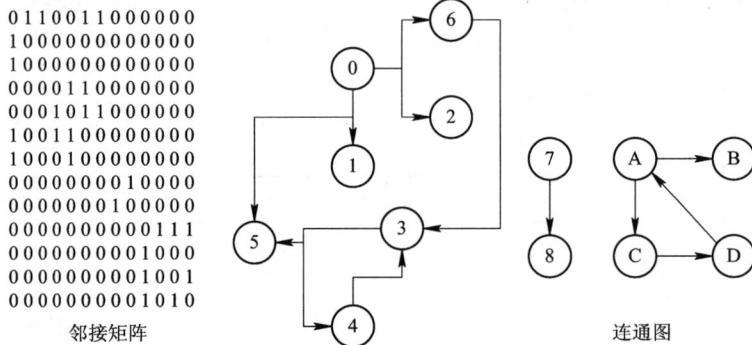

图 8-39　连通图案例示意图

连通分量计算的实现可以简单地通过部分伪代码来学习,详见代码清单 8-28。

代码清单 8-28

```java
import java.util.Arrays;
import java.util.Scanner;
public class Main {
    private static int color[], map[][];
    private static int N = 12, count;
    public static void main(String[] args){
        N = 12;
        map = new int[N + 1][N + 1];
        color = new int[N + 1];
        Arrays.fill(color, -1);
        for (int i = 0; i <= N; i++){
            for (int j = 0; j <= N; j++)
                //邻接矩阵数据
                map[i][j] = 邻接矩阵数据;
        }
```

```
        CC();
        System.out.println(count);}
    public static void CC(){
        for (int i = 0; i <= N; i++){
            if (color[i] == -1){
                dfs(i);
                count++;
            }
        }
    }
    private static void dfs(int i){
        color[i] = count;
        for (int k = 0; k < map[i].length; k++)
            if (color[k] == -1 && map[i][k] == 1) dfs(k);
    }
}
```


8.5　最小生成树

　　生成树又称为支撑树，在无向带权图 G 中，如果图中顶点的个数为 m，由图 G 中的 m 个顶点和 m-1 条边构成的连通子图称为图 G 的一条支撑树或生成树。在整个图型数据结构 G 中，构成图的边的权值之和最小的支撑树叫作该图型数据结构的最小支撑树(Minimum Support Tree，MST)，如图 8-40 所示。

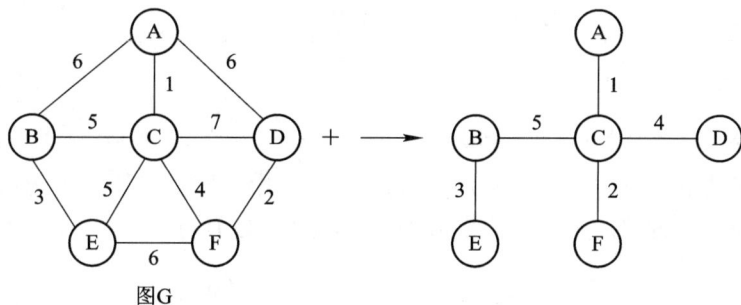

图 8-40　最小生成树示意图

　　最小生成树是指一个连通图的生成树是一个极小连通子图，它含有图中全部顶点，但只有足以构成一棵树的 m-1 条边，常见的求最小生成树的算法有两种经典方法，即普里姆 (Prime)算法和克鲁斯卡尔(Kruskal)算法。

8.5.1　普里姆(Prime)算法

　　普里姆算法又称为加点法。普里姆算法是以添加顶点的方式构建最小生成树，从图中的任意节点出发，其选择子树中的节点与图中其余节点之间的最小权重边来生成子树，最终得到一棵图 G 的生成树为止。在普里姆算法求最小生成树的过程中，只存在一个子图，不断选择顶点加入到该子图中，即通过对子图进行扩张，直到形成最终的最小生成树。

下面通过一个案例来介绍如何通过普里姆算法构建一棵最小生成树。假设有无向图 G，如图 8-41 所示。

纵观全图选取顶点 A 作为构建最小生成树的起点，距离 A 点最近且权值最小的顶点为 D，其 AD 边权值为 1，如图 8-42 所示。

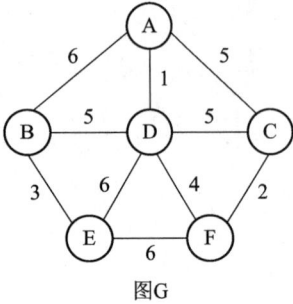

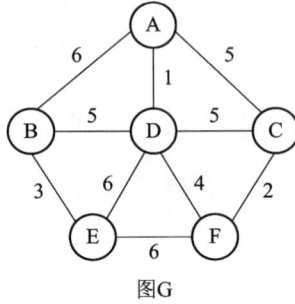

图 8-41　无向图 G　　　　　　　　图 8-42　求最小生成树示例图 1

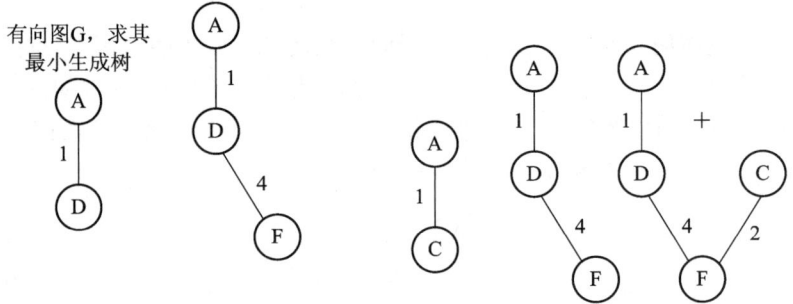

距离 D 点最近且权值最小的顶点为 F，其 DF 边权值为 4，如图 8-43 所示。

距离 F 点最近且权值最小的顶点为 C，其 CF 边权值为 2，如图 8-44 所示。

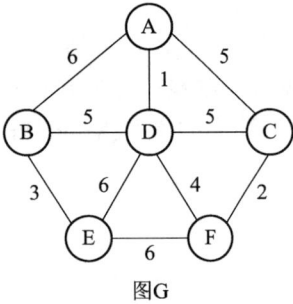

图 8-43　求最小生成树示例图 2　　　　　图 8-44　求最小生成树示例图 3

C 点添加到最小生成树中，返回顶点 D，再次寻找距离 D 权值最小的边。距离 D 点最近且权值最小的顶点为 B，其 BD 边权值为 5，如图 8-45 所示。

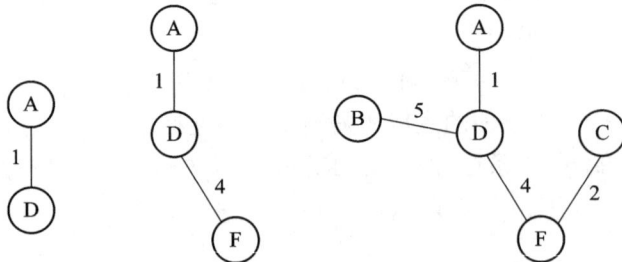

图 8-45　求最小生成树示例图 4

距离 B 点最近且权值最小的顶点为 E，其 BD 边权值为 3，最后通过普里姆算法得到最小生成树，如图 8-46 所示。

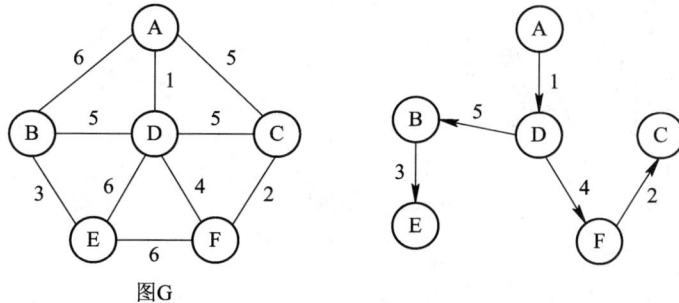

图G

图 8-46　求最小生成树示例图 5

下面通过一个程序案例来介绍普里姆算法，本代码实例参见源码文件 8-5-Test1。

第一步：创建图型数据结构类，同时封装节点个数、顶点数据、边的权重数组，详见代码清单 8-29。

代码清单 8-29

```java
public class TestGraph{
    //表示图的节点个数
    int verxs;
    //存放节点数据
    char[] data;
    //存放边，就是我们的邻接矩阵
    int[][] weight;
    public TestGraph(int verxs){
        this.verxs = verxs;
        data = new char[verxs];
        weight = new int[verxs][verxs];
    }
}
```

第二步：封装最小生成树构建类，并且封装普里姆算法，返回最小生成树，详见代码清单 8-30。

代码清单 8-30

```java
public class MyTree {
    //创建图的邻接矩阵。graph 图对象、verxs 图对应的顶点个数、data 图的各个顶点的值、weight
    //图的邻接矩阵
    public void createGraph(TestGraph graph, int verxs, char[] data, int[][] weight){
        int i,j;
        for (i = 0;i < verxs;i++){
            graph.data[i] = data[i];
            for (j = 0;j < verxs;j++){
                graph.weight[i][j] = weight[i][j];
```

```
            }
        }
    }
    //显示图的邻接矩阵
    public void showGraph(TestGraph graph){
        for (int[] link : graph.weight){
            System.out.println(Arrays.toString(link));
        }
    }
    //编写 prim 算法，得到最小生成树。graph：图；v：表示从图的第几个顶点开始生成'A' -> 0 'B' -> 1...
    public void prim(TestGraph graph, int v){
        //标记节点是否被访问过
        int[] visited = new int[graph.verxs];
        //visited[] 默认元素的值都是 0，表示没有被访问过
//      for (int i = 0;i < graph.verxs;i++){
//          visited[i] = 0;
//      }
        //把当前这个节点标记为已访问
        visited[v] = 1;
        //h1 和 h2 记录两个顶点的下标
        int h1 = -1;
        int h2 = -1;
        int minWeight = 10000; //将 minWeight 初始化一个大树，后面在遍历过程中，会被替换
        for (int k = 1;k < graph.verxs;k++) { //因为有 graph.verxs 顶点，普利姆算法结束后，
                                        //有 graph.verxs - 1 边
            //确定每一次生成的子图，和哪个节点的距离最近
            for (int i = 0;i < graph.verxs;i++) { //i 表示被访问过的节点
                for (int j = 0;j < graph.verxs;j++) { //j 节点表示还没有访问过的节点
                    if (visited[i] == 1 && visited[j] == 0 && graph.weight[i][j] < minWeight){
                        //替换 minWeight(寻找已经访问过的节点和未访问过的节点间的
                        //权值最小的边)
                        minWeight = graph.weight[i][j];
                        h1 = i;
                        h2 = j;
                    }
                }
            }
            //找到一条边是最小的
            System.out.println("边 < " + graph.data[h1] + "," + graph.data[h2] + " > 权值:" + minWeight);
            //将当前的节点标记为已经访问
            visited[h2] = 1;
```

```
            //minWeight 重新设置为最大值 10 000
            minWeight = 10000;
        }
    }
}
```

第三步：在 MainActivity 类中创建测试方法 TestGraphMatrix，构建图型数据结构，并使用普里姆算法构建最小生成树并且打印，详见代码清单 8-31。

代码清单 8-31

```
public void TestGraphMatrix(){
    char[] data = new char[]{'A','B','C','D','E','F','G'};
    int verxs = data.length;
    //邻接矩阵的关系使用二位数组表示，10 000 这个大树，表示这两个点不连通
    int[][] weight = new int[][]{
            {10000,5,7,10000,10000,10000,2},
            {5,10000,10000,9,10000,10000,4},
            {7,10000,10000,10000,8,10000,10000},
            {10000,9,10000,10000,10000,4,10000},
            {10000,10000,8,10000,10000,5,4},
            {10000,10000,10000,4,5,10000,6},
            {2,4,10000,10000,4,6,10000}
    };
    //创建 MGraph 对象
    TestGraph testGraph = new TestGraph(verxs);
    MyTree minTree = new MyTree();
    minTree.createGraph(testGraph,verxs,data,weight);
    //输出
    minTree.showGraph(testGraph);
    minTree.prim(testGraph,0);
}
```

第四步：在 MainActivity 类的 onCreate 方法中调用测试方法 TestGraphMatrix，详见代码清单 8-32。

代码清单 8-32

```
public class MainActivity extends AppCompatActivity {
    private AppBarConfiguration appBarConfiguration;
    private ActivityMainBinding binding;
    public static final String TAG_GZPYP = "GZPYP_CODE";
    protected void onCreate(Bundle savedInstanceState){
        super.onCreate(savedInstanceState);
        binding = ActivityMainBinding.inflate(getLayoutInflater());
        setContentView(binding.getRoot());
```

```
        TestGraphMatrix();
        ...部分代码省略...
    }
}
```

第五步：运行该项目代码，在 Logcat 监视窗口中打印的信息如图 8-47 所示。

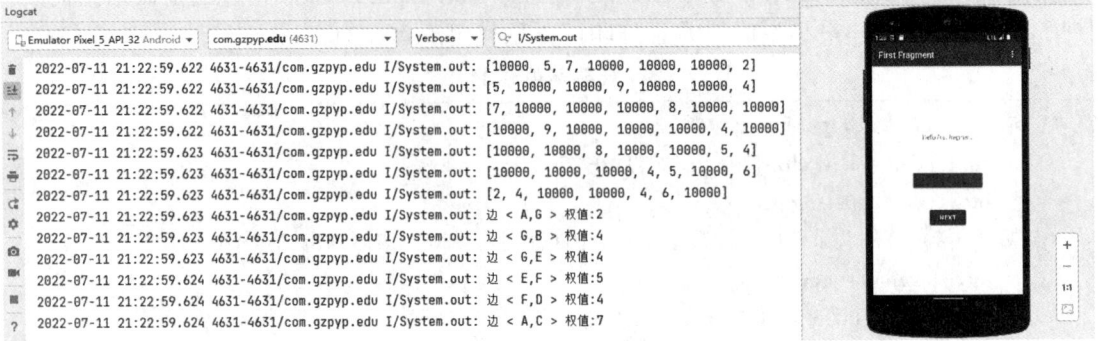

图 8-47　普里姆算法案例运行示意图

8.5.2　克鲁斯卡尔(Kruskal)算法

克鲁斯卡尔算法又称为加边法。克鲁斯卡尔是以边为目标，直接寻找权值最小的边来构建生成树，并在构建中不形成回路。假设 N=(V, {E})是一个连通图，令最小生成树的初始状态为只有 n 个顶点而无边的非连通图 T= {V, {}}，图中每个顶点自成一个连通分量。在 E 中选择代价最小的边，若该边依附的顶点落在 T 中不同的连通分量上，则将此边加入到 T 中，否则舍去此边而选择下一条代价最小的边。依次类推，直至 T 中所有顶点都在同一连通分量上为止，最后得到该图的最小生成树。

下面通过一个案例来介绍如何通过克鲁斯卡尔算法构建一棵最小生成树。假设有无向图 G，如图 8-48 所示。

通过克鲁斯卡尔算法构建一棵最小生成树，首先寻找权值最小的边，即选取 EF 边，如图 8-49 所示。

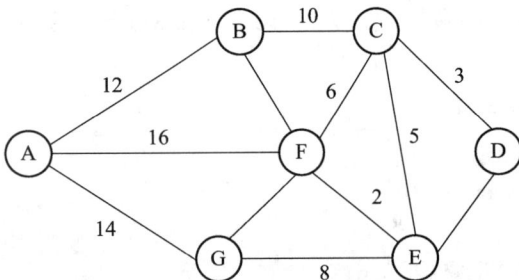

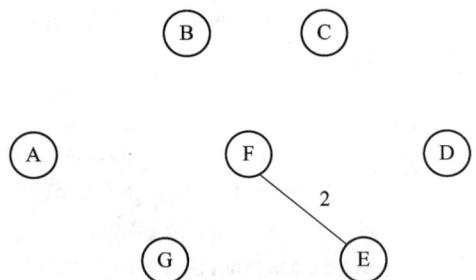

图 8-48　无向图 G　　　　　　　　图 8-49　求最小生成树示例图 1

其次，剩余连接顶点权值最小的边就是 CD 边，其权值为 3，连接 CD 边，再次寻找剩余的权值最小的边，找到 DE 边权值为 4，连接 DE 边，如图 8-50 所示。

继续寻找剩余的权值最小的边。在寻找中发现 CE 边权值为 5，其权值最小，但连接

CE 后，发现图形构成回路 CDE，所以 CE 边不符合最小生成树的要求，放弃连接。同理，在寻找剩余的权值最小的边时，发现 CF 虽然权值最小但构成回路，放弃连接。直至找到 EG 边，其权值为 8 且不构成回路，连接 EG，如图 8-51 所示。

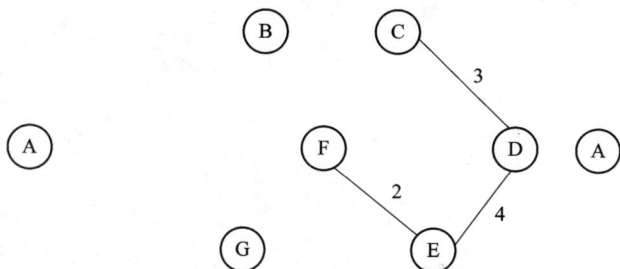

图 8-50　求最小生成树示例图 2

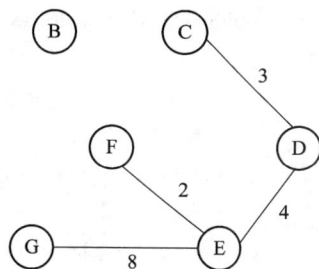

图 8-51　求最小生成树示例图 3

继续寻找剩余的权值最小的边，发现 BC 边权值为 10 且不构成回路，连接 BC 边，如图 8-52 所示。

继续寻找剩余的权值最小的边，发现 AB 边权值为 12 且不构成回路，连接 AB 边，如图 8-53 所示。

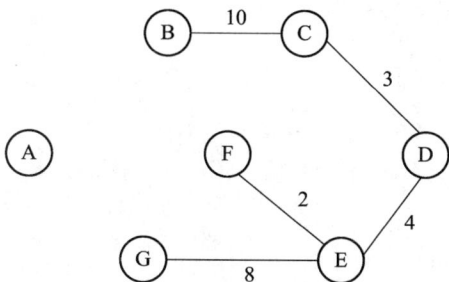

图 8-52　求最小生成树示例图 4

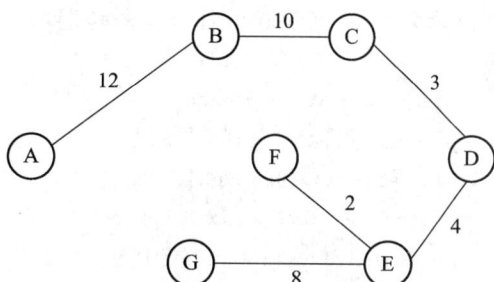

图 8-53　求最小生成树示例图 5

通过上述案例，可以发现在克鲁斯卡尔算法求最小生成树中，其是将边添加到最小生成树中，并且在添加边的过程中判断树型结构是否形成了回路，如果形成回路就放弃顶点之间的连接，否则就连接，上述案例经整理后可得到最小生成树 T，如图 8-54 所示。

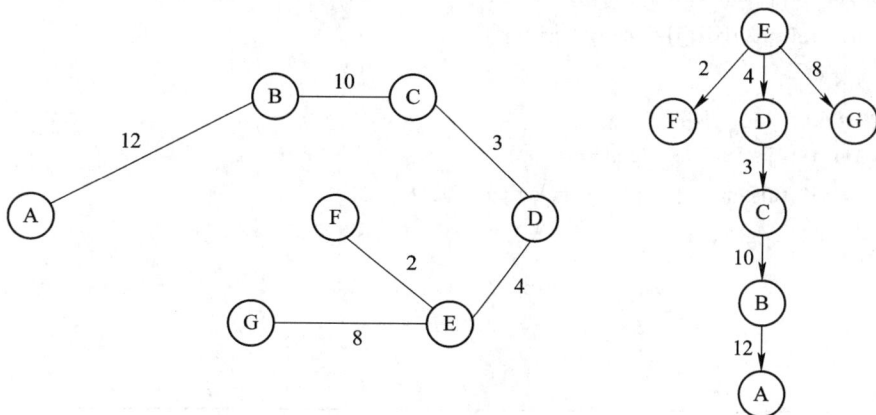

图 8-54　求最小生成树示例图 6

下面通过一个程序案例来介绍克鲁斯卡尔算法，本代码实例参见源码文件 8-5-Test2。

第一步：创建 KruskalCase 类，主要负责构建最小生成树并且打印对应信息。封装顶点数组、边的数量、图的邻接矩阵，详见代码清单 8-33。

代码清单 8-33

```java
public class KruskalCase {
    //边的个数
    private int edgeNum;
    //顶点数组
    private char[] vertexs;
    //邻接矩阵
    private int[][] matrix;
}
```

第二步：定义克鲁斯卡尔算法的构造方法，在构造方法中初始化顶点、初始化边、统计边的数量，详见代码清单 8-34。

代码清单 8-34

```java
//构造器
public KruskalCase(char[] vertexs,int[][] matrix){
    //初始化顶点数和边的个数
    int vlen = vertexs.length;
    //初始化顶点，复制拷贝的方式
    this.vertexs = new char[vlen];
    for (int i = 0;i < vertexs.length;i++){
        this.vertexs[i] = vertexs[i];
    }
    //初始化边，使用复制拷贝的方式
    this.matrix = new int[vlen][vlen];
    for (int i = 0;i < vlen;i++){
        for (int j = 0;j < vlen;j++){
            this.matrix[i][j] = matrix[i][j];}}
    //统计边
    for (int i = 0;i < vlen;i++){
        for (int j = i + 1;j < vlen;j++){
            if (this.matrix[i][j] != MainActivity.INF){
                edgeNum++;
            }
        }
    }
}
```

第三步：构建克鲁斯卡尔算法，以加边法的方式添加边到生成树中，在添加边的过程中，判断边的权值大小并存储，详见代码清单 8-35。

代码清单 8-35

```java
public void kruskal(){
    int index = 0; //表示最后结果数组的索引
    int[] ends = new int[edgeNum]; //用于保存"已存最小生成树"中的每个顶点在最小生成树中
    //的终点,创建结果数组,保存最后的最小生成树
    EData[] rets = new EData[edgeNum];
    //获取图中所有的边的集合,一共有 12 条边
    EData[] edges = getEdges();
    System.out.println("图的边的集合 = " + Arrays.toString(edges) + " 共 " + edges.length);
    //按照边的权值大小进行排序(从小到大)
    sortEdges(edges);
    //遍历 edges 数组,将边添加到最小生成树中,判断准备加入的边是否形成回路,如果没有,
    //就加入 rets,否则不能加入
    for (int i = 0;i < edgeNum;i++){
    //获取到第 i 条边的第一个顶点(起点)
        int p1 = getPosition(edges[i].start);
        //获取到第 i 条边的第二个顶点
        int p2 = getPosition(edges[i].end);
        //获取 p1 这个顶点在已有最小生成树中的终点
        int m = getEnd(ends,p1);
        //获取 p2 这个顶点在已有最小生成树中的终点
        int n = getEnd(ends,p2);
        //是否构成回路
        if (m != n){                      //没有构成回路
            ends[m] = n;                  //设置 m 在已有最小生成树中的终点
            rets[index++] = edges[i];     //有一条边加入到 rets 数组
        }
    }
    //统计并打印"最小生成树",输出 rets
    System.out.println("最小生成树 = " + Arrays.toString(rets));
}
```

第四步:构建打印输出方法与排序算法,详见代码清单 8-36。

代码清单 8-36

```java
//打印邻接矩阵
public void print(){
    System.out.println("邻接矩阵为: \n");
    for (int i = 0;i < vertexs.length;i++){
        for (int j = 0;j < vertexs.length;j++){
            System.out.printf("%15d\t",matrix[i][j]);
        }
        System.out.println();
```

```
        }
    }
    //对边进行排序处理，冒泡排序
    public void sortEdges(EData[] edges){
        for (int i = 0;i < edges.length - 1;i++){
            for (int j = 0;j <edges.length - 1 - i;j++){
                if (edges[j].weight > edges[j + 1].weight){ //交换
                    EData tmp = edges[j];
                    edges[j] = edges[j + 1];
                    edges[j + 1] = tmp;
                }
            }
        }
    }
}
```

第五步：封装部分数据的设置与获取方法，详见代码清单 8-37。

代码清单 8-37

```
//ch 顶点的值，比如 'A', 'B'。返回 ch 顶点对应的下标，如果找不到，返回 -1
public int getPosition(char ch){
    for (int i = 0;i < vertexs.length;i++){
        if (vertexs[i] == ch){ //找到
            return i;
        }
    }
    //找不到，返回-1
    return -1;
}
/**
 *功能：获取图中边，放到 EData[]数组中，后面需要遍历该数组是通过 matrix 邻接矩阵，EData[]
形式[['A','B',12],['B','F',7],...]
 */
public EData[] getEdges(){
    int index = 0;
    EData[] edges = new EData[edgeNum];
    for (int i = 0;i < vertexs.length;i++){
        for (int j = i + 1;j < vertexs.length;j++){
            if (matrix[i][j] != MainActivity.INF){
                edges[index++] = new EData(vertexs[i],vertexs[j],matrix[i][j]);
            }
        }
    }
    return edges;
}
```

```
/**
 * 功能：获取下标为 i 的终点，用于后面判断两个顶点的终点是否相同
 * @param ends 数组记录了各个顶点对应的终点是哪个，ends 数组是在遍历过程中逐步形成的
 * @param i 表示传入的顶点对应的下标
 * @return 返回的是下标为 i 的这个顶点对应的终点的下标
 */
public int getEnd(int[] ends, int i){
    while (ends[i] != 0){
        i = ends[i];
    }
    return i;
}
```

第六步：新建一个数据类，在数据类中封装边的起点、边的终点、边的权值，并且重写它的字符串转换方法(ToString)，详见代码清单 8-38。

代码清单 8-38

```
public class EData{
    public char start;          //边的一个点
    public char end;            //边的另外一个点
    public int weight;          //边的权值
    //构造器
    public EData(char start,char end,int weight){
        this.start = start;
        this.end = end;
        this.weight = weight;
    }
    public String toString()
    {
        return "EData{<"
            + start +
            "," + end +
            "> weight=" + weight +
            '}';
    }
}
```

第七步：在 MainActivity 类中创建测试方法 TestGraphMatrix，构建图型数据结构，使用克鲁斯卡尔算法构建最小生成树并且打印，详见代码清单 8-39。

代码清单 8-39

```
public class MainActivity extends AppCompatActivity{
    private AppBarConfiguration appBarConfiguration;
    private ActivityMainBinding binding;
    public static final String TAG_GZPYP = "GZPYP_CODE";
```

```java
//使用 INF 表示两个顶点不能连通
public static final int INF = 999;
protected void onCreate(Bundle savedInstanceState){
    super.onCreate(savedInstanceState);
    binding = ActivityMainBinding.inflate(getLayoutInflater());
    setContentView(binding.getRoot());
    TestGraphMatrix();
    ...部分代码省略...
}
public void TestGraphMatrix(){
    char[] vertexs = {'A','B','C','D','E','F','G'};
    //克鲁斯卡尔算法的邻接矩阵
    int matrix[][] = {
            {0,12,INF,INF,INF,16,14},
            {12,0,10,INF,INF,7,INF},
            {INF,10,0,3,5,6,INF},
            {INF,INF,3,0,4,INF,INF},
            {INF,INF,5,4,0,2,8},
            {16,7,6,INF,2,0,9},
            {14,INF,INF,INF,8,9,0}
    };
    //创建 KruskalCase 对象实例
    KruskalCase kruskalCase = new KruskalCase(vertexs,matrix);
    kruskalCase.print();
    EData[] edges = kruskalCase.getEdges();
    System.out.println("排序前  = " + Arrays.toString(edges));
    kruskalCase.sortEdges(edges);
    System.out.println("排序后  = " + Arrays.toString(edges));
    kruskalCase.kruskal();
}
    ...部分代码省略...
}
```

第八步：运行该项目代码，在 Logcat 监视窗口中打印的信息如图 8-55 所示。

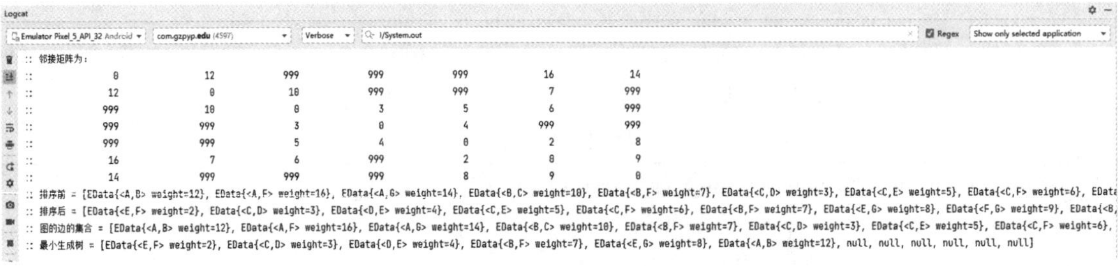

图 8-55   克鲁斯卡尔算法案例运行示意图

8.6　拓扑排序

在现代化管理中，人们常用有向图来描述和分析一项工程的计划和实施过程。一个工程常被分为多个小的子工程，这些子工程被称为活动(Activity)。在有向图中，若以顶点表示活动，有向边表示活动之间的先后关系，这样的图简称为 AOV 网。

拓扑排序是对一个有向图构造拓扑序列的排序算法，其目的是解决工程问题中，该工程是否能顺利完工的问题。在构造拓扑排序时，有且仅有两种结果：第一种结果是在进行拓扑排序的过程中，该有向图的全部顶点被输出，这种情况说明该有向图中无"环"存在，是 AOV 网；第二种结果是没有输出全部顶点，说明该有向图中存在"环"，即该有向图不是 AOV 网。

拓扑排序对应用性施工流程图具有特别重要的作用，可以决定哪些子工程先执行，哪些子工程在某些工程执行后才可以执行。为了形象地反映整个工程中各个子工程(活动)之间的先后关系，可用一个有向图来表示，图中的顶点代表活动(子工程)，有向边代表活动的先后关系，即有向边的起点活动是终点活动的前序活动，只有当起点活动完成之后，其终点活动才能进行，如图 8-56 所示。

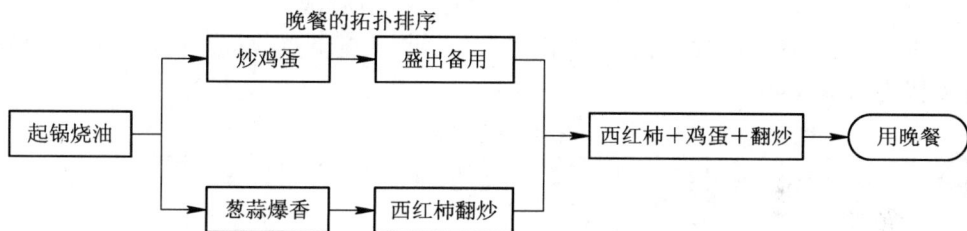

图 8-56　拓扑排序讲解示意图

下面介绍如何实现拓扑排序。假设存在一个有向无环图 G，如图 8-57 所示，需要对这个图的所有顶点进行拓扑排序。

首先，可以发现顶点 A、顶点 F 不存在前驱节点，所以只需要随机获取一个顶点输出即可。在这个过程中选择顶点 F 进行输出，因此要删除所有与顶点 F 相连的边，如图 8-58 所示。

然后，继续寻找没有前驱的顶点，剔除顶点 F 后，可以发现顶点 A 没有前驱，所以输出顶点 A，并且删除和顶点 A 有关的边，如图 8-59 所示。

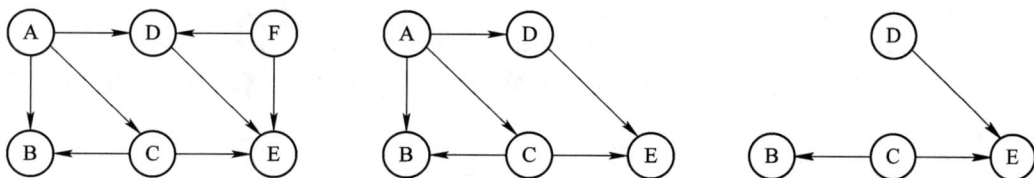

图 8-57　拓扑排序有向图示意图　　图 8-58　有向图执行拓扑排序步骤 1　　图 8-59　有向图执行拓扑排序步骤 2

同理，继续在剩下的图型数据结构中寻找无前驱的顶点。在寻找过程中，可以发现顶点 C 和顶点 D 符合条件，那么随机选取顶点 D 输出，并且删除和顶点 D 有关的边，如图 8-60 所示。

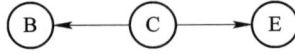

图 8-60　有向图执行拓扑排序步骤 3

继续在剩下的图型数据结构中寻找无前驱的顶点，可以发现无前驱的顶点 C，输出顶点 C，并且删除和顶点 C 有关的边，如图 8-61 所示。最后分别输出顶点 E 与顶点 B，全部顶点输出完成。该图的拓扑序列为：F－>A－>D－>C－>E－>B。

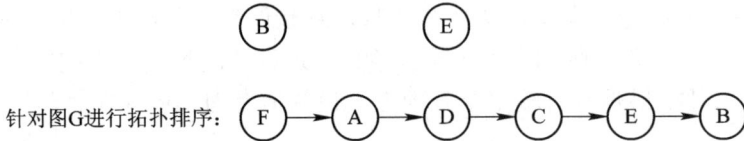

图 8-61　有向图执行拓扑排序步骤 4

下面通过一个程序案例来介绍拓扑排序，本代码实例参见源码文件 8-6-Test1。假设图型数据结构 G，针对图型数据结构 G 进行拓扑排序，如图 8-62。

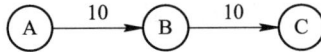

图 8-62　有向图 G 进行拓扑排序示例

第一步：创建图型数据结构的顶点数据类，封装入度节点数量、顶点数据、边的数据等，详见代码清单 8-40。

代码清单 8-40

```java
public class Vertex{
    /** 入度数量 */
    int inNumber;
    /** 顶点信息 */
    Character data;
    /** 第一条边 */
    Edge firstEdge;
    public Vertex(int inNumber, Character data, Edge firstEdge){
        this.inNumber = inNumber;
        this.data = data;
        this.firstEdge = firstEdge;
    }
}
```

第二步：创建图型数据结构的边类，封装边、出度顶点、权重等数据，详见代码清单 8-41。

代码清单 8-41

```java
public class Edge{
    /** 权重 */
    int weight;
```

```
        /** 出度指向的点 */
        int toVertex;
        Edge next;
        public Edge(int weight, int toVertex, Edge next){
            this.weight = weight;
            this.toVertex = toVertex;
            this.next = next;
        }
    }
```

第三步：创建拓扑排序工具类，通过遍历节点数据数组获取无前驱节点的顶点，将该节点添加到栈内存中进行拓扑排序，详见代码清单 8-42。

代码清单 8-42

```
public class TopologicalSort{
    /** 拓扑排序 */
    public static boolean topological(List<Vertex> graph){
        //输出顶点的个数
        int outVertices = 0;
        //栈：用来储存入度个数为 0 的顶点
        Stack<Vertex> stack = new Stack<>();
        //将顶点入度个数为 0 的元素入栈
        for (Vertex vertex : graph){
            if (vertex.inNumber == 0){
                stack.push(vertex);
            }
        }
        //直到 AOV 网中不存在入度为 0 的点
        while (!stack.empty()){
            //弹出顶点
            Vertex pop = stack.pop();
            //输出弹出的顶点
            System.out.println(pop.data);
            //统计输出个数
            outVertices ++;
            //遍历这个点的出度
            Edge outEdge = pop.firstEdge;
            while (outEdge!=null){
                //出度的目标入度减少
                Vertex toVertex = graph.get(outEdge.toVertex);
                toVertex.inNumber --;
                //目标减少后入度为 0 就入栈
                if (toVertex.inNumber == 0){
                    stack.push(toVertex);
```

```
                    }
                outEdge = outEdge.next;
                }
            }
            //输出所有点才返回 true
            if (outVertices == graph.size()){
                return true;
            }
            return false;
        }
    }
```

第四步：在 MainActivity 类中创建测试方法 TestGraphMatrix，构建图型数据结构的拓扑排序工具对象，并使用该工具对图型数据结构进行排序并输出打印，详见代码清单 8-43。

代码清单 8-43

```
public class MainActivity extends AppCompatActivity{
    private AppBarConfiguration appBarConfiguration;
    private ActivityMainBinding binding;
    public static final String TAG_GZPYP = "GZPYP_CODE";
    protected void onCreate(Bundle savedInstanceState){
        super.onCreate(savedInstanceState);
        binding = ActivityMainBinding.inflate(getLayoutInflater());
        setContentView(binding.getRoot());
        TestGraphMatrix();
        ...部分代码省略...
    }
    public void TestGraphMatrix(){
        TopologicalSort tgs = new TopologicalSort();
        //构建图  A -> B -> C
        ArrayList<Vertex> graph = new ArrayList<>();
        //环测试
//      Edge edge1 = new Edge(10, 1,null);
//      Edge edge2 = new Edge(10, 2,null);
//      Edge edge3 = new Edge(10, 0,null);
//      Vertex a = new Vertex(1, 'A', edge1);
//      Vertex b = new Vertex(1, 'B', edge2);
//      Vertex c = new Vertex(1, 'C', edge3);
        //无环测试
        Edge edge1 = new Edge(10, 1,null);
        Edge edge2 = new Edge(10, 2,null);
        Vertex a = new Vertex(0, 'A', edge1);
        Vertex b = new Vertex(1, 'B', edge2);
        Vertex c = new Vertex(1, 'C', null);
```

```
        graph.add(a);
        graph.add(b);
        graph.add(c);
        //判断是否拓扑
        System.out.println(tgs.topological(graph));
    }
    ...部分代码省略...
    }
```

第五步：运行该项目代码，查看无环形数据结构的运行效果，在 Logcat 监视窗口中打印的信息如图 8-63 所示。

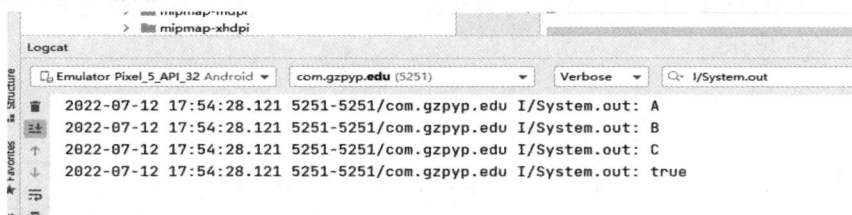

图 8-63　无环图拓扑排序案例运行示意图

第六步：运行该项目代码，查看有环形数据结构的运行效果，在 Logcat 监视窗口中打印的信息如图 8-64 所示。

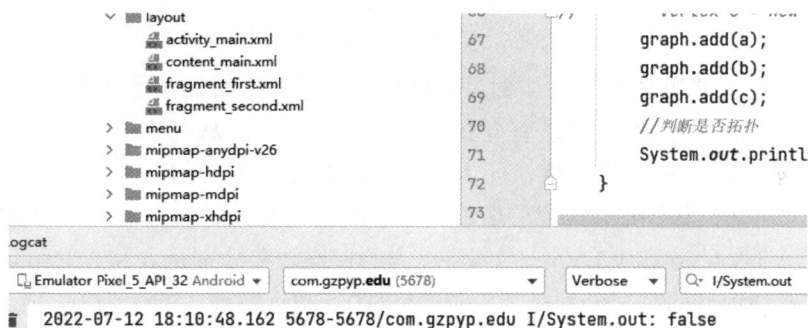

图 8-64　有环图拓扑排序案例运行示意图

8.7　关键路径

关键路径是 AOE 中从开始顶点到结束顶点的所有路径中具有最大路径长度的路径，路径上的点代表活动，关键路径上的活动称为关键活动。关键路径的长度是整个工程所需要的最短工期，要缩短整个工期，就必须加快关键活动的进度。

关键路径的性质：如果关键路径有多条，只提高一条关键路径上的关键活动并不能缩短工期，必须加快所有关键路径上的关键活动才能加快工期；如果关键路径有且仅有一条，无限制地缩短关键活动并不会无限缩短工期，因为如果某一个关键活动缩短到一定程度，该活动节点就不是关键活动了。

在图型数据结构中求解关键路径主要分五个步骤，下面通过一个案例来介绍如何求关键路径。假设存在有向图 G，如图 8-65 所示。

第一步：求所有事件的最早发生时间，这里的事件意为图中的顶点。这里称 V1 顶点为源点，源点的最早发生时间为 0。事件的最早发生时间是到达当前指定顶点时，所经历的多条路径中权值之和最大的一条路径的权值。

由图 8-66 可知，到达 V4 共有两条路径，即 V1-V2-V4 和 V1-V3-V4，它们的路径权值之和分别是 5 和 6，所以选取最长的路径权值之和，即 V1-V3-V4。

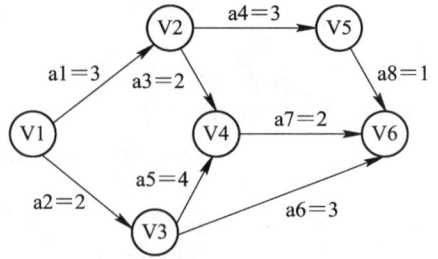

图 8-65 关键路径的有向图示例

同理，依次求出到达图中每一个顶点的最长路径值，并存放到一维数组内对应顶点数据的位置，如图 8-66 所示。

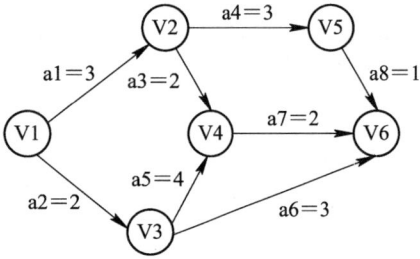

所有事件的最早发生时间：	事件	V1	V2	V3	V4	V5	V6
	权值	0	3	2	6	6	8

图 8-66 关键路径案例步骤图 1

第二步：求所有事件的最迟发生时间，这里的最迟发生时间与上述最早发生时间相反。这里介绍一个概念——汇点，它是有向图的最后一个顶点。从汇点开始能够返回到指定顶点的所有路径上权值之和的最小值，即为该顶点的最迟发生时间。

由图 8-67 可知，该图的汇点为 V6，该汇点的最早发生时间为 8。V3 到达 V6 有两条路径，分别是 V3-V4-V6 和 V3-V6，它们路径上的权值之和分别是 6 和 3，V6 的最早发生时间是 8，所以其最迟开始时间分别是 2(8-6)与 5(8-3)，故选取最短的 2 为 V3 顶点的最迟发生时间。以此类推，分别找到图中所有顶点的最迟开始时间，并写入数组内，如图 8-67 所示。

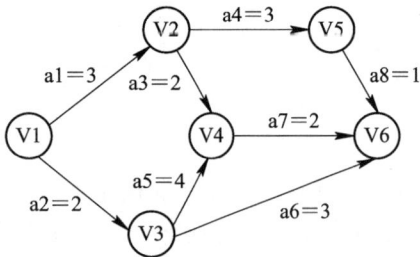

所有事件的最早发生时间：	事件	V1	V2	V3	V4	V5	V6
	权值	0	3	2	6	6	8

所有事件的最迟发生时间：	事件	V1	V2	V3	V4	V5	V6
	权值	0	4	2	6	7	8

图 8-67 关键路径案例步骤图 2

第三步：求每个活动的最早开始时间，这里的活动对应图中的有向边，例如 a1 与 a2。图中各个活动(边)的最早开始时间就是其边弧头顶点(事件)的最早发生时间。比如 a7 边的最早开始时间就是对应弧头 V4 顶点(事件)的最早发生时间，即 6。根据原理分别求出有向图中所有活动的最早开始时间，并写入数组中，如图 8-68 所示。

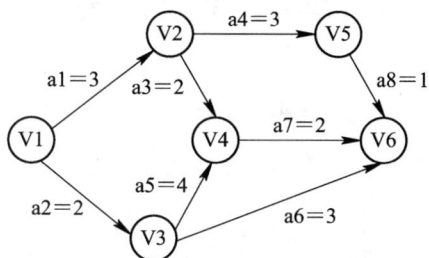

事件	V1	V2	V3	V4	V5	V6
权值	0	3	2	6	6	8

所有事件的最早发生时间：

事件	V1	V2	V3	V4	V5	V6
权值	0	4	2	6	7	8

所有事件的最迟发生时间：

所有活动的最早开始时间：

活动	a1	a2	a3	a4	a5	a6	a7	a8
权值	0	0	3	3	2	2	6	6

图 8-68　关键路径案例步骤图 3

第四步：求每个活动的最迟开始时间，活动(边)的最迟开始时间等于该活动边弧尾顶点(事件)的最迟发生时间减去该边的权值所得的差值。比如 a3 边的最迟开始时间等于 v4 事件的最迟发生时间减去 a3 边的权值，即 4。根据该原理分别求出该有向图中所有活动的最迟开始时间，并写入数组中，如图 8-69 所示。

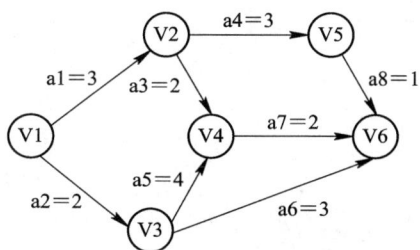

所有事件的最早发生时间：

事件	V1	V2	V3	V4	V5	V6
权值	0	3	2	6	6	8

所有事件的最迟发生时间：

事件	V1	V2	V3	V4	V5	V6
权值	0	4	2	6	7	8

所有活动的最早开始时间：

活动	a1	a2	a3	a4	a5	a6	a7	a8
权值	0	0	3	3	2	2	6	6

所有活动的最迟开始时间：

活动	a1	a2	a3	a4	a5	a6	a7	a8
权值	1	0	4	4	2	5	6	7

图 8-69　关键路径案例步骤图 4

第五步：求关键路径。根据图 8-69 中的数据，使用图中活动最迟开始时间减去最早开始时间。如果结果为 0，那么该活动(边)为该有向图的关键路径，反之则不是关键路径。举例说明：活动 a1 的最迟开始时间与最早开始时间的差值是 1，所以活动 a1 不是关键路径；活动 a2 的最迟开始时间与最早开始时间的差值是 0，所以活动 a2 是该有向图的关键路径。根据该原理分别求出该有向图中所有关键路径，如图 8-70 所示。

	活动	a1	a2	a3	a4	a5	a6	a7	a8
所有活动的最迟开始时间：	权值	1	0	4	4	2	5	6	7
所有活动的最早开始时间：	权值	0	0	3	3	2	2	6	6
关键路径的差值为0：	差值	1	0	1	1	0	3	0	1

所以该有向图的关键路径为{a2、a5、a7}

图 8-70　关键路径案例步骤图 5

下面通过一个程序案例来介绍如何求关键路径，本代码实例参见源码文件 8-7-Test1。假设图型数据结构 G，如图 8-71。

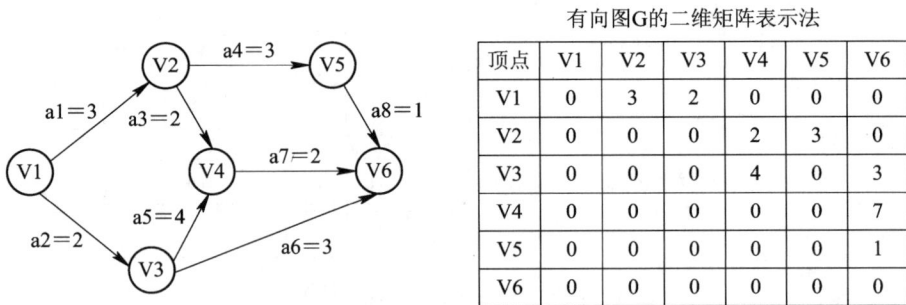

有向图G的二维矩阵表示法

顶点	V1	V2	V3	V4	V5	V6
V1	0	3	2	0	0	0
V2	0	0	0	2	3	0
V3	0	0	0	4	0	3
V4	0	0	0	0	0	7
V5	0	0	0	0	0	1
V6	0	0	0	0	0	0

图 8-71　有向图 G 的二维矩阵表示图

第一步：在 MainActivity 类中创建 createMatrix 方法，该方法用于创建二维矩阵，并且将容量为 6×6 的二维数组打印出来，详见代码清单 8-44。

代码清单 8-44

```java
public int[][] createMatrix(){
    int[][] matrix = {{0,3,2,0,0,0},
                      {0,0,0,2,3,0},
                      {0,0,0,4,0,3},
                      {0,0,0,0,0,7},
                      {0,0,0,0,0,1},
                      {0,0,0,0,0,0}};
    String temp = "";
    System.out.println("有向图 G 的邻接矩阵: ");
    for (int i=0; i< matrix.length; i++){
        temp+="[";
        for (int j=0; j<matrix.length; j++){
            temp += matrix[i][j]+" ";
        }
        temp+="]";
        System.out.println(temp);
        temp = "";
    }
    return matrix;
}
```

第二步：创建 keyPath 方法，通过循环嵌套遍历邻接矩阵的二维数组，确定有向图中活动的最早开始时间，并将数据存放于一维数组 ve；再次遍历邻接矩阵的二维数组，确定有向图中活动的最迟开始时间，并将数据存放于一维数组 vl；最后通过 for 循环判断在 ve 与 vl 数组中对应活动的数据差值，如果该数值为零，则将其顶点打印出来，输出关键路径节点，详见代码清单 8-45。

代码清单 8-45

```java
public void keyPath(int[][] matrix){
    Queue<Integer> q = new LinkedList<Integer>();
    int[] ve = new int[matrix.length],vl = new int[matrix.length];
    q.add(0);
    while (q.isEmpty()==false){
        int get = q.poll();
        //找到和 get 连通的顶点
        for (int i=0; i<matrix.length; i++){
            if (matrix[get][i]!=0){
                q.add(i);
                ve[i] = Math.max(ve[i], ve[get]+matrix[get][i]);
            }
        }
    }
    Arrays.fill(vl, ve[matrix.length-1]);
    for (int i=matrix.length-1; i>=0; i--){              //找到和 i 连通的边
        for (int j=0; j<matrix.length; j++){
            if (matrix[i][j]!=0){
                vl[i] = Math.min(vl[i], vl[j]-matrix[i][j]);
            }
        }
    }
    //输出
    System.out.println("活动的【最早】开始时间(ve):\t" + Arrays.toString(ve));
    System.out.println("活动的【最迟】开始时间 vl:\t" + Arrays.toString(vl));
    System.out.print("关键路径:\t");
    for (int i=0; i<matrix.length; i++){
        if (ve[i]==vl[i]){
            System.out.format("V%d\t", i+1);
        }
    }
    System.out.println();
}
```

第三步：在 MainActivity 类的 onCreate 方法中调用 createMatrix 方法与 keyPath 方法，并且将二维矩阵作为参数传入其中，详见代码清单 8-46。

代码清单 8-46

```java
public class MainActivity extends AppCompatActivity{
    private AppBarConfiguration appBarConfiguration;
    private ActivityMainBinding binding;
    public static final String TAG_GZPYP = "GZPYP_CODE";
    rotected void onCreate(Bundle savedInstanceState){
```

```
        super.onCreate(savedInstanceState);
        binding = ActivityMainBinding.inflate(getLayoutInflater());
        setContentView(binding.getRoot());
        int[][] matrix = createMatrix();
        keyPath(matrix);
        ...部分代码省略...
    }
    ...部分代码省略...
}
```

第四步：运行该项目代码，在 Logcat 监视窗口中打印的信息如图 8-72 所示。

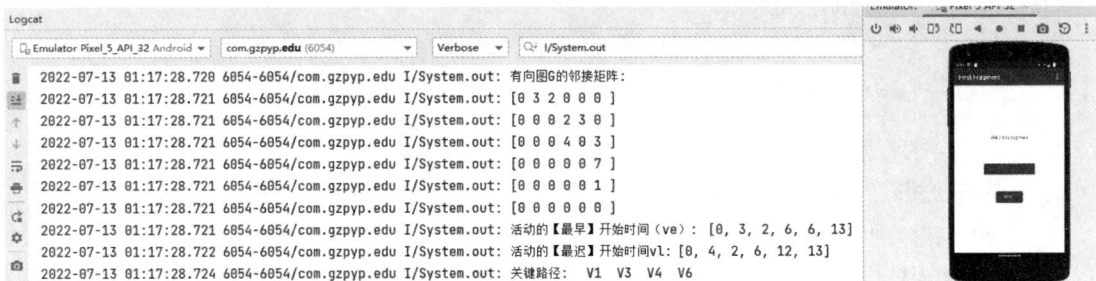

图 8-72　关键路径案例运行示意图

8.8　最短路径

最短路径问题是图型数据结构中的一个经典算法问题，该问题主要是为了寻找由节点和路径组成的图型数据结构中两个节点之间的最短路径。假设存在有向图 G，如图 8-73 所示。从图中源点 A 出发到达其他顶点(终点)，其所经历的路径可能不止一条，可以将其沿此路径上所经历的各边上的权值相加，将得到的数值总和进行比较，选取其中权值之和最小的一组边，就得到了源点 A 到达该终点的最短路径。

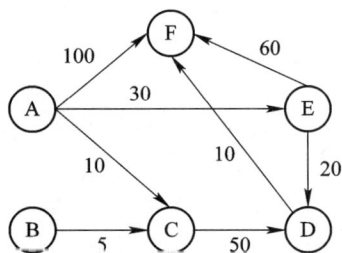

图 8-73　有向图 G 的最短路径案例图 1

将上述有向图 G 从源点 A 出发，到达图中所有其他顶点的路径长度都列举出来，如图 8-74 所示。

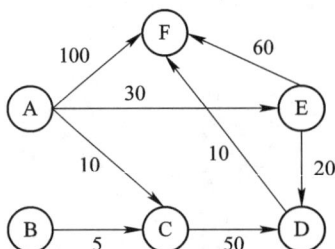

源点	终点	最短路径	路径长度
	B	...	INF
	C	A-C	10
A	D	A-E-D	50
	E	A-E	30
	F	A-E-D-F	60

图 8-74　有向图 G 的最短路径案例图 2

若将上述有向图 G 改为无向图，那么它的最短路径也会发生变化，但是求取其最短路径的思路是相同的，如图 8-75 所示。

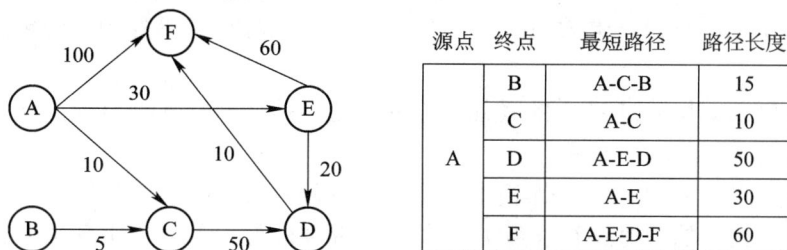

源点	终点	最短路径	路径长度
A	B	A-C-B	15
	C	A-C	10
	D	A-E-D	50
	E	A-E	30
	F	A-E-D-F	60

图 8-75　无向图 G 的最短路径案例图

在求最短路径的过程中，难免会遇见环状路径，我们规定只有不存在"负权环"的路径才算最短路径，如图 8-76 所示。

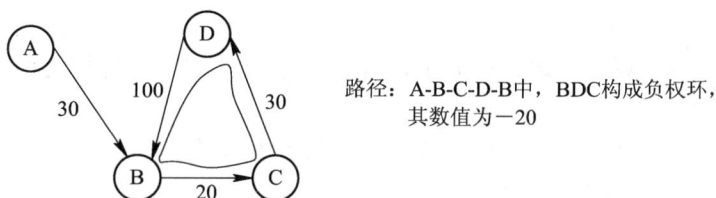

路径：A-B-C-D-B中，BDC构成负权环，其数值为－20

图 8-76　负权环示意图

图型数据结构求最短路径常用的两种算法有迪杰斯特拉(Dijkstra)算法和弗洛伊德(Floyd)算法。这两种算法的构建思路并不相同。迪杰斯特拉算法主要采用遍历的方式，以源点为起点，遍历所有顶点并获取最短路径。弗洛伊德算法并不以源点为起点，而是先求出每一对顶点之间的最短路径，然后将这些最短路径再次拼接获得图型数据结构的最短路径。

8.8.1　迪杰斯特拉(Dijkstra)算法

迪杰斯特拉算法是在有向图中求从源点 V0 到其他终点最短路径的算法。初始情况下，从源点 V0 到图中指定顶点，若其有弧，则存在一条路径，该路径长度即为其弧上的权值。

使用迪杰斯特拉算法，在每求得一条到达某个终点 X 的最短路径时，都需要检查是否存在经过这个顶点 X 的其他路径，即判断是否存在从顶点 X 出发到尚未求得最短路径顶点的弧。若存在这样的弧，则判断其长度是否比当前求得的路径长度短。若其长度比当前求得的路径长度短，则修改已经获得的当前路径，并保存到当前已获得最短路径中去。

下面通过一个案例来介绍迪杰斯特拉算法。假设存在有向图 G，如图 8-77 所示，求该图中从源点 V0 开始到达各个顶点的最短路径。

首先，设置一个辅助数组 Dist，其中数组中每个元素，即 Dist[k]，存放当前所求得的从源点到其余各顶点 k 的最短路径。那么辅助数组中的 Dist[k]元素的数值等于源点到顶点 k 的弧上的权值或等于源点到其他顶点的路径长度加上其他顶点到顶点 k 的弧上的权值。

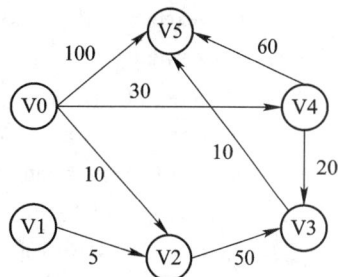

图 8-77　有向图 G 示意图

迪杰斯特拉算法与普里姆算法比较类似，都是用带权的邻接矩阵表示有向图，在图型数据结构求最短路径的过程中，可以对 Prim 算法略加改动，最后就得到了迪杰斯特拉算法。

下面介绍迪杰斯特拉算法的求解步骤：

首先，创建一个一维数组 S，让 S 数组在开始时仅存储源点，即 S={v}，源点最短路径的距离为 0。再创建一个一维数组 U，让 U 数组存储除源点 v 以外的其他顶点，即 U={其他顶点}。

其次，若源点 v 与数组 U 中的其他顶点 u 有边，那么源点 v 与该顶点 u 存在边，也有权值。

再次，在数组 U 中选取一个距离源点 v 最小的顶点 k，把顶点 k 加入数组 S 中，该选定的距离就是 v 到 k 的最短路径长度。以 k 为新的中间点，修改 U 中各顶点的距离，若从源点 v 经过顶点 k，到达顶点 u 的距离比原来不经过顶点 k 的距离短，则修改顶点 u 的距离值，修改后的距离值的顶点 k 的距离加上边上的权。

最后，重复上述两个步骤直到所有顶点都包含在数组 S 中，就求出了该有向图的最短路径长度。

了解了迪杰斯特拉算法求最短路径的思路后，下面通过一段伪代码程序来介绍如何实现迪杰斯特拉算法。

第一步：在迪杰斯特拉算法类中，创建两个数组分别存储源点、源点到各个顶点的最短路径，详见代码清单 8-47。

代码清单 8-47

```java
public class TheShortestPath_Dijkstra{
    private static int[] P;
    //V0 到其他各个顶点的最小权值
    private static int[] D;
    public final static int INFINITY = Integer.MAX_VALUE;
}
```

第二步：获取有向图 G 的源点，创建两个一维数组存放源点、源点到其他各个顶点的最短路径，进行数组的初始化操作，详见代码清单 8-48。

代码清单 8-48

```java
public static void Dijkstra(AdjacencyMatrixGraphINF G, Object V0) throws Exception{
    int v;
    int v0 = G.locateVex(V0);
    int vexNum = G.getVexNum();                    //顶点数
    P = new int[vexNum];
    D = new int[vexNum];
    boolean[] finish = new boolean[vexNum]; //finish[v]=true 时，说明已经求得了从 v0 到 v 的最短路径
    for (v = 0; v < vexNum; v++){
        finish[v] = false;
        D[v] = G.getArcs()[v0][v];
        P[v] = -1;
    }
}
```

第三步：遍历循环图的二维矩阵，并且根据源点到其他顶点所求的最短路径，给两个一维数组赋值，求源点到指定节点的最短路径并赋值，详见代码清单 8-49。

代码清单 8-49

```java
public static void Dijkstra(AdjacencyMatrixGraphINF G, Object V0) throws Exception{
    ...部分代码省略...
    D[v0] = 0;
    finish[v0] = true;                     //已求得从 v0 到 v0 的最短路径
    v = -1;
    for (int i = 1; i < vexNum; i++){      //求得从 V0 到顶点 Vi 的最短路径
        int min = INFINITY;
        for (int w = 0; w < vexNum; w++){
            if (!finish[w]){
                if (D[w] < min){
                    v = w;
                    min = D[w];
                }
            }
        }
        finish[v] = true;
        for (int w = 0; w < vexNum; w++) {
            if(!finish[w] && G.getArcs()[v][w] < INFINITY && (min + G.getArcs()[v][w] < D[w])) {
                D[w] = min + G.getArcs()[v][w];
                P[w] = v;
            }
        }
    }
}
```

第四步：输出 V0 到其他各个顶点的最短路径的权值之和，通过循环工具将获取的数据进行倒序输出，打印部分信息，详见代码清单 8-50。

代码清单 8-50

```java
public static void Dijkstra(AdjacencyMatrixGraphINF G, Object V0) throws Exception{
    ...部分代码省略...
    System.out.println("V0 到其他各个顶点的最短路径的权值之和为: ");
    for (int i = 1; i < D.length; i++){
        System.out.println("V0-" + G.getVex(i).toString() + ": " + D[i]);
    }
    System.out.println();
    System.out.println("V0 到其他各个顶点的最短路径的倒序为: ");
    for (int i = 1; i < vexNum; i++){
        System.out.print("从" + G.getVex(i) + "到 V0 的最短路径为: ");
```

```
        int j = i;
        while (P[j] != -1){
            System.out.print(G.getVex(P[j]) + " ");
            j=P[j];
        }
        System.out.println();
    }
}
```

第五步：创建一个用于测试最短路径算法的无向图，详见代码清单 8-51。

代码清单 8-51

```
public static AdjacencyMatrixGraphINF createUDNByYourHand_ForTheShortestPath(){
    Object vexs_UDN[] = {"V0", "V1", "V2", "V3", "V4", "V5", "V6", "V7", "V8"};
    int arcsNum_UDN = 16;
    int[][] arcs_UDN = new int[vexs_UDN.length][vexs_UDN.length];
    for (int i = 0; i < vexs_UDN.length; i++)            //构造无向图邻接矩阵
        for (int j = 0; j < vexs_UDN.length; j++)
            if (i==j){
                arcs_UDN[i][j]=0;
            } else{
                arcs_UDN[i][j] = arcs_UDN[i][j] = INFINITY;
            }
    arcs_UDN[0][1] = 1;arcs_UDN[0][2] = 5;
    arcs_UDN[1][2] = 3;arcs_UDN[1][3] = 7;
    arcs_UDN[1][4] = 5;arcs_UDN[2][4] = 1;
    arcs_UDN[2][5] = 7;arcs_UDN[3][4] = 2;
    arcs_UDN[3][6] = 3;arcs_UDN[4][5] = 3;
    arcs_UDN[4][6] = 6;arcs_UDN[4][7] = 9;
    arcs_UDN[5][7] = 5;arcs_UDN[6][7] = 2;
    arcs_UDN[6][8] = 7;arcs_UDN[7][8] = 4;
    for (int i = 0; i < vexs_UDN.length; i++)            //构造无向图邻接矩阵
        for (int j = i; j < vexs_UDN.length; j++)
            arcs_UDN[j][i] = arcs_UDN[i][j];
    return new AdjMatGraph(GraphKind.UDN, vexs_UDN.length, arcsNum_UDN, vexs_UDN, arcs_UDN);
}
```

第六步：在 MainActivity 类的 onCreate 方法中创建算法测试对象，详见代码清单 8-52。

代码清单 8-52

```
public class MainActivity extends AppCompatActivity{
    private AppBarConfiguration appBarConfiguration;
    private ActivityMainBinding binding;
    public static final String TAG_GZPYP = "GZPYP_CODE";
    protected void onCreate(Bundle savedInstanceState){
```

```
super.onCreate(savedInstanceState);
binding = ActivityMainBinding.inflate(getLayoutInflater());
setContentView(binding.getRoot());
AdjMatGraph UDN_Graph_TSP = (AdjMatGraph) createUDNByYourHand_ForTheShortestPath();
TheShortestPath_Dijkstra.Dijkstra(UDN_Graph_TSP, "V0");
...部分代码省略...
}
}
```

第七步：查看伪代码案例输出结果，如图 8-78 所示。

```
v0到其他各个顶点的最短路径的权值之和为：        v0到其他各个顶点的最短路径的倒序为：
V0-V1: 1                                  从v1到v0的最短路径为：
V0-V2: 4                                  从v2到v0的最短路径为：V1
V0-V3: 7                                  从v3到v0的最短路径为：V4 V2 V1
V0-V4: 5                                  从v4到v0的最短路径为：V2 V1
V0-V5: 8                                  从v5到v0的最短路径为：V4 V2 V1
V0-V6: 10                                 从v6到v0的最短路径为：V3 V4 V2 V1
V0-V7: 12                                 从v7到v0的最短路径为：V6 V3 V4 V2 V1
V0-V8: 16                                 从v8到v0的最短路径为：V7 V6 V3 V4 V2 V1
```

图 8-78　迪杰斯特拉算法伪代码输出示意图

8.8.2　弗洛伊德(Floyd)算法

弗洛伊德算法也是求图型数据结构最短路径的工具，下面介绍该算法如何求图型数据结构最短路径。在图型数据结构中，从任意节点 i 到任意节点 j 的最短路径一般只会存在两种情况：第一种是图中的顶点 i 存在直接路径抵达顶点 j；第二种是顶点 i 经过某个顶点 k 才能抵达顶点 j。

鉴于以上情况，假设 length 为节点 u 到节点 v 的最短路径的距离，对于每一个节点 k，检查节点 i 到达节点 k 的距离与节点 k 到达节点 j 的距离是否小于顶点 i 到顶点 j 的距离。如果比对结果是小于，那么证明从 i 到 k 再到 j 的路径比 i 直接到 j 的路径短，便让顶点 i 到顶点 j 的距离等于节点 i 到达节点 k 的距离加上节点 k 到达节点 j 的距离，以此类推，当遍历完所有节点 k，存储顶点 i 到顶点 j 的距离中记录的便是 i 到 j 的最短路径的距离。

下面通过一个案例来介绍使用弗洛伊德算法求图型数据结构最短路径。假设存在无向图 G，如图 8-79 所示。

首先让所有边上加入中间顶点 0(顶点 A)，取 A[i][j] 与 A[i][0] + A[0][j] 中较小的值作为 A[i][j] 的值，完成后得到 A(0)，然后让所有边上加入中间顶点 1(顶点 B)，取 A[i][j] 与 A[i][1] + A[1][j] 中较小的值，完成后得到 A(1)，以此类推，当第 n 步完成后，得到 A(n-1)，则 A(n-1) 即为所求的最短路径。A(n-1)[i][j] 表示顶点 i 到顶点 j 的最短距离。

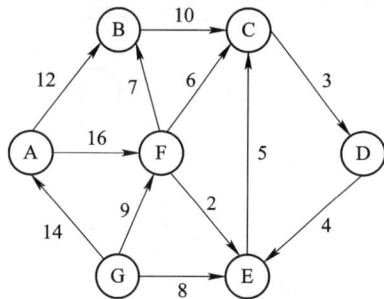

图 8-79　无向图 G 案例示意图

根据案例提供的无向图 G(请忽略图中箭头)，初始化矩阵 S，如图 8-80 所示。

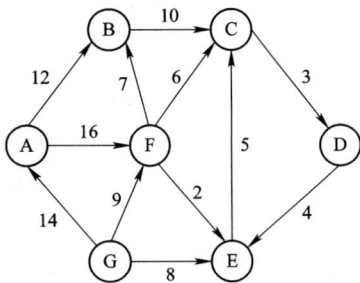

矩阵S	A	B	C	D	E	F	G
A	0	12	INF	INF	INF	16	14
B	12	0	10	INF	INF	7	INF
C	INF	10	0	3	5	6	INF
D	INF	INF	3	0	4	INF	INF
E	INF	INF	5	4	0	2	8
F	16	7	6	INF	2	0	9
G	14	INF	INF	INF	8	9	0

图 8-80　Floyd 算法案例步骤图 1

以 A 顶点为中间顶点标记索引为 0，更新矩阵 S，如图 8-81 所示。

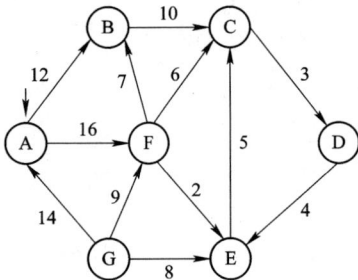

矩阵S	A	B	C	D	E	F	G
A	0	12	INF	INF	INF	16	14
B	12	0	10	INF	INF	7	26
C	INF	10	0	3	5	6	INF
D	INF	INF	3	0	4	INF	INF
E	INF	INF	5	4	0	2	8
F	16	7	6	INF	2	0	9
G	14	26	INF	INF	8	9	0

图 8-81　Floyd 算法案例步骤图 2

以 B 顶点为中间顶点，更新矩阵 S，如图 8-82 所示。

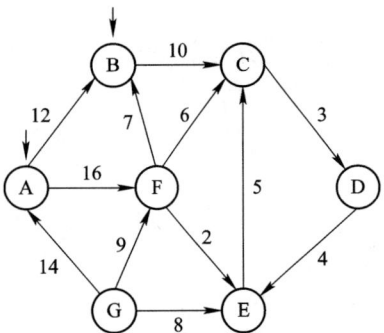

矩阵S	A	B	C	D	E	F	G
A	0	12	22	INF	INF	16	14
B	12	0	10	INF	INF	7	26
C	22	10	0	3	5	6	36
D	INF	INF	3	0	4	INF	INF
E	INF	INF	5	4	0	2	8
F	16	7	6	INF	2	0	9
G	14	26	36	INF	8	9	0

图 8-82　Floyd 算法案例步骤图 3

以 C 顶点为中间顶点，更新矩阵 S，如图 8-83 所示。

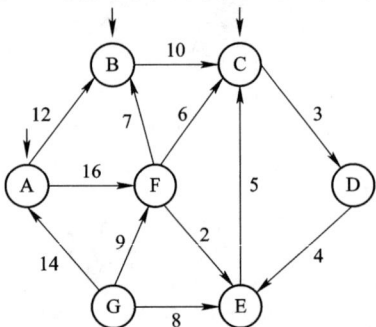

矩阵S	A	B	C	D	E	F	G
A	0	12	22	25	27	16	14
B	12	0	10	13	15	7	26
C	22	10	0	3	5	6	36
D	25	13	3	0	4	9	39
E	27	15	5	4	0	2	8
F	16	7	6	9	2	0	9
G	14	26	36	39	8	9	0

图 8-83　Floyd 算法案例步骤图 4

以 D 顶点为中间顶点，更新矩阵 S，如图 8-84 所示。

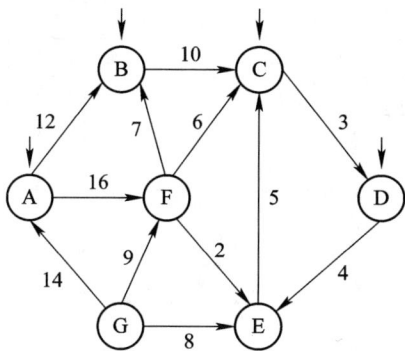

矩阵S	A	B	C	D	E	F	G
A	0	12	22	25	27	16	14
B	12	0	10	13	15	7	26
C	22	10	0	3	5	6	36
D	25	13	3	0	4	9	39
E	27	15	5	4	0	2	8
F	16	7	6	9	2	0	9
G	14	26	36	39	8	9	0

图 8-84　Floyd 算法案例步骤图 5

以 E 顶点为中间顶点，更新矩阵 S，如图 8-85 所示。

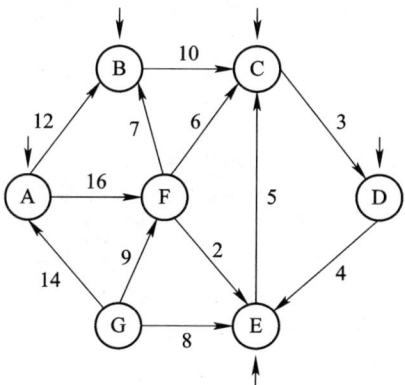

矩阵S	A	B	C	D	E	F	G
A	0	12	22	25	27	16	14
B	12	0	10	13	15	7	23
C	22	10	0	3	5	6	13
D	25	13	3	0	4	6	12
E	27	15	5	4	0	2	8
F	16	7	6	6	2	0	9
G	14	23	13	12	8	9	0

图 8-85　Floyd 算法案例步骤图 6

以 F 顶点为中间顶点，更新矩阵 S，如图 8-86 所示。

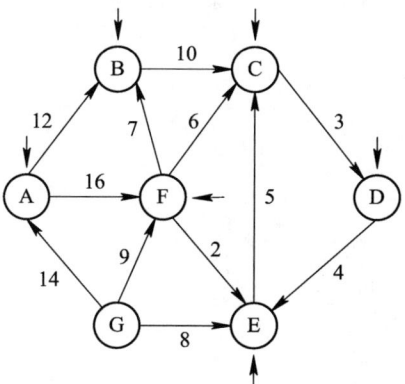

矩阵S	A	B	C	D	E	F	G
A	0	12	22	22	18	16	14
B	12	0	10	13	9	7	16
C	22	10	0	3	5	6	13
D	22	13	3	0	4	6	12
E	18	9	5	4	0	2	8
F	16	7	6	6	2	0	9
G	14	16	13	12	8	9	0

图 8-86　Floyd 算法案例步骤图 7

以 G 顶点为中间顶点，更新矩阵 S，如图 8-87 所示。

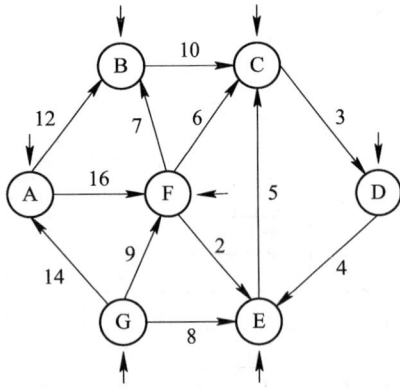

矩阵S	A	B	C	D	E	F	G
A	0	12	22	22	18	16	14
B	12	0	10	13	9	7	16
C	22	10	0	3	5	6	13
D	22	13	3	0	4	6	12
E	18	9	5	4	0	2	8
F	16	7	6	6	2	0	9
G	14	16	13	12	8	9	0

图 8-87　Floyd 算法案例步骤图 8

了解了弗洛伊德算法求最短路径的思路后，下面通过一段伪代码程序来介绍如何实现弗洛伊德算法。

第一步：创建矩阵无向图 MatrixUDG 类，用于实例化无向图，详见代码清单 8-53。

代码清单 8-53

```
public class MatrixUDG{
    //边的数量
    private int mEdgNum;
    //顶点集合
    private char[] mVexs;
    //邻接矩阵
    private int[][] mMatrix;
    //最大值
    private static final int INF = Integer.MAX_VALUE;
    ...部分代码省略...
}
```

第二步：创建弗洛伊德算法，根据具体顶点的最短距离，不断更新二维矩阵，获取最短路径，详见代码清单 8-54。

代码清单 8-54

```
public void floyd(int[][] path, int[][] dist){          //初始化
    for (int i = 0; i < mVexs.length; i++){
        for (int j = 0; j < mVexs.length; j++){
            dist[i][j] = mMatrix[i][j];          //"顶点 i"到"顶点 j"的路径长度为"i 到 j 的权值"
            path[i][j] = j;                      //"顶点 i"到"顶点 j"的最短路径是经过顶点 j
        }
    }
    //计算最短路径
    for (int k = 0; k < mVexs.length; k++){
        for (int i = 0; i < mVexs.length; i++){
```

```
        for (int j = 0; j < mVexs.length; j++){
            //如果经过下标为 k 顶点路径比原两点间路径更短，则更新 dist[i][j]和 path[i][j]
            int tmp = (dist[i][k]==INF || dist[k][j]==INF) ? INF : (dist[i][k] + dist[k][j]);
            if (dist[i][j] > tmp){
                //"i 到 j 最短路径"对应的值，为更小的一个(即经过 k)
                dist[i][j] = tmp;
                //"i 到 j 最短路径"对应的路径，经过 k
                path[i][j] = path[i][k];
            }
        }
    }
}
//打印 floyd 最短路径的结果
System.out.printf("floyd: \n");
for (int i = 0; i < mVexs.length; i++){
    for (int j = 0; j < mVexs.length; j++)
        System.out.printf("%2d   ", dist[i][j]);
    System.out.printf("\n");
    }
}
```

综合两种算法来看，迪杰斯特拉算法与弗洛伊德算法并不存在优劣之分，只是求取图型数据结构最短路径的方式不同，适用场景不同。针对最短路径问题，在实际开发过程中，我们可以根据具体情况选择迪杰斯特拉算法或弗洛伊德算法。

本 章 小 结

本章系统介绍了关于图型数据结构的知识。与前面的章节对比，这一章无论是在规模上，还是在知识点的复杂性上，都有显著提升。从对图型数据结构的定义开始，介绍了图型数据结构的表示方式。在理解这些基本概念后，以无向图和有向图为例，介绍了图型数据结构的遍历过程，即深度优先搜索遍历与广度优先搜索遍历。最后介绍了几种常见的图型数据结构问题，即最小生成树、拓扑排序、关键路径、最短路径等问题。

课 后 习 题

一、选择题

(1) 下面关于图的存储的叙述中，正确的是(   )。

A. 用相邻矩阵法存储图，占用的存储空间数只与图中节点个数有关，而与边数无关

B. 用相邻矩阵法存储图，占用的存储空间数只与图中边数有关，而与节点个数无关

C. 用邻接表法存储图，占用的存储空间数只与图中节点个数有关，而与边数无关

D. 以上都不正确

(2) 广度优先遍历类似于二叉树的(　　)。

A. 先序遍历　　　　　　B. 中序遍历　　　　　　C. 后序遍历　　　　　　D. 层次遍历

(3) 任何一个带权的无向连通图的最小生产树(　　)。

A. 只有一棵　　　　　　B. 有一棵或多棵　　　　C. 一定有多棵　　　　　D. 可能不存在

(4) 在有 n 个顶点的连通图中的任意一条简单路径，其长度不可能超过(　　)。

A. 1　　　　　　　　　　B. n/2　　　　　　　　　C. n–1　　　　　　　　　D. n

(5) 在一个有向图中，所有顶点的入度之和等于所有顶点的出度之和的(　　)倍。

A. 1/2　　　　　　　　　B. 1　　　　　　　　　　C. 2　　　　　　　　　　D. 4

二、填空题

(1) 在线性表中将数据元素称为元素，树中将数据元素称为节点，在图中将数据元素称为＿＿＿＿＿＿＿。

(2) 线性表可以没有元素，称为＿＿＿＿＿；树中可以没有节点，称为＿＿＿＿＿；但是，在图中不允许没有＿＿＿＿＿(有穷非空性)。

(3) 线性表中的各元素是＿＿＿＿＿，树中的各元素是＿＿＿＿＿，而图中各顶点的关系是用＿＿＿＿＿来表示(边集可以为空)。

(4) 如果从无向图的任一顶点出发进行一次深度优先搜索即可访问所有顶点，则该图一定是＿＿＿＿＿。

三、判断题

(1) 有向连通图与无向连通图在图型数据结构的遍历过程中，遍历结果一定相同。

(2) 迪杰斯特拉算法与弗洛伊德算法在求图型数据结构的过程中算法一致。

第9章 数据的排序

在计算机内，排序是一种频繁的操作，其应用十分广泛。排序指的是将一组数据按照某种特定的规则调换位置，使数据之间具有某种特定的顺序关系。例如在数据库内，可以选择某一个字段进行排序，这个字段被称为"键"，字段里面的值被称为"键值"。

9.1 排序的概念

依据执行排序时所用的存储介质，可以将排序分为内部排序和外部排序。当数据量不大时，可以将排序放在内存中执行，这种排序称为内部排序。当数据量很大时，排序不仅要使用内存，还需要借助外部存储器，这种排序称为外部排序。本章将主要讨论内部排序。

进行内部排序的算法有很多种，按照使用策略的不同，常分为插入排序法、交换排序法、选择排序法、合并排序法等。不同的排序算法适用于不同的应用需求，判断排序算法优劣的依据主要是算法的时间复杂度、空间复杂度，以及算法的稳定性。

表 9-1 演示了稳定的排序和不稳定的排序之间的区别。

表 9-1 排序的稳定性

初始数据顺序：	5	$6_左$	3	$6_右$	15	12	8
稳定的排序：	3	5	$6_左$	$6_右$	8	12	15
不稳定的排序：	3	5	$6_右$	$6_左$	8	12	15

在讨论之前，首先罗列各种排序算法的具体情况，如表 9-2 所示。

表 9-2　排序算法的复杂度对比

排序方法	空间复杂度(最坏)	时间复杂度(最好)	时间复杂度(平均)	时间复杂度(最坏)	稳定性	适用范围
冒泡排序法	$O(1)$	$O(n)$	$O(n^2)$	$O(n^2)$	稳定	顺序表链式表
选择排序法	$O(1)$	$O(n^2)$	$O(n^2)$	$O(n^2)$	不稳定	顺序表
直接插入排序法	$O(1)$	$O(n)$	$O(n^2)$	$O(n^2)$	稳定	顺序表链式表
希尔排序法	$O(1)$	$O(n\log n)$	$O(n(\log n)^2)$	$O(n(\log n)^2)$	不稳定	顺序表
快速排序法	$O(\log n)$	$O(n\log n)$	$O(n\log n)$	$O(n^2)$	不稳定	顺序表
堆排序法	$O(1)$	$O(n\log n)$	$O(n\log n)$	$O(n\log n)$	不稳定	顺序表
基数排序法	$O(n+k)$	$O(nk)$	$O(nk)$	$O(nk)$	稳定	链式表

9.2　插入排序法

9.2.1　插入排序的概念

　　插入排序的基本思想类似于打扑克牌时理牌的过程。假设手中的第一张牌已经是排好序的状态，接着抓第二张牌，如果第二张牌比第一张牌大，就把它插到第一张牌的右侧，否则，插到左侧。于是，手中就有两张已经排好序的牌，接着继续抓第三张牌，与第一、二张牌比较大小，选择合适的位置插入。依次类推，直至理牌完成。

　　假设需要对图 9-1 中的数组进行排序。

11	5	9	3	2

图 9-1　待排序的数组

　　第一步：假设数组中的第一个元素 11 已经是排好序的状态(虚线左侧)，并且使变量 key 储存第二个元素值 5。接着进行比较，如果 key 大于第一个元素的值，则将第一个元素后移一位，以便挪出位置供 key 插入，如图 9-2 所示。

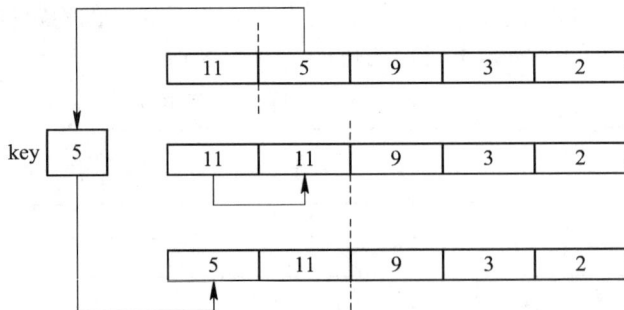

图 9-2　插入排序第一步

　　第二步：经过第一步的插入操作，现在数组的前两个元素已经是排好序的状态(虚线左侧)。接着，将第三个元素值 9 存储到 key 中，比较它与前两个元素的大小，然后将其置于合适的位置，如图 9-3 所示。

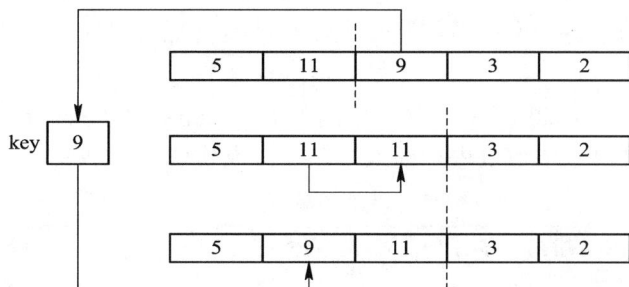

图 9-3 插入排序第二步

第三步：将第四个元素储存到 key 中，将 key 与排好序的元素(虚线左侧)进行比较，将其插到合适的位置，如图 9-4 所示。

第四步：将最后一个元素的值储存到 key 中，将 key 与虚线左侧的所有元素进行比较，并且插到合适的位置，至此排序完成，如图 9-5 所示。

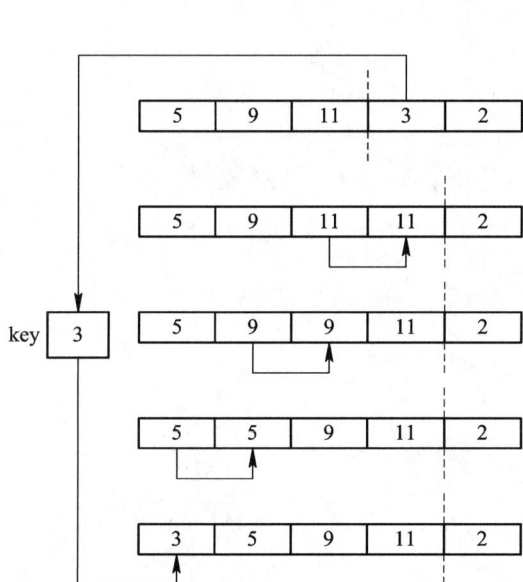

图 9-4 插入排序第三步

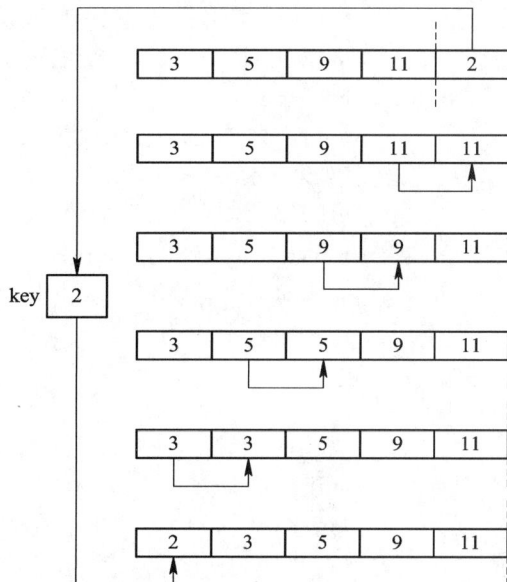

图 9-5 插入排序第四步

插入排序法的性能参数如表 9-3 所示。

表 9-3 插入排序法的复杂度

分　　类		表 示 方 法
时间 复杂度	最好时间复杂度	$O(n)$
	最坏时间复杂度	$O(n^2)$
	平均时间复杂度	$O(n^2)$
空间复杂度		$O(1)$
稳定性		稳定

9.2.2　直接插入排序法

参照上一小节的阐述，本小节将基于上述算法实现插入排序，本代码实例参见源码文件 9-2-Test1。

第一步：在 MainActivity 类中定义一个函数 InsertionSortAlgorithm，这个函数接收一个对数组的引用，并且对这个数组进行插入排序，详见代码清单 9-1。

代码清单 9-1

```java
public class MainActivity extends AppCompatActivity{
    ...部分代码省略...
    public void InsertionSortAlgorithm(int arr[]){
        int size = arr.length;
        for(int step = 1; step < size; step++){
            Log.d(TAG_GZPYP, "步骤" + step + ":");
            int key = arr[step];
            Log.d(TAG_GZPYP, "key = " + key + ";");
            //j 在初始时，记录的是数组已排序列中最右边元素的索引
            int j = step - 1;
            //下面按递增序列进行排序，将 key 按从右到左的顺序与每一个已排序的元素进行大小比对：
            //如果元素比 key 大，则将其后移一位；如果元素比 key 小，则立即结束循环；对递减
            //序列而言，只需将循环条件改为 key > arr[j]
            while(j >= 0 && key < arr[j]){
                Log.d(TAG_GZPYP, "移位后的数组状态：" + Arrays.toString(arr));
                arr[j + 1] = arr[j];
                --j;
            }
            //将 key 插到合适的位置(刚好比它小的元素后面)
            arr[j + 1] = key;
            Log.d(TAG_GZPYP, "将 key 插入后的数组状态：" + Arrays.toString(arr));
            Log.d(TAG_GZPYP, "********步骤" + step + "结束********");
        }
    }...部分代码省略...
}
```

第二步：在 onCreate 方法中定义一个待排序的数组，并且将其作为参数调用 InsertionSortAlgorithm 方法，详见代码清单 9-2。

代码清单 9-2

```java
public class MainActivity extends AppCompatActivity{
    ...部分代码省略...
    protected void onCreate(Bundle savedInstanceState){
        ...部分代码省略...
        int[] arrValue ={
```

```
        11, 5, 9, 3, 2
    };
    Log.d(TAG_GZPYP, "插入排序前的数组元素序列: " + Arrays.toString(arrValue));
    this.InsertionSortAlgorithm(arrValue);
    Log.d(TAG_GZPYP, "插入排序完成后的数组元素序列: " + Arrays.toString(arrValue));
    ...部分代码省略...
    }
    ...部分代码省略...
}
```

第三步：运行该项目代码，在 Logcat 监视窗口中打印的信息如图 9-6 所示。

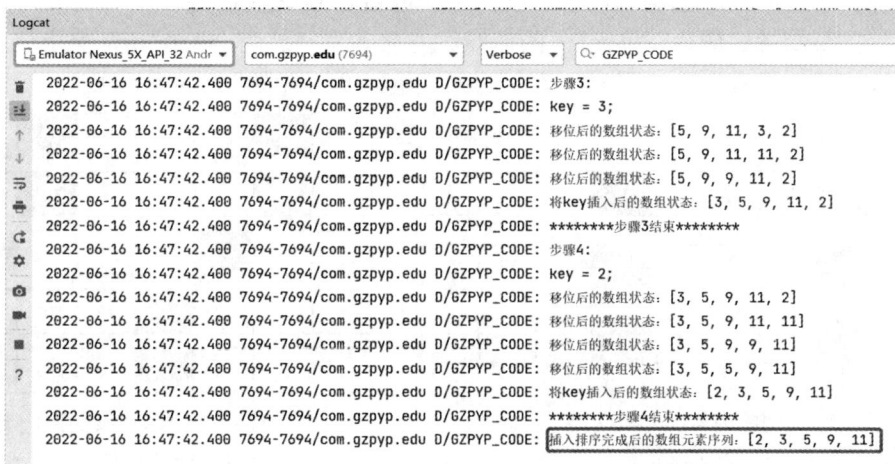

图 9-6　运行结果

9.2.3　希尔排序法

1. 希尔排序法的定义

希尔在 1959 年对直接插入排序算法进行了改进，称为递减增量排序算法，简称希尔排序算法。希尔排序作为一种插入排序算法，比直接插入排序更加高效。

首先，希尔排序需要确定一个初始的间隔距离，将等距的元素进行排序。然后，按照特定的规律逐步缩小这个间隔距离，并且继续对等距的元素进行排序，直至完成整体的排序。

间隔距离的确定有多种不同的模式，可用于希尔排序的最优间隔序列有：

- 希尔序列：$N/2$，$N/4$，$\cdots$，1。
- 克努特的递增序列：1, 4, 13, $\cdots$, $(3k-1)/2$。
- 塞奇威克的递增序列：1, 8, 23, 77, 281, 1073, 4193, 16577, $\cdots$, $4j + 1 + 3 \times 2j + 1$。
- 希伯德的递增序列：1, 3, 7, 15, 31, 63, 127, 255, 511, $\cdots$。
- 帕佩尔诺夫和斯塔舍维奇的递增序列：1, 3, 5, 9, 17, 33, 65, $\cdots$。
- 普瑞特序列：1, 2, 3, 4, 6, 9, 8, 12, 18, 27, 16, 24, 36, 54, 81, $\cdots$。

值得注意的是，对于一个给定的数组(对本小节而言)使用何种间隔序列进行排序决定了希尔排序的效率。

希尔排序法的步骤如下：

第一步：假设对以下数组进行排序，如图 9-7 所示。

16	10	12	9	1	6	13	5

图 9-7　待排序的数组

第二步：本例中使用的间隔序列是希尔序列，即 N/2, N/4, …, 1。

图 9-7 的数组长度为 N = 8，所以在第一个循环，初始间隔 interval = N/2 = 4。在这个间隔循环下，首先会比较数组中索引为 0 的元素和数组中索引为 4 的元素的大小。如果 0 号元素的值大于 4 号元素的值，就将 4 号元素的值暂存到变量 temp 中，再将 4 号元素的值用 0 号元素的值覆盖。最后，将 temp 的值赋给 0 号元素。这两个数组元素交换值的过程如图 9-8 所示。其余元素也将按照间隔为 4 的方式进行交换，如图 9-9 所示。

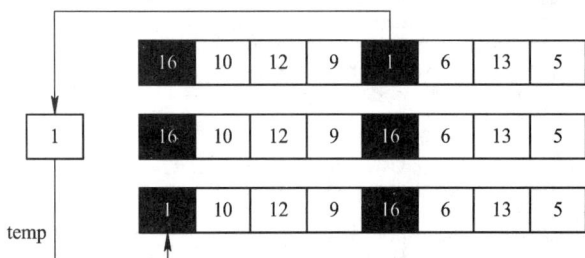

图 9-8　间隔为 4 的元素交换

图 9-9　其余元素的比较交换

第三步：间隔为 interval = N/4 = 8/4 = 2 的元素排序。继续按照第二步的方式交换元素的位置，区别仅在于排序间隔由 4 变为了 2。图 9-10 演示了这个循环下的前两个子步骤。

在上述的子步骤中，只需要考虑在当前元素的右方位置按照特定的间隔选取一个元素进行大小比较，而不需要考虑左方位置的情况，这是因为左方位置不足以满足间隔计数的要求。但是在希尔排序中，当按照间隔选取一个右方元素与当前元素进行比较时，如果左方位置已经满足间隔计数的需要，就可以连续地按照间隔选取元素，直至左方位置不能满足间隔计数的需要为止，然后综合在所有选取的元素之间进行大小排序。图 9-11 所示的是，12 作为当前元素(用虚线标示)，其左方位置满足间隔计数要求，所以索引位置 2 先与索引位置 4 比较值的大小，然后在索引位置 2 和索引位置 0 之间比较大小。

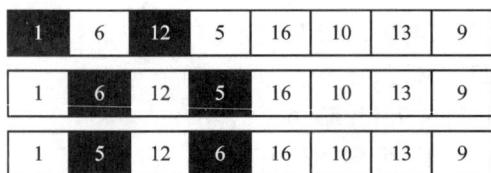

图 9-10　间隔为 2 的元素排序

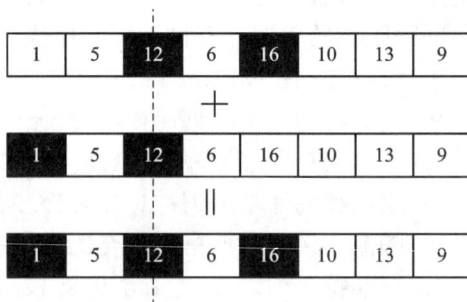

图 9-11　左方位置均满足间隔要求

依照上述方法继续完成后面的子步骤，如图 9-12 所示。

第四步：希尔排序的最后一步，以 interval = N/8 = 8/8 = 1 为间隔，如图 9-13 所示。

图 9-12 数据元素补间排序图

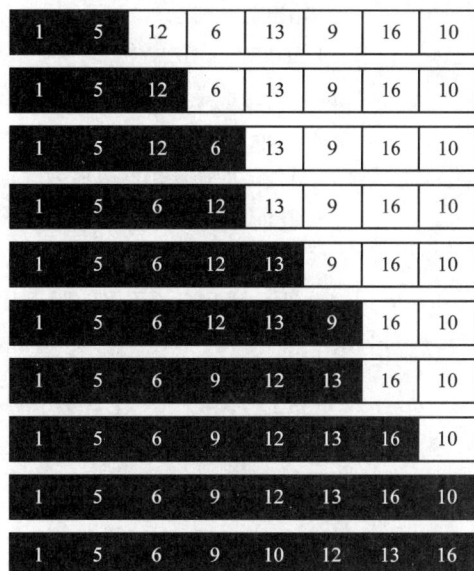

图 9-13 希尔排序的最后一步

希尔排序法的效率参数如表 9-4 所示。

表 9-4 希尔排序法的复杂度.

分　　类		表 示 方 法
时间 复杂度	最好时间复杂度	O(nlog n)
	最坏时间复杂度	O(n²)
	平均时间复杂度	O(nlog n)
空间复杂度		O(1)
稳定性		不稳定

2. 希尔排序法的实现

希尔排序法的步骤如下(本代码实例参见源码文件 9-2-Test2)。

第一步：在 MainActivity 类中创建函数 ShellSortAlgorithm，其有两个参数，第一个参数接收对待排序数组的引用，第二个参数接收待排序数组的长度，这个函数实现了希尔排序的逻辑，详见代码清单 9-3。

代码清单 9-3

```
public class MainActivity extends AppCompatActivity {...部分代码省略...

    public void ShellSortAlgorithm(int arr[], int n){

        Log.d(TAG_GZPYP, "*******>>>希尔排序开始<<<*******");

        int step = 1;
```

```java
//最外层的循环由间隔序列确定
public void ShellSortAlgorithm(int arr[], int n){
    //输出提示信息
    Log.d(TAG_GZPYP, "*******>>>希尔排序开始<<<*******");
    //记录当前步骤是希尔排序的第几个步骤
    int step = 1;
    //最外层的循环由间隔序列确定
    for(int interval = n / 2; interval > 0; interval /= 2){
        //输出提示信息
        Log.d(TAG_GZPYP, "+++++第" + step + "步" + "(间隔为" + interval + ")排序开始+++++");
        for(int i = interval; i < n; i += 1){
            int temp = arr[i];
            int j;
            for(j = i; j >= interval && arr[j - interval] > temp; j -= interval){
                arr[j] = arr[j - interval];
            }
            arr[j] = temp;
            //输出提示信息
            Log.d(TAG_GZPYP, "子步骤完成：" + Arrays.toString(arr));
        }
        //输出提示信息
        Log.d(TAG_GZPYP, "-----第" + step + "步" + "(间隔为" + interval + ")排序结束-----");
        step += 1;
    }
    ...部分代码省略...
}
```

第二步：在 MainActivity 类的 onCreate 函数中调用这个函数，详见代码清单 9-4。

代码清单 9-4

```java
public class MainActivity extends AppCompatActivity{
    ...部分代码省略...
    protected void onCreate(Bundle savedInstanceState){
        ...部分代码省略...
        //Logical
        int[] intArray = { 16, 10, 12, 9, 1, 6, 13, 5 };
        int length = intArray.length;
        Log.d(TAG_GZPYP, "初始数组："+Arrays.toString(intArray));
```

```
        ShellSortAlgorithm(intArray,length);
        Log.d(TAG_GZPYP, "希尔排序完成后的数组: "+Arrays.toString(intArray));
        //Logical End
        ...部分代码省略...
    }
    ...部分代码省略...
}
```

第三步：运行该项目代码，在 Logcat 监视窗口中打印的信息如图 9-14 所示。

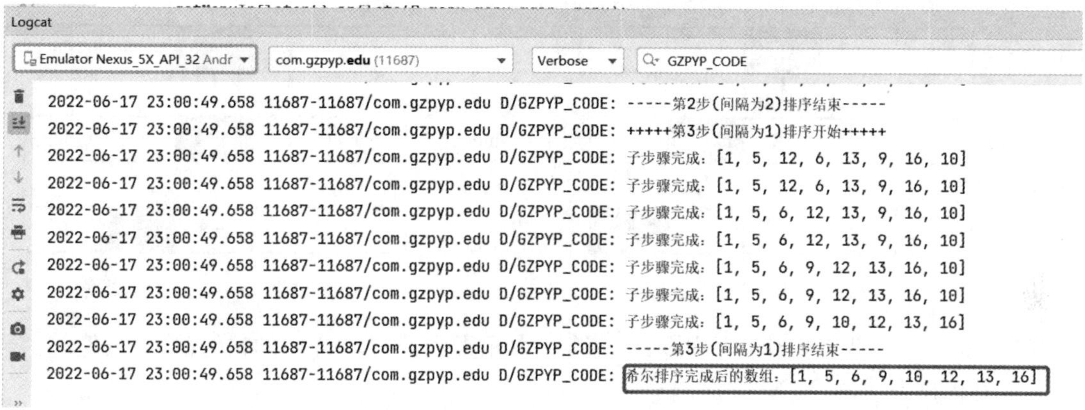

图 9-14 运行结果

9.3 交换排序法

9.3.1 冒泡排序法

1. 冒泡排序法的定义

冒泡排序法是一种简单且稳定的排序算法。冒泡排序会反复遍历要排序的序列，依次比较相邻的元素大小。如果顺序错误，就交换它们的位置。这个过程会一直重复，直到所有元素都排序完成。在这种交换排序算法下，越小的元素经过逐步交换会渐渐"漂浮"到序列的终端，就像水里的泡泡会逐渐浮出水面一样，所以被称为冒泡排序。

以图 9-15 所示的数组为例，我们将通过冒泡排序法对其进行升序排列。

−1	46	1	12	−8

图 9-15 待排序的数组

第一步：从索引 0 处开始遍历，交换最大值到数组末端。依次比较第 1 个元素和第 2 个元素的大小。如果第 1 个元素的值大于第 2 个元素的值，就交换这两个元素的位置。接着比较第 2 个元素和第 3 个元素，如果第 2 个元素大于第 3 个元素，就交换它们的位置。

重复上述步骤，直到遍历到最后一个元素。经过这些重复的对比交换，值最大的元素就会被"冒泡"到数组中的最后一个位置。演示过程如图 9-16 所示。

第二步：从索引 0 处开始遍历，交换第二大元素到数组末端(最大值的前一位)，如图 9-17 所示。

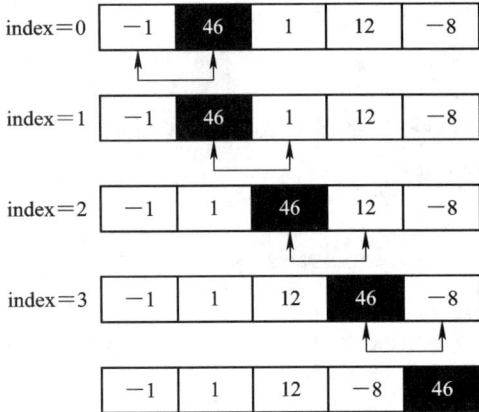

图 9-16　交换最大元素到数组末端

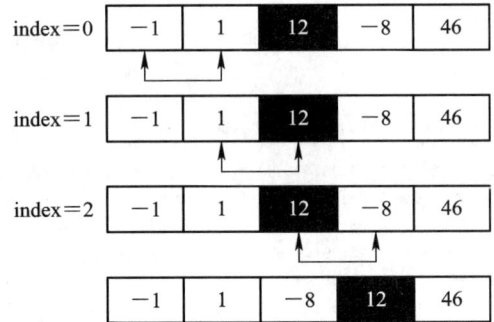

图 9-17　交换第二大元素到数组末端

第三步：从索引 0 处开始遍历，交换第三大元素到数组中合适的位置(第二大值的前一位)，如图 9-18 所示。

第四步：从索引 0 开始，交换第四大元素到数组中合适的位置(第三大值的前一位)，如图 9-19 所示。

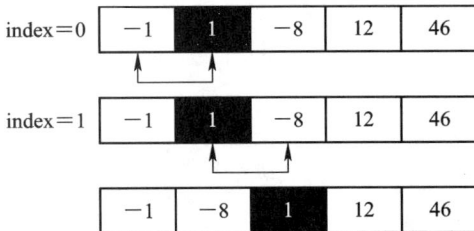

图 9-18　交换第三大元素到数组末端

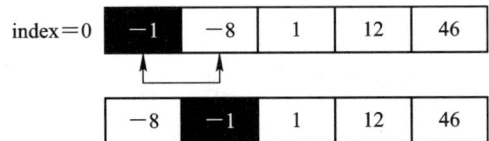

图 9-19　将数组中剩余未排序的元素排序

至此，数组已经按照从小到大的顺序排序完成。

冒泡排序法的效率参数如表 9-5 所示。

表 9-5　冒泡排序法的复杂度

分　　类		表 示 方 法
时间 复杂度	最好时间复杂度	$O(n)$
	最坏时间复杂度	$O(n^2)$
	平均时间复杂度	$O(n^2)$
空间复杂度		$O(1)$
稳定性		稳定

2. 冒泡排序法的实现

冒泡排序法的步骤如下(本代码实例参见源码文件 9-3-Test1)。

第一步：在 MainActivity 类中创建一个函数 BubbleSortAlgorithm，用于实现冒泡排序的具体逻辑，详见代码清单 9-5。

代码清单 9-5

```
public class MainActivity extends AppCompatActivity{
    ...部分代码省略...
    public void BubbleSortAlgorithm(int arr[]){
        int length = arr.length;
        //最外层循环用于遍历数组的元素
        for(int i = 0; i < length - 1; i++){
            //子循环用于比较未排序的数组元素
            for(int j = 0; j < length - i - 1; j++)
                //比较邻近的两个元素
                //将 > 改为 <，可以使排序由增序变为降序
            if(arr[j] > arr[j + 1]){
                //如果顺序不符合，则将邻近的两个元素交换位置
                int temp = arr[j];
                arr[j] = arr[j + 1];
                arr[j + 1] = temp;
            }
        }
    }
    ...部分代码省略...
}
```

第二步：在 onCreate 方法中提供一个待排序的数组作为参数，调用 BubbleSortAlgorithm 方法，详见代码清单 9-6。

代码清单 9-6

```
public class MainActivity extends AppCompatActivity{...部分代码省略...
    protected void onCreate(Bundle savedInstanceState){...部分代码省略...
        int[] intArray = {-1, 46, 1, 12, -8};
        Log.d(TAG_GZPYP, "初始数组：" + Arrays.toString(intArray));
        BubbleSortAlgorithm(intArray);
        Log.d(TAG_GZPYP, "冒泡排序完成后的数组：" + Arrays.toString(intArray));
        ...部分代码省略...
    }...部分代码省略...
}
```

第三步：运行该项目代码，在 Logcat 监视窗口中打印的信息如图 9-20 所示。

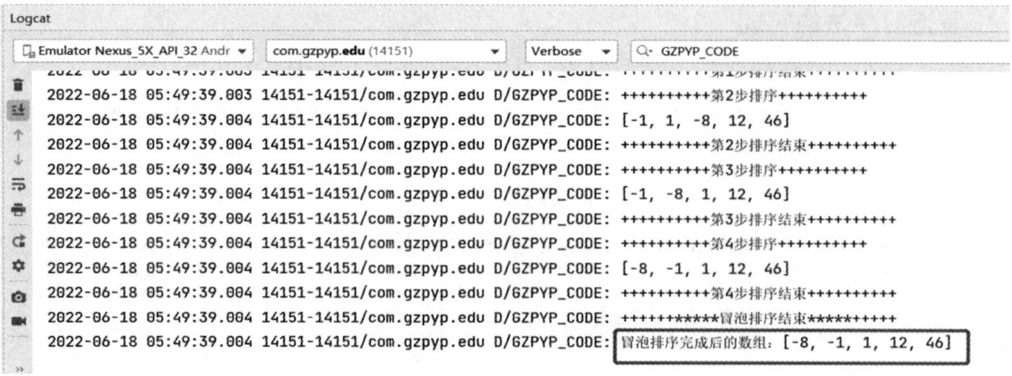

图 9-20   运行结果

9.3.2   快速排序法

1. 快速排序法的定义

快速排序法是由冒泡排序法演变而来，相比于冒泡排序法更加高效。快速排序法首先在序列中任意挑选一个基准元素，并且使所有比它大的元素都移动到序列的一边，所有比它小的元素移动到序列的另一边，由此把序列分割成两部分。两部分独立的序列分别再次进行快速排序，由此递归地进行，使整个序列变成有序的序列。

以图 9-21 所示的数组为例，最后一个元素作为基准元素，我们将使用它来演示如何进行快速排序。

图 9-22 是重整后的数组，基准元素左边的元素都小于基准元素，基准元素右边的元素都大于基准元素，也就是说基准元素把数组分割成了两部分。

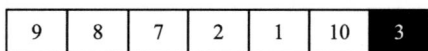

图 9-21   待排序数组

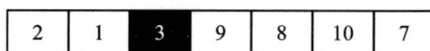

图 9-22   重整后的数组

整个重整的演示过程如下：

第一步：使用一个变量 indexP 来存储基准元素的索引，然后将基准元素与数组的第一个元素(索引 0)作大小比较，如图 9-23 所示。

第二步：如果第 1 个元素大于基准元素，则用 indexMax 保存第 1 个元素的索引，如图 9-24 所示。

图 9-23   基准元素与首元素对比

图 9-24   indexMax 持有索引位置 0

第三步：继续比较基准元素和其他元素，直到找到比基准元素小的元素。这时，需要把较小的元素和先前找到的较大元素交换位置，如图 9-25 所示。

第四步：继续上述步骤，找到下一个相对于基准元素较大的元素，并且继续找到一个较小的元素，再交换它们的位置，如图 9-26 所示。

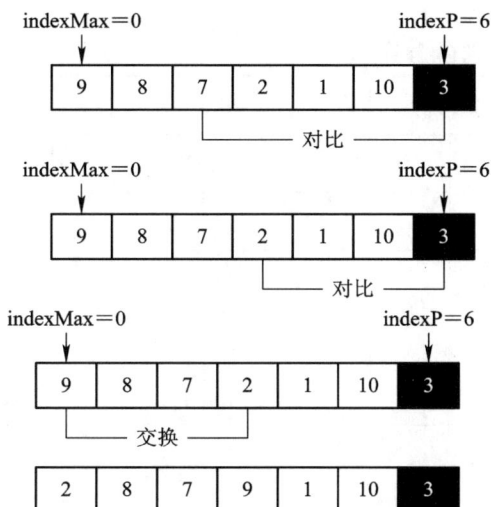

图 9-25 元素 2 与元素 9 交换示意图

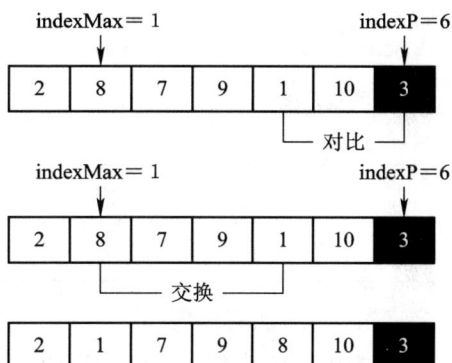

图 9-26 元素 8 与元素 1 交换示意图

第五步：继续上述步骤，找到下一个相对于基准元素较大的元素，并且继续寻找相对于基准元素较小的元素。如果直到数组的末尾都没有找到这个较小的元素，那么就代表这个重整的过程结束，如图 9-27 所示。

第六步：把基准元素与 indexMax 所指向的元素进行交换。于是基准元素就把数组分割成了两部分，左边的元素都小于它，而右边的元素都大于它，如图 9-28 所示。

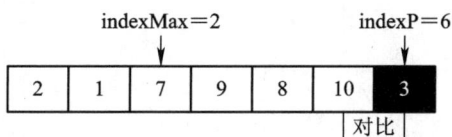

图 9-27 元素重整结束

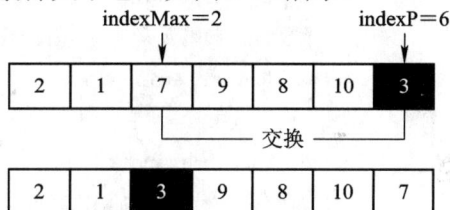

图 9-28 分割数组

第七步：对这两个分区继续使用快速排序法，直至数组整体的排序完成，这实际上就是一种递归的过程。例如，假设左分区已经利用快速排序法完成了排序，继续对右分区进行递归式的快速排序，如图 9-29 所示。

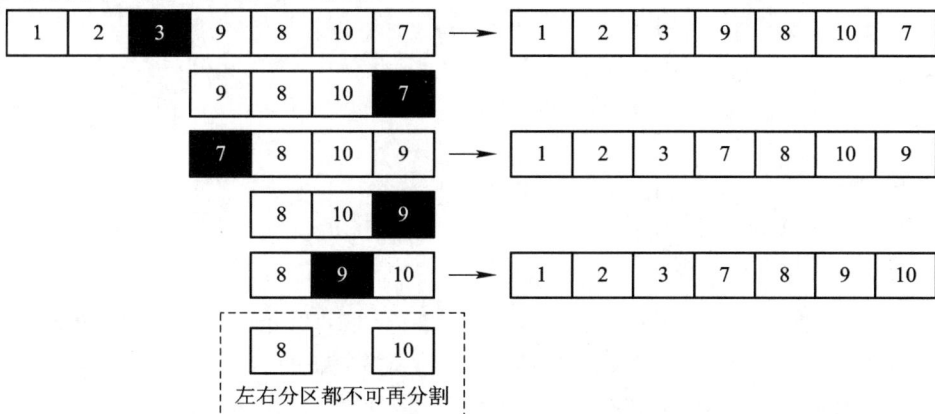

图 9-29 对右分区进行递归式的排序

快速排序法的效率参数如表 9-6 所示。

表 9-6　快速排序法的复杂度

分　　类		表 示 方 法
时间 复杂度	最好时间复杂度	$O(n*\log n)$
	最坏时间复杂度	$O(n^2)$
	平均时间复杂度	$O(n*\log n)$
空间复杂度		$O(\log n)$
稳定性		不稳定

2. 快速排序法的实现

快速排序法的步骤如下(本代码实例参见源码文件 9-3-Test2)。

第一步：在 MainActivity 类中创建一个名为 CreatePartition 的函数，其接收一个数组，并且对它进行快速排序，最后返回数组的分割位置，详见代码清单 9-7。

代码清单 9-7

```java
public class MainActivity extends AppCompatActivity{
    ...部分代码省略...
    public int CreatePartition(int arr[], int lowIndex, int highIndex){
        //选择数组的末尾元素作为基准元素
        int baseElement = arr[highIndex];
        //用于指示较大元素(相对于基准元素)的位置
        int indexMax = (lowIndex - 1);
        //遍历所有数组元素(除了末尾的基准元素)，并且将其与基准元素作对比
        for(int j = lowIndex; j < highIndex; j++){
            if(arr[j] <= baseElement){
                //在逻辑设计上，indexMax+1 后，会始终指向本轮对比的较大元素
                indexMax++;
                //将较小的元素与较大的元素进行位置交换
                int temp = arr[indexMax];
                arr[indexMax] = arr[j];
                arr[j] = temp;
                Log.d(TAG_GZPYP, Arrays.toString(arr));
            }
        }
        //到这里，所有较小的元素已经全部靠近数组的左边，所有较大的元素已经靠近数组的
        //右边，所以最后要做的就是使用基准元素分割这个数组
        int temp = arr[indexMax + 1];
        arr[indexMax + 1] = arr[highIndex];
```

```
            arr[highIndex] = temp;
            Log.d(TAG_GZPYP, Arrays.toString(arr));
            //返回基准元素所处的分割位置
            return(indexMax + 1);
        }
        ...部分代码省略...
    }
```

第二步：继续在 MainActivity 函数中创建一个名为 QSort 的函数，这是一个递归函数，封装了对 CreatePartition 的调用，详见代码清单 9-8。

代码清单 9-8

```
    public class MainActivity extends AppCompatActivity{
        ...部分代码省略...
        public void QSort(int array[], int lowIndex, int highIndex){
            if(lowIndex < highIndex){
                //pi 记录了数组的分割位置(基准元素最终所处的位置)
                int pi = CreatePartition(array, lowIndex, highIndex);
                //对左分区进行递归的调用
                QSort(array, lowIndex, pi - 1);
                //对右分区进行递归的调用
                QSort(array, pi + 1, highIndex);
            }
        }
        ...部分代码省略...
    }
```

第三步：在 onCreate 方法中定义一个待排序的数组，并且将其作为参数调用 QSort 方法，详见代码清单 9-9。

代码清单 9-9

```
    public class MainActivity extends AppCompatActivity{
        ...部分代码省略...
        protected void onCreate(Bundle savedInstanceState){
        ...部分代码省略...
            int[] arr = {
                9, 8, 7, 2, 1, 10, 3
            };
            int length = arr.length;
            Log.d(TAG_GZPYP, "待排序的数组： " + Arrays.toString(arr));
            Log.d(TAG_GZPYP, "***********快速排序开始***********");
            QSort(arr, 0, length - 1);
            Log.d(TAG_GZPYP, "***********快速排序结束***********");
```

```
        Log.d(TAG_GZPYP, "快速排序完成后的数组" + Arrays.toString(arr));
        ...部分代码省略...
    }
    ...部分代码省略...
}
```

第四步：运行该项目代码，在 Logcat 监视窗口中打印的信息如图 9-30 所示。

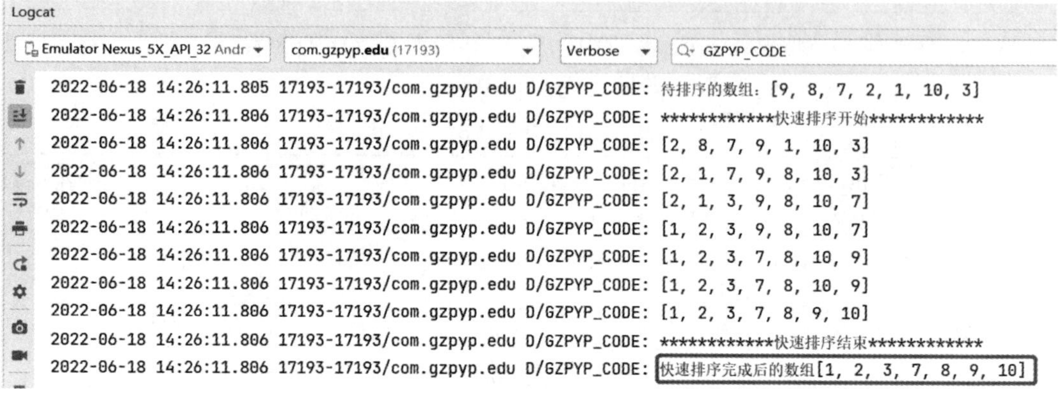

图 9-30   运行结果

9.4   选择排序法

9.4.1   直接选择排序法

1. 直接选择排序法的定义

直接选择排序法是一种十分简单且直观的排序算法。它的排序过程是：第一次从待排序的元素中挑选出最小(或最大)的元素，存放在序列的起始位置；然后从剩余的未排序元素中挑选出最小(或最大)的元素，再将其置于已排序的序列的末尾。依次类推，直到所有元素都排完序为止。

以图 9-31 所示的待排序的数组为例，我们来演示直接选择排序法的工作原理。

第一步：将第 1 个元素用 min 标记为最小值，如图 9-32 所示。

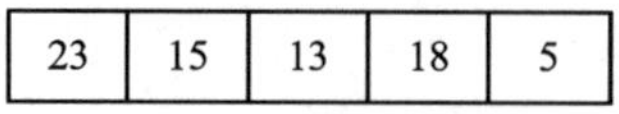

图 9-31   待排序的数组 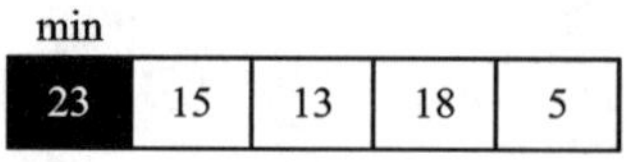   图 9-32   标记第 1 个元素为 min

第二步：将 min 与第 2 个元素作对比，如果第 2 个元素小于第 1 个元素，就用 min 标记为最小值。继续对比 min 与第 3 元素，如果第 3 个元素小于 min 元素，就将第 3 个元素标记为 min。以此类推，直到最后一个数组元素，如图 9-33 所示。

第三步：经过上述步骤，min 标记的元素就是数组中的最小值，将其与第 1 个元素进行交换。于是，虚线左侧是已排序的部分，虚线右侧是待排序的部分，如图 9-34 所示。

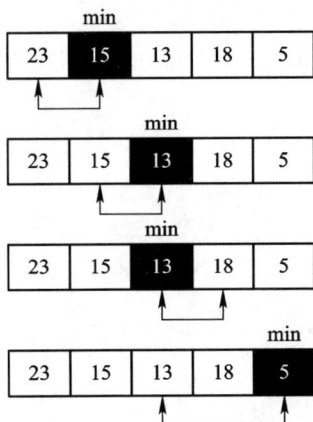

图 9-33　对比过程　　　　　　　　　　　　图 9-34　交换位置

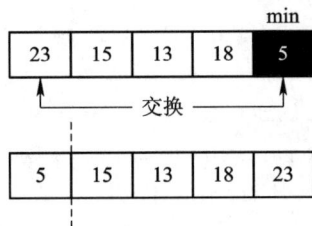

第四步：对未排序的序列继续上述步骤，如图 9-35 所示。

第五步：继续对待排序的部分进行排序，如图 9-36 所示。

第六步：待排序部分还剩 2 个元素，继续排序，最终数组排序完成，如图 9-37 所示。

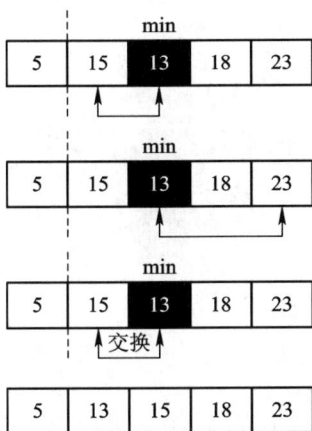

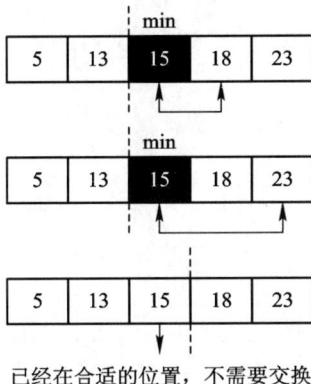

已经在合适的位置，不需要交换　　　　　已经在合适的位置，不需要交换

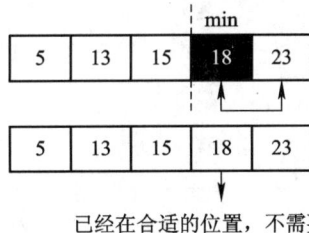

图 9-35　对待排序部分进行排序 1　图 3-36　对待排序的部分进行排序 2　图 9-37　数组整体排序完成

直接选择排序法的效率参数如表 9-7 所示。

表 9-7　直接选择排序法的复杂度

分　　类		表 示 方 法
时间 复杂度	最好时间复杂度	$O(n^2)$
	最坏时间复杂度	$O(n^2)$
	平均时间复杂度	$O(n^2)$
空间复杂度		$O(1)$
稳定性		不稳定

2. 直接选择排序法的实现

直接选择排序法的步骤如下(本代码实例参见源码文件 9-4-Test1)。

第一步：在 MainActivity 类中新建一个名为 SelectionSortAlgorithm 的函数，其是直接选择排序的具体逻辑实现，详见代码清单 9-10。

代码清单 9-10

```
public class MainActivity extends AppCompatActivity{...部分代码省略...
    public void SelectionSortAlgorithm(int arr[]){
        int length = arr.length;
        Log.d(TAG_GZPYP, Arrays.toString(arr));
        for(int step = 0; step < length - 1; step++){
            int min = step;
            for(int i = step + 1; i < length; i++){
                //如果需求是降序排序，则需要把 if 条件的>改为<
                //在每次循环中用 min 标记最小元素的索引
                if(arr[i] < arr[min]){
                    min = i;
                }
            }
            //将 min 索引的元素置于合适的位置(已排序序列的末尾)
            int temp = arr[step];
            arr[step] = arr[min];
            arr[min] = temp;
            Log.d(TAG_GZPYP, Arrays.toString(arr));
        }
    }...部分代码省略...
}
```

第二步：在 onCreate 方法中创建一个待排序的数组，并且将其作为参数传递给 SelectionSortAlgorithm，详见代码清单 9-11。

代码清单 9-11

```
public class MainActivity extends AppCompatActivity{...部分代码省略...
    protected void onCreate(Bundle savedInstanceState){...部分代码省略...
        int[] arr ={
            23, 15, 13, 18, 5
        };
        Log.d(TAG_GZPYP, "待排序的数组：" + Arrays.toString(arr));
        Log.d(TAG_GZPYP, "+++---+++---***直接选择排序开始***---+++---+++");
        SelectionSortAlgorithm(arr);
        Log.d(TAG_GZPYP, "+++---+++---***直接选择排序结束***---+++---+++");
        Log.d(TAG_GZPYP, "将数组按升序排序后：" + Arrays.toString(arr));
```

```
        ...部分代码省略...
    }...部分代码省略...
}
```

第三步：运行该项目代码，在 Logcat 监视窗口中打印的信息如图 9-38 所示。

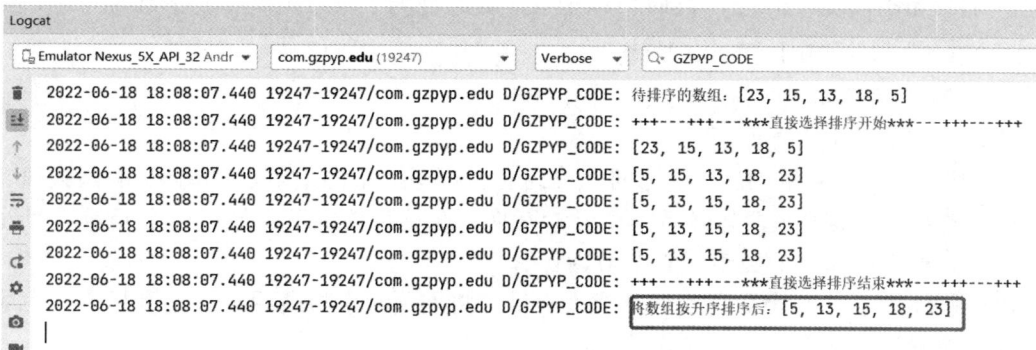

Logcat
Emulator Nexus_5X_API_32 Andr ▾ com.gzpyp.edu (19247) ▾ Verbose ▾ Q· GZPYP_CODE
2022-06-18 18:08:07.440 19247-19247/com.gzpyp.edu D/GZPYP_CODE: 待排序的数组：[23, 15, 13, 18, 5]
2022-06-18 18:08:07.440 19247-19247/com.gzpyp.edu D/GZPYP_CODE: +++---++---★★★直接选择排序开始★★★---++---+++
2022-06-18 18:08:07.440 19247-19247/com.gzpyp.edu D/GZPYP_CODE: [23, 15, 13, 18, 5]
2022-06-18 18:08:07.440 19247-19247/com.gzpyp.edu D/GZPYP_CODE: [5, 15, 13, 18, 23]
2022-06-18 18:08:07.440 19247-19247/com.gzpyp.edu D/GZPYP_CODE: [5, 13, 15, 18, 23]
2022-06-18 18:08:07.440 19247-19247/com.gzpyp.edu D/GZPYP_CODE: [5, 13, 15, 18, 23]
2022-06-18 18:08:07.440 19247-19247/com.gzpyp.edu D/GZPYP_CODE: [5, 13, 15, 18, 23]
2022-06-18 18:08:07.440 19247-19247/com.gzpyp.edu D/GZPYP_CODE: +++---++---★★★直接选择排序结束★★★---++---+++
2022-06-18 18:08:07.440 19247-19247/com.gzpyp.edu D/GZPYP_CODE: 将数组按升序排序后：[5, 13, 15, 18, 23]

图 9-38　运行结果

9.4.2　堆排序法

1. 堆排序法的定义

堆排序法是直接选择排序法的改进版本，其利用堆这种数据结构的特性来进行排序。

1) 堆的概念

堆是一种完全二叉树的数据结构，其分为两种类型：

(1) 大根堆：每个节点的值都大于或者等于它的左、右孩子节点的值。

(2) 小根堆：每个节点的值都小于或者等于它的左、右孩子节点的值。

图 9-39 展示了这两种不同的堆。

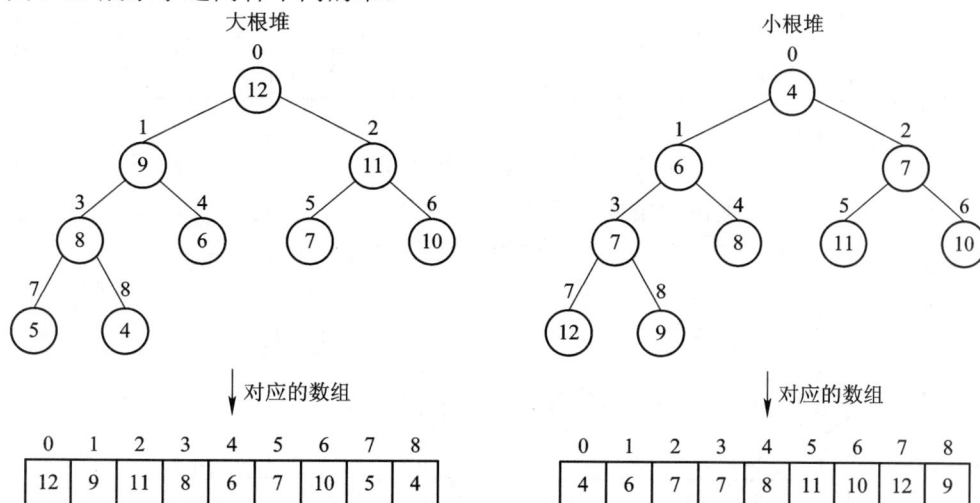

图 9-39　大根堆和小根堆

对应于堆结构，如果需要查找数组中某个索引为 i 的父节点和子节点，可以利用以下公式：

(1) 父节点的索引：$(i-1)/2$(取整)。

(2) 左孩子节点的索引：$2i+1$。

(3) 右孩子节点的索引：$2i+2$。

我们可以把上面的降序数组视为大根堆所有节点的线性排列，因为降序数组满足 $arr[i] > arr[2i+1]$ 且 $arr[i] > arr[2i+2]$。同时可以把升序数组视为小根堆所有节点的线性排列，因为 $arr[i] < arr[2i+1]$ 且 $arr[i] < arr[2i+2]$。

2) 堆排序法的过程

堆排序法的基本步骤如下：

(1) 将待排序的数组构造成大根堆，在这种情况下，堆的根节点(顶端)具有最大值。

(2) 将大根堆堆顶元素与最后一个元素互换。在这种情况下，最后一个元素具有最大值。此时，剩余待排序的数组元素个数为 n-1。

(3) 将剩余的 n-1 个数再次构造成大根堆，将堆顶元素与最后一个元素互换。此时，剩余待排序的数组元素个数为 n-2。

(4) 将剩余的 n-2 个数再次构造成大根堆，继续重复上述步骤，便能得到一个有序的数组序列。

以图 9-40 所示的无序数组为例，构造一个大根堆。

第一步：插入索引为 0 的元素到大根堆，作为根节点(堆顶)。按照完全二叉树的结构，再插入索引为 1 的元素到大根堆。为了得到大根堆的结构，比较堆顶与它的左孩子的大小，如果堆顶比左孩子小，就交换它们的位置，如图 9-41 所示。

0	1	2	3	4
5	8	10	7	9

图 9-40　待排序的数组

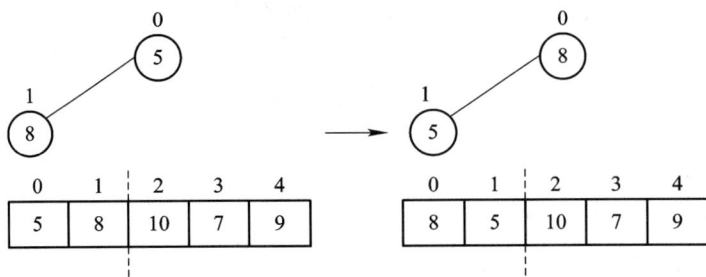

图 9-41　大根堆构造过程 1

第二步：按照完全二叉树的结构，插入 10 到大根堆中，并且比较其与父节点的大小，因为其大于父节点，所以需要交换它们的位置，如图 9-42 所示。

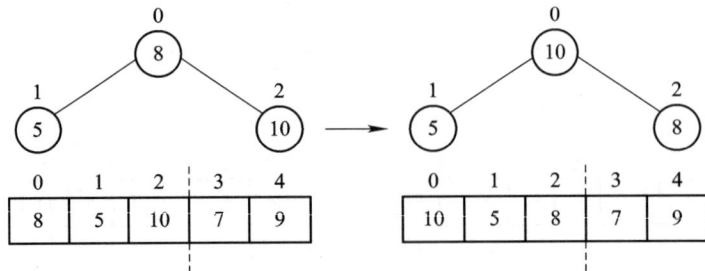

图 9-42　大根堆构造过程 2

第三步：按照完全二叉树的结构，继续插入 7 到数组中，因为 7 大于其父节点，所以需要交换它们的位置，如图 9-43 所示。

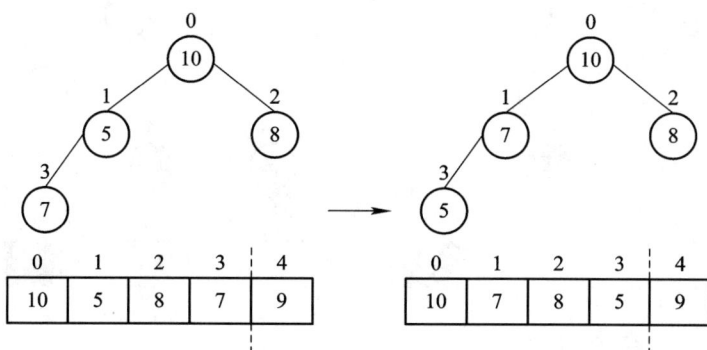

图 9-43　大根堆构造过程 3

第四步：按照完全二叉树的结构，继续插入 9 到大根堆。因为 9 大于其父节点，所以需要交换它们的位置，如图 9-44 所示。

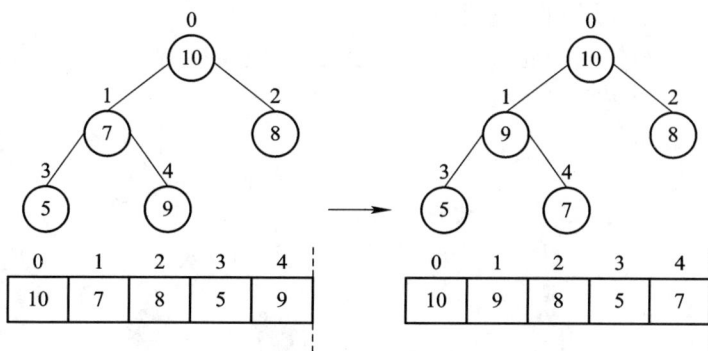

图 9-44　大根堆构造过程 4

第五步：现在已经得到了一个大根堆，接下来需要将堆顶的元素与最后一个元素交换位置，然后固定最大值(用黑色标记)，并且虚线分支表示黑色节点不再参与接下来的步骤，如图 9-45 所示。

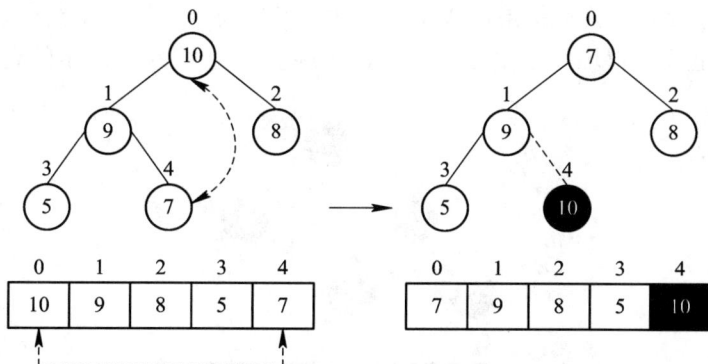

图 9-45　黑色节点不再参与接下来的步骤

第六步：固定最大值，意味着保持它在固定的位置不变。所以接下来，要使除最大值元素外的其余元素重新构造大根堆，如图 9-46 所示。

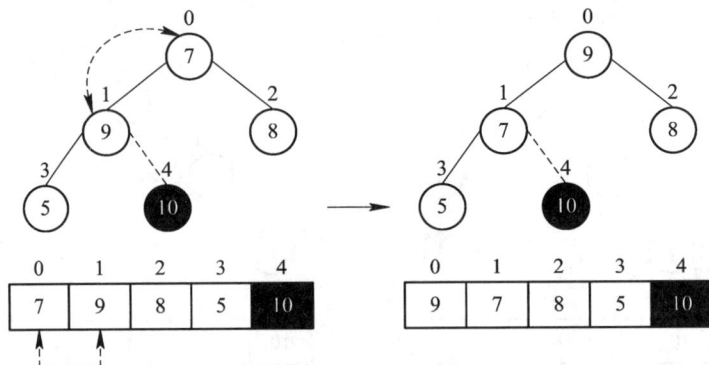

图 9-46　继续构造大根堆

在图 9-46 中，将堆顶元素与其左、右孩子中较大的一个作比较，发现 7<9，所以根据大根堆的定义，需要交换它们的位置。交换完之后，可以发现 7 已经大于它的左孩子 5，此时就证明这棵完全二叉树已经是大根堆了。需要注意的是，因为已经固定了 10，所以这个大根堆指的是由除 10 以外的元素所构造成的。

第七步：由于已经使剩余元素构造成大根堆了，然后重复第五步，使堆顶元素与最后一个元素互换位置，如图 9-47 所示。

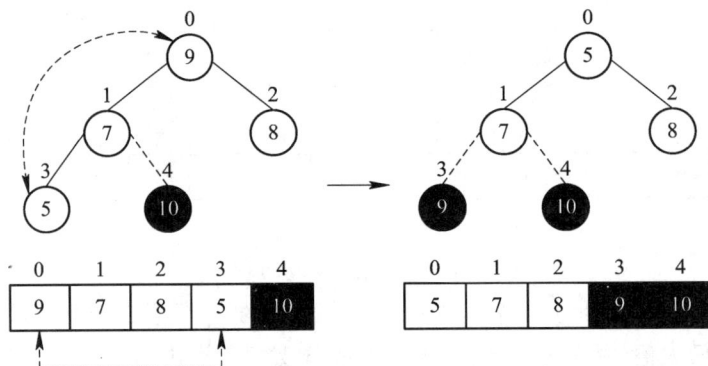

图 9-47　固定最大值

第八步：继续使其余元素构造成大根堆，然后堆顶与末尾元素交换位置，固定最大值，再使剩余元素构造成大根堆。重复上述步骤，最终会得到图 9-48 所示的有序数组。

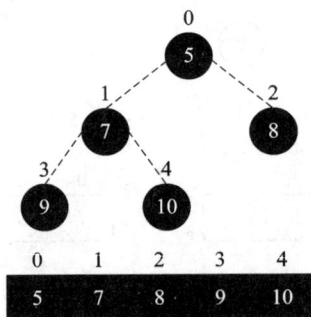

图 9-48　最终得到的有序数组

堆排序法的效率参数如表 9-8 所示。

表 9-8　堆排序法的复杂度

分　　类		表　示　方　法
时间 复杂度	最好时间复杂度	O(nlog n)
	最坏时间复杂度	O(nlog n)
	平均时间复杂度	O(nlog n)
空间复杂度		O(1)
稳定性		不稳定

2. 堆排序法的实现

堆排序法的步骤如下(本代码实例参见源码文件 9-4-Test2)。

第一步：在 MainActivity 类中创建一个名为 HeapSortAlgorithm 的函数，作为堆排序法的入口函数，详见代码清单 9-12。

代码清单 9-12

```
public class MainActivity extends AppCompatActivity{...部分代码省略...
    //堆排序入口函数
    public void HeapSortAlgorithm(int[] arr){
        //构造大根堆
        HeapInsert(arr);
        int length = arr.length;
        while(length > 1){
            //固定最大值
            SwapElements(arr, 0, length - 1);
            length--;
            //构造大根堆
            HeapConstructor(arr, 0, length);
        }
    }...部分代码省略...
}
```

第二步：继续在 MainActivity 类中创建一个名为 HeapInsert 的函数，其通过使新插入的数组元素上升来构造大根堆，详见代码清单 9-13。

代码清单 9-13

```
public class MainActivity extends AppCompatActivity {...部分代码省略...
    //构造大根堆(通过使新插入的元素节点进行层次上升)
    public void HeapInsert(int[] arr){
        for(int i = 0; i < arr.length; i++){
            //当前插入的数组元素的索引
            int currIndex = i;
```

```
            //计算父节点的索引
            int fatherIndex = (currIndex - 1) / 2;
            //如果当前插入的值大于其父节点的值,则对它们进行位置交换,再将索引指向父节点
            //然后继续和上面的父节点值进行比较,直到小于或等于父节点,再退出循环
            while(arr[currIndex] > arr[fatherIndex]){
                //对当前节点的值和父节点的值进行交换
                SwapElements(arr, currIndex, fatherIndex);
                //将父索引保存到当前索引中
                currIndex = fatherIndex;
                //重新计算当前索引的父索引
                fatherIndex = (currIndex - 1) / 2;
            }
        }
    }...部分代码省略...
}
```

第三步：继续在 MainActivity 函数中创建一个名为 HeapConstructor 的函数，其通过让顶端的元素下沉来将所有剩余元素构造成大根堆，详见代码清单 9-14。

代码清单 9-14

```
public class MainActivity extends AppCompatActivity{...部分代码省略...
    //将剩余的元素构造成大根堆(通过使顶端的元素下沉)
    public void HeapConstructor(int[] arr, int fatherIndex, int length){
        int leftChildIndex = 2 * fatherIndex + 1;
        int rightChildIndex = 2 * fatherIndex + 2;
        while(leftChildIndex < length){
            int biggestIndex;
            //在保证右孩子在序列范围(length)内的情况下,判断左、右孩子的大小
            //保存较大者的索引
            if(arr[leftChildIndex] < arr[rightChildIndex] && rightChildIndex < length){
                biggestIndex = rightChildIndex;
            } else {
                biggestIndex = leftChildIndex;
            }
            //比较父节点的值与左、右孩子中的较大值,并保存最大值的索引
            if(arr[fatherIndex] > arr[biggestIndex]){
                biggestIndex = fatherIndex;
            }
            //判断父节点在数组中的索引是否和最大值的索引相同
            //如果是的话,代表这已经是大根堆了,终止循环
            if(fatherIndex == biggestIndex){
```

```
                break;
        }
        //如果父节点的值不是最大值，就需要与孩子中的较大值进行交换
        SwapElements(arr, biggestIndex, fatherIndex);
        //将索引指向孩子中较大的值的索引
        fatherIndex = biggestIndex;
        //通过对父节点的索引，重新计算交换之后的孩子的索引
        leftChildIndex = 2 * fatherIndex + 1;
        rightChildIndex = 2 * fatherIndex + 2;
    }
}...部分代码省略...
}
```

第四步：继续在 MainActivity 类中创建一个名为 SwapElements 的函数，用于交换指定数组中两个元素的位置，详见代码清单 9-15。

代码清单 9-15

```
public class MainActivity extends AppCompatActivity{...部分代码省略...
    //swap 函数用于交换数组序列中两个元素的值
    public void SwapElements(int[] arr, int i, int j){
        int temp = arr[i];
        arr[i] = arr[j];
        arr[j] = temp;
    }...部分代码省略...
}
```

第五步：在 onCreate 函数中创建一个待排序的数组，并且将其作为参数调用 HeapSortAlgorithm 函数来进行堆排序，详见代码清单 9-16。

代码清单 9-16

```
public class MainActivity extends AppCompatActivity{...部分代码省略...
    protected void onCreate(Bundle savedInstanceState){...部分代码省略...
        int[] arr = {5, 8, 10, 7, 9};
        Log.d(TAG_GZPYP, "待排序的数组：" + Arrays.toString(arr));
        Log.d(TAG_GZPYP, "+++---+++---***堆排序开始***---+++---+++");
        HeapSortAlgorithm(arr);
        Log.d(TAG_GZPYP, "+++---++---***堆排序结束***---+++---+++");
        Log.d(TAG_GZPYP, "将数组按升序排序后：" + Arrays.toString(arr));
        ...部分代码省略...
    }...部分代码省略...
}
```

第六步：运行该项目代码，在 Logcat 监视窗口中打印的信息如图 9-49 所示。

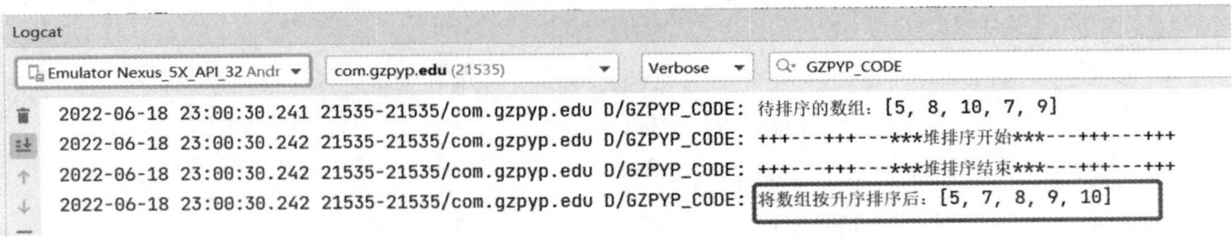
Logcat
Emulator Nexus_5X_API_32 Andr
com.gzpyp.edu (21535)
Verbose
GZPYP_CODE
2022-06-18 23:00:30.241 21535-21535/com.gzpyp.edu D/GZPYP_CODE: 待排序的数组：[5, 8, 10, 7, 9]
2022-06-18 23:00:30.242 21535-21535/com.gzpyp.edu D/GZPYP_CODE: +++---+++---***堆排序开始***---+++---+++
2022-06-18 23:00:30.242 21535-21535/com.gzpyp.edu D/GZPYP_CODE: +++---+++---***堆排序结束***---+++---+++
2022-06-18 23:00:30.242 21535-21535/com.gzpyp.edu D/GZPYP_CODE: 将数组按升序排序后：[5, 7, 8, 9, 10]

图 9-49　运行结果

9.5　合并排序法

1. 合并排序法的定义

合并排序法是建立在归并操作上的排序算法，该算法是采用分治法的一个典型应用。分治法是将一个复杂的问题分解成一些相同的小问题，再将求解出的各个小问题的结果整合，从而达到分而治之的目的。

合并排序法首先递归地将当前序列平均分割成两部分，然后在保持元素相对顺序的情况下，将上一步得到的子序列整合到一起。

图 9-50 展示了合并排序法的基本过程。

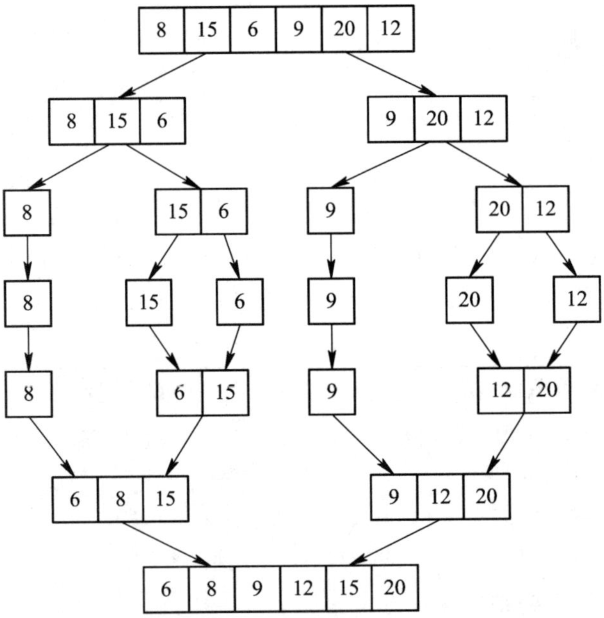
8 15 6 9 20 12
8 15 6
9 20 12
8
15 6
9
20 12
8
15
6
9
20
12
8
6 15
9
12 20
6 8 15
9 12 20
6 8 9 12 15 20

图 9-50　合并排序法的过程

2. 合并排序法的实现

参考合并排序法的基本过程，其具体实现步骤如下(本代码实例参见源码文件 9-5-Test1)。

第一步：在 MainActivity 类中创建一个名为 MergeSortAlgorithm 的递归函数，其有 3 个参数，分别是待排序的数组 arr、排序的起始索引 startIndex 和排序的末尾索引 endIndex。

MergeSortAlgorithm 不断调用自身，递归式地将整体数组进行平均分割，直到各个子数组的长度均为 1。然后在回溯阶段，不断调用 merge 函数对子数组进行排序，并且将它们合并成整体，详见代码清单 9-17。

代码清单 9-17

```
public class MainActivity extends AppCompatActivity{...部分代码省略...
    //递归函数，将数组分割成两个子数组，排序后，再将它们融合在一起
    void MergeSortAlgorithm(int arr[], int startIndex, int endIndex){
        //递归进行下去的限制条件，当数组长度大于 0 时，才继续进行分割
        if(startIndex < endIndex){
            //mid 记录的是数组的分割点
            int mid = (startIndex + endIndex) / 2;
            //不断递归调用，对分割的前半段继续进行递归式分割
            MergeSortAlgorithm(arr, startIndex, mid);
            //递归调用，对分割的后半段继续进行递归式分割
            MergeSortAlgorithm(arr, mid + 1, endIndex);
            //将分割后的子数组进行排序，并且合并成整体
            Merge(arr, startIndex, mid, endIndex);
        }
    }...部分代码省略...
}
```

第二步：创建 Merge 函数，用于将传入的 2 个子数组分别进行排序，然后合并，详见代码清单 9-18。

代码清单 9-18

```
public class MainActivity extends AppCompatActivity{...部分代码省略...
    //将两个子数组(L 和 M)排序且融合为一个整体的数组
    void Merge(int arr[], int startIndex, int midIndex, int endIndex){
        //n1,n2 分别代表整体数组被分割后的两部分的元素数量
        int n1 = midIndex - startIndex + 1;
        int n2 = endIndex - midIndex;
        //创建两个子数组 leftPart 和 rightPart，分别代表整体数组 arr 被分割的两部分
        int leftPart[] = new int[n1];
        int rightPart[] = new int[n2];
        //将 arr[startIndex,...,midIndex]的值拷贝到子数组 leftPart
        for(int i = 0; i < n1; i++){
            leftPart[i] = arr[startIndex + i];
        }
        //将 arr[midIndex+1,...,endIndex]的值拷贝到子数组 rightPart
        for(int j = 0; j < n2; j++){
            rightPart[j] = arr[midIndex + 1 + j];
        }
```

```
//i,j 分别用于保存对两个子数组(leftPart 和 RightPart)当前元素的索引
//k 用于保存对整体数组 arr 当前元素的索引
int i, j, k;
i = 0;
j = 0;
k = startIndex;
//循环到超出任意一个子数组的界限
//对比两个子数组中的元素，将较大的元素保存到整体数组 arr 中合适的位置
while(i < n1 && j < n2){
    if(leftPart[i] <= rightPart[j]){
        arr[k] = leftPart[i];
        i++;
    } else {
        arr[k] = rightPart[j];
        j++;
    }
    k++;
}
//当超出任意一个数组的界限后
//需要确保另一个子数组剩余的元素被放置到整体数组 arr 中
while(i < n1){
    arr[k] = leftPart[i];
    i++;
    k++;
}
while(j < n2){
    arr[k] = rightPart[j];
    j++;
    k++;
}
}
...部分代码省略...}
```

第三步：在 onCreate 函数中创建一个待排序的数组，并且传递给 MergeSortAlgorithm，详见代码清单 9-19。

代码清单 9-19

```
public class MainActivity extends AppCompatActivity{...部分代码省略...
    protected void onCreate(Bundle savedInstanceState){...部分代码省略...
        int[] arr = {
            8, 15, 6, 9, 20, 12
        };
        Log.d(TAG_GZPYP, "待排序的数组：" + Arrays.toString(arr));
```

```
            Log.d(TAG_GZPYP, "+++---+++---***合并排序开始***---+++---+++");
            MergeSortAlgorithm(arr, 0, 5);
            Log.d(TAG_GZPYP, "+++---+++---***合并排序结束***---+++---+++");
            Log.d(TAG_GZPYP, "将数组按升序排序后：" + Arrays.toString(arr));
            ...部分代码省略...
        }...部分代码省略...
    }
```

第四步：运行该项目代码，在 Logcat 监视窗口中打印的信息如图 9-51 所示。

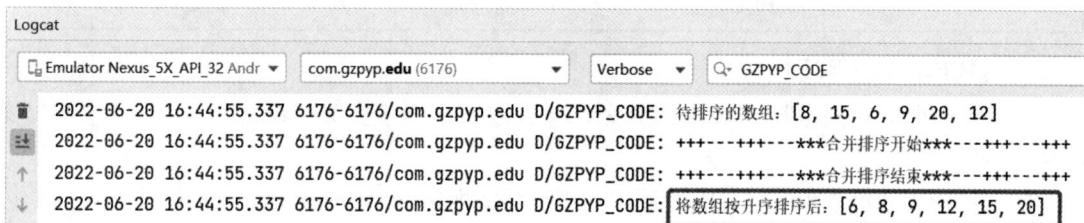

Logcat

| 🖵 Emulator Nexus_5X_API_32 Andr ▾ | com.gzpyp.**edu** (6176) | ▾ | Verbose ▾ | Q▾ GZPYP_CODE |

🗑	2022-06-20 16:44:55.337 6176-6176/com.gzpyp.edu D/GZPYP_CODE: 待排序的数组：[8, 15, 6, 9, 20, 12]
⬇	2022-06-20 16:44:55.337 6176-6176/com.gzpyp.edu D/GZPYP_CODE: +++---+++---***合并排序开始***---+++---+++
↑	2022-06-20 16:44:55.337 6176-6176/com.gzpyp.edu D/GZPYP_CODE: +++---+++---***合并排序结束***---+++---+++
↓	2022-06-20 16:44:55.337 6176-6176/com.gzpyp.edu D/GZPYP_CODE: 将数组按升序排序后：[6, 8, 9, 12, 15, 20]

图 9-51 运行结果

9.6 基数排序法

1. 基数排序法的定义

基数排序是一种稳定的排序算法。这种算法通过将序列中的整数元素按位数分割成不同的数字，然后按每个位数来分别进行比较。

首先，以数组中最大的数为参考，基数排序通过在数位较短的整数前面进行补 0，来使所有整数元素都具有相同的位数。然后，从最低位到最高位依次进行一轮排序。当最高位排序完成后，数组就会变成一个有序的数列。

例如，将数组[36,57,2,15,158,666,8,1,103]进行基数排序，过程如图 9-52 所示。

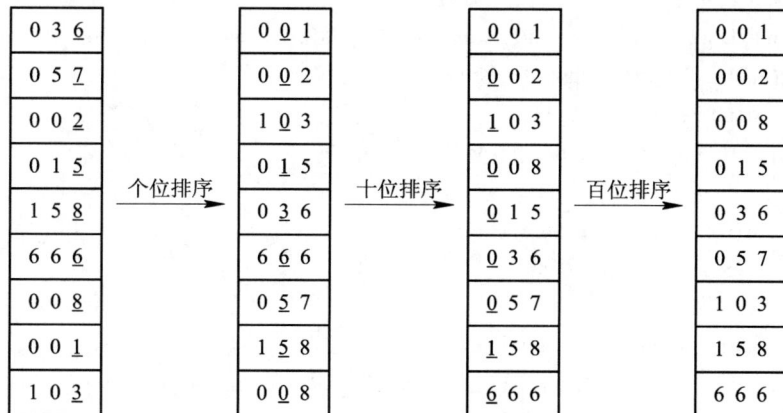

初始		个位排序		十位排序		百位排序
0 3 6	→	0 0 1	→	0 0 1	→	0 0 1
0 5 7		0 0 2		0 0 2		0 0 2
0 0 2		1 0 3		1 0 3		0 0 8
0 1 5		0 1 5		0 0 8		0 1 5
1 5 8		0 3 6		0 1 5		0 3 6
6 6 6		6 6 6		0 3 6		0 5 7
0 0 8		0 5 7		0 5 7		1 0 3
0 0 1		1 5 8		1 5 8		1 5 8
1 0 3		0 0 8		6 6 6		6 6 6

图 9-52 基数排序过程

基数排序法的效率参数如表 9-9 所示。

表 9-9   基数排序法的复杂度

分　　类		表 示 方 法
时间 复杂度	最好时间复杂度	O(n + k)
	最坏时间复杂度	O(n + k)
	平均时间复杂度	O(n + k)
空间复杂度		O(max)
稳定性		稳定

2. 基数排序法的实现

基于上一小节对基数排序过程的介绍，基数排序法的步骤如下(本代码实例参见源码文件 9-6-Test1)。

第一步：在 MainActivity 类中新建一个名为 RadixSortAlgorithm 的函数，其接收一个待排序的数组作为参数，实现了基数排序的具体逻辑，详见代码清单 9-20。

代码清单 9-20

```java
public class MainActivity extends AppCompatActivity{...部分代码省略...
    public void RadixSortAlgorithm(int[] intArr){
        if(intArr == null || intArr.length <= 1){
            return;
        }
        int size = intArr.length;
        int radixnum = 10;
        int[] helpArr = new int[size];
        int[] count = new int[radixnum + 1];
        //通过将整形元素转换为字符串，进而比较字符串长度，以获取数组中所有元素中的最大
        //位数 maxDigit
        //maxDigit 决定了排序需要进行几轮
        int maxDigit = Arrays.stream(intArr).map(s -> String.valueOf(s).length()).max().getAsInt();
        for(int d = 0; d < maxDigit; d++){
            for(int i = 0; i < size; i++){
                count[ReturnDigitPos(intArr[i], d) + 1] ++;
            }
            for(int i = 0; i < radixnum; i++){
                count[i + 1] += count[i];
            }
            for(int i = 0; i < size; i++){
                helpArr[count[ReturnDigitPos(intArr[i], d)] ++] = intArr[i];
            }
            //数据回写
            for(int i = 0; i < size; i++){
```

```
                intArr[i] = helpArr[i];
            }
            for(int i = 0; i < count.length; i++){
                count[i] = 0;
            }
        }
    }...部分代码省略...
}
```

第二步：实现一个名为 ReturnDigitPos 的函数，用于返回整数的某位上的数字。其接收两个参数 intNum 和 d，d 指定了返回 intNum 的哪位数字，详见代码清单 9-21。

代码清单 9-21

```
public class MainActivity extends AppCompatActivity{
    ...部分代码省略...
        public int ReturnDigitPos(int intNum, int d){
            return (intNum / (int) Math.pow(10, d)) % 10;
        }
    ...部分代码省略...
}
```

第三步：在 onCreate 方法中创建一个待排序的数组，并且将其作为参数传递给 RadixSortAlgorithm，详见代码清单 9-22。

代码清单 9-22

```
public class MainActivity extends AppCompatActivity{...部分代码省略...
    protected void onCreate(Bundle savedInstanceState){...部分代码省略...
        int[] arr = {
            36, 57, 2, 15, 158, 666, 8, 1, 103};
        Log.d(TAG_GZPYP, "待排序的数组：" + Arrays.toString(arr));
        Log.d(TAG_GZPYP, "+++---+++---***基数排序开始***---+++---+++");
        RadixSortAlgorithm(arr);
        Log.d(TAG_GZPYP, "+++---+++---***基数排序结束***---+++---+++");
        Log.d(TAG_GZPYP, "将数组按升序排序后：" + Arrays.toString(arr));
        ...部分代码省略...
    }...部分代码省略...
}
```

第四步：运行该项目代码，在 Logcat 监视窗口中打印的信息如图 9-53 所示。

```
Logcat
  Emulator Nexus_5X_API_32 Andr ▼   com.gzpyp.edu (7513)        ▼   Verbose ▼   Q• GZPYP_CODE
  2022-06-20 21:03:31.266 7513-7513/com.gzpyp.edu D/GZPYP_CODE: 待排序的数组：[36, 57, 2, 15, 158, 666, 8, 1, 103]
  2022-06-20 21:03:31.266 7513-7513/com.gzpyp.edu D/GZPYP_CODE: +++---+++---***基数排序开始***---+++---+++
  2022-06-20 21:03:31.267 7513-7513/com.gzpyp.edu D/GZPYP_CODE: +++---+++---***基数排序结束***---+++---+++
  2022-06-20 21:03:31.267 7513-7513/com.gzpyp.edu D/GZPYP_CODE: 将数组按升序排序后：[1, 2, 8, 15, 36, 57, 103, 158, 666]
```

图 9-53 运行结果

9.7　外排序法

外排序(External sorting)是指能够处理极大量数据的排序算法。对于大量的待排序数据，其不能一次性装入内存，只能存放在低速的外存储器(如硬盘)上。外排序的基本思路是先排序后归并。排序阶段是指先将内存能装载的数据量读入，并且将排序的结果保存在一个临时文件里，以此类推，分批进行，将待排序数据组织为多个有序的临时文件。最后在归并阶段将其合并成一个整体的有序文件，于是排序完成。

外排序最常用的一种方法是合并排序法，主要分为两个步骤。

第一步：将要排序的数据文件分割成一些可以被加载到内存中的小数据文件，再使用前面介绍的内部排序法分别对这些小数据文件进行排序。图 9-54 是把一个文件分割成 6 个小文件。

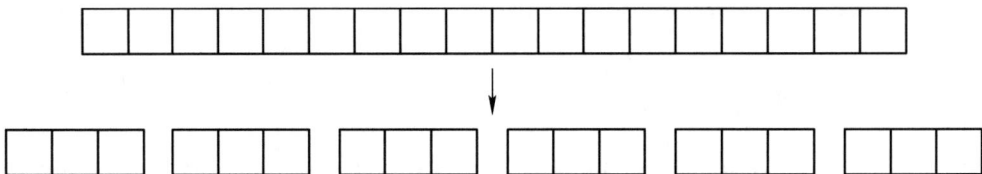

图 9-54　分割文件

第二步：将排好序的文件两两合并成一个新的文件，直到整体形成。将图 9-54 所示的各个小数据文件排好序后，依次合并在一起，生成一个整体排好序的文件，如图 9-55 所示。

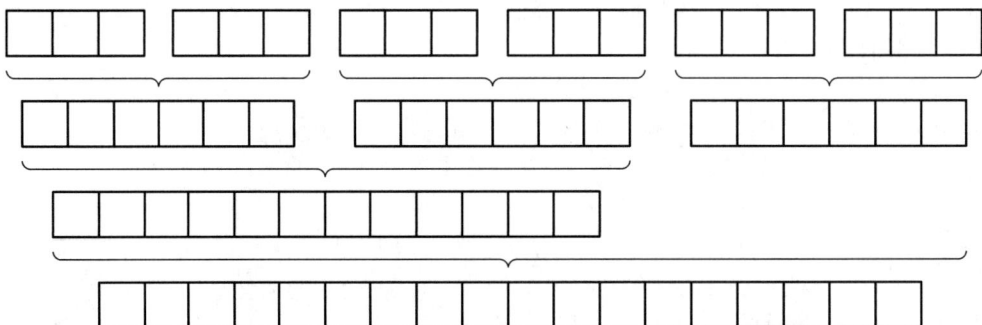

图 9-55　合并小数据文件

本 章 小 结

本章介绍了多种排序算法。不同的排序算法具有不同的时间复杂度、空间复杂度和稳定性，所以算法的选择会影响排序的效率。排序分为两大类：内部排序和外部排序。内部排序因排序的数据量较小，可以在内存中进行；外部排序因数据量大，不能一次性在内存中直接进行排序，必须利用外部存储器进行辅助(如硬盘)。

课 后 习 题

一、选择题

1. 内部排序算法的稳定性是指(　　)。

A. 该排序算法不允许有相同的关键字记录

B. 该排序算法允许有相同的关键字记录

C. 平均时间为 O(nlogn)的排序方法

D. 以上都不对

2. 下面给出的四种排序算法中，(　　)是不稳定的排序。

A. 插入排序　　　　　　　　　　B. 堆排序

C. 二路归并排序　　　　　　　　D. 冒泡排序

3. 在下列排序算法中，哪一种算法的时间复杂度与初始排序序列无关(　　)。

A. 直接插入排序　　　　　　　　B. 冒泡排序

C. 快速排序　　　　　　　　　　D. 直接选择排序

4. 从待排序的序列中选出关键字值最大的记录放到有序序列中,该排序方法称为(　　)。

A. 希尔排序　　　　　　　　　　B. 直接选择排序

C. 冒泡排序　　　　　　　　　　D. 快速排序

5. 当待排序序列基本有序时，以下排序方法中，(　　)最不利于其优势的发挥。

A. 直接选择排序　　　　　　　　B. 快速排序

C. 冒泡排序　　　　　　　　　　D. 直接插入排序

二、填空题

1. 执行排序操作时，根据使用的存储器可将排序算法分为＿＿＿＿和＿＿＿＿。

2. 在对一组记录序列{50,40,95,20,15,70,60,45,80}进行直接插入排序时，当把第 7 个记录 60 插入到有序表中时，为寻找插入位置需比较＿＿＿＿次。

3. 在直接插入排序和直接选择排序中，若初始记录序列基本有序，则选用＿＿＿＿。

4. 在对一组记录序列{50,40,95,20,15,70,60,45,80}进行直接选择排序时，第 4 次交换和选择后，未排序记录为 ＿＿＿＿＿＿＿＿。

5. 对于堆排序和快速排序，若待排序记录基本有序，则选用＿＿＿＿。

6. 在归并排序中，若待排序记录的个数为 20，则共需要进行＿＿＿＿趟归并。

7. 在插入排序、希尔排序、选择排序、快速排序、堆排序、归并排序和基数排序中，平均比较次数最少的是＿＿＿＿＿＿，需要内存容量最多的是＿＿＿＿＿＿。

第10章 数据的查找

查找(Searching)又称为检索，是指在数据集合中寻找符合某种特定条件的数据元素的过程。查找分为静态查找和动态查找。静态查找是指在查找数据的过程中，数据不会增加、删除或更新。而动态查找则恰恰相反，在查找的过程中，数据会经常性地增加、删除或更新。查找的结果只有两种：查找成功和查找失败。此外，查找的方法有多种，对应于不同的存储结构有不同的查找方法，本章将主要介绍存储结构分别为线性表、树表和哈希表的查找方法。

10.1 线性表的查找

线性表的查找方法主要有 3 种，分别为顺序查找、折半查找和分块查找。

10.1.1 顺序查找

1. 顺序查找的定义

顺序查找是一种无序查找方法，其简单且直观。顺序查找的时间复杂度为 O(n)，空间复杂度为 O(1)。作为一种暴力查找方法，顺序查找的运行效率较低，因此在实际开发中很少被使用。

顺序查找的思路是：从序列的第一个元素开始一个个向下查找，如果有与给定条件匹配的元素，则查找成功；若遍历结束，仍没有找到与给定条件相匹配的元素，则查找失败。

下面以图 10-1 所示的无序数组为例，来演示顺序查找过程。

3	5	1	2	10

图 10-1　无序数组

首先约定 k = 2，接下来需要查找与 k 的值相同的元素。

从第一个元素开始，遍历数组中的每一个元素 x，将 x 与 k 的值作比较，相等则代表查找成功，如图 10-2 所示。

如果遍历到的元素 x == k，则返回该元素的索引值，查找成功，如图 10-3 所示。

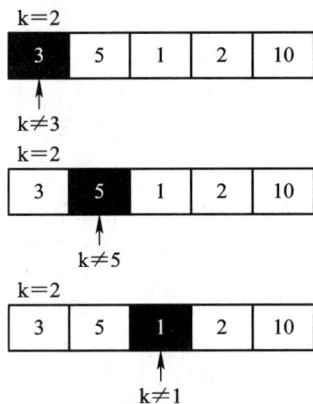

图 10-2　查找过程　　　　　图 10-3　查找成功

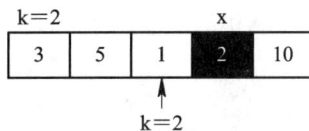

2. 顺序查找的实现

顺序查找的实现步骤如下(本代码实例参见源码文件 10-1-Test1)。

第一步：在 MainActivity 类中创建一个函数 LinearSearchAlgorithm，其接收一个数组和一个目标值作为参数，详见代码清单 10-1。

代码清单 10-1

```
public class MainActivity extends AppCompatActivity{...部分代码省略...
    public int LinearSearchAlgorithm(int arr[], int targetKey){
        int length = arr.length;
        //顺序遍历数组
        for(int i = 0; i < length; i++){
            if(arr[i] == targetKey){
                Log.d(TAG_GZPYP, +arr[i] + "与" + targetKey + "**匹配**！");
                //满足匹配条件，查找成功，返回元素索引值
                return i;
            }
            Log.d(TAG_GZPYP, +arr[i] + "与" + targetKey + "**不匹配**！");
        }
        //查找不成功，返回 -1
        return -1;
    }...部分代码省略...
}
```

第二步：在 onCreate 中创建一个被查找的数组 arr 以及被查找的值 targetKey，将其作为参数调用 LinearSearchAlgorithm，详见代码清单 10-2。

代码清单 10-2

```
public class MainActivity extends AppCompatActivity{...部分代码省略...
    protected void onCreate(Bundle savedInstanceState){...部分代码省略...
        int[] arr = {36, 57, 2, 15, 158, 666, 8, 1, 103};
```

```
        //待查找的值
        int targetKey = 103;
        Log.d(TAG_GZPYP, "被查找的数组：" + Arrays.toString(arr));
        Log.d(TAG_GZPYP, "+++---+++---***顺序查找开始***---+++---+++");
        int result = LinearSearchAlgorithm(arr, targetKey);
        Log.d(TAG_GZPYP, "+++---+++---***顺序查找结束***---+++---+++");
        if(result == -1) Log.d(TAG_GZPYP, "-----">>>查找失败：数组中不存在值为" + targetKey + "
的元素；<<<-----");
        else Log.d(TAG_GZPYP, "-----">>>查找成功：值为" + targetKey + "的元素的索引值为" +
result + "<<<-----");
        ...部分代码省略...
    }...部分代码省略...
}
```

第三步：运行该项目代码，在 Logcat 监视窗口中打印的信息如图 10-4 所示。

图 10-4　运行结果

10.1.2　折半查找

1. 折半查找的定义

折半查找也称为二分搜索，是一种高效的查找方法，用于在有序的顺序表中查找某一特定元素。需要注意的是，折半查找要求线性表必须按顺序结构存储，因此无法用于链式存储结构。

这里以查找升序数组中值为 key 的元素为例，介绍其查找过程。从数组的中间元素开始，如果中间元素正好是符合要求的元素(等于 key)，则查找过程结束。如果中间元素的值大于 key(因为数组元素是按升序排列的，所以 key 值只可能存在于数组左半部分中)，则将 key 和左半部分的中间元素进行比较。如果 key 值等于中间元素的值，则查找过程结束，否则根据比较结果进一步将查找范围缩小一半，重复上述步骤，直到范围缩小到仅有一个元素为止。如果这个元素等于 key，则查找成功，否则查找失败。

图 10-5 是一个升序数组 arr，下面用折半查找法查找值为 key = 21 的元素。

第一步：设置两个变量 low 和 high，分别存储待查找数组部分首元素的索引值和末元素的索引值。然后用 mid 来存储待查找数组部分中间元素的索引值，mid = (low + high)/2。在初始阶段，数组的情况如图 10-6 所示。

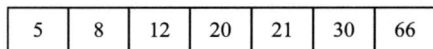

| 5 | 8 | 12 | 20 | 21 | 30 | 66 |

图 10-5　升序数组

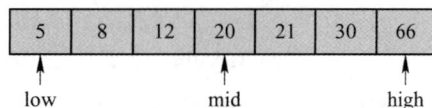

图 10-6　记录数组相关位置的索引

第二步：比较 key 与中间元素(mid)的值。如果 key = arr[mid]，则中间元素就是要查找的元素，查找过程结束。如果 key>arr[mid]，则 key 只可能和 mid 右边的元素相匹配，于是使 low = mid + 1，将查找范围缩小为数组的右半部分。如果 key<arr[mid]，则 key 只可能和 mid 左边的元素相匹配，为了缩小查找范围，要使 high = mid-1。很明显，在本例中，key>arr[mid]，所以查找范围缩小为数组的右半部分，如图 10-7 所示。

第三步：进一步比较 key 与 mid 的值，发现 key<arr[mid]，于是 high = mid-1，进一步缩小一半的查找范围，如图 10-8 所示。

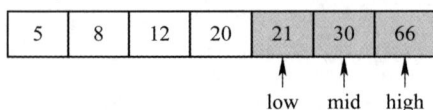

图 10-7　缩小查找范围

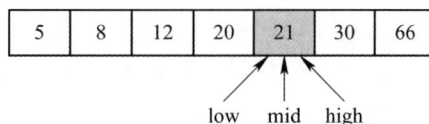

图 10-8　low、mid、high 重合

第四步：继续比较 key 与 mid 的值，因为 key = arr[mid]，所以查找成功，查找过程结束。当然，如果到了这一步，在查找范围内只有一个元素的情况下，还不能匹配成功，就代表查找失败，查找过程结束。

折半查找的空间复杂度为 O(1)，最好时间复杂度为 O(1)，最坏时间复杂度为 O(logn)，平均时间复杂度为 O(logn)。

2. 折半查找的实现

下面基于折半查找的基本概念，实现折半查找。本代码实例参见源码文件 10-1-Test2。

第一步：在 MainActivity 类中创建一个名为 BinarySearchAlgorithm 的函数，用于进行折半查找。这个函数有 4 个参数，第一个参数作为需要查找的数组，第二个参数是需要查找的目标值，第三个参数和第四个参数分别限定了查找范围的上界限和下界限，详见代码清单 10-3。

代码清单 10-3

```java
public class MainActivity extends AppCompatActivity{...部分代码省略...
    public int BinarySearchAlgorithm(int array[], int key, int low, int high){
        //一直循环，直到 low 和 high 相遇
        while(low <= high){
            int mid = low + (high - low) / 2;
            if(array[mid] == key) return mid;
            if(array[mid] < key) low = mid + 1;
            else high = mid - 1;
```

```
        }
        return -1;
    }...部分代码省略...
}
```

第二步：在 onCreate 方法中创建一个已排序的数组 arr，并且将其作为参数调用 BinarySearchAlgorithm 函数，详见代码清单 10-4。

代码清单 10-4

```
public class MainActivity extends AppCompatActivity{...部分代码省略...
    protected void onCreate(Bundle savedInstanceState){...部分代码省略...
        int[] arr = {5, 8, 12, 20, 21, 30, 66};
        //待查找的值
        int targetKey = 21;
        Log.d(TAG_GZPYP, "被查找的数组：" + Arrays.toString(arr));
        Log.d(TAG_GZPYP, "+++---+++---***折半查找开始***---+++---+++");
        int result = BinarySearchAlgorithm(arr, targetKey, 0, arr.length - 1);
        Log.d(TAG_GZPYP, "+++---+++---***折半查找结束***---+++---+++");
        if(result == -1) Log.d(TAG_GZPYP, "-----＞＞＞查找失败：数组中不存在值为" + targetKey + "的元素；＜＜＜-----");
        else Log.d(TAG_GZPYP, "-----＞＞＞查找成功：值为" + targetKey + "的元素的索引值为" + result + "＜＜＜-----");
        ...部分代码省略...
    }...部分代码省略...
}
```

第三步：运行该项目代码，在 Logcat 监视窗口中打印的信息如图 10-9 所示。

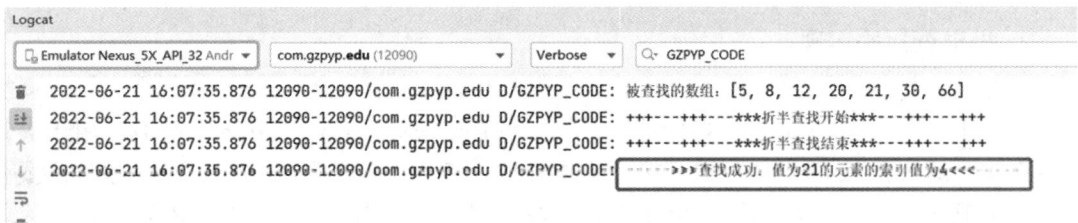

图 10-9　运行结果

10.1.3　分块查找

1. 分块查找的定义

分块查找又称为索引顺序查找，它综合了顺序查找和折半查找各自的优点。该查找法需要根据查找表构建一个索引表。

首先将查找表分成若干个子表，也就是块。每块中的元素可以是无序的(块内无序)，但是块与块之间必须进行排序(块间有序)，即所有元素的值都要大于上一块的元素最大值且小于下一块的元素最小值。然后为这些块建立索引表。索引表中的每一个元素由各块最大的元素值以及各块在查找表中的起始位置构成，如图 10-10 所示。根据索引表即可确定每一个块在查找表中的位置。

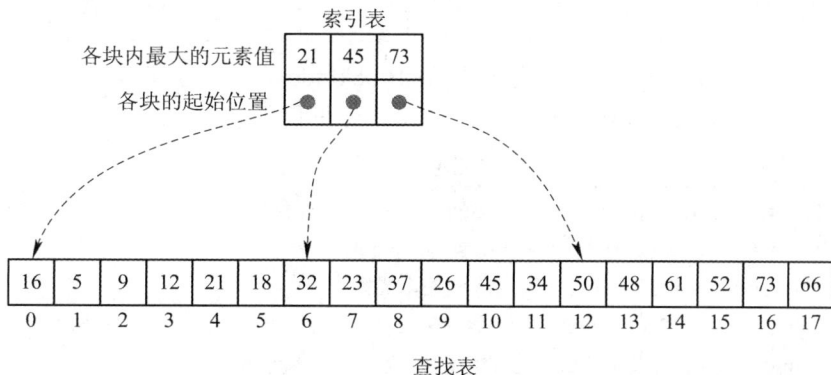

图 10-10　索引表与查找表的对应关系

这里以查找图 10-10 中查找值为 key = 26 的元素为例，介绍其查找过程。首先查找索引表。由于索引表是有序表，因此我们可以采用折半查找法或者顺序查找法。然后根据索引表的查找结果确定 key 具体在查找表的哪一块。在图 10-10 中，我们可以确定 key 在查找表的以索引 6 为起始位置的块中。接着在该块中进行查找。因为该块内部的所有元素都是无序的，所以我们只能采用顺序查找法进行查找，即从块首元素开始一个一个地进行比对，最终查找到位于索引 9 的元素，其值与 key 相同。

2. 分块查找的实现

分块查找的实现步骤如下(本代码实例参见源码文件 10-1-Test3)。

第一步：在项目中创建一个类 Block，Block 实例是组成索引表(数组)的元素，记录待查找数组中每一块分区的信息，包括起始索引、终止索引、最大值，详见代码清单 10-5。

代码清单 10-5

```java
public class Block{
    int maxNum;        //块中的最大值
    int startIndex;    //块在数组中的起始索引位置
    int endIndex;      //块在数组中的结束索引位置
    //构造函数
    public Block(int startIndex, int endIndex, int maxNum){
        this.startIndex = startIndex;
        this.endIndex = endIndex;
        this.maxNum = maxNum;
    }
    //用于当前实例的各项数据字符串化
    Override
    public String toString(){
        StringBuilder sBuilder = new StringBuilder();
        sBuilder.append("[").append(startIndex).append("~").append(endIndex).append("]");
        sBuilder.append(" maxNum=").append(maxNum);
```

```
        return sBuilder.toString();
    }
}
```

第二步：在 MainActivity 类中创建函数 GetBlockIndex，其通过在索引表中比较块(Block实例)中的最大值(Maxnum)查找 Target 所在的块，详见代码清单 10-6。

代码清单 10-6

```java
public class MainActivity extends AppCompatActivity {...部分代码省略...
    private int GetBlockIndex(Block[] blocks, int Target){
        int startIndex = 0; //索引表中查找区域的上界限
        int highIndex = blocks.length - 1; //索引表中查找区域的下界限
        int mid = 0; //索引表中查找区域的中间位置
        //开始折半查找
        while(startIndex <= highIndex){
            mid = (startIndex + highIndex) / 2;
            if(Target == blocks[mid].maxNum){
                //如果 Target 与查找区域的中间元素相等，则直接返回该索引，查找成功
                return mid;
            } else if(Target > blocks[mid].maxNum){
                startIndex = mid + 1;
            } else if(Target < blocks[mid].maxNum){
                highIndex = mid - 1;
            }
        }
        int resultIndex = (startIndex + highIndex + 1) / 2;
        if(resultIndex >= blocks.length){
            resultIndex = -1; //表示未找到
        }
        //如果返回-1，则表示未找到相应的块
        return resultIndex;
    }...部分代码省略...
}
```

第三步：在 MainActivity 类中创建函数 BlocksSearchAlgorithm。该函数有 3 个参数，即 blocks、arr、target。blocks 代表索引表，arr 是被查找的数组，target 是查找的目标值。BlocksSearchAlgorithm 先通过调用 GetBlockIndex 获取 target 可能存在的块的索引，然后通过顺序查找遍历这个块区域，查找成功就返回元素的索引，查找失败就返回 -1，详见代码清单 10-7。

代码清单 10-7

```java
public class MainActivity extends AppCompatActivity{...部分代码省略...
    private int BlocksSearchAlgorithm(Block[] blocks, int arr[], int target){
        //从索引表中找出当前值所在的块
```

```
        int blockIndex = GetBlockIndex(blocks, target);
        //-1 表示块未找到，意味着 target 在待查找数组 arr 中不存在
        if(blockIndex == -1){
            return -1;
        }
        Log.d(TAG_GZPYP, "target:" + target + " 有可能存在于第 " + blockIndex + " 块中:[" +
blocks[blockIndex].startIndex + "~" + blocks[blockIndex].endIndex + "]");
        int blockStart = blocks[blockIndex].startIndex;
        //需要注意的是，这里的顺序查找是从块的前后两端向中间同时进行查找的
        for(int start = blocks[blockIndex].startIndex, end = blocks[blockIndex].endIndex; start <= end;
start++, end--){
            if(target == arr[start]){
                return start;
            }
            if(target == arr[end]){
                return end;
            }
        }
        //返回-1，表示在块中没有找到 target，查找失败
        return -1;
    }...部分代码省略...
}
```

第四步：在 onCreate 方法中创建一个被查找的数组，并且初始化它的分区信息，然后调用 BlocksSearchAlgorithm 方法进行查找，详见代码清单 10-8。

代码清单 10-8

```
public class MainActivity extends AppCompatActivity{...部分代码省略...
    protected void onCreate(Bundle savedInstanceState){...部分代码省略...
        //待查找数组
        int arr[] = new int[]{
            18, 7, 11, 14, 23, 20, 34, 25, 39, 28, 47, 36, 52, 50, 63, 54, 75, 68
        };
        //开始记录数组的分块信息
        Block b0 = new Block(0, 5, 21);
        Block b1 = new Block(6, 11, 45);
        Block b2 = new Block(12, 17, 73);
        //打印数组中各个分区的信息
        Log.d(TAG_GZPYP, "数组的分区信息如下所示：");
        Log.d(TAG_GZPYP, "b0 块的分区信息：" + b0.toString());
        Log.d(TAG_GZPYP, "b1 块的分区信息：" + b1.toString());
        Log.d(TAG_GZPYP, "b2 块的分区信息：" + b2.toString());
        //创建索引表
```

```
Block blocks[] = new Block[]{
    b0, b1, b2
};
//待查找的目标值
int target = 25;
Log.d(TAG_GZPYP, "被查找的数组：" + Arrays.toString(arr));
Log.d(TAG_GZPYP, "+++---+++---***分块查找开始***---+++---+++");
int result = BlocksSearchAlgorithm(blocks, arr, target);
Log.d(TAG_GZPYP, "+++---+++---***分块查找结束***---+++---+++");
if(result == -1) Log.d(TAG_GZPYP, "----->>>查找失败：数组中不存在值为" + target + "的元
素；<<<-----");
    else Log.d(TAG_GZPYP, "----->>>查找成功：值为" + target + "的元素的索引值为" + result +
"<<<-----");
    ...部分代码省略...
}...部分代码省略...
}
```

第五步：运行该项目代码，在 Logcat 监视窗口中打印的信息如图 10-11 所示。

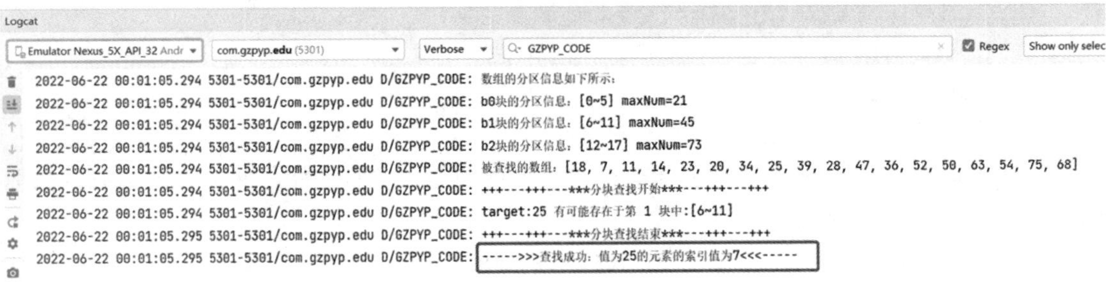

图 10-11　运行结果

10.2　树表的查找

10.2.1　二叉查找树的查找

二叉查找树其实就是第 7 章中讨论过的二叉排序树，这里将重点介绍二叉排序树的查找算法。

如果要查找一个给定元素(target)是否存在于二叉排序树中，首先需要在根节点上触发递归调用，根据 target 与根节点的相对大小关系，决定是在左子树上还是在右子树上继续触发递归调用，直到查找完成。

递归查找算法的步骤如下：

(1) 比较 target 与根节点的相对大小关系。

（2）如果 target 和根节点的值相等，则直接返回该节点。

（3）如果 target 小于根节点的值，则继续在左子树上触发递归查找。

（4）如果 target 大于根节点的值，则继续在右子树上触发递归查找。

（5）重复地按照上述步骤进行比较（子树也有自己的根节点），直至查找到 target（查找成功），或者递归查找超出树的末尾（查找失败）。

图 10-12 展示了上述查找步骤。

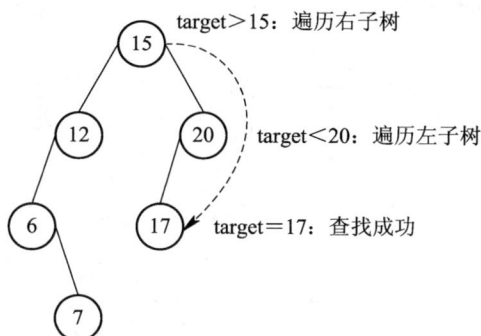

图 10-12　二叉排序树的查找

基于源码文件 7-11-Test1 和上述论述，下面实现上述查找算法。本代码实例参见源码文件 10-2-Test1。

第一步：在类 BSTTree 里增加一个名为 SearchRecursive 的递归函数，其用于在二叉排序树中进行递归式的查找。它的两个参数分别是 root 和 target，root 是树结构的根节点，target 是查找的目标，详见代码清单 10-9。

代码清单 10-9

```
public class BSTTree{...部分代码省略...
    private BSTNode SearchRecursive(BSTNode root, int target){
        //递归查找的终止条件
        if(root == null || root.key == target){
            return root;
        }
        if(root.key > target) {
            //根据二叉排序树的性质，如果当前节点的值大于 target，
            //则 target 只可能存在于当前节点的左子树上，
            //所以需要在左子树上继续进行递归查找
            return SearchRecursive(root.left, target);
        } else {
            return SearchRecursive(root.right, target);
        }
    }...部分代码省略...
}
```

因为上述函数是私有的，所以我们需要提供一个对外暴露的函数 SearchKey 来对其进行访问。参数 target 是查找的目标，若返回 true，则代表查找成功，返回 false，则代表查找失败，详见代码清单 10-10。

代码清单 10-10

```java
public class BSTTree{...部分代码省略...
    public boolean SearchKey(int target){
        BSTNode resultNode = SearchRecursive(rootNode, target);
        if(resultNode != null){
            return true;
        } else {
            return false;
        }
    }...部分代码省略...
}
```

第二步：在 onCreate 函数中构建树结构，并指定一个查找目标 target 的值，然后调用 SearchKey 函数，详见代码清单 10-11。

代码清单 10-11

```java
public class MainActivity extends AppCompatActivity{...部分代码省略...
    protected void onCreate(Bundle savedInstanceState){...部分代码省略...
        //创建搜索二叉树
        BSTTree tree = new BSTTree();
        //向二叉排序树插入节点
        tree.Insert(15);
        tree.Insert(12);
        tree.Insert(20);
        tree.Insert(6);
        tree.Insert(17);
        tree.Insert(7);
        Log.d(TAG_GZPYP, "开始中序遍历二叉树：  ");
        tree.Inorder();
        //待查找的元素值
        int target = 17;
        Log.d(TAG_GZPYP, "开始在二叉排序树中查找 target=" + target);
        boolean isSuccess = tree.SearchKey(target);
        if(isSuccess){
            Log.d(TAG_GZPYP, "**查找成功**，在二叉排序树中成功找到值为" + target + "的节点");
        } else {
            Log.d(TAG_GZPYP, "**查找失败**，在二叉排序树中未能找到值为" + target + "的节点");
        }
```

```
    target = 13;
    Log.d(TAG_GZPYP, "开始在二叉排序树中查找 target=" + target);
    isSuccess = tree.SearchKey(target);
    if(isSuccess) {
        Log.d(TAG_GZPYP, "**查找成功**，在二叉排序树中成功找到值为" + target + "的节点");
    } else {
        Log.d(TAG_GZPYP, "**查找失败**，在二叉排序树中未能找到值为" + target + "的节点");
    }
    ...部分代码省略...
}...部分代码省略...
}
```

第三步：运行该项目代码，在 Logcat 监视窗口中打印的信息如图 10-13 所示。

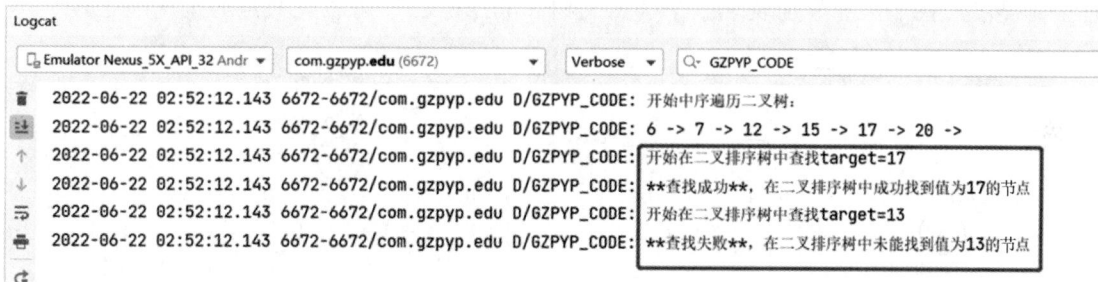

图 10-13　运行结果

10.2.2　平衡二叉树的查找

1. 平衡二叉树的定义

平衡二叉树又称为 AVL 树，是一种改进过的二叉查找树。一般的二叉查找树，其查找复杂度由目标节点到根节点的距离(深度)所决定。所以当目标节点的深度较大时，查找的复杂度就会显著增加。为了进一步提高二叉查找树的效率，就产生了平衡二叉树，这里的平衡指的是尽可能使所有叶子节点在深度上保持一致。

平衡二叉树具有以下性质：

(1) 可以是一棵空树。

(2) 必须是一棵二叉查找树(见图 10-14)。

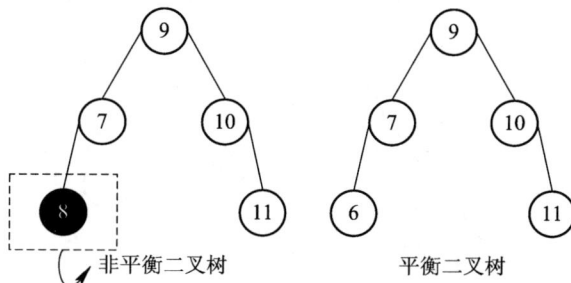

图 10-14　AVL 树一定是二叉查找树

(3) 每个节点的左子树和右子树之间的高度差的绝对值不能大于 1(见图 10-15)。

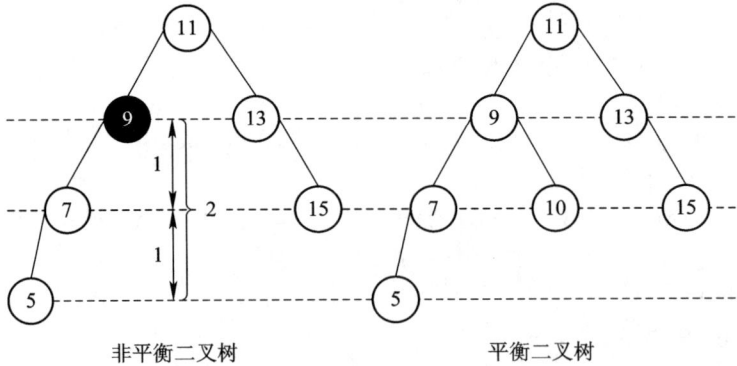

图 10-15　AVL 树每个节点的左子树和右子树的高度差的绝对值不能大于 1

平衡因子记录了节点左子树和右子树之间的高度差，公式为：平衡因子 = 左子树高度-右子树高度。图 10-16 分别表示了平衡二叉树和非平衡二叉树所有节点的平衡因子。

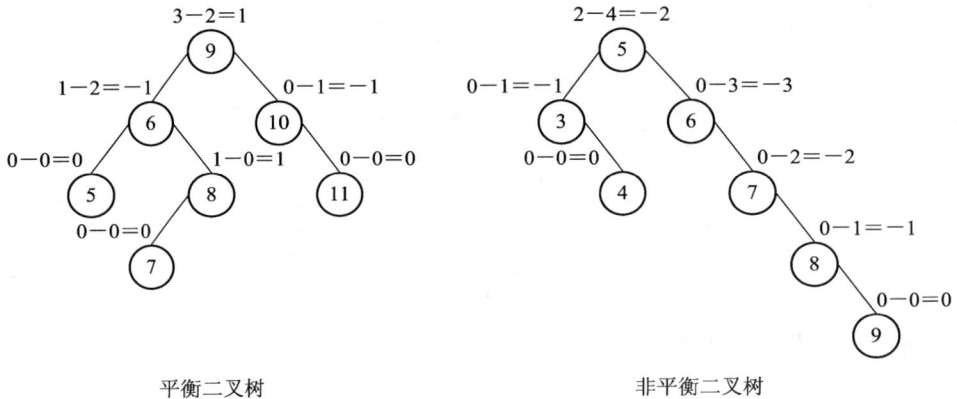

图 10-16　平衡因子

由图 10-16 可以看到，平衡二叉树所有节点的平衡因子只可能是 0、1、-1，而非平衡二叉树则不同，存在其他数值。值得注意的是，无论二叉查找树是否是平衡的，它的叶子节点的平衡因子都为 0。

当新的节点插入之后，平衡二叉树的平衡态可能被破坏。因此，应进行调整，以获得新的平衡。下面演示这一过程。若 Z 为插入的新节点，插入后距离 X 最近的平衡因子为 2 的祖先为 X，则维持平衡态的调整方法主要有 4 种。

(1) 左左型的调整。若 Z 插在 X 的左孩子的左子树里，则称这种形态为左左型，调整方法如图 10-17 所示。

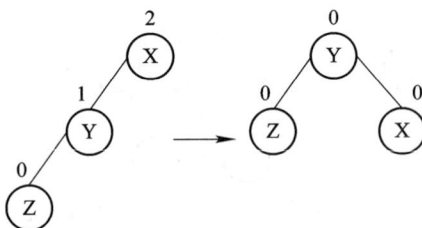

图 10-17　左左型的调整

从图 10-17 可以看出，左左型的调整是以 Y 为旋转点，将 X 从 Y 的右上方旋转到 Y 的右下方，成为 Y 的右孩子。

(2) 右右型的调整。若 Z 插在 X 的右孩子的右子树中，则称这种形态为右右型，调整方法如图 10-18 所示。

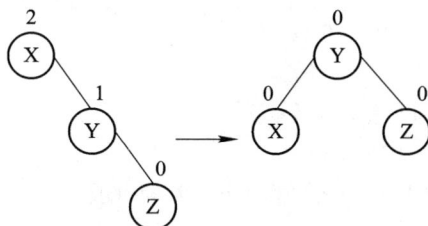

图 10-18　右右型的调整

在图 10-18 中，以 Y 为旋转点，将 X 变为 Y 的左孩子。

(3) 左右型的调整。若 Z 插在 X 的左孩子的右子树中，则称这种形态为左右型，调整方法如图 10-19 所示。

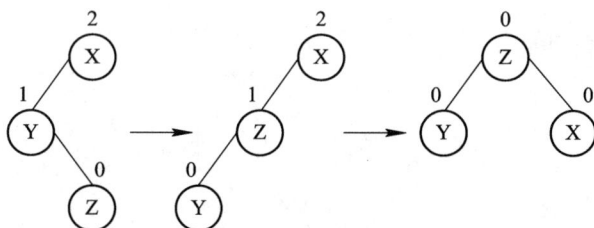

图 10-19　左右型的调整

左右型的调整方法分为两步：首先使 Y 成为新插入节点 Z 的左孩子，使 Z 成为 X 的左孩子；然后按照左左型来处理。

(4) 右左型的调整。若 Z 插在 X 的右孩子的左子树中，则称这种形态为右左型，调整方法如图 10-20 所示。

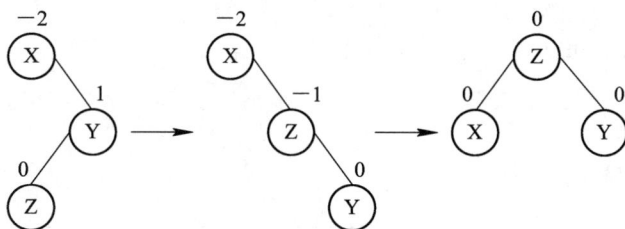

图 10-20　右左型的调整

2. 平衡二叉树查找的实现

平衡二叉树查找的实现步骤如下(本代码实例参见源码文件 10-2-Test2)。

第一步：创建一个名为 AVLTree 的平衡二叉树类，详见代码清单 10-12。AVLTree 类在二叉排序树类的基础上增加了在节点发生变化的情况下调整树结构的功能，以保持树结构符合平衡二叉树的定义，例如函数 LeftLeftRotate 对左左型的树结构进行调整，

LeftRightRotate 对左右型的树结构进行调整等。Search 函数则用于在平衡二叉树中搜索具有特定 target 值的节点，这里仅展示了对平衡二叉树进行查找的代码片段，完整代码请参考源码文件。

代码清单 10-12

```java
public class AVLTree{...部分代码省略...
    //在平衡二叉树中查找值为 target 的节点
    public boolean Search(int target){
        AVLNode current = rootNode;
        while(current != null && target != current.getValue()){
            if(target < current.getValue()){
                current = current.getLeft();
            } else {
                current = current.getRight();
            }
        }
        if(current == null){
            return false;
        }
        return true;
    }...部分代码省略...
}
```

第二步：创建一个名为 AVLNode 的节点类，详见代码清单 10-13。

代码清单 10-13

```java
public class AVLNode{
    private AVLNode parent;
    private AVLNode leftChild;
    private AVLNode rightChild;
    private int nodeValue;
    //节点的平衡因子
    private int avl;
    ...部分代码省略...
}
```

第三步：在 onCreate 方法中创建一棵平衡二叉树，并且打印树结构，然后在树表中查找值为 target 的节点，详见代码清单 10-14。

代码清单 10-14

```java
public class MainActivity extends AppCompatActivity{...部分代码省略...
    protected void onCreate(Bundle savedInstanceState){...部分代码省略...
        AVLTree avlTree = new AVLTree();
```

```
Log.d("I/System.out", "++++++开始构造平衡二叉树++++++");
Log.d("I/System.out", "插入节点 15");
avlTree.insert(15);
Log.d("I/System.out", "插入节点 12");
avlTree.insert(12);
Log.d("I/System.out", "插入节点 20");
avlTree.insert(20);
Log.d("I/System.out", "插入节点 3");
avlTree.insert(3);
Log.d("I/System.out", "插入节点 66");
avlTree.insert(66);
Log.d("I/System.out", "插入节点 105");
avlTree.insert(105);
Log.d("I/System.out", "插入节点 55");
avlTree.insert(55);
Log.d("I/System.out", "插入节点 18");
avlTree.insert(18);
Log.d("I/System.out", "插入节点 36");
avlTree.insert(36);
Log.d("I/System.out", "插入节点 26");
avlTree.insert(26);
Log.d("I/System.out", "插入节点 28");
avlTree.insert(28);
Log.d("I/System.out", "插入节点 72");
avlTree.insert(72);
Log.d("I/System.out", "++++++平衡二叉树构造完成++++++");
Log.d("I/System.out", "树结构如下所示：");
avlTree.printTree();
//待查找的目标值
int target = 66;
Log.d("I/System.out", "开始在二叉平衡树中查找值为" + target + "的节点.........");
boolean isFind = avlTree.Search(target);
if(isFind){
    Log.d("I/System.out", "********查找成功********" + "找到值为" + target + "的节点");
} else {
    Log.d("I/System.out", "********查找失败********" + "不存在值为" + target + "的节点");
}
...部分代码省略...
}...部分代码省略...
}
```

第四步：运行该项目代码，在 Logcat 监视窗口中打印的信息如图 10-21 所示。

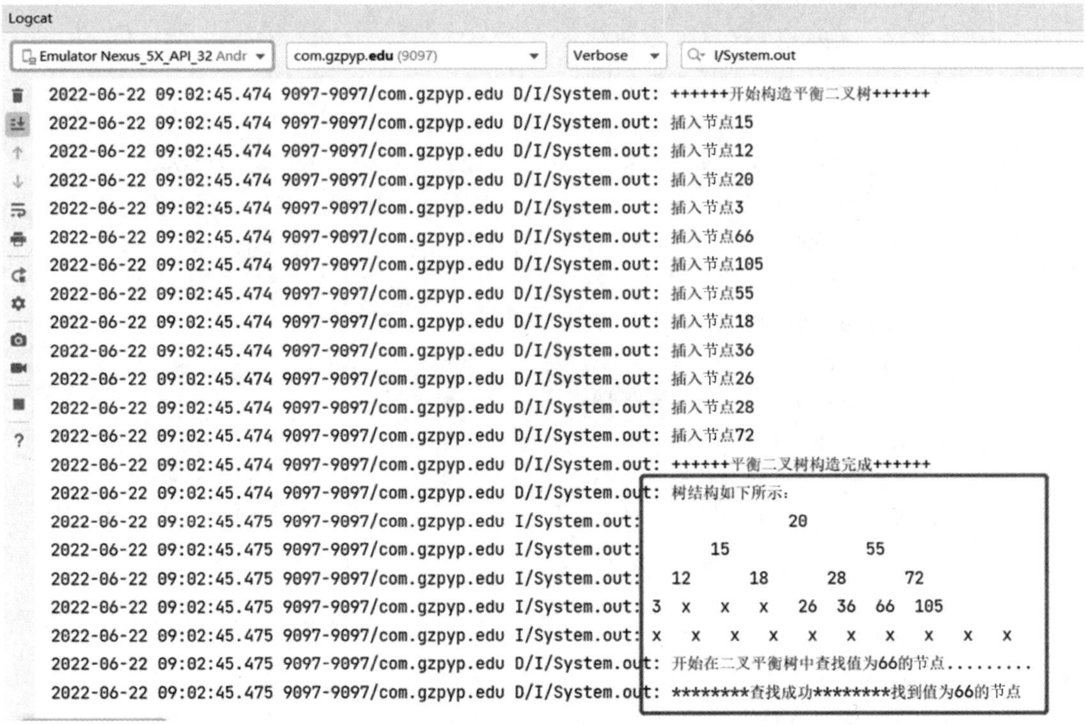

图 10-21　运行结果

10.3　哈希表的查找

1. 查找原理

前面两节介绍的几个查找方法的显著共同点是在查找过程中要通过一系列关键字比对才能最终确定数据在存储结构中的位置，即这类查找方法都是以关键字比较为基础设计的。因此，它们的查找效率取决于查找过程中所进行的比较次数。而本节介绍的哈希查找法则不同，它通过哈希函数的映射关系即可直接且快速地找到数据的存储地址。

哈希查找法的原理就是在数据对象的关键字 key 和它的存储位置之间建立一种特定的函数关系 F，使得任意一个数据对象的存储位置 Y 满足 Y = F(key)，其中 F 称为哈希函数，又称为散列函数。当我们按照这种函数关系将数据存储在一块连续的存储空间时，这块存储空间就被称为哈希表(散列表)。哈希表在大多数情况下是以数组作为基础来实现的。

例如，当存储一个数据对象时，需要通过哈希函数将它的关键字 key 映射为存储地址 F(key)，进而存入数据到该地址。当查找一个数据对象时，也需要通过关键字 key 来直接获取存储地址 F(key)。对任意一个数据对象来说，因为存取都是通过同一个哈希函数来处理的，所以获取的存储地址都是相同的。因此可以说，哈希查找法既是一种重要的存储方法，也是一种高效的查找方法。图 10-22 展示了哈希查找法的基本原理。

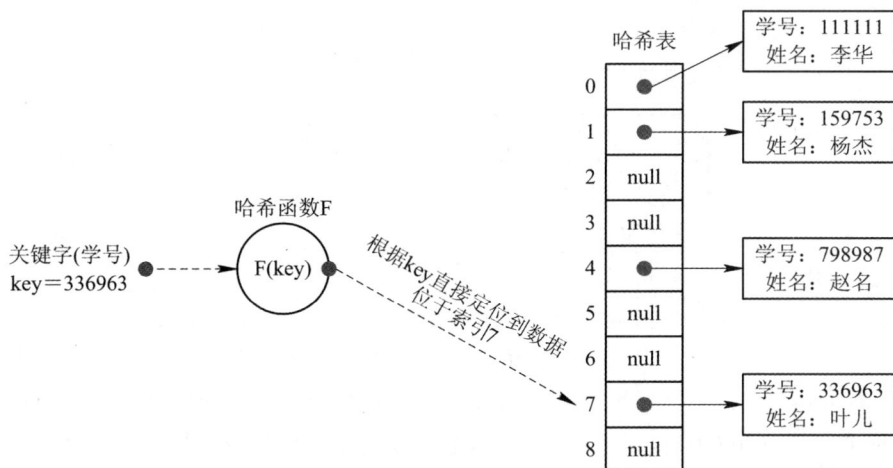

图 10-22　哈希函数的映射关系

　　理想情况下，每一个关键字 key 经过哈希函数映射后得到的地址都应该是不一样的。但在实际应用中，我们可能会遇到这种情况，即给定两个关键字 key1 和 key2，并且 key1≠key2，可能会出现 F(key1) = F(key2)的情况，这种现象称为冲突。例如，对于函数 f(x)=x^2，会有 f(2) = f(−2)=4。

　　所以，我们既要考虑如何构造哈希函数，又要考虑如何尽可能地减少冲突现象的发生。

　　哈希函数的构造方法主要有以下几种：

　　(1) 直接定址法。直接定址法就是把所有记录按照某个线性函数直接存储在哈希表中。这种方法的优点是不会产生冲突，比较适合于关键字分布连续的情况。其计算公式如下：

$$H(key) = key \text{ 或 } H(key) = a \times key + b$$

其中，a、b 为常数。

　　(2) 除留取余法。除留取余法主要根据哈希表的长度，选取小于等于其长度的最大素数作为哈希函数。利用公式把关键字转为散列地址。如果哈希表的长度为 l，那么 p 就应该取一个不大于 l 且最趋近于(可等于)l 的质数。p 的合理取值对除留取余法来说是非常关键的，因为 p 决定了每个 key 经该函数映射后的存储地址是否能均匀地分布在哈希表的存储空间上，从而减少冲突的发生率。其计算公式如下：

$$H(key) = key\%p$$

其中，p 为常数。

　　(3) 数字分析法。该方法通过分析关键字的特点来设计哈希函数。如一个学院的学生学号格式为 20162102XXXX，其中 20162102 为学院标识码，是所有学生学号都具有的，而 XXXX 是学院学生独一无二的特征码，如图 10-23 所示。

　　如果要存储学生的信息表，直接用学号做关键字会导致前 8 位是相同的。因为后 4 位是学生学号独一无二的特征码，所以我们可以从关键字中抽取后 4 位来映射存储位置。对于抽取出来的数字，还可以进一步处理，例如反转(2392 改为 2932)、右环位移(2392 改为 2239)等操作。总之，为了减小冲突发生的可能性，应尽量合理地将关键字分配到哈希表的各个位置上。

20162102:1002
20162102:1526
20162102:2392
20162102:3611
20162102:1597

重复的几个数字 特征码且分布均匀，可用作计算哈希地址

图 10-23　学号格式

(4) 平方取中法。该方法是取关键字平方的中间位数作为散列地址。例如关键字是 4321 时，它的平方就是 18671041，抽取中间的 3 位作为散列地址，可以是 610，也可以是 710。平方取中法适用于不知道关键字的分布，且位数不长的情况。

2. 哈希表查找的实现

哈希表查找的实现步骤如下(本代码实例参见源码文件 10-3-Test1)。

第一步：定义一个名为 HashTable 的哈希表类，详见代码清单 10-15。在这个哈希表中，键和值都是 Object 类型的，并且键(key)不能为 null。默认的构造函数创建了一个含有 64 个位置的哈希表，通过提供参数，可以自定义哈希表的大小。当哈希表的被占用容量达到 3/4 时，会自动扩容两倍。代码片段中的 put 方法用于从哈希表中添加键值对；get 方法用于在哈希表中查找键值对，并且返回值；remove 方法用于从哈希表中移除键值对。

代码清单 10-15

```
public class HashTable{...部分代码省略...
    public void put(Object key, Object value){
        //put 方法用于在 key 不为 null 的情况下将键和值关联起来，成为键值对
        //bucket 用于储存 key 哈希化后的地址
        int bucket = hash(key);
        ListNode list = table[bucket];
        while(list != null){
            //在列表里搜索这个节点，看它是否已经存在
            if(list.key.equals(key)) break;
                list = list.next;
        }
        if(list != null){
            //由于 list 不为 null，所以找到这个 key，改变它的关联值
            list.value = value;
        } else{
            //由于 list 为 null，代表 key 不存在于链表中
            //在链表开头添加一个新的节点(包含这个键值对)
            if(count >= 0.75 * table.length){
                System.out.println("******哈希表容量不足，正在扩容******");
```

```
                //哈希表的容量过于饱和，需要在添加新节点前对其进行扩容
                resize();
            }
            ListNode newNode = new ListNode();
            newNode.key = key;
            newNode.value = value;
            newNode.next = table[bucket];
            table[bucket] = newNode;
            count++;
        }
    }
    public Object get(Object key){
        //从哈希表中获取与 key 相关联的值。如果有，则返回这个值；如果没有，则返回 null
        //通过哈希函数将 key 转换为哈希表中的地址，保存在 bucket 里
        int bucket = hash(key);
        ListNode list = table[bucket];
        //在链表中搜索符合条件(key)的节点
        while(list != null){
            //对比链表中节点的 key 是否与指定的 key 相等，如果相等，则返回关联的值
            if(list.key.equals(key)) return list.value;
            //移向链表中的下一个节点
            list = list.next;
        }
        //如果哈希表中不存在 key，则返回 null
        return null;
    }
    public void remove(Object key){
        //从哈希表中移除键值对
        int bucket = hash(key);
        if(table[bucket] == null){
            //哈希表中不存在匹配的键值对，直接返回
            return;
        }
        if(table[bucket].key.equals(key)){
            //如果 key 是链表中的头节点，那么哈希表必须进行相应的改变，以符合链表的结构
            table[bucket] = table[bucket].next;
            count--;
            return;
        }
        ListNode prev = table[bucket];
        ListNode curr = prev.next;
```

```
        while(curr != null && !curr.key.equals(key)){
            curr = curr.next;
            prev = curr;
        }
        if(curr != null){
            prev.next = curr.next;
            count--;
        }
    }...部分代码省略...
}
```

第二步：在 onCreate 方法中实例化一个哈希表，并且向其添加键值对，然后进行查找操作，详见代码清单 10-16。

代码清单 10-16

```
public class MainActivity extends AppCompatActivity{...部分代码省略...
    protected void onCreate(Bundle savedInstanceState){...部分代码省略...
        System.out.println("创建哈希表...");
        HashTable table = new HashTable(3);
        Object key, value;
        System.out.println("向哈希表中添加键值对(123-10)");
        key = 123;
        value = 10;
        table.put(key, value);
        System.out.println("向哈希表中添加键值对(789-11)");
        key = 789;
        value = 11;
        table.put(key, value);
        System.out.println("向哈希表中添加键值对(741-12)");
        key = 741;
        value = 12;
        table.put(key, value);;
        System.out.println("向哈希表中添加键值对(963-13)");
        key = 963;
        value = 13;
        table.put(key, value);
        System.out.println("向哈希表中添加键值对(269-14)");
        key = 269;
        value = 14;
        table.put(key, value);
        System.out.println("向哈希表中添加键值对(669-15)");
        key = 669;
        value = 15;
```

```
    table.put(key, value);
    System.out.println("打印哈希表：");
    table.dump();
    System.out.println("搜索键为 132 的键值对是否存在于哈希表中：");
    key = 132;
    if(table.containsKey(key)){
        System.out.println("存在于哈希表，值为：" + table.get(key));
    } else {
        System.out.println("不存在于哈希表！！！ ");
    }
    System.out.println("搜索键为 132 的键值对是否存在于哈希表中：");
    key = 963;
    if(table.containsKey(key)){
        System.out.println("存在于哈希表，值为：" + table.get(key));
    } else {
        System.out.println("不存在于哈希表！！！ ");
    }
    ...部分代码省略...
}...部分代码省略...
}
```

第三步：运行该项目代码，在 Logcat 监视窗口中打印的信息如图 10-24 所示。

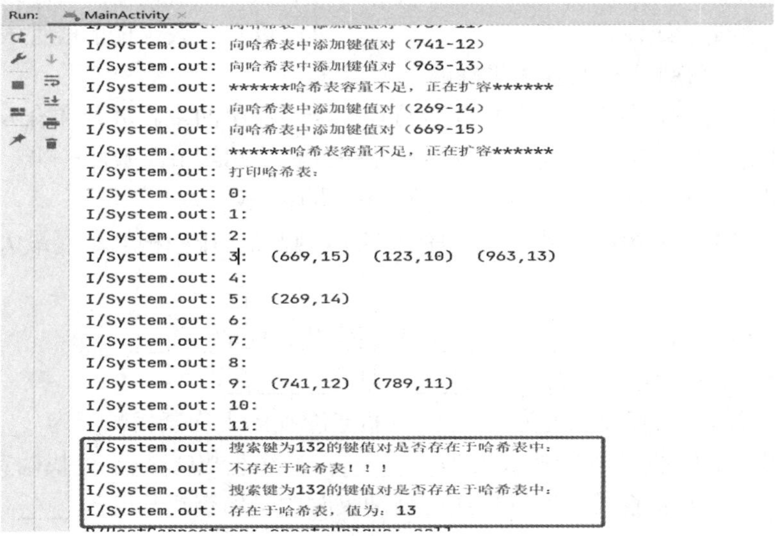

图 10-24　运行结果

本　章　小　结

本章介绍了几种具有代表性的查找方法。首先，介绍了线性表的查找方法。其中：顺序查找法的优点是数据在查找前不需要进行任何排序，缺点是查找效率低下；折半查找法是一种效率较高的线性查找方法，但是需要事先对数据进行排序；分块查找法则综合了顺序查找法和折半查找法的优点，该方法需要构建一个索引表来进行查找。然后，介绍了树表的查找方法，以及平衡二叉树的相关概念及实现步骤。最后，介绍了哈希表的查找方法，即哈希查找法。它将数据对象本身的关键字通过特定的数学函数转换为数据对象的存储地址。

课 后 习 题

一、选择题

1. 静态查找和动态查找的区别是(　　)。
A. 所包含的数据元素的类型不同　　　　　　B. 施加其上的操作不同
C. 它们的逻辑结构相同　　　　　　　　　　D. 以上都不对
2. 顺序查找法适合于存储结构为(　　)的线性表。
A. 索引存储　　　　　　　　　　　　　　　B. 压缩存储
C. 顺序存储或链式存储　　　　　　　　　　D. 哈希存储
3. 采用顺序查找方法查找长度为 n 的顺序表时，在等概率时成功查找的平均查找长度为(　　)。
A. (n−1)/2　　　　B. n　　　　C. n/2　　　　D. (n+1)/2
4. 适合于折半查找的数据组织方式是(　　)。
A. 以链表存储的有序线性表　　　　　　　　B. 以顺序表存储的有序线性表
C. 以链表存储的线性表　　　　　　　　　　D. 以顺序表存储的线性表
5. 以下关于二叉排序树的叙述正确的是(　　)。
A. 二叉排序树是动态树表，在插入新节点时会引起树的重新分裂和合并
B. 在二叉排序树中进行查找，关键字的比较次数不超过节点数的一半
C. 对二叉排序树进行层次遍历可以得到一个有序序列
D. 在构造二叉排序树时，若关键字序列有序，则二叉排序树的高度最大

二、填空题

1. 在分块查找中，首先查找＿＿＿＿，然后查找相应的＿＿＿＿。
2. 折半查找的存储结构仅限于＿＿＿＿，且是＿＿＿＿。
3. 顺序查找的平均查找长度为＿＿＿＿；折半查找的平均查找长度为＿＿＿＿；分块查找(以顺序查找确定块)的平均查找长度为＿＿＿＿；分块查找(以折半查找确定块)的平均查找长度为＿＿＿＿；哈希查找采用链接法处理冲突时的平均查找长度为＿＿＿＿。

附 录 模 拟 试 卷

模 拟 试 卷 1

一、单选题(共 20 题，每题 2 分，将答案直接写入答题表格)

1. 顺序存储结构具有的优点是(   )。
   A. 存储密度大
   B. 插入运算方便
   C. 删除运算方便
   D. 可方便地用于各种数据结构的存储表示

2. 下面关于线性表叙述中，错误的是(   )。
   A. 线性表采用顺序存储，便于进行插入和删除操作
   B. 线性表采用链式存储，便于进行插入和删除操作
   C. 线性表采用顺序存储，必须占用一片连续的存储单元
   D. 线性表采用链式存储，不必占用一片连续的存储单元

3. 若某线性表最常用的操作是存取任一指定序号的元素和在最后进行插入和删除运算，则最节省时间的存储方式是(   )。
   A. 顺序表
   B. 双向链表
   C. 单循环链表
   D. 带头节点的双向循环链表

4. 对于顺序存储的线性表，访问节点和增加、删除节点的时间复杂度分别为(   )。
   A. $O(1)$、$O(1)$
   B. $O(1)$、$O(n)$
   C. $O(n)$、$O(1)$
   D. $O(n)$、$O(n)$

5. 在单链表指针为 p 的节点之后插入指针为 s 的节点，正确的操作是(   )。
   A. p->next=s；s->next=p->next
   B. s->next=p->next；p->next=s
   C. p->next=s；p->next=s->next
   D. p->next=s->next；p->next=s

6. 有六个元素以 6，5，4，3，2，1 的顺序进栈，下列哪个不是合法的出栈序列(   )。
   A. 5 4 3 6 1 2
   B. 4 5 3 1 2 6
   C. 3 4 6 5 2 1
   D. 2 3 4 1 5 6

7. 用链接方式存储的队列，在进行删除运算时，(   )。
   A. 头、尾指针可能都要修改
   B. 仅修改尾指针
   C. 仅修改头指针
   D. 头尾指针都要修改

8. 若一个栈的入栈序列是 1，2，3，…，n，输出序列为 p1，p2，p3，…，pn，若 p1 = 3，则 p2 为(   )。
   A. 可能是 2
   B. 一定是 2
   C. 可能是 1
   D. 一定是 1

9. 下面关于串的叙述中，哪项是不正确的(　　)？
   A. 串是字符的有限序列
   B. 空串是由空格构成的
   C. 模式匹配是串的一种重要运算
   D. 串既可以采用顺序存储，也可以采用链式存储

10. 串的长度是指(　　)。
   A. 串中所含不同字母的个数　　　　　B. 串中所含字符的个数
   C. 串中所含不同字符的个数　　　　　D. 串中所含非空格字符的个数

11. 广义表 A=(a,b,(c,d),(e,(f,g)))，则 head(tail(head(tail(tail(A)))))的值为(　　)。
   A. (G)　　　　　B. (D)　　　　　C. C　　　　　D. D

12. 已知二叉树后序遍历是 DABEC，中序遍历序列是 DEBAC，它的前序遍历序列是(　　)。
   A. CEDBA　　　B. ACBED　　　C. DECAB　　　D. DEABC

13. 有下列二叉树，对此二叉树前序遍历的结果为(　　)。

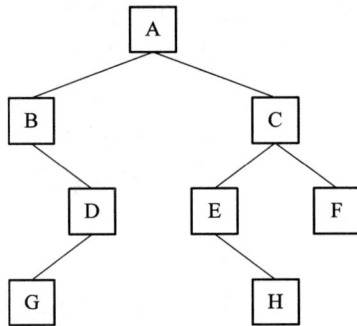

   A. ACBEDGFH　　　　　　　　　B. ABDGCEHF
   C. HGFEDCBA　　　　　　　　　D. ABCDEFGH

14. 怎样遍历二叉查找树可以得到一个从小到大的有序序列(　　)。
   A. 先序遍历　　　B. 中序遍历　　　C. 后序遍历　　　　D. 层次遍历

15. 设无向图的顶点个数为 n，则该图最多有多少条边(　　)。
   A. n−1　　　B. n * (n−1) / 2　　C. n * (n+1) / 2　　D. 0

16. 一个 n 个顶点的连通无向图，其边的个数至少为(　　)。
   A. n−1　　　B n　　　　C. n+1　　　　D. nlogn

17. 用二分(对半)查找表的元素的速度比用顺序法(　　)。
   A. 必然快　　　B. 必然慢　　　C. 相等　　　D. 不能确定

18. 下列排序算法中，在待排序数据已有序时，花费时间反而最多的是(　　)。
   A. 冒泡排序　　　B. 希尔排序　　　C. 快速排序　　　D. 堆排序

19. 下列排序算法中，(　　)在某趟结束后不一定选出一个元素放到其最终的位置上。
   A. 选择排序　　　B. 冒泡排序　　　C. 归并排序　　　D. 堆排序

20. 下面关于二分查找的叙述正确的是( )。

　　A. 表必须有序，表可以顺序方式存储，也可以链表方式存储

　　B. 表必须有序且表中数据必须是整型、实型或字符型

　　C. 表必须有序，而且只能从小到大排列

　　D. 表必须有序，且表只能以顺序方式存储

二、判断题(共 10 题，每题 2 分，将答题写入答题表格中)

1. 数据元素是数据的最小单位。 ( )

2. 完全二叉树可以用顺序存储结构存储。 ( )

3. 栈与队列都不是线性数据结构。 ( )

4. 数据的逻辑结构与数据元素本身的内容和形式无关。 ( )

5. 在一棵二叉树中，假定每个节点只有左子女，没有右子女，若对它分别进行中序遍历和后序遍历，则具有相同的结果。 ( )

6. 折半搜索所对应的判定树，既是一棵二叉搜索树，又是一棵理想平衡二叉树。 ( )

7. 进行折半搜索的表必须是顺序存储的有序表。 ( )

8. 在线性链表中删除节点时，只需要将被删节点释放，不需要修改任何指针。 ( )

9. 含尾指针的单链循环表可以被用于队列操作。 ( )

10. 空串就是由空格组成的串。 ( )

选择题	01	02	03	04	05	06	07	08	09	10
答　案										
选择题	11	12	13	14	15	16	17	18	19	20
答　案										
判断题	01	02	03	04	05	06	07	08	09	10
答　案										

三、解答题(共 4 题，每题 10 分)

1. 阅读以下程序，计算分析该程序的核心语句①与②的语句频度，并计算整个程序的时间复杂度 T(n)的值。

```
for (i=1;iI＜n;i++){
    y=y+1; -------- ①
    for (j=0;j＜(2*n);j++)
        x++;   -------- ②
}
```

答：

2. 遍历下列二叉树结构，写出其先序遍历、中序遍历、后序遍历的结果。

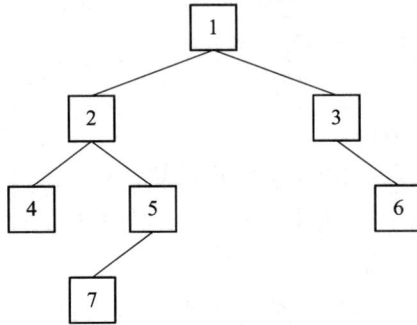

答：

3. 给定表(19，14，22，15，20，21，56，10)，
   (1) 按照元素在表中的次序，建立一棵二叉排序树。
   (2) 对(1)中二叉排序树进行中序遍历，并写出序列。
   答：

4. 已知一组记录为(46，74，53，14，26，38，86，65，27，34)，采用冒泡排序法进行排序，写出每一趟排序的排序结果。
   答：

模 拟 试 卷 2

一、单选题(共 20 题，每题 2 分，将答案直接写入答题表格)

1. 在线性表的下列存储结构中，读取元素花费的时间最少的是(　　)。
   - A. 单链表
   - B. 双链表
   - C. 循环链表
   - D. 顺序表

2. 若某线性表中最常用的操作是在最后一个元素之后插入一个元素和删除第一个元素，则采用(　　)存储方式最节省运算时间。
   - A. 单链表
   - B. 仅有头指针的单循环链表
   - C. 双链表
   - D. 仅有尾指针的单循环链表

3. 链表不具有的特点是(　　)。
   - A. 插入、删除不需要移动元素
   - B. 可随机访问任一元素
   - C. 不必事先估计存储空间
   - D. 所需空间与线性长度成正比

4. 对于顺序存储的线性表，访问节点和增加、删除节点的时间复杂度分别为(　　)。
   - A. O(1)、O(1)
   - B. O(1)、O(n)
   - C. O(n)、O(1)
   - D. O(n)、O(n)

5. 对一个算法的评价，不包括(　　)。
   - A. 健壮性和可读性
   - B. 并行性
   - C. 正确性
   - D. 时间复杂度

6. 快速排序在最坏情况下的时间复杂度为(　　)。
   - A. O(log2n)
   - B. O(nlog2n)
   - C. O(n)
   - D. O(n*n)

7. 从二叉搜索树中查找一个元素时，其时间复杂度大致为(　　)。
   - A. O(n)
   - B. O(1)
   - C. O(logn)
   - D. O(n*n)

8. AOV 网是一种(　　)。
   - A. 有向图
   - B. 无向图
   - C. 无向无环图
   - D. 有向无环图

9. 具有线性结构的数据结构是(　　)。
   - A. 图
   - B. 树
   - C. 广义表
   - D. 栈

10. 下面程序段的时间复杂度是(　　)。

    ```
    for(i=0;i<m;i++)
            for(j=0;j<n;j++)
                    a[i][j]=i*j;。
    ```
    - A. O(m²)
    - B. O(n²)
    - C. O(m*n)
    - D. O(m+n)

11. 某算法的语句执行频度为(3n + nlog2n + n² + 8)，其时间复杂度表示(　　)。
    - A. O(n)
    - B. O(nlog2n)
    - C. O(n²)
    - D. O(log2n)

12. 已知二叉树后序遍历是 DABEC，中序遍历序列是 DEBAC，它的前序遍历序列是(　　)。
　　A. CEDBA　　　　B. ACBED　　　　C. DECAB　　　　D. DEABC

13. 某二叉树的中序序列为 ABCDEFG，后序序列为 BDCAFGE，则其左子树中节点数目为(　　)。
　　A. 3　　　　　　B. 2　　　　　　C. 4　　　　　　D. 5

14. 若以{4,5,6,7,8}作为权值构造哈夫曼树，则该树的带权路径长度为(　　)。
　　A. 67　　　　　B. 68　　　　　C. 69　　　　　D. 70

15. 设在下列情况中，可称为二叉树的是(　　)。
　　A. 每个节点至多有两棵子树的树
　　B. 哈夫曼树
　　C. 每个节点至多有两棵子树的有序树
　　D. 每个节点只有一棵子树

16. 由权值为 3，6，7，2，5 的叶子节点生成一棵哈夫曼树，它的带权路径长度为(　　)。
　　A. 51　　　　　B. 23　　　　　C. 53　　　　　D. 74

17. 如果从无向图的任一顶点出发进行一次深度优先搜索即可访问所有顶点，则该图一定是(　　)。
　　A. 完全图　　　　B. 连通图　　　　C. 有回路　　　　D. 一棵树

18. 下列排序算法中，在待排序数据已有序时，花费时间反而最多的是(　　)。
　　A. 冒泡排序　　　B. 希尔排序　　　C. 快速排序　　　D. 堆排序

19. 下列排序算法中，(　　)在某趟结束后不一定选出一个元素放到其最终的位置上。
　　A. 选择排序　　　B. 冒泡排序　　　C. 归并排序　　　D. 堆排序

20. 抽象数据类型的三个组成部分分别为(　　)。
　　A. 数据对象、数据关系和基本操作
　　B. 数据元素、逻辑结构和存储结构
　　C. 数据项、数据元素和数据类型
　　D. 数据元素、数据结构和数据类型

二、判断题(共 10 题，每题 2 分，将答题写入答题表格中)

1. 算法和程序都应具有下面一些特征：有输入、有输出、确定性、有穷性、有效性。(　　)
2. 图中各个顶点的编号是人为的，不是它本身固有的，因此可以根据需要进行改变。(　　)
3. 在索引顺序结构上实施分块搜索，在等概率情况下，其平均搜索长度不仅与子表个数有关，而且与每一个子表中的对象个数有关。(　　)
4. 折半搜索所对应的判定树，既是一棵二叉搜索树，又是一棵理想平衡二叉树。(　　)
5. 算法和程序的概念完全相同，在讨论数据结构时二者是通用的。(　　)
6. 快速排序的枢轴元素可以任意选定。(　　)
7. 插入排序是稳定的。(　　)
8. 二叉树就是度为 2 的树。(　　)
9. 长度为 1 的串等价于一个字符型常量。(　　)
10. 快速排序的枢轴元素可以任意选定。(　　)

选择题	01	02	03	04	05	06	07	08	09	10
答　案										
选择题	11	12	13	14	15	16	17	18	19	20
答　案										
判断题	01	02	03	04	05	06	07	08	09	10
答　案										

三、解答题(共 4 题，每题 10 分)

1. 阅读以下程序，计算分析该程序的核心语句①②③④⑤的语句频度，并计算整个程序的时间复杂度 T(n)的值。

```
        int a;
        int b=1;              ①
        for (i=1;i<=n;i++){   ②
          s=a+b;              ③
          b=a;                ④
          a=s;}               ⑤
```

答：

2. 已知二叉树中序遍历与后序遍历结果如下，请绘制出该二叉树。
   中序遍历：C D B E G A H F I J K
   后序遍历：D C E G B F H K J I A
   答：

3. 写出下图中二叉树的先序遍历、中序遍历、后序遍历、层次遍历，并求该二叉树的度是多少？二叉树的深度是多少？叶子节点的个数是多少？

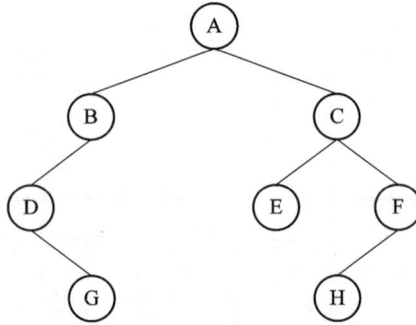

答:

4. 已知一组记录为(46，74，53，14，26，38，86，65，27，34)，采用直接选择排序法进行排序，写出每一趟排序的排序结果。

答:

模 拟 试 卷 3

一、单选题(共 15 题，每题 2 分，将答案直接写入答题表格)

1. 在线性表的下列存储结构中，读取元素花费的时间最少的是(　　)。
   A. 单链表　　　B. 双链表　　　　　C. 循环链表　　　D. 顺序表

2. 若某线性表中最常用的操作是在最后一个元素之后插入一个元素和删除第一个元素，则采用(　　)存储方式最节省运算时间。
   A. 单链表　　　　　　　　　　　　B. 仅有头指针的单循环链表
   C. 双链表　　　　　　　　　　　　D. 仅有尾指针的单循环链表

3. 链表不具有的特点是(　　)。
   A. 插入、删除不需要移动元素　　　B. 可随机访问任一元素
   C. 不必事先估计存储空间　　　　　D. 所需空间与线性长度成正比

4. 对于顺序存储的线性表，访问节点和增加、删除节点的时间复杂度分别为(　　)。
   A. $O(1)$、$O(1)$　　　　　　　　　B. $O(1)$、$O(n)$
   C. $O(n)$、$O(1)$　　　　　　　　　D. $O(n)$、$O(n)$

5. 具有线性结构的数据结构是(　　)。
   A. 图　　　　　　B. 树　　　　　　C. 广义表　　　D. 栈

6. 下面程序段的时间复杂度是(　　)。
   for(i=0;i<m;i++)
   　　　　for(j=0;j<n;j++)
   　　　　　　a[i][j]=i*j;。
   A. $O(m^2)$　　　　　B. $O(n^2)$　　　　C. $O(m*n)$　　　D. $O(m+n)$

7. 某算法的语句执行频度为$(3n+nlog2n+n^2+8)$，其时间复杂度表示(　　)。
   A. $O(n)$　　　　　B. $O(nlog2n)$　　C. $O(n^2)$　　　D. $O(log2n)$

8. 已知二叉树后序遍历是 DABEC，中序遍历序列是 DEBAC，它的前序遍历序列是(　　)。
   A. CEDBA　　　　B. ACBED　　　　C. DECAB　　　D. DEABC

9. 某二叉树的中序序列为 ABCDEFG，后序序列为 BDCAFGE，则其左子树中节点数目为(　　)。
   A. 3　　　　　　B. 2　　　　　　C. 4　　　　　　D. 5

10. 若以{4, 5, 6, 7, 8}作为权值构造哈夫曼树，则该树的带权路径长度为(　　)。
    A. 67　　　　　　B. 68　　　　　C. 69　　　　　D. 70

11. 设在下列情况中，可称为二叉树的是(　　)。
    A. 每个节点至多有两棵子树的树　　B. 哈夫曼树
    C. 每个节点至多有两棵子树的有序树　D. 每个节点只有一棵子树

12. 由权值为 3，6，7，2，5 的叶子节点生成一棵哈夫曼树，它的带权路径长度为(　　)。
　　A. 51　　　　　　　B. 23　　　　　　　C. 53　　　　　　　D. 74

13. 如果从无向图的任一顶点出发进行一次深度优先搜索即可访问所有顶点，则该图一定是(　　)。
　　A. 完全图　　　　　B. 连通图　　　　　C. 有回路　　　　　D. 一棵树

14. 下列排序算法中，在待排序数据已有序时，花费时间反而最多的是(　　)。
　　A. 冒泡排序　　　　B. 希尔排序　　　　C. 快速排序　　　　D. 堆排序

15. 下列排序算法中，(　　)在某趟结束后不一定选出一个元素放到其最终的位置上。
　　A. 选择排序　　　　B. 冒泡排序　　　　C. 归并排序　　　　D. 堆排序

二、判断题(共 10 题，每题 2 分，将答题写入答题表格中)

1. 算法和程序都应具有下面一些特征：有输入、有输出、确定性、有穷性、有效性。(　　)
2. 图中各个顶点的编号是人为的，不是它本身固有的，因此可以根据需要进行改变。(　　)
3. 在索引顺序结构上实施分块搜索，在等概率情况下，其平均搜索长度不仅与子表个数有关，而且与每一个子表中的对象个数有关　　　　　　　　　　　　　　　　(　　)
4. 折半搜索所对应的判定树，既是一棵二叉搜索树，又是一棵理想平衡二叉树。(　　)
5. 算法和程序的概念完全相同，在讨论数据结构时二者是通用的。　　　　　　(　　)
6. 快速排序的枢轴元素可以任意选定。　　　　　　　　　　　　　　　　　　(　　)
7. 插入排序是稳定的。　　　　　　　　　　　　　　　　　　　　　　　　　(　　)
8. 二叉树就是度为 2 的树。　　　　　　　　　　　　　　　　　　　　　　　(　　)
9. 长度为 1 的串等价于一个字符型常量。　　　　　　　　　　　　　　　　　(　　)
10. 快速排序的枢轴元素可以任意选定。　　　　　　　　　　　　　　　　　　(　　)

选择题	01	02	03	04	05	06	07	08	09	10
答　案										
选择题	11	12	13	14	15	请将答案填写在答题框				
答　案										
判断题	01	02	03	04	05	06	07	08	09	10
答　案										

三、程序填空题(共 2 题，每题 5 分)

1. 阅读以下程序，并填空。

```java
public class MainClass{
    public static void main(String[] args){
        int[] keys    = {1,3,5,7,9,11,13,17,21,28,32};
        int temp = search(keys, 11);
        System.out.println(temp);
    }
```

```
public static int search(int[] keys, int k){
    int low = 0;
    int high = keys.length - 1, mid;
    while (low <= high){
        mid = (low + high) / 2;
        (1)_____
            return mid;
        (2)_____
        (3)_____
        high = mid - 1;
    }
    return -1;}}
```

2. 阅读以下链表插入操作程序，并填空。

```
public static void insert(Object data, int index){
    CiDlNode node = new CiDlNode(data, null, null);
    if (index == 0){
        node.next = first.next;
        first.next.prev = node;
        first.next = node;
        node.prev = first;

    } else{
        int temp = 0;
        for (CiDlNode n = first.next;; n = n.next){
            temp++;
            if (temp == index){
                (1)_____
                (2)_____
                (3)_____
                (4)_____
                break;}}}}
```

四、解答题(共 4 题，每题 10 分)

1. 假设有 a、b、c、d 4 个节点，权值分别为 7、5、2、4，求下列 3 棵树的带权路径长度。

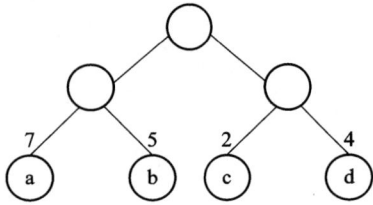
(1)

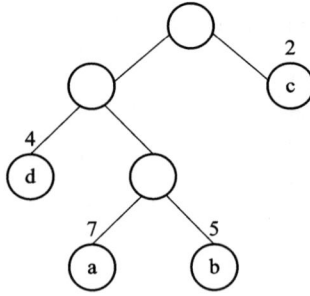
(2)

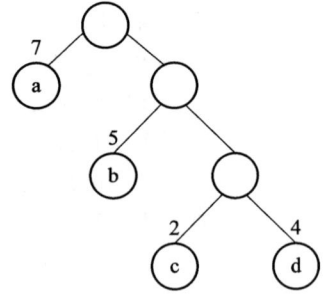
(3)

答:

2. 使用邻接矩阵法表示以下有向图。

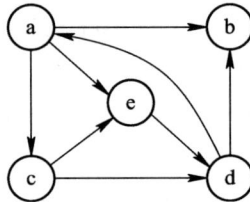

答:

3. 利用折半查找法，查找关键字 key 为 28 的文件记录，关键字序列为：(1，3，5，7，9，11，13，17，21，28，32)。
答:

4. 已知一组记录为(46，74，53，14，26，38，86，65，27，34)，采用冒泡排序法进行排序，写出每一趟排序的排序结果。
答:

模 拟 试 卷 4

一、单选题(共 20 题，每题 2 分，将答案直接写入答题表格)

1. 下列排序算法中，(   )在某趟结束后不一定选出一个元素放到其最终的位置上。
   A. 选择排序   B. 冒泡排序
   C. 归并排序   D. 堆排序

2. 下面关于串的叙述中，哪项是不正确的(   )？
   A. 串是字符的有限序列
   B. 空串是由空格构成的
   C. 模式匹配是串的一种重要运算
   D. 串既可以采用顺序存储，也可以采用链式存储

3. 若某线性表最常用的操作是存取任一指定序号的元素和在最后进行插入和删除运算，则最节省时间的存储方式是(   )。
   A. 顺序表   B. 双向链表
   C. 单循环链表   D. 带头节点的双向循环链表

4. 对于顺序存储的线性表，访问节点和增加、删除节点的时间复杂度分别为(   )。
   A. $O(1)$、$O(1)$ B. $O(1)$、$O(n)$
   C. $O(n)$、$O(1)$ D. $O(n)$、$O(n)$

5. 在单链表指针为 p 的节点之后插入指针为 s 的节点，正确的操作是(   )。
   A. p->next=s；s->next=p->next   B. s->next=p->next；p->next=s
   C. p->next=s；p->next=s->next   D. p->next=s->next；p->next=s

6. 有六个元素以 6，5，4，3，2，1 的顺序进栈，下列哪个不是合法的出栈序列(   )。
   A. 5 4 3 6 1 2   B. 4 5 3 1 2 6
   C. 3 4 6 5 2 1   D. 2 3 4 1 5 6

7. 用链接方式存储的队列，在进行删除运算时，(   )。
   A. 头、尾指针可能都要修改   B. 仅修改尾指针
   C. 仅修改头指针   D. 头尾指针都要修改

8. 若一个栈的入栈序列是 1,2,3,…,n,输出序列为 p1,p2,p3,…,pn,若 p1=3，则 p2 为(   )。
   A. 可能是 2   B. 一定是 2   C. 可能是 1   D. 一定是 1

9. 下面关于线性表叙述中，错误的是(   )。
   A. 线性表采用顺序存储，便于进行插入和删除操作
   B. 线性表采用链式存储，便于进行插入和删除操作
   C. 线性表采用顺序存储，必须占用一片连续的存储单元
   D. 线性表采用链式存储，不必占用一片连续的存储单元

10. 串的长度是指(　　)。

  A. 串中所含不同字母的个数   B. 串中所含字符的个数

  C. 串中所含不同字符的个数   D. 串中所含非空格字符的个数

11. 广义表 A=(a,b,(c,d),(e,(f,g)))，则 head(tail(head(tail(tail(A)))))的值为(　　)。

  A. (G)   B. (D)   C. C   D. D

12. 已知二叉树后序遍历是 DABEC，中序遍历序列是 DEBAC，它的前序遍历序列是(　　)。

  A. CEDBA   B. ACBED   C. DECAB   D. DEABC

13. 有下列二叉树，对此二叉树前序遍历的结果为(　　)。

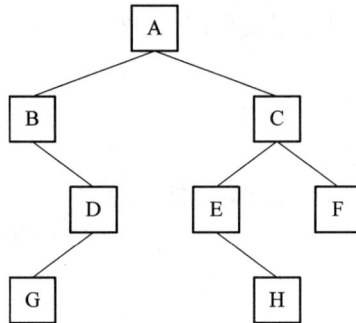

  A. ACBEDGFH   B. ABDGCEHF

  C. HGFEDCBA   D. ABCDEFGH

14. 怎样遍历二叉查找树可以得到一个从小到大的有序序列(　　)。

  A. 先序遍历   B. 中序遍历   C. 后序遍历   D. 层次遍历

15. 设无向图的顶点个数为 n，则该图最多有多少条边(　　)。

  A. n−1   B. n * (n−1) / 2   C. n * (n+1) / 2   D. 0

16. 一个 n 个顶点的连通无向图，其边的个数至少为(　　)。

  A. n−1   B. n   C. n+1   D. nlogn

17. 用二分(对半)查找表的元素的速度比用顺序法(　　)。

  A. 必然快   B. 必然慢   C. 相等   D. 不能确定

18. 下列排序算法中，在待排序数据已有序时，花费时间反而最多的是(　　)。

  A. 冒泡排序   B. 希尔排序   C. 快速排序   D. 堆排序

19. 顺序存储结构具有的优点是(　　)。

  A. 存储密度大   B. 插入运算方便   C. 删除运算方便

  D. 可方便地用于各种理格结构的存储表示

20. 下面关于二分查找的叙述正确的是(　　)。

  A. 表必须有序，表可以顺序方式存储，也可以链表方式存储

  B. 表必须有序且表中数据必须是整型、实型或字符型

  C. 表必须有序，而且只能从小到大排列

  D. 表必须有序，且表只能以顺序方式存储

二、判断题(共 10 题，每题 2 分，将答题写入答题表格中)

1. 在索引顺序结构的搜索中,对索引表只可以采取顺序搜索,不可以采用折半搜索。(　　)
2. 对于任何用顶点表示的活动网络(AOV 网),进行拓扑排序的结果都是唯一的。(　　)
3. 进行折半搜索的表,必须是顺序存储的有序表。(　　)
4. 对于 AOE 网络任意关键活动的延迟,都将导致整个工程的延迟完成。(　　)
5. 完全二叉树可以用顺序存储结构进行存储。(　　)
6. 在 AOE 网中,一定只有一条关键路径。(　　)
7. 插入排序是稳定的。(　　)
8. 顺序存储的线性表可以实现随机存取。(　　)
9. 基本排序是高位优先排序法。(　　)
10. 在平衡二叉树中任意节点左右,子树的高度差的绝对值不超过 1。(　　)

选择题	01	02	03	04	05	06	07	08	09	10
答　案										
选择题	11	12	13	14	15	16	17	18	19	20
答　案										
判断题	01	02	03	04	05	06	07	08	09	10
答　案										

三、解答题(共 4 题，每题 10 分)

1. 阅读以下程序,计算分析该程序的核心语句①与②的语句频度,并计算整个程序的时间复杂度 T(n)的值。

```
int i=1; k=0
while(i<n)
{
    k=k+10*i;    ①
    i++;         ②
}
```

2. 遍历下列二叉树结构,写出其先序遍历、中序遍历、后序遍历的结果。
答:

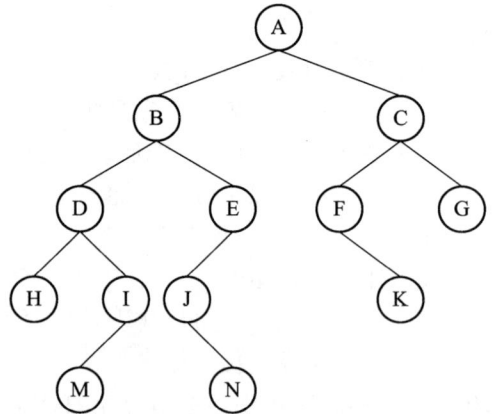

3. 给定关键字序列(1，3，5，7，9，11，13，17，21，28，32)，查找关键字 32，要求使用 low、high、mid 标明每次查找的高、低、中位，并列出步骤。

答：

&&	1	3	5	7	9	11	13	17	21	28	32
步骤 1	low										high
步骤 2											
步骤 3											
步骤 4											
步骤 5											

4. 假设有 a、b、c、d 4 个节点，其权值分别为 7、5、2、4，求下列 3 棵树的带权路径长度。

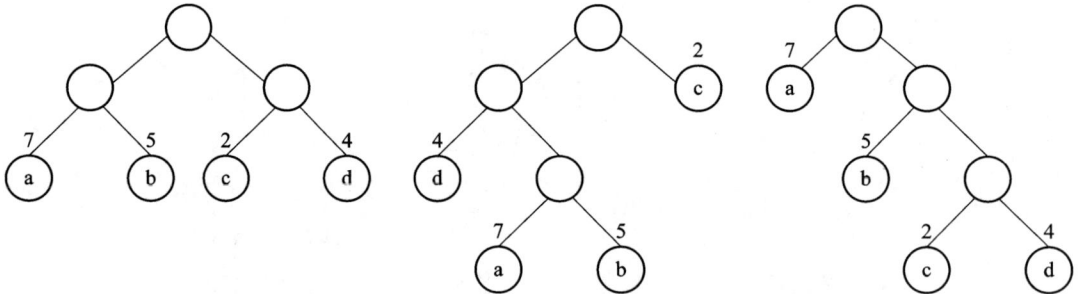

　　答：

模 拟 试 卷5

一、单选题(共20题，每题2分，将答案直接写入答题表格)

1. 下列排序算法中，(　　)在某趟结束后不一定选出一个元素放到其最终的位置上。

   A. 选择排序　　　　　B. 冒泡排序　　　　　C. 归并排序　　　　　D. 堆排序

2. 下面关于串的叙述中，哪项是不正确的(　　)?

   A. 串是字符的有限序列

   B. 空串是由空格构成的

   C. 模式匹配是串的一种重要运算

   D. 串既可以采用顺序存储，也可以采用链式存储

3. 若某线性表最常用的操作是存取任一指定序号的元素和在最后进行插入和删除运算，则最节省时间的存储方式是(　　)。

   A. 顺序表　　　　　　　　　　　B. 双向链表

   C. 单循环链表　　　　　　　　　D. 带头节点的双向循环链表

4. 对于顺序存储的线性表，访问节点和增加、删除节点的时间复杂度分别为(　　)。

   A. O(1)、O(1)　　　　　　　　　B. O(1)、O(n)

   C. O(n)、O(1)　　　　　　　　　D. O(n)、O(n)

5. 在单链表指针为p的结点之后插入指针为s的节点，正确的操作是(　　)。

   A. p->next=s；s->next=p->next　　　　B. s->next=p->next；p->next=s

   C. p->next=s；p->next=s->next　　　　D. p->next=s->next；p->next=s

6. 有六个元素以6，5，4，3，2，1的顺序进栈，下列哪个不是合法的出栈序列(　　)。

   A. 5 4 3 6 1 2　　　　　　　　　B. 4 5 3 1 2 6

   C. 3 4 6 5 2 1　　　　　　　　　D. 2 3 4 1 5 6

7. 用链接方式存储的队列，在进行删除运算时，(　　)。

   A. 头、尾指针可能都要修改　　　　B. 仅修改尾指针

   C. 仅修改头指针　　　　　　　　　D. 头尾指针都要修改

8. 若一个栈的入栈序列是1,2,3,…,n,输出序列为p1,p2,p3,…,pn,若p1=3,则p2为(　　)。

   A. 可能是2　　　　　B. 一定是2　　　　　C. 可能是1　　　　　D. 一定是1

9. 下面关于线性表叙述中，错误的是(　　)。

   A. 线性表采用顺序存储，便于进行插入和删除操作

   B. 线性表采用链式存储，便于进行插入和删除操作

   C. 线性表采用顺序存储，必须占用一片连续的存储单元

   D. 线性表采用链式存储，不必占用一片连续的存储单元

10. 串的长度是指(   )。

    A. 串中所含不同字母的个数   B. 串中所含字符的个数

    C. 串中所含不同字符的个数   D. 串中所含非空格字符的个数

11. 广义表 A=(a,b,(c,d),(e,(f,g)))，则 head(tail(head(tail(tail(A)))))的值为(   )。

    A. (G)   B. (D)   C. C   D. D

12. 已知二叉树后序遍历是 DABEC，中序遍历序列是 DEBAC，它的前序遍历序列是(   )。

    A. CEDBA   B. ACBED   C. DECAB   D. DEABC

13. 有下列二叉树，对此二叉树前序遍历的结果为(   )。

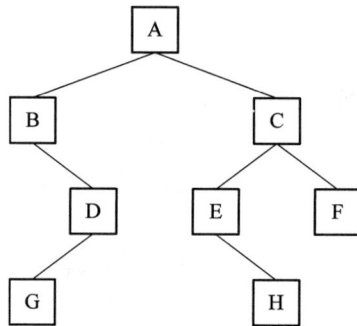

    A. ACBEDGFH   B. ABDGCEHF   C. HGFEDCBA   D. ABCDEFGH

14. 怎样遍历二叉查找树可以得到一个从小到大的有序序列(   )。

    A. 先序遍历   B. 中序遍历   C. 后序遍历   D. 层次遍历

15. 设无向图的顶点个数为 n，则该图最多有多少条边(   )。

    A. n−1   B. n * (n−1) / 2   C. n * (n+1) / 2   D. 0

16. 一个 n 个顶点的连通无向图，其边的个数至少为(   )。

    A. n−1   B. n   C. n+1   D. nlogn

17. 用二分(对半)查找表的元素的速度比用顺序法(   )。

    A. 必然快   B. 必然慢   C. 相等   D. 不能确定

18. 下列排序算法中，在待排序数据已有序时，花费时间反而最多的是(   )。

    A. 冒泡排序   B. 希尔排序   C. 快速排序   D. 堆排序

19. 顺序存储结构具有的优点是(   )。

    A. 存储密度大   B. 插入运算方便

    C. 删除运算方便   D. 可方便地用于各种理格结构的存储表示

20. 下面关于二分查找的叙述正确的是(   )。

    A. 表必须有序，表可以顺序方式存储，也可以链表方式存储

    B. 表必须有序且表中数据必须是整型、实型或字符型

    C. 表必须有序，而且只能从小到大排列

    D. 表必须有序，且表只能以顺序方式存储

二、判断题(共 10 题，每题 2 分，将答题写入答题表格中)

1. 在索引顺序结构的搜索中，对索引表只可以采取顺序搜索，不可以采用折半搜索。(   )
2. 对于任何用顶点表示的活动网络(AOV 网)，进行拓扑排序的结果都是唯一的。   (   )
3. 进行折半搜索的表，必须是顺序存储的有序表。   (   )
4. 对于 AOE 网络任意关键活动的延迟，都将导致整个工程的延迟完成。   (   )
5. 完全二叉树可以用顺序存储结构进行存储。   (   )
6. 在 AOE 网中，一定只有一条关键路径。   (   )
7. 插入排序是稳定的。   (   )
8. 顺序存储的线性表可以实现随机存取。   (   )
9. 基本排序是高位优先排序法。   (   )
10. 在平衡二叉树中任意节点左右，子树的高度差的绝对值不超过 1。   (   )

选择题	01	02	03	04	05	06	07	08	09	10
答 案										
选择题	11	12	13	14	15	16	17	18	19	20
答 案										
判断题	01	02	03	04	05	06	07	08	09	10
答 案										

三、解答题(共 4 题，每题 10 分)

1. 阅读如下程序，计算分析该程序的核心语句①与②的语句频度，并计算整个程序的时间复杂度 T(n)的值。

```
int i=1; k=0
while(i<n)
{
    k=k+10*i;      ①
    i++;           ②
}
```

2. 遍历下列二叉树结构，写出其先序遍历、中序遍历、后序遍历的结果。
   答：

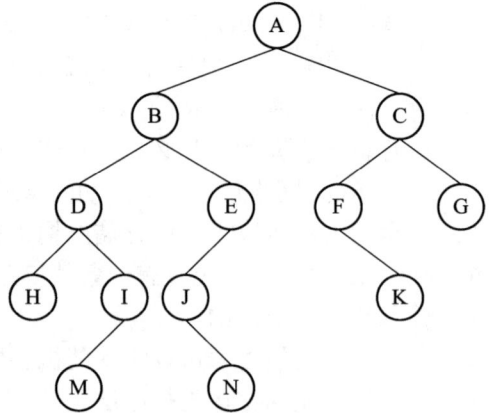

3. 给定关键字序列(1，3，5，7，9，11，13，17，21，28，32)，使用 low、high、mid 标明每次查找的高、低、中位，并列出步骤。

答：

&&	1	3	5	7	9	11	13	17	21	28	32
步骤 1	low										high
步骤 2											
步骤 3											
步骤 4											
步骤 5											

4. 假设有 a、b、c、d 4 个节点，其权值分别为 7、5、2、4，求下列 3 棵树的带权路径长度。

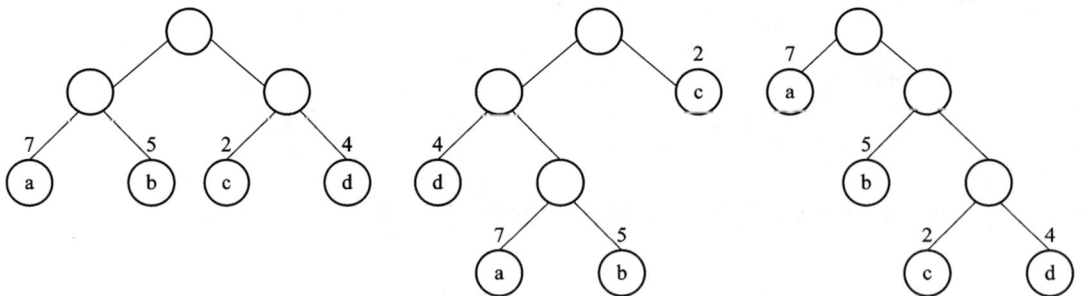

答：

模 拟 试 卷6

一、单选题(共20题，每题2分，将答案直接写入答题表格)

1. 在线性表的下列存储结构中，读取元素花费的时间最少的是(　　)。
   A. 单链表　　　　　　　　　　B. 双链表
   C. 循环链表　　　　　　　　　D. 顺序表

2. 若某线性表中最常用的操作是在最后一个元素之后插入一个元素和删除第一个元素，则采用(　　)存储方式最节省运算时间。
   A. 单链表　　　　　　　　　　B. 仅有头指针的单循环链表
   C. 双链表　　　　　　　　　　D. 仅有尾指针的单循环链表

3. 链表不具有的特点是(　　)。
   A. 插入、删除不需要移动元素　　B. 可随机访问任一元素
   C. 不必事先估计存储空间　　　　D. 所需空间与线性长度成正比

4. 对于顺序存储的线性表，访问节点和增加、删除节点的时间复杂度分别为(　　)。
   A. O(1)、O(1)　　　　　　　　B. O(1)、O(n)
   C. O(n)、O(1)　　　　　　　　D. O(n)、O(n)

5. 对一个算法的评价，不包括如下(　　)。
   A. 健壮性和可读性　　　　　　B. 并行性
   C. 正确性　　　　　　　　　　D. 时间复杂度

6. 快速排序在最坏情况下的时间复杂度为(　　)。
   A. O(log2n)　　　　　　　　　B. O(nlog2n)
   C. O(n)　　　　　　　　　　　D. O(n*n)

7. 从二叉搜索树中查找一个元素时，其时间复杂度大致为(　　)。
   A. O(n)　　　　　　　　　　　B. O(1)
   C. O(logn)　　　　　　　　　　D. O(n*n)

8. AOV网是一种(　　)。
   A. 有向图　　　　　　　　　　B. 无向图
   C. 无向无环图　　　　　　　　D. 有向无环图

9. 具有线性结构的数据结构是(　　)。
   A. 图　　　　　　B. 树　　　　　　C. 广义表　　　　　　D. 栈

10. 下面程序段的时间复杂度是(　　)。
    ```
    for(i=0;i<m;i++)
            for(j=0;j<n;j++)
                    a[i][j]=i*j;。
    ```
    A. O(m²)　　　　　B. O(n²)　　　　　C. O(m*n)　　　　　D. O(m+n)

11. 某算法的语句执行频度为(3n+nlog2n+n^2+8)，其时间复杂度表示(   )。

    A. O(n)   B. O(nlog2n)

    C. O(n^2)   D. O(log2n)

12. 已知二叉树后序遍历是 DABEC，中序遍历序列是 DEBAC，它的前序遍历序列是(   )。

    A. CEDBA   B. ACBED

    C. DECAB   D. DEABC

13. 某二叉树的中序序列为 ABCDEFG，后序序列为 BDCAFGE，则其左子树中节点数目为(   )。

    A. 3   B. 2   C. 4   D. 5

14. 若以{4,5,6,7,8}作为权值构造哈夫曼树，则该树的带权路径长度为(   )。

    A. 67   B. 68   C. 69   D. 70

15. 设在下列情况中，可称为二叉树的是(   )。

    A. 每个节点至多有两棵子树的树

    B. 哈夫曼树

    C. 每个节点至多有两棵子树的有序树

    D. 每个节点只有一棵子树

16. 由权值为 3，6，7，2，5 的叶子节点生成一棵哈夫曼树，它的带权路径长度为(   )。

    A. 51   B. 23   C. 53   D. 74

17. 如果从无向图的任一顶点出发进行一次深度优先搜索即可访问所有顶点，则该图一定是(   )。

    A. 完全图   B. 连通图   C. 有回路   D. 一棵树

18. 下列排序算法中，在待排序数据已有序时，花费时间反而最多的是(   )。

    A. 冒泡排序   B. 希尔排序   C. 快速排序   D. 堆排序

19. 下列排序算法中，(   )在某趟结束后不一定选出一个元素放到其最终的位置上。

    A. 选择排序   B. 冒泡排序   C. 归并排序   D. 堆排序

20. 抽象数据类型的三个组成部分分别为(   )。

    A. 数据对象、数据关系和基本操作

    B. 数据元素、逻辑结构和存储结构

    C. 数据项、数据元素和数据类型

    D. 数据元素、数据结构和数据类型

二、判断题(共 10 题，每题 2 分，将答题写入答题表格中)

1. 算法和程序都应具有下面一些特征：有输入、有输出、确定性、有穷性、有效性。(   )

2. 图中各个顶点的编号是人为的，不是它本身固有的，因此可以根据需要进行改变。(   )

3. 在索引顺序结构上实施分块搜索，在等概率情况下，其平均搜索长度不仅与子表个数有关，而且与每一个子表中的对象个数有关。   (   )

4. 折半搜索所对应的判定树，既是一棵二叉搜索树，又是一棵理想平衡二叉树。(   )

5. 算法和程序的概念完全相同，在讨论数据结构时二者是通用的。   (   )

6. 快速排序的枢轴元素可以任意选定。   (   )

7. 插入排序是稳定的。 （　　）
8. 二叉树就是度为 2 的树。 （　　）
9. 长度为 1 的串等价于一个字符型常量。 （　　）
10. 快速排序的枢轴元素可以任意选定。 （　　）

选择题	01	02	03	04	05	06	07	08	09	10
答 案										
选择题	11	12	13	14	15	16	17	18	19	20
答 案										
判断题	01	02	03	04	05	06	07	08	09	10
答 案										

三、解答题(共 4 题，每题 10 分)

1. 阅读以下程序，计算分析该程序的核心语句①②③④⑤的语句频度，并计算整个程序的时间复杂度 T(n)的值。

```
int a;
int b=1;                ①
for (i=1;i<=n;i++){     ②
  s=a+b;                ③
  b=a;                  ④
  a=s;}                 ⑤
```

答：

2. 已知二叉树中序遍历与后序遍历结果如下，请绘制出该二叉树。
中序遍历：C D B E G A H F I J K
后序遍历：D C E G B F H K J I A
答：

3. 写出下图中二叉树的先序遍历、中序遍历、后序遍历、层次遍历，并求该二叉树的度是多少？二叉树的深度是多少？叶子节点的个数是多少？

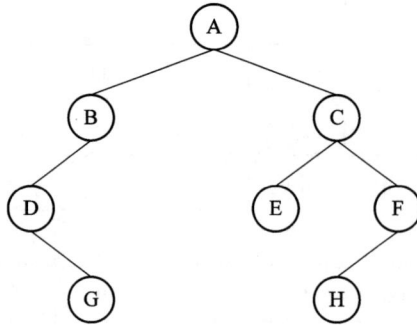

   答：

4. 已知一组记录为(46，74，53，14，26，38，86，65，27，34)，采用直接选择排序法进行排序，写出每一趟排序的排序结果。
   答：

参 考 文 献

[1]　WEISS M A. 数据结构与算法分析：C++描述[M]. 3 版. 北京：人民邮电出版社，2007.

[2]　SEDGEWICK R，WAYNE K. 算法[M]. 4 版. 北京：人民邮电出版社，2012.

[3]　HENNESSY J L，PATTERSON D A. 计算机体系结构：量化研究方法[M]. 北京：机械工业出版社，2019.

[4]　严蔚敏，吴伟民. 数据结构(C 语言版)[M]. 北京：清华大学出版社，2012.